Markus Pospeschill

Praktische Statistik

Markus Pospeschill

Praktische Statistik

Eine Einführung mit Anwendungsbeispielen

Anschrift des Autors:
Dipl.-Psych. Dipl.-Päd.
Markus Pospeschill
Carl von Ossietzky Universität Oldenburg
FB 5 – Psychologie
Ammerländer Heerstr. 114–118
26111 Oldenburg

Lektorat: Gerhard Tinger

Umschlaggestaltung: Dieter Vollendorf, München
Satz, Druck und Bindung: Druckhaus Thomas Müntzer, Bad Langensalza
Gedruckt auf säurefreiem Papier

ISBN 3-621-27345-X

Inhaltsverzeichnis

Vorwort

Das vorliegende Lehrbuch (und Lernbuch) ist an Studierende und Lehrende in den sogenannten geisteswissenschaftlichen Studienfächern bzw. Humanwissenschaften (z. B. Pädagogik, Sozialwissenschaften, Psychologie) unter besonderer Berücksichtigung der Psychologie adressiert. Es ist auf eine anwendungsbezogene Einführung in die Inhalte der Statistik ausgerichtet, wie sie in der Vordiplomsphase als Vorlesung vermittelt werden. Das Buch soll in diesem Zusammenhang verschiedene Zwecke erfüllen:

- Als begleitende Lektüre zu den Vorlesungen zur Statistik dient es vornehmlich der Vermittlung der **theoretischen Grundlagen** von statistischen Maßen bzw. Testverfahren in einer nachvollziehbaren und übersichtlichen Form.
- An **Rechenbeispielen** zeigt es gleichzeitig, wie statistische Maße und Testverfahren per Hand **und** mittels eines Computers ausgewertet werden können, welche Ergebnisse in einer speziellen Statistik-Software (verwendet wird hier SPSS für Windows – Version 6) wiederzufinden sind, wie sie dort errechnet und zu interpretieren sind. Damit ist auch das Verständnis des Begriffes von „angewandten“ statistischen Methoden erklärt, daß diesem Buch zugrundeliegt.
- Für spätere „praktische“ Phasen (Praktika, empirische Arbeiten und Diplomarbeit) kann es schließlich als **übersichtliches Nachschlagewerk** zur Theorie und Praxis der univariaten Statistik dienen. Strukturierende Untergliederungen erleichtern es dem Leser, daß „angemessene“ Verfahren schnell zu finden und die wesentlichen Merkmale des statistischen Maßes oder Tests als „Quasi-Steckbrief“ nachlesen zu können.

Diese Merkmale verdeutlichen die besondere Intention des vorliegenden Buches. Es versucht Inhalte zu kombinieren, die in der gegenwärtigen Literaturlandschaft zur Statistik relativ getrennt behandelt werden: Auf der einen Seite existieren die einschlägigen und meist sehr ausführlich und umfangreich gestalteten Statistik-Nachschlagewerke, die für den Lernprozeß oftmals zu unübersichtlich und didaktisch schwer einzubinden sind. Auf der anderen Seite findet man in der Literatur zur Statistik-Software für empirisch-tätige Wissenschaftler praktische Umsetzungen, die aber in der Regel das Wissen zur Statistik voraussetzen und sich lediglich um eine Erklärung der Syntax und Ausgabendarstellung der jeweiligen Software bemühen.

Die getrennte Behandlung dieser Themen verleiht den Lehrveranstaltungen zur Statistik an Universitäten oftmals einen „theoretischen“ Charakter, ohne die Anwendung der Statistik zu verdeutlichen („Statistik als methodisches Handwerkszeug“) und zu üben. Dies erschwert offensichtlich den Zugang und das Verständnis für die statistischen Zusammenhänge. Diese werden, wenn überhaupt, in Computer-Seminaren ohne Anbindung an geeignete Fragestellungen und empirische Probleme vermittelt. Das vorliegende Buch über „Praktische Statistik“ will diese Lücke schließen.

Das Buch ist von der Stoffaufbereitung her auf Vorlesungen über zwei Semester konzipiert. Die Gestaltungsprinzipien liegen in einem pragmatischen Abriß der Deskriptiven Statistik, der Wahrscheinlichkeitstheorie und der Inferenzstatistik und ihrer Umsetzung bei der computergestützten Datenanalyse. Die behandelten Inhalte und jeweils verwendeten Gestaltungsprinzipien lassen sich wie folgt gliedern:

- **0. Einleitung**: In der Einleitung soll kurz gezeigt werden, wie die Statistik im Forschungsprozeß eingebunden ist und welchen Stellenwert bzw. welche Funktion sie im Rahmen empirischen Arbeitens besitzt.
- **1. Formen und Qualitäten von Daten**: Statistik beschäftigt sich mit der Auswertung und Analyse von Daten. Was dabei unter dem Begriff „Daten“ zu verstehen ist, wie Daten organisiert sein können und welche Typen bzw. Qualitäten es bei Daten zu unterscheiden gilt, wird hier geklärt.
- **2. Deskriptive Statistik**: Mit diesem grundlegenden Verständnis von Daten können erste statistische Auswertungen vorgenommen werden, wie sie in der deskriptiven Statistik vorkommen. Teilbereiche dieses Abschnitts der Statistik sind Darstellungen von Häufigkeiten, statistische Kennwerte für die Lage, Streuung und Verteilung von Daten und die Darstellung von Zusammenhängen von Daten. Gleichzeitig wird erklärt, wie sich Daten im Sinne einer Transformation „verändern“ lassen. Alle Maße werden an einem Rechenbeispiel vorgeführt und mit den Ergebnissen einer SPSS-Analyse verglichen. Abschließend bietet das Kapitel noch verschiedene Erklärungen und Beispiele zu graphischen Darstellungsmöglichkeiten.
- **3. Elementare Wahrscheinlichkeitsrechnung**: Die Statistik versucht präzise Aussagen über Wahrscheinlichkeiten zu machen und im Sinne von (statistischer) Überzufälligkeit abzusichern. Zu diesem Zweck sind Axiome notwendig, die elementare Definitionen von Wahrscheinlichkeiten bereitstellen. Dieses Kapitel zeigt, wie sich solche Wahrscheinlichkeiten bestimmen bzw. berechnen lassen.
- **4. Verteilungsstatistik**: Die Verteilungsstatistik klärt die Frage, mit welchen Wahrscheinlichkeiten sich elementare Ereignisse verteilen und welche Parameter zu deren Bestimmung notwendig sind. Dazu werden in diesem Kapitel zwei typische Wahrscheinlichkeitsverteilungen (die Binomial- und die Normalverteilung) vorgestellt.
- **5. Grundlagen der statistischen Inferenz**: Dieses Kapitel demonstriert die Anwendung der Wahrscheinlichkeitstheorie auf die empirische Forschung und

präzisiert dazu den Begriff der Stichprobenverteilung. Auf der Basis sog. normalverteilter Zufallsvariablen werden schließlich drei spezielle Prüfverteilungen (χ^2-Verteilung, t-Verteilung und F-Verteilung) vorgestellt, wie sie bei der Anwendung statistischer Tests benötigt werden.

- **6. Parameterschätzung**: Eine Problemklasse der statistischen Inferenz stellt die sog. Parameterschätzung dar. Hierbei geht es darum, eine Stichprobenstatistik zu finden, die sich als Schätzung für einen unbekannten Parameter einer Wahrscheinlichkeitsfunktion eignet. Dazu wird in diesem Kapitel die Frage der Eignung anhand verschiedener Kriterien geklärt. Schließlich wird gezeigt, wie sich derartige Schätzfunktionen bestimmen lassen.
- **7. Formulierung und Prüfung von Hypothesen**: Eine zweite Problemklasse der statistischen Inferenz ist die Überprüfung von (inhaltlichen und statistischen) Hypothesen. In diesem Kapitel wird gezeigt, wie wissenschaftliche Hypothesen in wahrscheinlichkeitstheoretische Modelle überführt werden, um sie mit statistischen Mitteln prüfen zu können. Mit dieser Vorgehensweise sind wesentliche Prinzipien im Sinne einer besonderen Entscheidungssituation bzw. begehbarer Fehler zu berücksichtigen, die an dieser Stelle ausführlich diskutiert werden.
- **8. Prüfung von Unterschiedshypothesen**: Mit den Grundlagen der statistischen Inferenz sind die notwendigen Voraussetzungen vorhanden, sich dem „Standard-Werkzeug" des statistisch-empirisch arbeitenden Wissenschaftlers zuzuwenden. Gemeint sind damit verschiedene statistische Prüfverfahren, die sich grob nach der Art der Hypothese, dem Skalenniveau und der Beziehung zwischen den Stichproben unterscheiden. Dieses Kapitel über Unterschiedshypothesen charakterisiert eine Reihe statistischer Tests nach einem einheitlichen Schema bestehend aus drei Teilen. Der erste Teil liefert eine *formale Beschreibung des jeweiligen Tests* unter folgenden Aspekten:
  - Definition des Tests
  - Statistische Voraussetzungen
  - Hypothesen zum Test
  - zur Berechnung notwendige Kennwerte
  - Signifikanzniveau
  - Berechnung der Testgröße
  - Entscheidungssituation bezüglich der statistischen Hypothesen
  - Anmerkungen (z. B. Verweise auf geeignete Nachschlagewerke der Statistik).

  Allen Testbeschreibungen folgt (im zweiten Teil) ein *ausführliches Rechenbeispiel*, mit
  - Fragestellung
  - Rohdatentabelle
  - ausführlichem Rechenweg
  - Hypothesenprüfung und
  - Interpretation der Ergebnisse.

Die Rechenbeispiele vereinigen dabei die Genauigkeit einer rechnergestützten Analyse (mit Rechenweg) mit der (manuellen) Berechnung über die jeweiligen Formeln. Schließlich wird im dritten Teil jedem Test ein äquivalentes *SPSS-Beispiel* angefügt, bestehend aus

- der Syntax der SPSS-Anweisung und
- der als Ergebnis resultierenden Ausgabe,

die in der Regel eine Vergleichsrechnung zum Rechenbeispiel darstellt, so daß hier ein direkter Ergebnisvergleich möglich ist. In gesonderten Abschnitten werden die SPSS-Ausgaben nochmals an einem größeren Datensatz demonstriert. Bereits vorgestellte statistische Verfahren werden dort nochmals schlagwortartig zusammengefaßt und in ihren Besonderheiten explizit erläutert.

- **9. Prüfung von Zusammenhangshypothesen**: Eine andere Art von Hypothese (und damit eine andere Familie statistischer Tests) wird in diesem Kapitel behandelt. Je nachdem, ob eher nach Vorhersagen von Variablen gefragt wird oder die Stärke des Zusammenhangs zwischen Variablen bestimmt werden soll, wird zwischen einer Regressionsstatistik und einer Korrelationsstatistik unterschieden. Die jeweiligen statistischen Prüfverfahren werden nach dem bereits oben beschriebenen dreiteiligen Schema charakterisiert.
- **10. Varianzanalyse**: Während sich Kapitel 8 und 9 ausschließlich mit sog. Zweistichprobenverfahren beschäftigen, erfolgt in diesem Kapitel eine Erweiterung des Untersuchungsdesigns auf mehr als zwei Stufen (Stichproben bzw. Faktoren). Dazu werden ein-, zwei- und mehrfaktorielle Verfahren unterschieden und wiederum nach Skalenniveau und Art der Beziehung zwischen den Stichproben getrennt. Die *formale Beschreibung der Tests* ist gegenüber dem Schema der Unterschieds- und Zusammenhangshypothesen leicht modifiziert :
  - Problemstellung, Daten, Datenmodell
  - Statistische Hypothesen und Test-Rationale
  - Abweichungsquadrate und Varianzschätzungen
  - Vergleich der Varianzschätzungen
  - Rechen- und Berichtschema.

  In einem gesonderten Abschnitt werden schließlich sog. Einzelvergleichsverfahren vorgestellt, die differenziertere Prüfungen der faktoriellen Tests zulassen.
- **11. Entscheidungshilfe zur angemessenen Testwahl**: Der Vielzahl statistischer Testverfahren kann nur über ein differenziertes Strukturierungsschema begegnet werden, das in diesem Kapitel vorgestellt werden. Alle behandelten bzw. angesprochenen Testverfahren werden dazu in ein einheitliches Schema überführt, das nach der Anzahl der Stichproben, der Art der Hypothese, der verwendeten Metrik (Skalenniveau) und der Art der Beziehung zwischen den Stichproben strukturiert ist. Mit einer Entscheidung über diese vier Aspekte kann schließlich das geeignete Testverfahren dem Schema entnommen werden.

- **12. Literatur**: Die Literaturliste ist zur besseren Orientierung im Umfang begrenzt. Zusätzlich ist sie nach drei Merkmalen geordnet. Als einführende Statistikliteratur werden (ein- und weiterführende) Standardwerke aufgelistet, die dem interessierten Leser gute Vertiefungsmöglichkeiten bieten. Der Abschnitt über einführende Statistiksoftware-Literatur subsumiert einführende Werke gängiger Statistik-Software und ist für den Leser gedacht, der seine statistischen Analysen am Rechner durchführen möchte. Schließlich bietet die dritte Liste dem mathematisch- oder programmiersprachen-interessierten Leser Zugang zu verschiedenen Werken.
- **13. Anhang**: Die ersten Abschnitte des Anhangs liefern ausführliche Tabellen zu allen gängigen Prüfverteilungen, die mittels einer speziellen Software generiert worden sind (vgl. Pospeschill, 1992). Da es sich hierbei um approximative Berechnungen handelt, sind kleinere Abweichungen zu Tabellen in anderen Statistikbüchern möglich. Daran schließt sich eine Kurzeinführung in SPSS für Windows an und behandelt für einfache Datenanalysen die wesentlichen Arbeitsschritte rechnergestützten Arbeitens. Schließlich folgt der im Buch verwendete dokumentierte Demonstrationsdatensatz. Den Abschluß des Anhangs bildet eine Übungsklausur, die der Leser als eigene Lernkontrolle verwenden kann.

Oldenburg, März 1996 Markus Pospeschill

0. Einleitung

0.1 Funktion der Statistik

Eine Einordnung der Statistik in den Prozeß wissenschaftlicher Forschung läßt sich an folgender Abbildung veranschaulichen (vgl. Sachs, 1992):

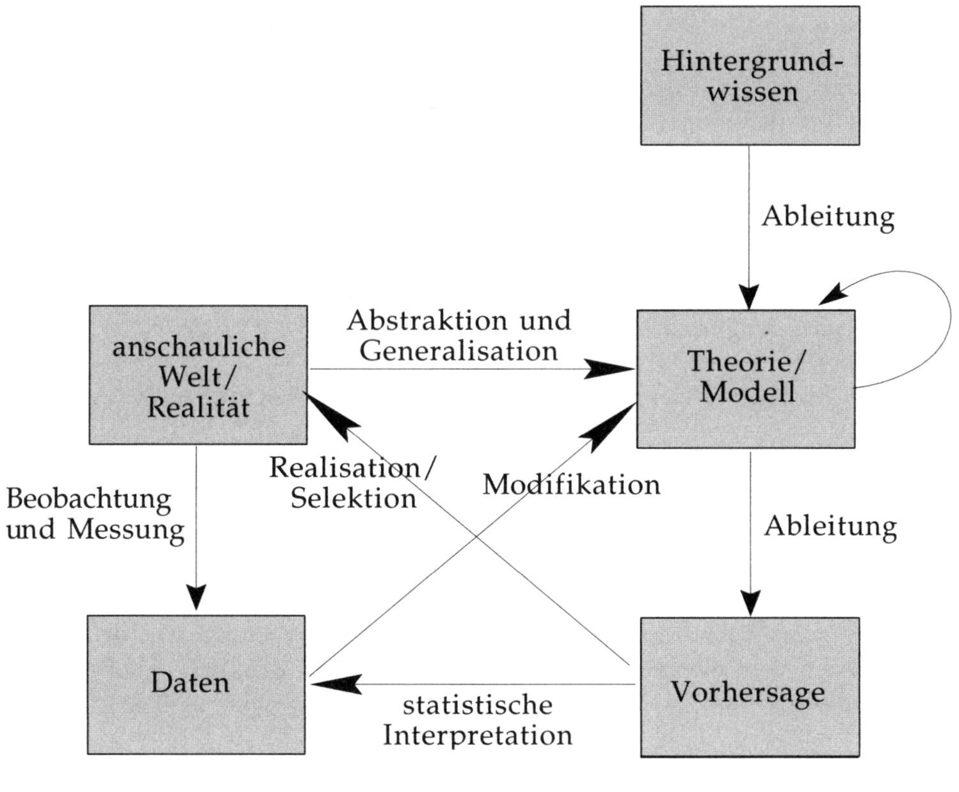

Abb. 0-1: Stellung der Statistik im funktionellen Zusammenhang des Forschungsprozesses

Ausgangspunkt jedes Forschungsprozesses ist die **anschauliche Welt** (Wirklichkeit) bzw. **Realität**. Um zu Aussagen über die Wirklichkeit zu gelangen, müssen Beobachtungstatsachen planmäßig gesammelt, beschrieben und geordnet werden. Danach kann durch Vorgänge der *Abstraktion* und *Generalisation* mit dem entsprechenden **Hintergrundwissen** eine **Theorie** oder ein **Modell** entwickelt werden, daß von den beobachteten Tatbeständen **abstrahiert** und **generalisiert** oder u. U. versucht, die beobachteten Tatbestände zu formalisieren. Aus der

Theorie lassen sich dann Hypothesen im Sinne von **Vorhersagen** (Prognosen) ableiten, die auf der Basis einer Analyse, Kombination, Ordnung und Definition oder durch logisches bzw. plausibles Schließen entstehen. Die Generierung einer Vorhersage setzt allerdings voraus, daß zuvor eine Problemformulierung bzw. Fragestellung entwickelt worden ist, die sich in eine Hypothese umformen läßt. Ein Beweis über das „Zutreffen" der Hypothese kann als *statistische Interpretation* von (empirisch gewonnenen) **Daten** erfolgen, die auf der Grundlage von *Beobachtungen* und *Messungen* aus der Realität gewonnen werden. Führen die Ergebnisse aus den Daten zu Ergebnissen, die der Theorie widersprechen, muß eine *Modifikation* des Modells in Erwägung gezogen werden. Andernfalls kann die Theorie oder das Modell als (vorerst) bestätigt angesehen werden.

Die **Statistik** übernimmt in diesem Forschungsprozeß vornehmlich Aufgaben der *statistischen Hypothesenprüfung*, der *Kriterienfestlegung* für die Entscheidung über die Hypothesen und der (statistischen) *Dateninterpretation.*

Die Voraussetzungen einer gezielten Hypothesenprüfung werden hingegen mit der **Versuchsplanung** festgelegt. Sie beinhaltet die inhaltliche und formale Planung einer empirischen Untersuchung. Dazu gehören die *Identifizierung* eines Problems bzw. einer Fragestellung, die *Variablenanalyse*, die *Formulierung von (Forschungs- und statistischen) Hypothesen*, die Entwicklung bzw. Festlegung eines *Versuchsdesigns*, die Anwendung spezifischer *Kontrolltechniken* und die *Planung der Datengewinnung und -analyse*.

Sobald Beobachtungen systematisch angestellt werden und diese Aufschluß über das Zutreffen oder Nicht-Zutreffen von **Hypothesen** schaffen sollen, werden die zu ihrer Erhebung notwendigen Handlungen und Maßnahmen als **Untersuchung**, **Versuch** oder **Experiment** bezeichnet. Ein Experiment beginnt mit einer Fragestellung, die zur Formulierung eines Problems führt und als Beantwortungsvorschlag in einer Hypothese mündet. Zur Entscheidung über die Hypothese müssen Daten gesammelt werden, die aus einer Gruppe bzw. Gruppen (Stichprobe) von Personen gewonnen werden. Mit den gesammelten Daten wird ein **statistischer Test** gerechnet, aus dem sich eine **Prüfgröße** ergibt, die entscheidet, ob die aufgestellte Hypothese angenommen oder abgelehnt wird.

0.2 Begriff und Einteilung

Der Begriff **Statistik** umfaßt alle quantitativen Analysetechniken, mit denen empirische Daten (im Sinne von „Meßergebnissen")

- nach ihrer (kategorialen) Verteilung zusammenfassend beschrieben,
- in ihrer Lage und Streuung charakterisiert und
- übersichtlich z. B. in Form von Graphiken dargestellt werden können.

Dies ist Aufgabe der *Deskriptiven Statistik*.

Weiter bietet die Statistik Verfahren, mit deren Hilfe auf Grund empirischer Daten

- Hypothesen aufgestellt und
- Hypothesen (statistisch) geprüft werden können.

Dies ist das Aufgabengebiet der *Inferenzstatistik*.

1. Formen und Qualitäten von Daten

1.1 Umorganisation von Rohdaten in Variablen

Die Grundlage jeder Analyse mittels statistischer Methoden sind Daten, deren Quelle und Erhebung an dieser Stelle nicht weiter interessieren soll. Für die Erhebung ist lediglich rechtzeitig zu berücksichtigen, daß die Daten u. U. später einer **rechnergestützten Datenanalyse** unterzogen werden sollen. Von daher ist das verwendete Untersuchungsinstrument (Meßanlage, Testbogen, Fragebogen usw.) daraufhin zu prüfen, ob es für den Übertrag der Ergebnisse auf den Computer geeignet ist (vgl. Brosius, 1988).

Die **Datenanordnung** von Rohdaten sieht bei der rechnergestützten Datenanalyse in der Regel anders aus, als in den Beispielen der gängigen Statistik-Lehrbücher. In einer Statistik-Software sind die Daten nach dem **Zeilen-/Spalten-Prinzip** anzuordnen, d. h. in den Zeilen finden sich die Meßdaten für jede einzelne **Versuchsperson** und in den Spalten die einzelnen erhobenen **Variablen.** Variablen sind in diesem Fall entweder direkte Meßergebnisse (bestimmte Merkmalsausprägungen) oder aber Ziffern für Gruppierungen der Stichprobe bzw. Stufenangaben von Variablen. Tabelle 1-1 zeigt eine solche Anordnung. Die vom Unter-

Tab. 1-1: Typische Datenanordnung für die rechnergestützte Datenanalyse (der vollständig erläuterte Datensatz ist dem Abschnitt **13.7 Beispieldatensatz** zu entnehmen)

vpn	grp	sex	alter	fpi1	fpi	fp3	fpi4	fpi5	fpi6	fpi7	fpi8	fpi9	fpi2	fpin	fpim
1	1	1	27	7	4	9	8	3	2	1	6	4	1	9	2
2	1	2	21	7	9	8	8	5	2	9	5	6	7	8	4
3	1	1	43	7	6	9	9	2	5	2	9	9	4	9	2
4	1	2	23	7	3	7	5	1	2	2	9	5	1	6	1
5	1	2	21	8	7	8	7	6	3	2	7	6	9	9	3
6	1	1	54	9	6	6	8	7	3	5	5	6	4	6	1
7	1	2	35	9	4	9	3	1	4	2	9	4	1	6	1
8	1	1	26	5	5	8	8	3	2	4	7	5	3	6	3
9	1	2	53	9	8	9	8	1	2	6	8	7	2	9	1
10	1	1	42	9	3	6	5	6	3	7	7	4	6	7	4
..	..	..	..	..	..	..	..	..	..	..	..	..	..	..	..
20	2	2	19	9	3	6	4	5	1	1	6	2	5	5	2
..	..	..	..	..	..	..	..	..	..	..	..	..	..	..	..
30	3	1	26	3	2	4	5	6	5	2	6	5	5	5	6
n	..	..	..	..	..	..	..	..	..	..	..	..	..	..	..

sucher definierten Variablen sind dabei in der ersten Zeile durch einen Kurznamen gekennzeichnet. So zählt die Variable *vpn* lediglich die Versuchspersonen durch, *grp* und *sex* sind Gruppierungsvariablen für verschiedene Gruppen und die Angabe des Geschlechts, während *fpi1* bis *fpim* konkrete Meßergebnisse aus einem psychodiagnostischen Test darstellen. Näheres zur Definition solcher Daten-Dateien sind dem Abschnitt **13.6 Grundlagen von SPSS für Windows** zu entnehmen.

Eine komfortable Statistik-Software wie SPSS für Windows stellt inzwischen einen sog. **Dateneditor** zur Verfügung. Das Erscheinungsbild dieses Editors ist durch ein rechteckiges, arbeitsblattähnliches Format gekennzeichnet (*spread sheet*), in dem Zeilen einzelne Fälle und Spalten einzelne Variablen repräsentieren, und jede Zelle einen einzelnen Wert einer Variablen für einen bestimmten Fall enthält (näheres dazu im Abschnitt **13.6 Grundlagen von SPSS für Windows**).

1.2 Typen von Variablen

Nicht jeder Inhalt eines Datums in einem Datensatz besitzt den gleichen Charakter bzw. die gleiche Darstellung. Deshalb unterscheidet man verschiedene Typen von Variablen, die mit der **Art der Messung** und mit der verwendeten **Notation** korrespondieren. Zunächst kann grob zwischen (eher quantitativen) **numerischen Variablen** und (eher qualitativen) **Textvariablen** unterschieden werden.

Numerische Variablen können dabei entweder eine **ganzzahlige Zahl** (z. B. 7) oder eine **Dezimalzahl** darstellen (z. B. 7,5 oder 7.5), mit einem **Vorzeichen** ausgestattet sein (z. B. –7.5) oder der **wissenschaftlichen Notation** folgen (z. B. 7*E*3 bedeutet 7000). Ebenso ist die Erhebung einer **Uhrzeit** (z. B. 12:20:30) oder eines **Datums** möglich (z. B. 01. 05. 1995).

Textvariablen können aus Kombinationen von **Buchstaben des Alphabets** (A ... Z) und **Zahlen** (0 ... 9) bestehen (z. B. ABC100). Ihre Funktion liegt eher in der Kategorisierung und Identifizierung von Variablenzuständen.

1.3 Meßtheoretische Überlegungen

Die Beschreibung und Analyse von Daten setzt quantitative Beobachtungen bzw. Messungen voraus, d. h. Voraussetzung für eine Messung ist die Strukturierung der beobachtbaren Welt nach **Merkmalsträger, Merkmalen** und **Merkmalsausprägungen.** Tabelle 1-2 zeigt Beispiele für diese Strukturierung.

Tab. 1-2: Beispiele für Merkmalsträger, Merkmale und Auspägungen

Merkmalsträger	Merkmale	Ausprägungen (Werte)
Testfragen	Schwierigkeitsgrad	Lösungswahrscheinlichkeit P, $0 \leq P \leq 1$
Einzelperson	Alter	t, positive reele Zahl
Gruppen	Zusammenhalt	schwach, mittel, stark
Gesellschaften	Wirtschaftsform	kapitalistisch, sozialistisch, ...

Der Begriff **Messen** läßt sich folgendermaßen definieren: Messen ist die strukturerhaltende (homomorphe) Abbildung f eines empirischen relationalen Systems E in ein numerisches relationales System N, wobei $E = \langle E, Q \rangle$, d. h. bestimmt ist durch die Menge E der empirischen Objekte und die empirischen Relationen Q (z. B. „$\sim$", „$\gtrapprox$"), und $N = \langle N, R \rangle$, d. h. analog bestimmt ist durch die Menge N der Zahlen und die numerischen Relationen R (z. B. „$\neq$", „$\geq$"). Das Tripel $\langle E, N, f \rangle$ bildet eine **Skala**.

Einfacher ausgedrückt bedeutet Messen nichts anderes, als Ausprägungen **von Eigenschaften von Objekten oder Personen** entsprechenden **Zahlen oder Kategorien** zuzuordnen. Die Menge der interessierenden Eigenschaften der Objekte werden dabei mit ihren beobachtbaren empirischen Relationen so auf Zahlen abgebildet, daß die entstehenden Relationen in entsprechenden numerischen Relationen zwischen den Zahlen abgebildet werden (vgl. Orth, 1974).

1.4 Qualitäten von Daten

Skalen lassen sich nach ihrem **metrischen Niveau** (Skalentyp oder Skalenniveau) unterscheiden. Der Skalentyp wird bestimmt durch die Eindeutigkeit bis auf gewisse zulässige Transformationen T. Solche Transformationen beinhalten die Abbildung von Zahlen (und deren Relationen) auf Zahlen (und deren Relationen). Sie sind zulässig, wenn das numerische System N, das man durch T erhält, gleichfalls das empirische System E repräsentiert.

Durch T ist gleichzeitig festgelegt, welche Strukturen im numerischen Bereich zu Aussagen über die abgebildeten Objekte benutzt werden dürfen. Jede Transformation, die für einen bestimmten Skalentyp zulässig ist, ist auch für alle niedrigeren zulässig. Jede numerische Aussage, die auf einem bestimmten Niveau möglich ist, ist auch auf allen höheren Niveaus möglich. Tabelle 1-3 zeigt diese Zusammenhänge mit Beispielen und Zuordnungen statistischer Maße.

Wie unter Abschnitt **1.2 Typen von Qualitäten** bereits angedeutet, lassen sich **quantitative** von **qualitativen Variablen** unterscheiden. Im Rahmen der Statistik interessieren vor allem die quantitativen oder zumindest quantifizierbaren Variablen. Diese lassen sich ebenfalls nach dem **Grad ihrer möglichen Ausprägungen**

Tab. 1-3: Die gebräuchlichsten Skalentypen mit Definition und Beispielen aus der Statistik

Skalentyp	mögliche Relationen	empirische Operationen	zulässige Transformationen	Zulässige Statistiken	Typische Beispiele
Nominalskala	=/≠	Bestimmung der Gleichheit	eineindeutige Substitution	Modus/ Informationsgehalt *H*/Kontingenzkoeffizient *C*, tetrachorischer Koeffizient, Phi-Koeffizient/ χ^2-Test, Cochrans *Q*-Test, McNemar-Test	Geschlecht, Nummerierung von Fußballspielern, Zuordnung von Typ- oder Modellnummern zu Klassen
Ordinalskala	=/≠, >/<	Bestimmung von „größer" oder „kleiner"	monotone, die Ordnung erhaltende	Median/ Centile/ Rangkorrelationen: Spearmans ϱ, Kendalls τ, Konkordanzkoeffizient *W*/Vorzeichen-Test, Mann-Whitney-*U*-Test, Kolmogoroff-Smirnov-Test, Rangvarianzanalysen: Friedman-Test, Kruskal-Wallis-Test	Härte von Mineralien, Qualität von Leder, Holz, Wolle, Angenehmheit von Düften
Intervallskala	=/≠, >/<, +/–	Bestimmung der Gleichheit von Intervallen oder Differenzen	lineare (der Form $x' = ax + b$, mit $a > 0$)	arithmetischer Mittelwert/ Standardabweichung, Varianz/ Produkt-Moment Korrelation *r*, Korrelationsverhältnis, Regressionskoeffizient/ *t*-Test, *F*-Test, Varianzanalyse	Temperatur (Fahrenheit oder Celsius), Kalender-Daten, Maße in geeichten psychometrischen Tests
Verhältnisskala	=/≠, >/<, +/–, ×/+	Bestimmung der Gleichheit von Brüchen	multiplikative (der Form $x' = ax$, mit $a > 0$)	geometrischer Mittelwert, harmonischer Mittelwert/Variationskoeffizient	Länge, Gewicht, Dichte, Widerstand, Temperatur in Kelvin

typisieren. Demnach unterscheidet man **stetige** von **diskreten** Variablen, wobei stetige Variablen theoretisch unendlich viele Ausprägungen annehmen können, während diskrete Variablen in ihren möglichen Ausprägungen begrenzt sind. Tabelle 1-4 zeigt diese Unterscheidung in der Übersicht.

Tab. 1-4: Unterscheidung quantitativer Variablen nach Variablentyp

Variablentyp	Ausprägungen	Beispiel
stetig (kontinuierlich)	nicht abzählbar viele	Reaktionszeit
diskret (diskontinuierlich)	endlich viele	Anzahl richtiger Antworten im Test

2. Deskriptive Statistik

2.1 Häufigkeitsverteilungen und -tabellen

Der erste Schritt einer explorativen Analyse über Meßwerte ist die **Häufigkeitstabelle (frequency table)**, in der die verschiedenen Meßwerte aufgelistet und mit ihrer Auftretenshäufigkeit versehen werden. Diese Art der Darstellung zeigt dann die **absoluten Häufigkeiten** f_k. Eine **kumulierte Häufigkeitsverteilung** cf_k erhält man, wenn die Häufigkeiten der Meßwerte über die aufeinanderfolgenden Kategorien sukzessiv aufaddiert werden:

(2.1.1) $$cf_k = cf_{k-1} + f_k = \sum_{i=1}^{k} f_i$$

Ebenso können Häufigkeiten über die Bildung **relativer Häufigkeiten** f_r oder über **Prozentwerte** dargestellt werden. Die Prozentwerte ergeben sich durch Multiplikation von f_r mit 100:

(2.1.2) $$f_r = \frac{f_n}{n}$$

wobei n = Anzahl der Messungen

Meßwerte lassen sich ebenso bei Bedarf zu **Intervallen** zusammenfassen, die durch eine entsprechende **Kategorienbreite** Kb definiert ist. Die Festlegung von Intervallen bietet sich dann an, wenn zu viele Einzelmeßwerte vorliegen, um sie separat zu berücksichtigen. Es sollte dann nach einer geeigneten Zusammenfassung der Meßdaten gesucht werden.

Grob kann die Kategorienbreite folgendermaßen festgelegt werden:

- Je mehr Messungen, um so kleiner kann die Kategorienbreite gewählt werden.
- Je größer die Variationsbreite der Meßwerte, desto breiter die Kategorien. Dabei gilt: $Kb = \frac{X_{\min} - X_{\max}}{m}$, wobei m = die Anzahl der Kategorien darstellt.
- Die Anzahl der Kategorien sollte sich auf maximal 20 bis 25 beschränken.
- Im Normalfall sollten alle Kategorien gleich breit gewählt werden, um Verzerrungen zu vermeiden.

Eine Häufigkeitsverteilung bei der Statistik-Software SPSS zeigt der folgende Ausdruck mit einem Beispieldatensatz (vgl. Anhang **13.7 Beispieldatensatz**).

<u>Rechenbeispiel:</u> Die folgenden 50 Meßwerte sollen in einer Häufigkeitstabelle dargestellt werden. Um einen Überblick über die Verteilung zu erhalten, werden die Werte auf 10 Kategorien aufgeteilt.

<u>Meßwerte:</u>									
22.5	23	27	25	24	25.5	26	26	26	26.5
27	23.5	23	23.5	25	25	26	26	27	26.5
26.5	26.5	25.5	25.5	25.5	24.5	24	23.5	27	26.5
25.5	26	26	24.5	24	23	25	26	26.5	24.5
24.5	24	22.5	25	26.5	26	25.5	25	24.5	25.5

SCALE	FREQ	CUMFREQ	PFREQ	CUMPFREQ	(PERZFREQ)
22.05	0.00	0.00	0.00	0.00	0.00
22.60	2.00	2.00	4.00	4.00	2.00
23.15	3.00	5.00	6.00	10.00	7.00
23.70	3.00	8.00	6.00	16.00	13.00
24.25	4.00	12.00	8.00	24.00	20.00
24.80	5.00	17.00	10.00	34.00	29.00
25.35	6.00	23.00	12.00	46.00	40.00
25.90	7.00	30.00	14.00	60.00	53.00
26.45	9.00	39.00	18.00	78.00	69.00
27.00	11.00	50.00	22.00	100.00	89.00

SCALE : Skala
FREQ : Häufigkeit
CUMFREQ : Kumulierte Häufigkeit
PFREQ : Prozentuale Häufigkeit
CUMPFREQ : Kumulierte prozentuale Häufigkeit
(PERZFREQ : Perzentilränge)

Die Tabelle deutet auf eine zunehmende Häufigkeit der höheren Meßwerte hin.

Bei SPSS werden insgesamt 5 Angaben bei der Häufigkeitstabelle unterschieden (vgl. SPSS, 1993):

- **Wert (value)** – Ein numerischer oder alphanumerischer Kode, der den Zustand eines Falles oder einer Variablen beschreibt.
- **Häufigkeit (Frequency)** – Die Anzahl der Fälle, die für eine Variable einen bestimmten Wert (oder Bereich von Werten) besitzen.
- **Prozente ohne Ausschluß von Missings (Percent)** – Die nicht bereinigten Prozente werden berechnet, indem die Häufigkeit eines Wertes durch die gesamte Anzahl der Fälle in der Stichprobe dividiert wird (incl. fehlender Werte). Diese weichen von den gültigen Prozenten (valid percent) ab, wenn fehlende Werte existieren, die bei der Berechnung der gültigen Prozente nicht berücksichtigt werden.

SPSS-Beispiel: *Häufigkeitstabelle der Variable „Alter"*

Syntax:

```
FREQUENCIES VARIABLES=alter.
```

Ausgabe:

ALTER Alter der VersuchsteilnehmerInnen

Value Label	Value	Frequency	Percent	Valid Percent	Cum Percent
	13	1	1,7	1,7	1,7
	19	2	3,4	3,4	5,1
	20	1	1,7	1,7	6,8
	21	8	13,6	13,6	20,3
	23	2	3,4	3,4	23,7
	25	1	1,7	1,7	25,4
	26	5	8,5	8,5	33,9
	27	1	1,7	1,7	35,6
	28	2	3,4	3,4	39,0
	31	3	5,1	5,1	44,1
	32	2	3,4	3,4	47,5
	34	1	1,7	1,7	49,2
	35	2	3,4	3,4	52,5
	36	2	3,4	3,4	55,9
	37	1	1,7	1,7	57,6
	38	3	5,1	5,1	62,7
	39	2	3,4	3,4	66,1
	41	1	1,7	1,7	67,8
	42	1	1,7	1,7	69,5
	43	3	5,1	5,1	74,6
	45	2	3,4	3,4	78,0
	46	2	3,4	3,4	81,4
	51	1	1,7	1,7	83,1
	52	2	3,4	3,4	86,4
	53	2	3,4	3,4	89,8
	54	2	3,4	3,4	93,2
	57	1	1,7	1,7	94,9
	59	1	1,7	1,7	96,6
	65	1	1,7	1,7	98,3
	73	1	1,7	1,7	100,0
		-------	-------	-------	
	Total	59	100,0	100,0	

Valid cases 59 Missing cases 0

- **Gültige Prozente (Valid Percent)** – Der prozentuale Anteil an Fällen, die einen bestimmten Wert besitzen, wenn nur Fälle mit nicht-fehlenden Werten einbezogen werden. Er wird berechnet durch die Division der Zahl an gültigen Fällen mit einem bestimmten Wert durch die gesamte Anzahl an gültigen Fällen und wird mit 100 multipliziert. Sie können sich von den einfachen Prozenten unterscheiden, bei denen auch die fehlenden Werte in die Prozentberechnung einbezogen werden. Sie werden auch die korrigierte relative Häufigkeit genannt.
- **Kumulative Prozente (Cum Percent)** – Prozentualer Anteil aller Fälle mit nicht fehlenden Werten, kumulativ berechnet aus den gültigen Prozenten.

2.2 Kreuztabellen

Kreuztabellen (*crosstabs*) stellen kombinierte Häufigkeitsverteilungen zweier oder mehrerer Variablen dar. Jedes Feld der zwei- oder mehrdimensionalen Häufigkeitsverteilung gibt die absoluten oder relativen Häufigkeiten wieder, mit denen eine bestimmte Wertekombination der beiden kreuztabellierten Variablen in der Stichprobe vorhanden ist.

SPSS-Beispiel: *Beispielrechnung mit der fpi1-Variable aus dem Demonstrationsdatensatz*

Syntax:

```
CROSSTABS /TABLES=sex  BY fpi1
          /FORMAT= AVALUE NOINDEX BOX LABELS TABLES
          /CELLS= COUNT.
```

Ausgabe:

```
SEX  Geschlecht  by  FPI1  Nervosität

                 FPI1
        Count  I
               Ipsychoso                                  psychoso
               Imatisch                                   matisch     Row
               I  1   I  3   I  4   I  5   I  6   I  7   I  8   I  9   I  Total
SEX         ---+-----+-----+-----+-----+-----+-----+-----+------+
             1 I  2   I  6   I  4   I  2   I  2   I  7   I  1   I  6   I     30
  männlich     I      I      I      I      I      I      I      I      I   50,8
               +--------+--------+--------+--------+--------+---+
             2 I  3   I  4   I  5   I  2   I  2   I  5   I  4   I  4   I     29
  weiblich     I      I      I      I      I      I      I      I      I   49,2
               +-----+-----+-----+-----+-----+-----+-----+------+
          Column     5    10      9      4      4     12      5    10       59
           Total   8,5  16,9   15,3    6,8    6,8   20,3    8,5  16,9    100,0

Number of Missing Observations:  0
```

2.3 Statistische Kennwerte von Datenkollektiven

Ziel der Kennwertbestimmung ist die summarische Auskunft über spezielle Eigenschaften der Merkmalsverteilung. Die Notation der Meßwerte erfolgt dabei immer nach dem Prinzip $x_1, x_2, ..., x_i, ... x_n$, wobei x_i die Ausprägung des Merkmals x beim i-ten Merkmalsträger darstellt. n ist die Anzahl der Messungen (vgl. Diehl & Kohr, 1991).

2.3.1 Maße der zentralen Tendenz

Maße der zentralen Tendenz ermöglichen es, eine gesamte Verteilung durch einen Wert in ihrer zentralen Lage zu repräsentieren. In Abhängigkeit vom jeweiligen Skalenniveau stehen verschiedene Maße zur Verfügung.

1. Der **Modus** *(mode)* oder **Modalwert** (X_M) ist der in einer Verteilung am häufigsten vorkommende Meßwert bzw. bei gruppierten Daten die Kategorie mit der größten Häufigkeit. Er kann bei allen Meßniveaus (d. h. bereits bei Nominalskala-Niveau) bestimmt werden. Bei bimodalen (zweigipfligen) Verteilungen ist er aber nicht eindeutig festzulegen.

Rechenbeispiel: *Der Modus der 50 Meßwerte aus der Häufigkeitstabelle soll ermittelt werden.*

Meßwerte:	22.5	23	27	25	24	25.5	26	26	26	26.5
	27	23.5	23	23.5	25	25	26	26	27	26.5
	26.5	26.5	25.5	25.5	25.5	24.5	24	23.5	27	26.5
	25.5	26	26	24.5	24	23	25	26	26.5	24.5
	24.5	24	22.5	25	26.5	26	25.5	25	24.5	25.5

Der Modus beträgt 26.

2. Der **Median** ($\tilde{x}$, $x_{0.5}$) ist derjenige Maßwert, unter dem genauso viele Meßwerte liegen wie darüber, d. h. der **Prozentrang** oder **Perzentilwert**. Bei ungerader Anzahl der Meßwerte werden diese nach der Größe sortiert (ranggeordnet). Der Wert, der die Reihe halbiert ist der Median. Bei gerader Anzahl wird der Median aus dem letzten Wert der oberen Hälfte der Rangreihe und dem ersten Wert der unteren Hälfte gebildet. Voraussetzung ist Ordinalskala-Niveau.

Bei **ungruppierten Daten** gilt für nach der Größe geordnete Meßwerte ($x_1 \leq x_2 \leq ... \leq x_n$):

Falls *n* gerade ist

(2.3.1) $$x_{0.5} = x_{\frac{n-1}{2}+1}$$

Falls *n* ungerade ist

(2.3.2) $$x_{0.5} = \frac{1}{2}\left(x_{\frac{n}{2}} + x_{\frac{n}{2}+1}\right)$$

Bei **gruppierten Daten** gilt:

(2.3.3) $$x_{0.5} = \overline{\mu} + \frac{\frac{n}{2} - c_{fu}}{f_{nd}} \cdot Kb$$

wobei $\overline{\mu}$ = untere Grenze der Kategorie, in der der Median liegt
c_{fu} = Anzahl der Fälle, die sich unterhalb der unteren Grenze der den Medianwert enthaltenden kritischen Kategorie befinden (kumulierte Frequenz unterhalb)
f_{nd} = Anzahl der Fälle in der kritischen Kategorie
Kb = Kategorienbreite

Eigenschaften des Medians:

- Die Summe der absoluten Abweichungen der Werte von $x_{0.5}$ ergibt ein Minimum, d. h. ist kleiner als die Summe der absoluten Abweichungen von einem beliebigen anderen Wert der Verteilung: $\sum_{i=1}^{n}(|x_i - x_{0.5}|) \leq \sum_{i=1}^{n}(|x_i - a|)$
- „Ausreißer“ haben wenig Effekt.

Rechenbeispiel: *Der Median der 50 Meßwerte soll ermittelt werden (Daten s. Modus).*

Der Median beträgt 25.5.

3. Das **arithmetische Mittel** (*mean*) oder kurz **Mittelwert** genannt (AM, $\overline{x}$) ist das gebräuchlichste Maß zur Kennzeichnung der zentralen Tendenz. Voraussetzung ist Intervallskala-Niveau der Meßwerte.

Bei **ungruppierten Meßwerten** ist

(2.3.4) $$x = \frac{1}{n} \cdot (x_1 + x_2 + \ldots x_n) = \frac{1}{n} \cdot \sum_{i=1}^{n} x_i$$

Bei **gruppierten Daten** ist

(2.3.5)
$$\bar{x} = \frac{1}{n} \cdot (f_1 x_1 + f_2 x_2 + \ldots f_m x_m) = \frac{\sum_{k=1}^{m} f_k x_k}{\sum_{k=1}^{m} f_k} = \frac{1}{n} \cdot \sum_{k=1}^{m} f_k x_k$$

wobei f_k = die Häufigkeit der Kategorie k
x_k = die Kategorienmitte der Kategorie k (x_k = (untere Kategoriengrenze + obere Kategoriengrenze)/2)
m = die Anzahl der Kategorien

Eigenschaften des arithmetischen Mittels:

- Die Summe der gerichteten (d. h. mit einem Vorzeichen versehenen) Abweichungen der Meßwerte von $\bar{x}$ ergibt Null: $\sum_{i=1}^{n}(x_i - \bar{x}) = 0$
- Die Summe der quadrierten Abweichungen ergibt ein Minimum: $\sum_{i=1}^{n} (x_i - \bar{x})^2 \leq \sum_{i=1}^{n} (x_i - a)^2$ ($a \in \mathbb{R}$ = Menge der reellen Zahlen)
- Das arithmetische Mittel linear transformierter Werte ist mit dem linear transformierten Mittelwert der ursprünglichen Werte identisch: $x_i' = a \cdot x_i + b$ ($a,b \in \mathbb{R}$) $\Rightarrow \bar{x}' = a \cdot \bar{x} + b$

```
Rechenbeispiel: Der Mittelwert der 50 Meßwerte soll ermittelt werden
(Daten s. Modus).
------------------------------------------------------------------------
Der Mittelwert beträgt 25.18.
```

4. Eine Variante des Mittelwertes stellt das **gewogene arithmetische Mittel** (*GAM*) dar, das sich aufgrund von Merkmalen ergibt, die in mehreren Kollektiven (Stichproben) unterschiedlicher Größe bestimmt wurden:

(2.3.6)
$$GAM = \frac{\sum_{j=1}^{k} n_j \cdot \bar{x}_j}{\sum_{j=1}^{k} n_j}$$

wobei k = Anzahl der Kollektive
n_j = Größe des Kollektivs j
$\bar{x}_j$ = Mittelwert des Kollektivs j

5. Bei der Varianzanalyse wird in Ausnahmefällen auf das **harmonische Mittel** zurückgegriffen (*HM*):

(2.3.7) $$HM = \frac{n}{\sum_{i=1}^{n} \frac{1}{x_i}}$$

```
Rechenbeispiel: Das harmonische Mittel der 50 Meßwerte soll ermittelt
werden (Daten s. Modus).
-----------------------------------------------------------------------
Das harmonische Mittel beträgt 25.1169.
```

6. Abschließend soll noch das **geometrische Mittel** (*GM*) vorgestellt werden, das bei bestimmten psychophysischen Gesetzmäßigkeiten die Empfindungsstärken adäquater Reize besser abbildet. Es setzt allerdings Verhältnisskala-Niveau voraus:

(2.3.8) $$GM = \sqrt[n]{x_1 \cdot x_2 \cdot \ldots \cdot x_n} = \sqrt[n]{\prod_{i=1}^{n} x_i}$$

```
Rechenbeispiel: Das geometrische Mittel der 50 Meßwerte soll ermittelt
werden (Daten s. Modus).
-----------------------------------------------------------------------
Das geometrische Mittel beträgt 25.1487.
```

2.3.2 Dispersionsmaße

Maße der zentralen Tendenz berücksichtigen nicht die Verschiedenartigkeit von Verteilungen. Angesichts dieser Tatsache, können gleiche Mittelwerte sehr unterschiedliche Bedeutung haben, z. B. je nachdem, ob die Variabilität der Meßwerte groß oder klein ist. Je größer die Variabilität bzw. Streuung, desto schlechter wird die Verteilung durch den Mittelwert repräsentiert.

1. Die **Variationsbreite** (*range*) oder **Spannweite** (*R*) stellt das einfachste Dispersionsmaß dar und ist durch den Bereich charakterisiert, in dem die Meßwerte liegen.

Dazu wird bei **ungruppierten Daten** die Differenz zwischen größtem und kleinstem Wert gebildet:

(2.3.9) $$R = \max(x_1, \ldots, x_n) - \min(x_1, \ldots, x_n)$$

Bei **gruppierten Daten** ergibt sich *R* aus der Subtraktion der oberen Kategoriengrenze der obersten Klasse von der unteren Kategoriengrenze der untersten Klasse.

Ein besonderes Problem der Spannweite ist die Sensibilität gegenüber „Ausreißern", die zu einer sehr starken Überschätzung der Variabilität der übrigen Meßwerte führen kann.

> <u>Rechenbeispiel:</u> *Die Spannweite der 50 Meßwerte soll ermittelt werden (Daten s. Modus).*
>
> ---
>
> *Die Spannweite beträgt 4.5.*

2. Der **Interquartilabstand** (*IQR*) umfaßt die mittleren 50% der Fälle. Zur Bestimmung müssen die Meßwerte gefunden werden, die den unteren und oberen 25% der Verteilung entsprechen, die Quartile Q_3 und Q_1 (Verfahren wie bei der Medianbestimmung):

(2.3.10)
$$IQR = Q_3 - Q_1$$

> <u>Rechenbeispiel:</u> *Der Interquartilabstand der 50 Meßwerte soll ermittelt werden (Daten s. Modus).*
>
> ---
>
> *Das erste Quartil beträgt 24.5. Das dritte Quartil beträgt 26. Entsprechend ist der Interquartilabstand 1.5.*

3. Informationshaltiger als die Variationsbreite aller oder eines Teils der Werte ist die **mittlere Streuung** (*AD*). Sie stellt den Durchschnitt der absoluten Abweichungen aller Meßwerte vom Mittelwert dar. Voraussetzung ist hier Intervallskala-Niveau.

Bei **ungruppierten Daten** ist

(2.3.11)
$$AD = \frac{1}{n} \cdot \sum_{i=1}^{n} (|x_i - \bar{x}|)$$

Bei **gruppierten Daten** ist

(2.3.12)
$$AD = \frac{1}{n} \cdot \sum_{k=1}^{m} f_k \, (|x_k - \bar{x}|)$$

wobei f_k = Kategorienmitte

> <u>Rechenbeispiel:</u> *Die mittlere Streuung der 50 Meßwerte soll ermittelt werden (Daten s. Modus).*
>
> ---
>
> *Die mittlere Streuung beträgt 1.046.*

4. **Varianz** (*variance*) und **Standardabweichung** (*standard deviation*) (s^2 und s) gehören zu den gebräuchlichsten Maßen zur Kennzeichnung der Variabilität einer Verteilung. Durch Quadrierung werden unterschiedlich große Abweichungen der einzelnen Werte vom Mittelwert unterschiedlich stark berücksichtigt. Voraussetzung ist hier Intervallskala-Niveau der Daten.

Bei **ungruppierten Daten** ist

(2.3.13) $$s^2 = \frac{1}{n} \cdot \sum_{i=1}^{n} (x_i - \bar{x})^2 = \frac{1}{n} \cdot \left(\sum_{i=1}^{n} x_i^2 - \frac{\left(\sum_{i=1}^{n} x_i \right)^2}{n} \right)$$

Die Standardabweichung (Streuung) hat im Unterschied zur Varianz die gleiche Einheit wie die Meßwerte.

(2.3.14) $$s = \sqrt{s^2}$$

Bei **gruppierten Daten** ist

(2.3.15) $$s^2 = \frac{1}{n} \cdot \sum_{k=1}^{m} f_k (x_k - \bar{x})^2 = \frac{1}{n} \cdot \left(\sum_{k=1}^{m} f_k x_k^2 - \frac{\left(\sum f_k x_k \right)^2}{n} \right)$$

wobei x_k = Kategorienmitte

Eigenschaften der Varianz:

- Bei linearer Transformation der Meßwerte $x_i' = a \cdot x_i + b$ ($a,b \in \mathbb{R}$) hat die neue Meßwertreihe eine um den Faktor a^2 veränderte Varianz: $s_{x'}^2 = a^2 \cdot s_x^2$.
- Die Varianz der zusammengefaßten Meßwerte zweier Meßwertreihen x_{11}, x_{12}, ..., x_{1n} und x_{21}, x_{22}, ..., x_{2n} mit den arithmetischen Mitteln $\bar{x}_1$ und $\bar{x}_2$ sowie den Varianzen s_1^1 und s_2^2 ergibt sich als:

$$s^2 = \frac{n_1 s_1^2 + n_2 s_2^2 + n_1 (\bar{x}_1 - \bar{x})^2 + n_2 (\bar{x}_2 - \bar{x})^2}{n_1 + n_2},$$

wobei

$$\bar{x} = \frac{n_1 \bar{x}_1 + n_2 \bar{x}_2}{n_1 + n_2}$$

Rechenbeispiel: Die Varianz und die Standardabweichung der 50 Meßwerte soll ermittelt werden (Daten s. Modus).

Die Varianz beträgt 1.579. Die Standardabweichung ist 1.257.

5. Der **Variationskoeffizient** relativiert die Streuung auf den Mittelwert, so daß die Variabilität von Meßwertreihen mit unterschiedlich großen Mittelwerten und bei wechselseitiger Abhängigkeit von Mittelwert und Streuung vergleichbar wird.

(2.3.16)
$$V = \frac{s}{\bar{x}}$$

Voraussetzung für diesen Koeffizienten sind Verhältnisskala-Niveau und positive Meßwerte.

Rechenbeispiel: *Der Variationskoeffizient der 50 Meßwerte soll ermittelt werden (Daten s. Modus).*

Der Variationskoeffizient beträgt 0.04991.

2.3.3 Schiefe und Exzeß

Dem Mittelwert und der Varianz liegen die ersten und zweiten Potenzen der Daten bzw. der Abweichungen zugrunde. Weitere (dritte und vierte) Potenzen bilden die sog. **höheren Momente** einer Verteilung. Dazu gehören Schiefe und Exzeß.

1. Die **Schiefe** oder **Symmetrie** (*skewness*) einer Meßwerteverteilung läßt sich grob anhand des folgenden Wertes abschätzen:

(2.3.17)
$$SCH = \frac{1}{n \cdot s^3} \cdot \sum_{i=1}^{n} (x_i - \bar{x})^3$$

Dieser Kennwert liefert Informationen darüber, wie symmetrisch die Daten um den Mittelwert liegen, d. h. wenn

- $SCH = 0$: dann ist die Verteilung symmetrisch;
- $SCH > 0$: die Verteilung ist linkssteil bzw. besitzt eine positive Schiefe;
- $SCH < 0$: die Verteilung ist rechtssteil bzw. besitzt eine negative Schiefe.

Bei der Erfüllung der Symmetriebedingung $SCH = 0$ ist allerdings Vorsicht geboten. Denn es läßt sich zeigen, daß bei manchen Verteilungen trotz einer Schiefe von Null eine deutliche Unsymmetrie vorliegt. Histogramme liefern hier u. U. genauere Abschätzungen (vgl. Abschnitt **2.6 Graphische Umsetzungen**).

Rechenbeispiel: *Die Schiefe der 50 Meßwerte soll ermittelt werden (Daten s. Modus).*

Die Schiefe beträgt -0.4694, d.h. die Verteilung ist rechtssteil. Dies ist bedingt durch die zunehmende Zahl höherer Meßwerte.

2. Der **Exzeß** (*kurtosis*) gibt Auskunft über die Breit- bzw. Schmalgipfligkeit einer Verteilung. Je größer der Exzeß wird, desto breitgipfliger die Verteilung. Der Exzeß beschreibt damit eine ähnliche Dispersion wie die Varianz, allerdings unter Berücksichtigung besonders der Werte, die in der Nähe der Zentralwerte mit etwa gleich großer relativer Häufigkeit liegen. Zudem berücksichtigt der Exzeß, wie schnell die relativen Häufigkeiten mit Abstand vom Modus kleiner werden. Die Berechnung des Exzeß sollte nur bei unimodalen (eingipfligen) Verteilungen vorgenommen werden.

(2.3.18)
$$EX = \frac{1}{n \cdot s^4} \cdot \sum_{i=1}^{n} (x_i - \bar{x})^4 - 3$$

Das Ergebnis dieses Kennwertes ist also folgendermaßen zu interpretieren:

- $EX = 0$: die Verteilung entspricht einer theoretischen Normalverteilung;
- $EX > 0$: die Verteilung ist breitgipfliger als eine theoretische Normalverteilung;
- $EX < 0$: die Verteilung ist schmalgipfliger als eine theoretische Normalverteilung.

Rechenbeispiel: Der Exzeß der 50 Meßwerte soll ermittelt werden (Daten s. Modus).

Der Exzeß beträgt -0.8111, d.h. die Verteilung ist deutlich schmaler als eine theoretische Normalverteilung.

Beide Kennwerte (Schiefe und Exzeß) können zur Interpretation (Beschreibung) der Abweichung der Verteilung von der Normalverteilung eingesetzt werden. Eine theoretische Normalverteilung besitzt eine Schiefe und einen Exzeß von Null ($SCH = 0$, $EX = 0$).

2.3.4 SPSS-Beispielrechnungen

Unter der Option Deskriptive Statistik gibt SPSS eine Reihe von Lage- und Streuungsmaßen aus. Bei den Lagemaßen sucht man Werte, die die gesamte Verteilung „gut" repräsentieren, wobei die Definition solcher Maße natürlich vom Skalenniveau abhängig ist. Ein Dispersionsmaß gibt hingegen an, wie weit die Werte um diesen mittleren Wert streuen, das bedeutet je größer die Streuung, desto schlechter wird die Verteilung durch ihn repräsentiert. In der Ausgabe finden sich u. a. folgende Angaben (vgl. SPSS, 1993):

- **Mittelwert (Mean)** – Die Summe der Werte einer Variablen über alle Beobachtungen, dividiert durch die Anzahl an Beobachtungen. Das arithmetische Mittel.
- **Standardfehler (standard error)** – Die Standardabweichung der Stichprobenverteilung einer Statistik. So ist z. B. der Standardfehler für den Mittelwert die Standardabweichung des Stichprobenmittelwerts.

*<u>SPSS-Beispiel:</u> Daten der deskriptiven Statistik der Altersvariable aus dem Beispiel-Datensatz (näheres siehe Abschnitt **13.7 Beispieldatensatz**)*

<u>Syntax:</u>

```
DESCRIPTIVES VARIABLES=alter
/FORMAT=LABELS NOINDEX
/STATISTICS=MEAN SUM STDDEV VARIANCE RANGE MIN MAX SEMEAN KURTOSIS SKEWNESS
/SORT=MEAN (A).
```

<u>Ausgabe:</u>

```
Number of valid observations (listwise) =   59,00

Variable  ALTER       Alter der Vpn

Mean        35,627         S.E.  Mean 1,725          Std Dev      13,248
Variance  175,514          Kurtosis    -,168          S.E. Kurt      ,613
Skewness      ,612         S.E. Skew    ,311          Range        60,000
Minimum        13          Maximum       73           Sum        2102,000

Valid observations - 59   Missing observations -   0
```

- **Median (Median)** – Ein Maß für die zentrale Tendenz. Der Wert über und unter dem jeweils 50 % der Beobachtungen liegen. Für fünf Beobachtungen wäre der Median der drittgrößte (oder drittkleinste) Wert der Beobachtungen. Für eine gerade Anzahl an Beobachtungen ergibt sich der Median als Durchschnitt der „mittleren" Beobachtungen. Der Median ist robust gegen Ausreißer an den Enden der Verteilung.
- **Modalwert, Modus (Mode)** – Der am häufigsten auftretende Wert (oder Werte). Eine unimodale Verteilung besitzt einen Modalwert, eine bimodale Verteilung hat zwei Modalwerte. Nützlich vor allem als Verteilungsparameter für nominale Variablen.
- **Standardabweichung (Standard Deviation)** – Die Quadratwurzel der Varianz. Die Standardabweichung ist ein Streuungsmaß, das in der gleichen Maßeinheit wie die Beobachtungen vorliegt.
- **Varianz (Variance)** – Ein Maß für die Streuung der Werte um ihren Mittelwert. Sie wird berechnet als Summe der quadrierten Abweichungen vom Mittelwert, dividiert durch die um 1 verminderte Anzahl an gültigen Beobachtungen.
- **Schiefe (Skewness)** – Ein Index für die Schiefe, also der Grad, in dem eine Verteilung nicht symmetrisch ist, so daß ein Ende der Verteilung stärker nach links oder rechts ausgeprägt ist. Für eine Normalverteilung, die symmetrisch ist, ist die Schiefestatistik 0. Eine Verteilung mit einer signifikant positiven Schiefe hat ein langes rechtes Ende. Eine Verteilung mit einer signifikant negativen Schiefe besitzt ein langes linkes Ende. Die Schiefe wird zusammen mit der Kurtosis benutzt, um zu prüfen, ob eine Variable normal verteilt ist.

- **Exzeß, Kurtosis, Wölbung (Kurtosis)** – Ein Maß für den Anteil der Beobachtungen, die in den Enden (Schwänzen) einer Verteilung liegen, bzw. für das absolute Maximum der Häufigkeitsverteilung im Vergleich zur Dichtefunktion einer Normalverteilung. Für eine theoretische Normalverteilung hat der Exzeß einen Wert von 0. Eine Variable mit negativer Kurtosis hat schwächere Enden als eine Normalverteilung, eine positive Kurtosis zeigt an, daß mehr Beobachtungen in die Enden der Verteilung fallen als bei einer Normalverteilung. Zusammen mit der Schiefe (Skewness) läßt sich abschätzen, ob eine Variable normalverteilt ist.
- **Bereich, Wertebereich, Spannweite (Range)** – Der Unterschied zwischen dem größten und dem kleinsten Wert einer Variablen.
- **Minimum (minimum)** – Der kleinste Wert einer Variablen.
- **Maximum (maximum)** – Der größte Wert für eine Variable.
- **Summe (sum)** – Alle Werte einer Variablen als aufaddiertes Ergebnis.
- **Perzentile (Percentile)** – Die Werte, die ein bestimmter Prozentsatz der Fälle über- bzw. unterschreitet. Ein Perzentil ist dabei diejenige Merkmalsausprägung, die einen bestimmten Prozentsatz der Verteilungsfläche abschneidet.

2.4 Transformationen von Daten

Die **lineare Transformation** von Meßwerten, z. B. aus Gründen der besseren Handhabbarkeit bei der Datenanalyse, ändert nichts am Verhältnis der Werte zueinander.

(2.4.1) $$x_i' = a \cdot x_i + b \quad (a,b \in \mathbb{R})$$

Für den Mittelwert und die Standardabweichung gilt:

(2.4.2) $$\bar{x}_i' = a \cdot \bar{x} + b$$

(2.4.3) $$s_{x'}^2 = a^2 s_x^2$$

Die **Standardisierung** stellt eine spezielle lineare Transformation mit dem Ziel der Vergleichbarkeit von Meßwerten aus verschiedenen Kollektiven dar. Eine häufig verwendete Transformationen ist die **z-Transformation**:

(2.4.4) $$z_i = \frac{x_i - \bar{x}}{s_x}$$

Die z-Transformation verwandelt beliebige Daten in Werte mit Mittelwert 0 und Standardabweichung 1. Ist $z = 1$, dann liegt dieser Meßwert eine Standardabweichung über dem Durchschnitt. Sind die Werte annähernd normalverteilt, liegen ca. 16% der Meßwerte über diesem Wert.

***IQ*-Transformation:**

(2.4.5) $$q_i = 15z_i + 100$$

Bei dieser Transformation ist z_i der z-transformierte Wert von x_i. Dabei ist $\bar{q} = 100$ und $s_q = 15$. Diese Skala ist typisch für Anwendungen in der Psychologie bei Intelligenztestdaten.

***T*-Transformation:**

(2.4.6) $$t_i = 10z_i + 50$$

Bei der T-Transformation wird $\bar{t} = 50$ und $s_t = 10$.

Weitere Normierungen und Transformationen finden sich in Büchern zur Testtheorie und Testkonstruktion (vgl. u. a. Lienert, 1969).

2.5 Zusammenhangsmaße

Korrelationsmaße dienen der Kennzeichnung sog. stochastischer Zusammenhänge. Dabei geht es um Fragen, ob und wie spezifische Merkmale bzw. Variablen miteinander zusammenhängen. Im Rahmen der deskriptiven Statistik werden dazu zwei Meßwertreihen benötigt, d. h. zusätzlich zu den Meßwerten $x_1, x_2, ..., x_i, ... x_n$ für das Merkmal X liegen Messungen an denselben Untersuchungseinheiten bezüglich der Variablen Y mit den Werten $y_1, y_2, ..., y_i, ... y_n$ vor. Beide Variablen werden also an jedem Merkmalsträger erhoben. Aus den sich ergebenden Meßwertpaaren soll dann das Ausmaß des Zusammenhangs ermittelt werden (vgl. Sachs, 1992).

2.5.1 Kovarianz

Unter der Kovarianz wird der Mittelwert aller Produkte von Abweichungen der Meßwerte X und den entsprechenden Meßwerten des Merkmals Y von ihren Mittelwerten verstanden:

(2.5.1) $$\operatorname{cov}(x,y) = \frac{\sum_{i=1}^{n}(x_i - \bar{x}) \cdot (y_i - \bar{y})}{n-1}$$

Die Kovarianz beschreibt das Ausmaß der gemeinsamen Veränderungen von X und Y. Eine hohe positive Kovarianz entsteht, wenn eine große positive bzw. negative Abweichung im Merkmal X von $\bar{x}$ mit einer hohen positiven bzw. negativen Abweichung im Merkmal Y von y korrespondiert. Die Höhe der Kovarianz ist demnach von der Anzahl der gleich bzw. ungleich gerichteten Abweichungen vom jeweiligen Mittelwert der Meßwertreihen X und *Y* sowie von deren Größe abhängig.

Eine inhaltliche Interpretation der Kovarianz ist, wenn Meßreihen verglichen werden sollen, nur sinnvoll, wenn die Varianzen der Meßwertreihen zum Vergleich hinzugenommen werden, weil die für intervallskalierte Daten zulässigen Transformationen unterschiedliche Kovarianzen ergeben. Ist diese Hinzunahme der Varianzen nicht möglich und sind die Maßstäbe der zugrundeliegenden Variablen unterschiedlich, sollte von einer Kovarianzberechnung abgesehen und stattdessen zur Korrelationsberechnung übergegangen werden.

2.5.2 Korrelation

Der Korrelationskoeffizient erlaubt eine gegenüber Maßstabsveränderungen der untersuchten Merkmale invariante Kennzeichnung von Merkmalszusammenhängen. Dies wird durch Normierung der Kovarianz durch die Standardabweichungen s_x und s_y erreicht. Die Korrelation ist dann die Kovarianz mit *z*-transformierten Meßwerten.

$$(2.5.2) \quad r = \frac{\text{cov}(x,y)}{s_x \cdot s_y} = \frac{\sum_{i=1}^{n} x_i y_i - \frac{1}{n} \sum_{i=1}^{n} x_i \cdot \sum_{i=1}^{n} y_i}{\sqrt{\left(\sum_{i=1}^{n} x_i^2 - \frac{1}{n}\left(\sum_{i=1}^{n} x_i\right)^2\right) \cdot \left(\sum_{i=1}^{n} y_i^2 - \frac{1}{n}\left(\sum_{i=1}^{n} y_i\right)^2\right)}}$$

Die besonderen Eigenschaften der Korrelation sind:

- Die Korrelation bewegt sich zwischen –1 und +1.
- Sie ist invariant gegenüber linearen Transformationen.

Rechenbeispiel: *Für die zwei Meßreihen*
X = 1.75 1.6 1.65 1.8 1.7 und
Y = 90 55 60 70 65
soll die Korrelation ermittelt werden.

Zur Demonstration des Rechenprinzips ist es von Vorteil, die Meßdaten in einer Tabelle anzuordnen.

2.5.3 SPSS-Beispielrechnung für Zusammenhangsmaße

Auf eine Demonstrationsberechnung von Korrelationskoeffizienten bei SPSS soll an dieser Stelle verzichtet werden. Detaillierte Angaben zur Berechnung (und Signifikanzprüfung) finden sich unter **Abschnitt 9.4.1 Pearsonscher Korrelationskoeffizient für Intervalldaten** bei der Prüfung von Zusammenhangshypothesen.

x_i	y_i	$\sum x_i$	$\sum y_i$	$\sum x_i^2$	$\sum y_i^2$	$\sum x_i y_i$
1.75	90	1.75	90	3.0625	8100	157.5
1.60	55	3.35	145	5.6225	11125	245.5
1.65	60	5	205	8.345	14725	344.5
1.8	70	6.8	275	11.585	19625	470.5
1.7	65	8.5	340	14.475	23850	581

Aus den Werten der Tabelle kann dann die Korrelation errechnet werden:

$$\bar{x} = \frac{8.5}{5} = 1.7 \quad s_x = \sqrt{\frac{1}{4}\left(14.475 - \frac{8.5^2}{5}\right)} = .08$$

$$\bar{y} = \frac{340}{5} = 68 \quad s_y = \sqrt{\frac{1}{4}\left(23850 - \frac{340^2}{5}\right)} = 13.51$$

$$r = \frac{581 - \frac{8.5 - 340}{5}}{\sqrt{\left(14.475 - \frac{8.5^2}{5}\right) \cdot \left(23850 - \frac{340^2}{5}\right)}} = 0.702$$

Korrelationskoeffizient (r)
0.7022
Kovarianz (cov)
0.6

<u>Rechenbeispiel:</u> *Zur Demonstration des „Verhaltens" des Korrelationskoeffizienten können folgende Beispielrechnungen mit 10 Werten pro Meßwertreihe dienen.*

---

1. Hoch-positive Korrelation

```
 X =  1  2  3  4  5  6  7  8  9  10
 Y =  1  2  3  4  5  6  7  8  9  10

 Korrelationskoeffizient (r)
1
 Kreuz-Produkt Abweichung (cov)
82.5
 Varianz-Kovarianz - dividiert durch n (cov1)
8.25
 Varianz-Kovarianz - dividiert durch n-1 (cov2)
9.167
```

```
2.a. Hoch-negative Korrelation

 X =  1 2 3 4 5 6 7 8 9 10
 Y =  10 9 8 7 6 5 4 3 2 1

 Korrelationskoeffizient (r)
-1
 Kreuz-Produkt Abweichung (cov)
-82.5
 Varianz-Kovarianz - dividiert durch n (cov1)
-8.25
 Varianz-Kovarianz - dividiert durch n-1 (cov2)
-9.167
---------------------------------------------------------------------------
2.b.

X = 1 10 2 9 3 8 4 7 5 6
Y = 10 1 9 2 8 3 7 4 6 5

 Korrelationskoeffizient (r)
-1
 Kreuz-Produkt Abweichung (cov)
-82.5
 Varianz-Kovarianz - dividiert durch n (cov1)
-8.25
 Varianz-Kovarianz - dividiert durch n-1 (cov2)
-9.167
---------------------------------------------------------------------------
3. Mittlere Korrelation

 X = 5 6 4 7 3 8 2 9 1 10
 Y = 10 1 9 2 8 3 7 4 6 5

 Korrelationskoeffizient (r)
-0.5152
 Kreuz-Produkt Abweichung (cov)
-42.5
 Varianz-Kovarianz - dividiert durch n (cov1)
-4.25
 Varianz-Kovarianz - dividiert durch n-1 (cov2)
-4.722
--------------------------------------------------------------------------
4.a. Niedrige Korrelation

 X =  1 2 3 4 5 6 7 8 9 10
 Y =  10 1 9 2 8 3 7 4 6 5

 Korrelationskoeffizient (r)
-0.1515
 Kreuz-Produkt Abweichung (cov)
-12.5
 Varianz-Kovarianz - dividiert durch n (cov1)
-1.25
 Varianz-Kovarianz - dividiert durch n-1 (cov2)
-1.389
---------------------------------------------------------------------------
```

```
4.b.

 X = 1 2 3 4 5 6 7 8 9 10
 Y = 5 6 7 4 3 8 9 2 1 10

 Korrelationskoeffizient (r)
0.0303030303
 Kreuz-Produkt Abweichung (cov)
2.5
 Varianz-Kovarianz - dividiert durch n (cov1)
0.25
 Varianz-Kovarianz - dividiert durch n-1 (cov2)
0.278
```

2.6 Graphische Umsetzungen

Graphische Darstellungen können allgemein als geometrisches Abbild von Datenmengen, von statistischen Parametern oder mathematischen Zusammenhängen gekennzeichnet werden. Für die „augenscheinliche" Darstellung quantitativer Daten ergeben sich dabei zunächst verschiedene Darstellungsmöglichkeiten über Balkendiagramme (Histogramme), Liniendiagramme (Polygone), Flächendiagramme und Kreisdiagramme. Balkendiagramme dienen dabei eher diskreten bzw. kategorisierbaren Datenmengen, während Linien- und Flächendiagramme für stetige Meßwertreihen geeignet sind. Da diese Diagrammformen in der Regel bekannt und leicht zu interpretieren sind, sollen hier nur einige speziellere Graphiken und Plots dargestellt und erläutert werden.

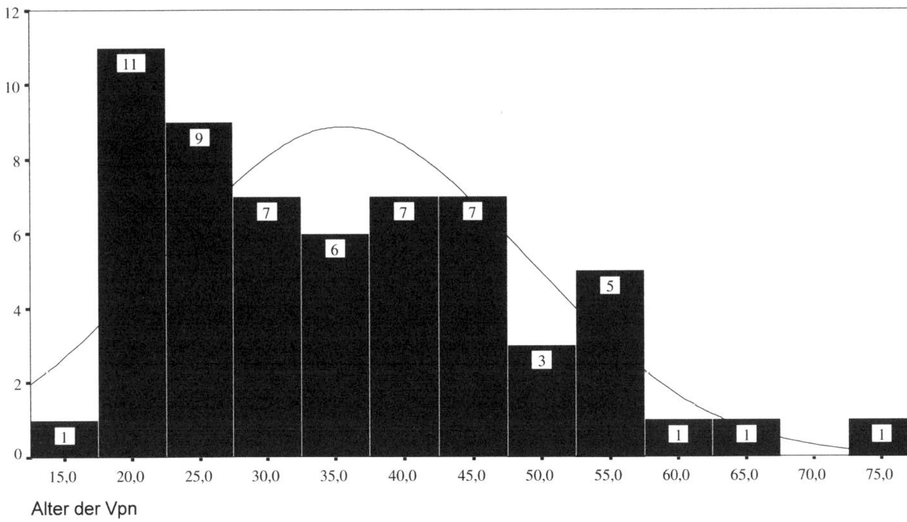

Abb. 2-1: Histogramm der Altersvariable mit Normalverteilungskurve

Zur Verdeutlichung der Verteilung von Daten eignet sich am günstigsten das Histogramm, so wie es Abbildung 2-1 zeigt. Zusätzlich ist hier allerdings noch eine Normalverteilungskurve eingezeichnet.

Histogramme zeigen die Häufigkeit von Werten einer Variablen (auf der Ordinate) in unterschiedlichen Wertebereichen bzw. Intervallen (auf der Abszisse) als getrennte Balken. Histogramme sind für Variablen geeignet, für die die Gruppierung benachbarter Werte sinnvoll ist. Für Bereiche, in denen keine Fälle zu finden sind, wird ein Freiraum gelassen. Zusätzlich überlagert in der Abbildung 2-1 eine Normalverteilungskurve das Histogramm und erleichtert so die Beurteilung der Normalverteilung einer Variablen.

In der Darstellung deutlich erkennbar ist eine linkssteile Verteilung (positive Schiefe). Die geringen Häufigkeitsausprägungen an den Rändern der Verteilung deuten auf einen leicht negativen Exzeß hin (vgl. Abschnitt **2.3.4 SPSS-Beispielrechnungen**). Daher scheint die Anpassung an die Normalverteilung nicht optimal zu sein (vgl. Abschnitt **8.4.4 SPSS-Beispielrechnungen für Nominal-Tests und Anpassungstests**).

Abbildung 2-2 zeigt eine Darstellung des sog. **Box-and-Whiskers-Plot** (kurz: Boxplot). Der Boxplot ist ein zusammenfassender Plot mit mehreren Ausgaben zur Untersuchung der Verteilung einer Variablen. Gezeigt wird der Median, die Quartilwerte und die Extremwerte.

Ein Boxplot besteht aus einem „Kasten“ (**box**), der 50% der Werte enthält, die innerhalb des 25. und 75. Perzentils (unteres und oberes Quartil) fallen. Eine Linie in der Box gibt die Lage des Medians wieder. Je länger die Box ist, desto

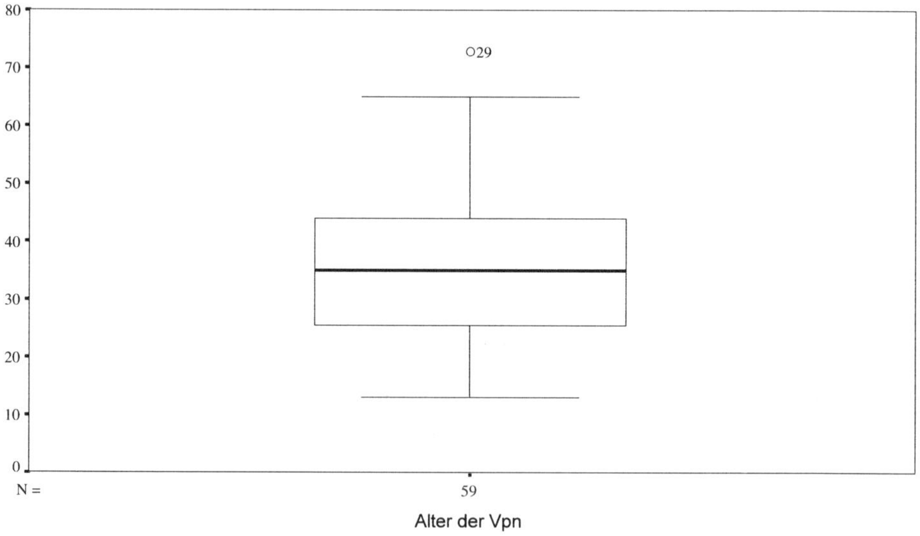

Abb. 2-2: Box-and-Whiskers-Plot der Altersvariable

```
Frequency    Stem &  Leaf

     3,00        1 .  399
    20,00        2 .  01111111133566666788
    16,00        3 .  1112245566788899
     9,00        4 .  123335566
     9,00        5 .  122334479
     1,00        6 .  5
     1,00 Extremes    (73)

 Stem width:   10
 Each leaf:       1 case(s)
```

Abb. 2-3: Stem & Leaf-Plot der Altersvariable

stärker streuen die Beobachtungswerte. Die von der Box weggehenden Linien (whiskers) reichen jeweils bis zum letzten Wert, der weniger als einen Interquartilbereich außerhalb der Box liegt. Mit O (outlier) werden Punkte bezeichnet, die außerhalb dieses Bereichs, aber weniger als das 1.5-fache des Interquartilbereichs außerhalb der Box liegen, sog. Ausreißer. Ein* bezeichnet Punkte, die mehr als das 1.5-fache des Interquartilbereichs außerhalb der Box liegen, sog. Extremwerte.

Weniger aufwendig in der Darstellung, aber dennoch durchaus informativ, ist der sog. **„Stamm & Blätter Plot" (stem & leaf)**. Hierbei handelt es sich um eine Darstellung, in der jeder beobachtete Wert in zwei Komponenten aufgeteilt wird: Einen Stamm (die führenden Stellen) und in Blätter (die nachfolgenden Stellen). Auch hiermit kann die Verteilung einer Variablen aufgezeigt werden. Die Zahlen links von der gepunkteten Linie sind der Stamm, die Zahlen rechts davon sind die Blätter (z. B. ist bei der Zahl 13 die 1 der „Stamm" und die 3 das „Blatt"). D. h. anstatt zur Darstellung aller Fälle das gleiche Symbol zu wählen, benutzen Stem-and-Leaf-Plots die tatsächlichen Datenwerte (z. B. entsprechen dem „Stamm" 1 und den „Blättern" 339 die Datenwerte 13, 13 und 19 mit der Häufigkeit 3).

3. Elementare Wahrscheinlichkeitsrechnung

3.1 Grundbegriffe

Erfahrungen aus der Geschichte zeigen, daß vom Menschen geschaffene Ordnungssysteme nicht auf eindeutig bewiesenen und damit ewig wahren Erkenntnissen beruhen, sondern auf „sinnvollen“ Interpretationen von Ereignisabfolgen. Verhalten kann nach dieser Sichtweise als ein System angesehen werden, das auf der Basis unterschiedlich wahrscheinlicher Hypothesen operiert und durch die Bestimmung dieser Wahrscheinlichkeiten lernt. In der Wahrscheinlichkeitslehre versucht die Statistik den Begriff der Wahrscheinlichkeit zu präzisieren und im Sinne von Überzufälligkeit (statistisch) abzusichern. Dazu sind zunächst verschiedene Begriffe zu unterscheiden (vgl. Bortz, 1993):

(a) Die Begriffe **subjektive und objektive Wahrscheinlichkeit** werden ansatzweise bereits alltagssprachlich unterschieden – z. B. „Ich halte es für sehr wahrscheinlich, daß ...“ vs. „Nach aller Erfahrung ist es sehr wahrscheinlich, daß ...“. Damit werden zum einen **Mutmaßungen** bezüglich einmaliger, nicht wiederholbarer Ereignisse zum Ausdruck gebracht, die prinzipiell entweder auftreten oder nicht auftreten können. Zum anderen wird Bezug genommen auf **beobachtbare Häufigkeiten** bei (im Prinzip) beliebig oft wiederholbaren Vorgängen mit nicht vorhersehbarem Ausgang, bei sog. Zufallsexperimenten.

(b) Der Begriff des **Zufallsexperiments** ist für das Konzept der objektiven Wahrscheinlichkeit grundlegend. Dabei stellt ein Zufallsexperiment die Realisierung einer durch definierte Bedingungen gekennzeichneten – und im Prinzip beliebig oft wiederholbaren – Situation dar, deren Ergebnis zufallsabhängig, d. h. im voraus nicht eindeutig bestimmbar, ist. Ein nicht weiter zerlegbares Ergebnis eines Zufallsexperiments wird als **Elementarereignis** bezeichnet. Die Menge aller möglichen, sich gegenseitig ausschließenden Elementarereignisse bildet den **Ereignisraum** S eines Zufallsexperiments. Jede Teilmenge des Ereignisraumes S stellt ein **Ereignis** dar. Es gilt dann als realisiert, wenn genau eines der Elemente der betreffenden Teilmenge eintritt. Diese Definition von Ereignis bei einem Zufallsexperiment schließt das **sichere Ereignis** mit ein (da jede Menge und somit auch der Ereignisraum sich selbst als Teilmenge enthält und irgendein Element dieser Menge, d. h. irgendein Elementarereignis immer eintritt). Diese Definition von Ereignis schließt auch das **unmögliche Ereignis** ein (da die leere Menge definitionsgemäß ebenfalls eine Teilmenge jeder Menge ist) und erlaubt es schließlich auch, jedes Elementarereignis als Ereignis zu betrachten (da jedes Element einer

Menge auch als Teilmenge dieser Menge gelten kann). Die Menge aller möglichen Ereignisse (bei einem endlichen Ereignisraum eines Zufallsexperiments) bildet das **Ereignisfeld** und entspricht der Potenzmenge $P(S)$ des Ereignisraumes.

Besteht ein Zufallsexperiment aus mehreren gleichartigen Einzelhandlungen, so wird jede Einzelhandlung als **Durchgang** bezeichnet. Der Ereignisraum entspricht dann der Produktmenge aus den Elementarereignismengen der einzelnen Durchgänge (vgl. Tabelle 3-1).

Tab. 3-1: Exemplarische Zufallsexperimente

Zufallsexperiment	**Münzwurf**	**Würfel**	**Geburt**	**2facher Münzwurf**
Elementarereignis (e)	Wappen (W)	2	Junge	WW
Ereignisraum (S)	{W,Z}	{1,2,3,4,5,6}	{J,M}	{WW,WZ,ZW,ZZ}
Ereignis ($E \subset S$)	W oder Z (sicheres E)	gerade Zahl	Mädchen	kein Ergebnis (unmögliches E)
Ereignisfeld ($P(S)$)	$2^2 = 4$	$2^6 = 64$	$2^2 = 4$	$2^4 = 16$
Durchgänge	–	–	–	1. Wurf, 2. Wurf

(c) Da Ereignisse Mengen darstellen, sind sie durch Anwendung der **mengenalgebraischen Operationen** verknüpfbar. Die Summe **zweier Ereignisse A und B** ist das Ereignis, das aus der **Vereinigung** der Mengen A und B entsteht: $A \cup B$ enthält jedes Elementarereignis, das in A oder in B oder in beiden (logische Summe) enthalten ist. Das **Produkt zweier Ereignisse A und B** ist das Ereignis, das aus dem Durchschnitt der Mengen A und B entsteht: $A \cap B$ enthält jedes Elementarereignis, das in A und in B enthalten ist (logisches Produkt). Das **Komplementärereignis zu Ereignis A** ist realisiert, wenn A nicht eintritt. $\overline{A}$ (non-A) enthält alle Elementarereignisse, die nicht zu A gehören (vgl. Abb. 3-1).

1. Geburt	**2. Geburt**	**3. Geburt**	S
Junge	Junge Mädchen	Junge Mädchen Junge Mädchen	JJJ = e_1 JJM = e_2 JMJ = e_3 JMM = e_4
Mädchen	Junge Mädchen	Junge Mädchen Junge Mädchen	MJJ = e_5 MJM = e_6 MMJ = e_7 MMM = e_8

Beispiele:

$A \cup B \equiv$ „weniger als zwei Mädchen oder alle gleiches Geschlecht" = $\{e_1, e_2, e_3, e_5, e_8\}$
$A \cap B \equiv$ „weniger als 2 Mädchen und alle gleiches Geschlecht" = $\{e_1\}$
$\overline{A} \equiv$ „wenigstens zwei Mädchen" = $\{e_4, e_6, e_7, e_8\}$

Abb. 3-1: Beispiele aus der Ereignisalgebra – 3 Kinder-Familie

3.2 Bestimmung der Wahrscheinlichkeit

3.2.1 Axiomatische Definition

Ein Wahrscheinlichkeitsmaß ist die Funktion P, die jeder Teilmenge A des Ereignisraumes S eine reelle Zahl $P(\mathrm{A})$ zuordnet, so daß folgende **Axiome** erfüllt sind:

(3.2.1) $$P(\mathrm{A}) \geq 0$$

(3.2.2) $$P(S) = 1$$

(3.2.3) $$P(\mathrm{A}_1 \cup \mathrm{A}_2) = P(\mathrm{A}_1) + P(\mathrm{A}_2), \quad \text{falls} \quad \mathrm{A}_1 \cap \mathrm{A}_2 = \varnothing$$

bzw.

(3.2.4) $$P\left(\bigcup_{i=1}^{n} \mathrm{A}_i\right) = \sum_{i=1}^{n} P(\mathrm{A}_i), \quad \text{falls} \quad \mathrm{A}_i \cap \mathrm{A}_j = \varnothing \quad \text{für} \quad i \neq j$$

Folgerungen dieser Definitionen führen zu folgenden **Wahrscheinlichkeitstheoremen:**

(3.2.5) $$P(\overline{\mathrm{A}}) = 1 - P(\mathrm{A})$$

(3.2.6) $$P(\mathrm{A}) = 1 - P(\overline{\mathrm{A}})$$

(3.2.8) $$0 \leq P(\mathrm{A}) \leq 1$$

(3.2.9) $$P(\varnothing) = 0$$

(3.2.10) $$P(\mathrm{A} \cup \mathrm{B}) = P(\mathrm{A}) + P(\mathrm{B}) - P(\mathrm{A} \cap \mathrm{B})$$

(3.2.11) $$\mathrm{A} \leq \mathrm{B} \Rightarrow P(\mathrm{A}) \leq P(\mathrm{B})$$

(3.2.12) $$P\left(\bigcup_{i=1}^{n} \mathrm{A}_i\right) = \sum_{i=1}^{n} P(\mathrm{A}_i) = 1$$

falls $\mathrm{A}_1, \mathrm{A}_2, \ldots, \mathrm{A}_n$ ein vollständiges Ereignissystem bilden, d. h. paarweise unvereinbar sind und $S = \mathrm{A}_1 \cup \mathrm{A}_2 \cup \ldots \cup \mathrm{A}_n$.

3.2.2 Klassische Konzeption

Die klassische oder symmetrische Wahrscheinlichkeitskonzeption ist entwickelt worden, um die Gewinnchancen bei Glücksspielen, wie dem Würfelspiel im voraus zu bestimmen, und basiert dementsprechend auf der Annahme der **Gleich-**

wahrscheinlichkeit der Elementarereignisse. Danach ist

$$P(\text{A}) = \frac{\text{Anzahl } n_A \text{ der in A enthaltenen Elementarereignisse}}{\text{Gesamtzahl } n_S \text{ der Elementarereignisse}}$$

oder

$$\frac{\text{Anzahl der günstigen Ergebnisse}}{\text{Anzahl der möglichen Ergebnisse}}$$

Die klassische Wahrscheinlichkeitskonzeption erfüllt die oben angegebenen Axiome, ist somit in der axiomatischen Definition enthalten. Unter der Voraussetzung der Gleichwahrscheinlichkeit der Elementarereignisse kann nach der klassischen Konzeption die Wahrscheinlichkeit eines beliebigen Ereignisses logisch bestimmt werden. Dazu ist immer zu zählen, wieviele Elementarereignisse in den Nenner und wieviele in den Zähler gehören. Kurzformeln zur Bewältigung dieses Zählproblems stellen die Regeln der **Kombinatorik** dar (vgl. Abschnitt **3.4 Kombinatorik**). Die Existenz gleichberechtigter Elementarereignisse ist nicht allgemein gesichert. Schließlich muß angemerkt werden, daß die klassische Konzeption auf Zufallsexperimente beschränkt ist, deren Ereignisraum endlich ist.

3.2.3 Konstruktion über die relative Häufigkeit

Die mit der Gleichwahrscheinlichkeitsannahme verbundenen Schwierigkeiten sucht man mit der Konstruktion der Wahrscheinlichkeit über die relative Häufigkeit zu umgehen. Wird ein Zufallsexperiment n-mal unter den gleichen Bedingungen wiederholt und tritt das Ereignis A f-mal auf (wobei $f \leq n$), so ist die relative Häufigkeit des Ereignisses:

(3.2.13) $$h_n(\text{A}) = \frac{f(\text{A})}{n}$$

Mit zunehmender Zahl der Beobachtungen nähert sich $h(\text{A})$ einem bestimmten Wert und bleibt dann annähernd konstant. Ebenso ist zu beobachten, daß die relativen Häufigkeiten bei mehreren Beobachtungszeiten großer Länge annähernd konstante Werte annehmen.

Die Wahrscheinlichkeit, daß die relative Häufigkeit $h(\text{A})$ eines Ereignisses A von der „wahren" Wahrscheinlichkeit $P(\text{A})$ um mehr als eine beliebig kleine positive Zahl e abweicht, geht gegen Null, falls die Zahl der Zufallsexperimente, die unabhängig voneinander und unter gleichen Bedingungen erfolgen, gegen unendlich geht:

(3.2.14) $$P\left(\left|\frac{f(\text{A})}{n} - p(\text{A})\right| \geq e\right) \rightarrow 0, \quad \text{wenn} \quad n \rightarrow \infty$$

Demnach stellt die Wahrscheinlichkeit $P(\mathrm{A})$ eines Ereignisses A eine theoretische Größe dar, die durch die relative Häufigkeit $h_n(\mathrm{A})$ lediglich empirisch zu schätzen ist.

3.3 Beziehungen zwischen Ereigniswahrscheinlichkeiten

3.3.1 Verbundene Wahrscheinlichkeit

Die verbundene Wahrscheinlichkeit $P(\mathrm{A} \cap \mathrm{B})$ ist die Wahrscheinlichkeit des Ereignisprodukts $\mathrm{A} \cap \mathrm{B}$, d. h. die Wahrscheinlichkeit, daß A und B gemeinsam (aber nicht unbedingt gleichzeitig) auftreten. Demnach ist

$$P(\mathrm{A} \cap \mathrm{B}) = \frac{\text{Anzahl der Elementarereignisse in } P(\mathrm{A} \cap \mathrm{B})}{\text{Gesamtzahl der Elementarereignisse}}$$

bzw.

$$\frac{\text{Häufigkeit des gemeinsamen Auftretens von A und B}}{\text{Gesamthäufigkeit}}$$

3.3.2 Bedingte Wahrscheinlichkeit

Die bedingte Wahrscheinlichkeit $P(\mathrm{A} \mid \mathrm{B})$ des Ereignisses A unter der Bedingung B ist die auf B relativierte verbundene Wahrscheinlichkeit:

(3.2.15) $$P(\mathrm{A} \mid \mathrm{B}) = \frac{P(\mathrm{A} \cap \mathrm{B})}{P(\mathrm{B})}$$

wobei A und B Ereignisse desselben Ereignisraumes darstellen und $P(\mathrm{B}) > 0$. Entsprechend gilt:

(3.2.16) $$P(\mathrm{B} \mid \mathrm{A}) = \frac{P(\mathrm{A} \cap \mathrm{B})}{P(\mathrm{A})}$$

Im allgemeinen sind diese beiden bedingten Wahrscheinlichkeiten nicht gleich, da sie unterschiedliche Mengen von Elementarereignissen repräsentieren.

Es gibt keine notwendige Beziehung zwischen der Größe der bedingten Wahrscheinlichkeit $P(\mathrm{A} \mid \mathrm{B})$ und der Größe von $P(\mathrm{A})$ – außer daß beide zwischen null und eins liegen. Die bedingte Wahrscheinlichkeit ist ein Wahrscheinlichkeitsmaß, bei dem der Ereignisraum auf jene Elemente eingeschränkt ist, die die Bedingung beinhaltet (vgl. Abbildung 3-2).

Häufigkeiten	verbundene Wahrscheinlichkeit	A ≡ Gymnasium		$\bar{A}$ ≡ nicht Gymnasium		Gesamt	Randwahrscheinlichkeit
B ≡ „obere Schicht"		15	15/62 = .24	10	10/62 = .16	25	25/62 = .40
$\bar{B}$ ≡ „untere Schicht"		7	7/62 = .12	30	30/62 = .48	37	37/62 = .60
Gesamt		22	22/62 = .36	40	40/62 = .64	62	1.00

Bedingte Wahrscheinlichkeit
$P(A \mid B) = \frac{P(A \cap B)}{P(B)} = \frac{15/62}{25/62} = .60$
$P(B \mid A) = \frac{P(A \cap B)}{P(A)} = \frac{15/62}{22/62} = .68$

Abb. 3-2: Beispiel für Ereigniswahrscheinlichkeiten: 62 Schüler, die für den Besuch eines Gymnasiums als geeignet erscheinen, verteilen sich nach 2 Jahren hinsichtlich ihres Schulbesuchs und ihrer sozialen Herkunft.

3.3.3 Unabhängigkeit

Zwei Ereignisse A und B sind voneinander (statistisch) unabhängig, wenn gilt:

(3.2.17) $$P(A \mid B) = P(A)$$

bzw. wenn

(3.2.18) $$P(A \cap B) = P(A) \cdot P(B)$$

Andernfalls sind beide Ereignisse voneinander abhängig. Wenn A von B unabhängig ist, dann umgekehrt auch B von A.

3.3.4 Bayes-Theorem

Das Bayes-Theorem ergibt sich aus der In-Beziehung-Setzung der bedingten Wahrscheinlichkeiten $P(A \mid B)$ und $P(B \mid A)$. Aus

(3.2.19) $$P(A \mid B) = \frac{P(A \cap B)}{P(B)}$$

und

(3.2.20) $$P(B \mid A) = \frac{P(A \cap B)}{P(A)}$$

ergibt sich

(3.2.21) $$P(A \mid B) \cdot P(B) = P(B \mid A) \cdot P(A)$$

und

(3.2.22) $$P(A \mid B) = \frac{P(B \mid A) \cdot P(A)}{P(B)}$$

$P(A)$ und $P(B)$ werden als **a-priori** Wahrscheinlichkeiten und $P(A \mid B)$ als **a-posteriori** Wahrscheinlichkeit bezeichnet. $P(B)$ kann aus der Formel entfernt werden, wenn $P(B \mid \bar{A})$ bekannt ist, also die Wahrscheinlichkeit von B unter der Bedingung, daß A nicht eingetreten ist:

(3.2.23) $$P(A \mid B) = \frac{P(B \mid A) \cdot P(A)}{P(B \mid A) \cdot P(A) + P(B \mid \bar{A}) \cdot P(\bar{A})}$$

Das Bayes-Theorem ermöglicht es also, eine a-posteriori Wahrscheinlichkeit – hier $P(A \mid B)$ – aufgrund von a-priori Wahrscheinlichkeiten – hier: $P(A)$, $P(B \mid A)$, $P(B \mid \bar{A})$ – zu berechnen.

Rechenbeispiel: An einer Hochschule soll ein besonderes Zulassungsverfahren für einen Leistungskurs erprobt werden. Aufgrund bisheriger Erfahrungen weiß man, daß bei uneingeschränkter Zulassung nur 60% den betreffenden Kurs erfolgreich abschließen. Von den StudentInnen im Erprobungskollektiv, die den Kurs erfolgreich absolviert haben, haben auch 80% den Zulassungstest bestanden, während nur 40% der „Versager" im Kurs den Test bestanden haben. Es stellt sich folgende Frage: Wenn der Test als Zulassungskriterium eingeführt würde, wie hoch wäre dann die Erfolgswahrscheinlichkeit der zugelassenen Studenten im Kurs?

Dabei soll A = „Kurs erfolgreich absolviert" und B = „Test bestanden" bedeuten.

Damit lassen sich zunächst die Wahrscheinlichkeiten zuordnen:

$P(A) = .60$ $P(B \mid A) = .80$ $P(B \mid \bar{A}) = .40$

Damit ergeben sich auch die anderen (komplementären) Wahrscheinlichkeiten:

$P(\bar{A}) = .40$ $P(\bar{B} \mid \bar{A}) = .20$ $P(\bar{B} \mid \bar{A}) = .60$

Gesucht ist nun die bedingte Wahrscheinlichkeit P(A|B), daß der Kurs erfolgreich abgeschlossen wird, falls der Test bestanden wurde:

$$P(A \mid B) = \frac{P(B \mid A) \cdot P(A)}{P(B \mid A) \cdot P(A) + P(B \mid \bar{A}) \cdot P(\bar{A})}$$

$$= \frac{(0.80) \cdot (0.60)}{(0.80) \cdot (0.60) + (0.40) \cdot (0.40)} = \frac{0.48}{0.48 + 0.16} = .75$$

Damit liegt die Wahrscheinlichkeit, den Kurs erfolgreich abzuschließen, falls der Test bestanden wurde, bei 75%.

3.4 Kombinatorik

Mittels der Kombinatorik lassen sich **Wahrscheinlichkeiten bestimmter Ereigniskombinationen** von gleichwahrscheinlichen Elementarereignissen ermitteln.

(a) Gesucht ist dabei die Wahrscheinlichkeit, wenn aus n Objekten (wobei die Reihenfolge keine Rolle spielt) k Elemente ausgewählt werden sollen. Die möglichen Kombinationen lassen sich durch folgende Rechenvorschrift ermitteln:

(3.4.1) $$\binom{n}{k} = \frac{n!}{(n-k)! \cdot k!}$$

> Rechenbeispiel: *Errechnet werden sollen die Kombinationen für das Lottospiel 6 aus 49. (6! bedeutet dabei die Fakultät von 6. Sie wird errechnet aus 1 · 2 · 3 · 4 · 5 · 6 = 720).*
>
> ---
>
> $$\binom{49}{6} = \frac{49!}{(49-6)! \cdot 6!} = 13983816$$
>
> ---
>
> *Die Wahrscheinlichkeit ist entsprechend 1/13983816 = 0.00000007151.*

(b) Die zweite Möglichkeit einer Kombination besteht aus n Objekten, aus denen k Elemente zufällig ausgewählt werden. Gesucht ist die Anzahl der verschiedenen Reihenfolgen:

(3.4.2) $$\frac{n!}{(n-k)!}$$

> Rechenbeispiel: *Errechnet werden soll das Aufeinanderfolgen der Karten Kreuz-As, Pik-As, Herz-As und Karo-As beim Skatspiel, also die Reihenfolge von 4 Karten aus 32 Karten.*
>
> ---
>
> $$\frac{32!}{(32-4)!} = 863040$$
>
> ---
>
> *Die Wahrscheinlichkeit ist entsprechend 1/863040 = 0.00000115869.*

(c) Einfacher ist die Berechnung von Ereignisabfolgen bei n Versuchen bei k Ereignissen. Es ergeben sich dann folgende Ereignisabfolgen:

(3.4.3) $$k^n$$

(d) Schließlich kann bestimmt werden, in wieviele verschiedene Abfolgen n Objekte zu bringen sind. Hierzu wird wiederum die Fakultätsberechnung herangezogen:

(3.4.4) $$n!$$

4. Verteilungsstatistik

4.1 Zufallsvariablen

Eine Zufallsvariable X (Synonyma sind Zufallsgröße, zufällige Veränderliche) stellt eine Funktion dar, die die Ergebnisse eines Zufallsexperiments (d. h. die Elementarereignisse) in den reellen Zahlen abbildet. Zur Kennzeichnung werden üblicherweise Großbuchstaben X, Y, Z verwendet; für mögliche Werte stehen Kleinbuchstaben x, y, z. **Diskrete Zufallsvariablen** nehmen unendlich (oder allenfalls abzählbar unendlich) viele Werte an; bei **stetigen Zufallsvariablen** liegen in jedem Intervall unendlich viele Werte (vgl. Wonnacott & Wonnacott, 1985).

4.2 Verteilungen von Zufallsvariablen

4.2.1 Wahrscheinlichkeitsverteilungen

(a) Jeder Wert x_i einer **diskreten** Zufallsvariablen X ist mit einer Wahrscheinlichkeit gekoppelt:

(4.2.1) $$p(x_i) = p_i = P(X = x_i)$$

Gemeint ist die Wahrscheinlichkeit, daß X den Wert x_i annimmt (Einzelwahrscheinlichkeit). Außer für den punktuellen Wert x_i läßt sich auch für jedes Intervall von Werten die Wahrscheinlichkeit betrachten und bestimmen:

(4.2.2) $$p(a \leq x \leq b) = \sum_{i=a}^{b} p_i$$

Durch Angabe des **Wertebereichs** $\langle x_1, x_2, \ldots, x_i, x_k \rangle$ und der **Wahrscheinlichkeitsverteilung** $\langle p_1, p_2, \ldots, p_i, p_k \rangle$ ist X vollständig charakterisiert. Wenn x ein Wert ist, den X nicht annimmt, ist $p(x) = 0$. Damit ist für alle reellen Zahlen eine Funktion definiert, die angibt, mit welcher Wahrscheinlichkeit X den Wert x annimmt, die sogenannte **Wahrscheinlichkeitsfunktion**:

(4.2.3) $$p(x) = \begin{cases} p_i & \text{für} \quad X = x_i \\ 0 & \text{für alle anderen } x \text{ auf der Zahlengerade} \end{cases}$$

(b) Für **stetige** Zufallsvariablen gilt wie für diskrete, daß jedes Intervall mit einer Wahrscheinlichkeit gekoppelt ist. Im Unterschied zum diskreten Fall gilt aber für die Wahrscheinlichkeit eines Intervallwertes zwischen aufeinanderfolgenden

Werten *a* und *b*:

(4.2.4) $$p(a < x < b) > 0$$

falls $p(x > a) > 0$ und $p(x < b) > 0$.

Vor allem aber ist die Wahrscheinlichkeit eines punktuellen Variablenwertes bei stetigen Variablen immer Null. Folglich interessieren immer nur Wahrscheinlichkeiten von Intervallen, nicht von einzelnen Werten. Bei einer Wahrscheinlichkeitsverteilung für eine stetige Variable *X* beinhaltet $f(x)$ dementsprechend nicht die Wahrscheinlichkeit, sondern die **Dichte** der Zufallsvariable. Die Wahrscheinlichkeit eines Intervalls wird dagegen repräsentiert durch die Fläche, die zwischen dem Intervall und dem betreffenden Kurvenabschnitt von $f(x)$ liegt. Eine solche Fläche wird durch Integration von $f(x)$ in den Grenzen von *a* bis *b* bestimmt:

(4.2.5) $$p(a \leq x \leq b) = \int_a^b f(x)\, dx$$

4.2.2 Verteilungsfunktion

Noch wichtiger als die Wahrscheinlichkeitsverteilung einer Zufallsvariable *X* ist ihre (kumulierte) Verteilungsfunktion $F(x)$. Deren Argumentbereich ist, wie bei der Wahrscheinlichkeitsfunktion, die Menge der reellen Zahlen, ihr Wertebereich ist die Menge der Wahrscheinlichkeiten dafür, daß *X* gleich oder kleiner als ein bestimmter Wert *x* ist:

(4.2.6) $$F(x) = p(X \leq x)$$

(a) Im **diskreten** Fall können die kumulierten Wahrscheinlichkeiten bestimmt werden, indem die Wahrscheinlichkeiten aller Einzelwerte, die gleich oder kleiner als der betreffende Wert sind, aufaddiert werden:

(4.2.7) $$F(x) = \sum_{x_i \leq x}^{x} p(x_i)$$

(b) Bei **stetigen** Variablen wird die Verteilungsfunktion aus der Dichtefunktion $f(x)$ in analoger Weise durch Integration über alle Werte, die gleich oder kleiner als ein bestimmter Wert *x* sind, gewonnen:

(4.2.8) $$F(x) = \int_{-\infty}^{x} f(x)\, dx$$

Die für viele (stetige) Zufallsvariablen angemessene **Normalverteilung** ist elementar zu integrieren. Diese lassen sich aus Tabellen bestimmen, in denen die entsprechenden Wahrscheinlichkeiten für viele *x*-Werte zwischen $-\infty < x < \infty$ (nach einer Einheitstransformation) angegeben sind. Die Wahrscheinlichkeit, daß eine stetige Zufallsvariable X einen Wert annimmt, der in dem Intervall a, b liegt, entspricht der Differenz der betreffenden Verteilungsfunktionswerte:

(4.2.9) $$p(a \leq x \leq b) = F(b) - F(a)$$

4.3 Parameter von Wahrscheinlichkeitsverteilungen

Zur Charakterisierung der Wahrscheinlichkeitsverteilung einer Zufallsvariable dienen wie in der deskriptiven Statistik bestimmte Kennwerte, in diesem Zusammenhang „Parameter" genannt. Psychologische Fragestellungen beinhalten i. d. R. Hypothesen über solche Kennwerte einer Wahrscheinlichkeitsfunktion, sog. **Erwartungswerte.**

(a) Der Begriff des Erwartungswertes entstammt dem Glücksspiel. Ein Glücksspiel besteht aus einem Einsatz und einem möglichen Gewinn, der ausgezahlt wird, wenn eins von mehreren Ergebnissen eintritt. Der **durchschnittlich zu erwartende Gewinn** bei häufigem Spiel ist der Erwartungswert. Er hängt wesentlich davon ab, mit welcher Wahrscheinlichkeit die einzelnen Ergebnisse eintreten.

Beispiel: Zwei Spieler vereinbaren, daß der eine dem anderen für jedes Auge, das der Würfel zeigt, 1 DM auszahlt. Wie hoch muß der Einsatz sein, damit das Spiel „fair" ist, d.h. Einsatz und Auszahlung sich auf lange Sicht ausgleichen?

Der Erwartungswert, die durchschnittliche Auszahlung, beträgt:

$$1 \cdot \frac{1}{6} + 2 \cdot \frac{1}{6} + 3 \cdot \frac{1}{6} + 4 \cdot \frac{1}{6} + 5 \cdot \frac{1}{6} + 6 \cdot \frac{1}{6} = 3.5$$

Damit das Spiel fair ist, sollte der Einsatz also 3.50 DM betragen. Bei nur einem Durchgang wird einer der beiden Spieler bestimmt verlieren, denn eine Auszahlung von 3.50 DM gibt es gar nicht. Aber auf lange Sicht wird die durchschnittliche Auszahlung nahe diesem Erwartungswert liegen.

Faßt man ein solches Spiel als Zufallsexperiment auf mit der Höhe des Gewinns als Zufallsvariable X, ist der Erwartungswert von X, $E(x)$, definiert als:

(4.3.1) $$E(x) = \sum_{i}^{k} x_i p(x_i)$$

für alle $X = x_1, x_2, \ldots, x_i, \ldots x_k$ im diskreten Fall bzw. als

(4.3.2) $$E(x) = \int_{-\infty}^{\infty} x f(x) dx$$

für $X = -\infty < x < \infty$ im stetigen Fall.

Der Erwartungswert von X ist der Mittelwert von X und wird im gegebenen Zusammenhang als μ_x notiert:

(4.3.3) $$E(x) = \mu_x = \text{Mittelwert von } X$$

(b) Außer dem Erwartungswert einer Zufallsvariable X kann auch der Erwartungswert irgendeiner Funktion $g(x)$ der Zufallsvariable X bestimmt werden:

(4.3.4) $$E[g(x)] = \sum_{i}^{k} g(x_i)\ p(x_i)$$

> <u>Beispiel:</u> *Bei dem Glücksspiel Würfelwurf mit der „Zahl der Augen" als Zufallsvariable X sei der Gewinn als Funktion g(x) von X durch folgende Tabelle definiert:*
>
> | x | 1 | 2 | 3 | 4 | 5 | 6 |
> |---|---|---|---|---|---|---|
> | g(x) | 0Pf. | 0Pf. | 0Pf. | 20Pf. | 40Pf. | 60Pf. |
>
> *Der Erwartungswert der Funktion beträgt dann:*
>
> $$E[g(x)] = (0 + 0 + 0 + 20 + 40 + 60) \cdot \frac{1}{6} = 20$$

(c) Von besonderem Interesse als Kennwert der Wahrscheinlichkeitsfunktion $p(x)$ von X ist der Erwartungswert der Funktion $g(x) = (X - E(x))$:

(4.3.5) $$E(X - E(x))^2 = \sum_{i=1}^{k} (x_i - E(x))^2\ p(x_i) = \sum_{i=1}^{k} p(x_i) - p_x^2$$

Dieser Erwartungswert, der im stetigen Fall entsprechend definiert ist, stellt die **Varianz** der Wahrscheinlichkeitsfunktion von X dar und wird mit σ_x^2 bezeichnet:

(4.3.6) $$E(x - E(X))^2 = \sigma_x^2 = \text{Var}(X)$$

Die **Standardabweichung** ist dementsprechend:

(4.3.7) $$\sigma_x = \sqrt{\text{Var}(X)}$$

4.4 Spezielle Wahrscheinlichkeitsverteilungen

Zwei typische Wahrscheinlichkeitsverteilungen, die bei vielen statistischen Problemen eine Rolle spielen sind die **Binomialverteilung** für diskrete Variablen und die **Normalverteilung** für stetige Variablen.

4.4.1 Binomialverteilung

Die Binomialverteilung hat einen sogenannten **Bernoulli-Prozeß** zur Voraussetzung. Ein solcher Prozeß besteht in n statistisch unabhängigen Bernoulli-Versuchen. Ein **Bernoulli-Versuch** stellt einerseits ein Zufallsexperiment mit zwei Ausgängen dar, deren Wahrscheinlichkeiten p und $q = 1-p$ sind. Beispiele für „Zufallsexperimente" mit zwei Ausgängen sind „Wappen-Zahl", „behalten-vergessen", „geheilt- nicht geheilt", „Junge-Mädchen" usw. (vgl. Abbildung 4-1).

Unter der Annahme, daß die einzelnen der n Durchgänge unabhängig sind, geht diese Zweipunktverteilung in die Binomialverteilung über, wobei $X = \sum_i^n Y_i$.

e	Junge	Mädchen	JJ	JM MJ	MM	JJM	JJM JMJ MJJ	JMM MJM MMJ	MMM
$X = Y$	1	0	2	1 1	0	3	2 2 2	1 1 1	0
$p(x)$	p	$q = 1-p$	p^2	$2pq$	q^2	p^3	$3p^2q$	$3pq^2$	q^3

Abb. 4-1: Geburt eines Kindes mit X = Anzahl der Jungen und Y = Geschlecht des Kindes

Aus den Beispielen in Abbildung 4-1 ergeben sich für eine Verallgemeinerung 2 Prinzipien:

1. Die Wahrscheinlichkeit, daß ein Elementarereignis (ein n-Tupel, mit fester Reihenfolge) auftritt, bei dem das Ereignis $X = x$ realisiert ist, beträgt

(4.4.1) $$p^x q^{n-x} = p^x (1-p)^{n-x} \quad \text{mit } x \leq n$$

2. Es gibt genau

(4.4.2) $$\binom{n}{x} = \frac{n!}{x!(n-x)!} = \frac{n(n-1)\ldots(n-x+1)}{1 \cdot 2 \cdot 3 \ldots (x-1)x}$$

Elementarereignisse (Reihenfolgen), in denen $X = x$ realisiert ist. Demnach ist die Wahrscheinlichkeitsfunktion bei n Bernoulli-Versuchen durch folgende Zuordnungsvorschrift definiert:

(4.4.3) $$p(x) = \begin{cases} \binom{n}{x} \cdot p^x (1-p)^{n-x} & \text{für } X = 0, 1, 2, \ldots, n \\ 0 & \text{sonst} \end{cases}$$

Als **Parameter** gehen in diese Verteilung n und p ein. Eine entsprechend verteilte Variable X wird demgemäß als ***B*(*n*, *p*)-verteilt** bezeichnet.

In der statistischen Praxis interessiert oft die Verteilungsfunktion $F(x)$ der Binomialverteilung. In Anwendung der allgemeinen Form für den diskreten Fall auf diese besondere Verteilung gilt:

(4.4.4) $$F(x) = p(X \leq x) = \sum_{x_i \leq x}^{x} p(x_i) = \sum_{x_i \leq x}^{x} \binom{n}{x_i} p^{x_i} (1-p)^{n-x_i}$$

Beispiel: Eine Prüfung besteht aus 10 Mehrfachwahl-Fragen mit je 5 Alternativen. Um das Examen zu bestehen, müssen wenigstens 50% der Fragen (d.h. also 5 Fragen) korrekt beantwortet werden. Die Frage ist nun, wie groß die Wahrscheinlichkeit ist, daß ein Prüfling das Examen durch Raten besteht?

Voraussetzungsgemäß stellt das Examen einen Bernoulli-Prozeß mit n = 10 und p = .20 für eine korrekte Antwort dar. Es sei

$$Y = \begin{cases} 0 \\ 1 \end{cases}, \text{ falls eine Antwort } \begin{cases} \text{falsch} \\ \text{korrekt} \end{cases} \quad \textit{und } X = \sum_{i=1}^{10} Y_i$$ *(Anzahl korrekter Antworten in der Prüfung)*

Gefragt ist nach p(X ≥ 5).

Dazu sind zunächst die Einzelwahrscheinlichkeiten p(x) zu bestimmen:

$$p(X = 0) = \binom{10}{0}(.20)^0(.80)^{10} = 1(.80)^{10} = .107$$

$$p(X = 1) = \binom{10}{1}(.20)^1(.80)^9 = 10(.20)^1(.80)^1 = .268$$

$$p(X = 2) = \binom{10}{2}(.20)^2(.80)^8 = 45(.20)^2(.80)^8 = .302$$

...

$$p(X = 10) = \binom{10}{10}(.20)^{10}(.80)^0 = 1(.20)^{10} =.000$$

Für die gesuchte Intervallwahrscheinlichkeit gilt:

$$p(x \geq 5) = 1 - p(x \leq 4) = 1 - F(4) = 1 - \sum_{x_i=0}^{4} p(x_i)$$

$$= 1 - (.107 + .268 + .302 + .201 + .088) = 1 - .967 =.033$$

Die Wahrscheinlichkeit, das Examen allein durch Raten zu bestehen, beträgt also .033.

4.4.2 Normalverteilung

Die Normalverteilung (oder Gauss-Verteilung) ist nur eine von vielen denkbaren Wahrscheinlichkeitsfunktionen für stetige Variablen, aber die bedeutendste Form. Die Dichtefunktion der Normalverteilung ist durch folgende Zuordnungsregel definiert:

(4.4.5) $$f(x;\mu,\sigma) = \frac{1}{\sigma\sqrt{2\pi}} \cdot e^{-\left(\frac{(x-\mu)^2}{2\sigma^2}\right)} \quad \text{für } -\infty < x < \infty$$

Durch diese Regel ist gewährleistet, daß der Flächeninhalt unter der Kurve gleich 1 ist, die Dichte $f(x)$ umso kleiner ist, je weiter x vom Mittelwert μ_x entfernt liegt, und schließlich x-Werte mit dem gleichen absoluten Abstand von μ_x die gleiche Dichte haben (Symmetrie). Der Funktionswert $f(x)$ ist nicht nur von x, sondern auch von den beiden Parametern μ_x und σ_x abhängig. Eine entsprechend verteilte Zufallsvariable X bezeichnet man entsprechend auch als **$N(\mu_x,\sigma_x^2)$-verteilt** (normalverteilt).

Sämtliche Normalverteilungen sind durch eine **z-Transformation** in die **Standardnormalverteilung** mit dem Erwartungswert $E(x) = \mu_x = 0$ und der Streuung $\sigma_x = 1$ überführbar:

(4.4.6) $$z = \frac{x - \mu_x}{\sigma_x}$$

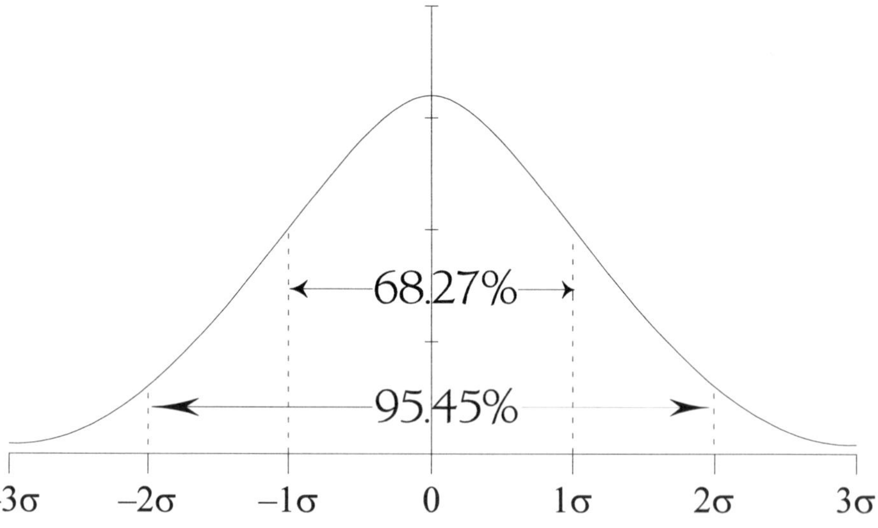

Abb. 4-2: Standardnormalverteilung mit ausgewählten Intervallen in Streuungseinheiten abgetragen

Die entsprechende Zuordnungsvorschrift für die Dichtefunktion ist:

(4.4.7) $$f(z) = \frac{1}{\sqrt{2\pi}} \cdot e^{-\left(\frac{z^2}{2}\right)}$$

Aufgrund dieser Überführbarkeit jeder Normalverteilung mit beliebiger Kontinuation von μ und σ in die Standardnormalverteilung ist es möglich, für bestimmte Intervalle der Variablen X die Wahrscheinlichkeiten zu bestimmen und in einer Tabelle festzuhalten (vgl. Abbildung 4-2). Dazu ist von der Verteilungsfunktion der Standardnormalverteilung auszugehen:

(4.4.8) $$F(z) = p(Z \leq z) = \int_{-\infty}^{z} f(z)\, dz = \int_{-\infty}^{z} \frac{1}{\sqrt{2\pi}} \cdot e^{-\left(\frac{z^2}{2}\right)} dz$$

Eine z-Tabelle mit Wahrscheinlichkeiten für ausgewählte z-Werte kann nach unterschiedlichen Prinzipien konstruiert sein. Im einfachsten Fall finden sich in der ersten Spalte ausgewählte positive und negative z-Werte und in einer zweiten die zugehörigen $F(z)$-Werte (vgl. Abschnitt **13.1 z-Tabelle der Standardnormalverteilung**).

Die negativen z-Werte lassen sich auch durch folgende Beziehung errechnen:

(4.4.9) $$F(z) = 1 - F(z)$$

Zur Bestimmung der Wahrscheinlichkeit von Variablenintervallen dient die Beziehung:

(4.4.10) $$p(a \leq z \leq b) = F_z(b) - F_z(a)$$

Durch **Rücktransformation** eines einer bestimmten Wahrscheinlichkeit entsprechenden z-Wertes nach der Beziehung

(4.4.11) $$x = z \cdot \sigma_x + \mu_x$$

läßt sich der dieser Wahrscheinlichkeit entsprechende x-Wert bestimmen.

Rechenbeispiel: Wie groß ist in einer normalverteilten Population mit N(100,225) [Mittelwert, Varianz] die Wahrscheinlichkeit für einen IQ zwischen 100 und 120?

Um das p(100 ≤ x ≤ 120) bestimmen zu können, sind die entsprechenden z-Werte zu ermitteln:

$$F_x(120) - F_x(100) = p(100 \leq x \leq 120) = p\left(\frac{100 - 100}{15} \leq x \leq \frac{120 - 100}{15}\right)$$

$$= p(0.0 \leq z \leq 1.33) = F_z(1.33) - F_z(0.0) = .9082 - .50 = .4082$$

Damit ist die Wahrscheinlichkeit für einen IQ-Wert zwischen 100 und 120 bei der Normalverteilung N(100,225) p=.4082.

Rechenbeispiel: Die Testwerte X eines psychologischen Piloteignungstests seien angenähert normalverteilt mit N(100,400). In die engere Wahl kommen nur die 25% der Getesteten, die am geeignesten sind. Welchen Testwert X muß jemand erreichen, um in die engere Wahl zu kommen?

Gesucht wird also der Wert $x_{.75}$ für den gilt $p(X \leq x_{.75})=.75$
Für den entsprechenden z-Wert $z_{.75}$ gilt analog: $p(Z \leq z_{.75})=.75$

Aus der Tabelle ergibt sich für diesen Wert $z_{.75} = .77337$

Daraus errechnet sich der Wert $x_{.75}$ nach der gegebenen Beziehung:

$$x_{.75} = z_{.75} \cdot \sigma_x + \mu_x = .77337 \cdot 20 + 100 = 115.467$$

In die engere Wahl kommen nur Bewerber, die einen Testwert von mindestens 115 erreichen.

5. Grundlagen der statistischen Inferenz

5.1 Grundbegriffe

Die Betrachtungen in den beiden vorausgehenden Kapiteln bewegten sich im Rahmen einer in sich geschlossenen mathematischen Theorie, über deren Verbindung mit der Empirie noch nichts systematisch ausgesagt worden ist. Die zentrale Frage ist aber, wie die Wahrscheinlichkeitstheorie für die empirische Forschung nutzbar gemacht werden kann, um von Ereignissen mit beschränkter Aussagekraft zu Aussagen mit exakt festgelegter Gültigkeit über Wahrscheinlichkeitsfunktionen von Zufallsvariablen zu gelangen (vgl. Bortz, 1993).

5.1.1 Allgemeine Erläuterungen

Die **Inferenzstatistik** befaßt sich mit Problemen des (induktiven) Schließens von Ergebnissen, die an einer relativ kleinen Anzahl von Einheiten einer Grundgesamtheit – an einer Stichprobe – ermittelt wurden, auf die Verhältnisse in der Grundgesamtheit selbst.

Als **Grundgesamtheit (Population)** bezeichnet man alle potentiell untersuchbaren Einheiten, die ein gemeinsames Merkmal (oder Merkmalsbündel) aufweisen, von begrenztem Umfang (z. B. die Leser einer bestimmten Zeitung) oder theoretisch unbegrenztem Umfang (z. B. alle Erstgeborenen). Ein **Parameter** stellt den Kennwert von Merkmalsverteilungen in Grundgesamtheiten dar (z. B. N, μ, σ^2).

Eine **Stichprobe** ist eine Teilmenge der Grundgesamtheit, die nach bestimmten Verfahren so zusammengestellt wurde, daß jede Einheit eine bekannte und von Null verschiedene Wahrscheinlichkeit hat, ausgewählt zu werden. Gründe für die Teilerhebung liegen vor allem in der (praktischen) Unmöglichkeit einer Vollerhebung und in Kosten- und Zeitfaktoren.

Auswahlverfahren sind wesentlich für die Repräsentativität der Stichprobe (und damit für die Qualität der statistischen Inferenz). Bei einer **Zufallsauswahl** hat jedes Element der Grundgesamtheit die gleiche Chance, in die Stichprobe aufgenommen zu werden, und die Ziehung ist unabhängig von jeder anderen (Prinzip der Randomisierung). Praktische Probleme liegen darin, daß nicht alle Elemente der Grundgesamtheit bekannt bzw. erreichbar sind und systematische Fehler nicht auszuschließen sind. Bei einer **geschichteten Auswahl** werden die Einheiten nicht direkt aus der Grundgesamtheit entnommen, sondern aus Untergliederungen der Gesamtheit nach vorgegebenen, relevanten Kategorien („Schichten" sind z. B. Geschlecht, Alter, Familiengröße etc.). Bei **proportional geschichteten (stratifizierten) Auswahlen** werden im Rahmen der Gesamtauswahl jeder Schicht solche Fälle (nach Zufall) entnommen, wie es deren Anteil in der Grundgesamtheit entspricht. Bei der **Klumpenauswahl** werden nach Untergliederung der Grundgesamtheit in eine überschaubare Anzahl von „Klumpen“ (Gruppen, Kollektiven) einige Klumpen zufallsbedingt für eine intensivere Analyse herausgegriffen, sei es in Form einer Vollerhebung oder als Ausgangspopulation für einfache Zufallsauswahlen in einem zweiten Auswahlschritt.

5.1.2 Präzisierung des Stichprobenbegriffs

Für eine **Präzisierung des Stichprobenbegriffs** gilt folgendes Prinzip. Gegeben sei eine Grundgesamtheit und ein interessierendes Merkmal X. Durch Zufallsauswahl von n Beobachtungen (n = Stichprobenumfang) wird X zu einer auf der Grundgesamtheit erklärten Zufallsvariablen. Jede der Messungen ist nun jeweils als eine neue Zufallsvariable aufzufassen. Die Zufallsvariablen X_1, X_2, ..., X_n bilden eine **mathematische Stichprobe** unter folgenden Bedingungen:

1. Alle haben die gleiche Wahrscheinlichkeitsverteilung, d. h.

(5.1.1) $$p(x_1) = p(x_2) = \dots = p(x_n) = p(x)$$

bzw.

(5.1.2) $$f(x_1) = f(x_2) = \dots = f(x_n) = f(x)$$

2. Die Wahrscheinlichkeitsverteilungen sind unabhängig voneinander, d. h.

(5.1.3) $$p(x_1, x_2, \dots, x_n) = p(x_1)\, p(x_2) ..\, p(x_n)$$

bzw.

(5.1.4) $$f(x_1, x_2, \dots, x_n) = f(x_1)\, f(x_2) \dots\, f(x_n)$$

Die Meßwerte x_1, x_2, ..., x_n stellen als Realisierungen der Zufallsvariablen X_1, X_2, ..., X_n die **konkrete Stichprobe** dar.

5.2 Stichprobenverteilungen und zentraler Grenzwertsatz

5.2.1 Stichprobenverteilungen

Die Beobachtungen bei einer Zufallsstichprobe können – entsprechend der Kennwertbildung in der deskriptiven Statistik – zusammengefaßt werden. Mit Bezug auf die mathematische Stichprobe wird von **Stichprobenfunktionen** (oder Statistiken) gesprochen, z. B. $\bar{X} = \frac{1}{n} \sum X_i$ oder $S^2 = \frac{1}{n} \sum (X_i - \bar{X})^2$.

Eine Stichprobenfunktion ist demnach ebenfalls eine Zufallsvariable. Ihre Realisierung, d. h. die entsprechende Funktion der konkreten Stichprobe, wird als **konkrete Stichprobenfunktion** bezeichnet, z. B. $\bar{x} = \frac{1}{n} \sum x_i$ oder $s^2 = \frac{1}{n} \sum (x_i - \bar{x})^2$.

Um die Stichprobenfunktionen als Schätzwerte für entsprechende Populationsparameter, d. h. für Zweige der statistischen Inferenz anwenden zu können, wird von der *k*-fachen Wiederholung der Stichprobenbildung ausgegangen. Die bei diesen *k* Stichproben zu bestimmenden Stichprobenfunktionen sind nicht identisch und weichen mehr oder weniger stark von dem betreffenden Populationsparameter ab. Werden (theoretisch unendlich) viele Stichproben gezogen, resultiert daraus eine **Stichprobenverteilung** (*sampling distribution*) einer Stichprobenfunktion. Die Streuung dieser Verteilung bestimmt, wie genau eine einzelne Stichprobenfunktion (z. B. $\bar{x}$) den unbekannten Parameter (z. B. μ) zu schätzen ermöglicht. Für den Fall der Mittelwertsbildung gelten dabei folgende Beziehungen:

(5.2.1) $$E(\bar{X}) = E(X) = \mu$$

(5.2.2) $$\text{Var}(\bar{X}) = \sigma_{\bar{x}}^2 = \frac{1}{n} Var(X) = \frac{1}{n} \sigma_x^2$$

bzw.

(5.2.3) $$\sigma_{\bar{x}} = \frac{\sigma_x}{\sqrt{n}}$$

Für den Populationparameter μ ist demnach der Stichprobenmittelwert die beste Schätzung. $\sigma_{\bar{x}}$ ist der sogenannte **Standardfehler** (*standard error*) bei dieser Schätzung. Er ist nach der letzten Formel umso größer, je größer die Populationsvarianz, und umso kleiner, je größer die Stichprobe.

Entsprechende Stichprobenverteilungen von anderen Stichprobenfunktionen (Statistiken) lassen sich konstruieren. Sie werden dabei häufig als **„Test-" oder „Prüfverteilungen"** bezeichnet, da sie auch für das Testen von Hypothesen über Parameter herangezogen werden.

Rechenbeispiel: *Im folgenden soll gezeigt werden, wie die Kenntnis der Stichprobenverteilung der Mittelwerte zur möglichst genauen Schätzung von μ_x genutzt werden kann.*

Überprüft werden soll der Erfolg eines neuen Lernprogramms. Die Wahrscheinlichkeitsfunktion der Zufallsvariable „Punktwert" in einem entsprechenden Test sei normalverteilt mit $\sigma_x^2 = 25$ und unbekanntem μ_x. Bei 36 nach Zufall ausgewählten Vpn, die nach Durcharbeiten des Programms getestet worden sind, liegt der Stichprobenmittelwert bei $\bar{x} = 107$. μ_x soll von $\bar{x}$ mit einer Wahrscheinlichkeit von $p = .90$ erschlossen werden.

Gesucht werden also die Grenzen a und b eines Intervalls, für das gilt:

$$p(a < \mu_x < b) = .90$$

Bei der Standardnormalverteilung entsprechen diesen Grenzen die Werte -1.64 und 1.64. Um sie verwenden zu können, muß der Mittelwert standardisiert werden:

$$z = \frac{\bar{x} - \mu_x}{\sigma_x / \sqrt{n}}$$

Dann gilt:

$$p\left(-1.64 < \frac{\bar{x} - \mu_x}{\sigma_x / \sqrt{n}} < 1.64\right) = .90$$

$$p\left(-1.64 \frac{\sigma_x}{\sqrt{n}} < \bar{x} - \mu_x < 1.64 \frac{\sigma_x}{\sqrt{n}}\right) = .90$$

$$p\left(-1.64 \frac{\sigma_x}{\sqrt{n}} - \bar{x} < -\mu_x < 1.64 \frac{\sigma_x}{\sqrt{n}} - \bar{x}\right) = .90$$

$$p\left(\bar{x} - 1.64 \frac{\sigma_x}{\sqrt{n}} < \mu_x < \bar{x} + 1.64 \frac{\sigma_x}{\sqrt{n}}\right) = .90$$

$$p(107 - 1.37 < \mu_x < 107 + 1.37) = .90$$

$$p(105.63 < \mu_x < 108.37) = .90$$

Im Ergebnis kann also gesagt werden, daß der mittlere Erfolg des Programms mit einer Wahrscheinlichkeit von $p = .90$ zwischen 105.63 und 108.67 Punkten liegt.

5.2.2 Zentraler Grenzwertsatz

Das Konzept der Stichprobenverteilung erhält besondere Bedeutung in Verbindung mit dem Zentralen Grenzwertsatz. Dieser Satz besagt u. a.: Gleichgültig, wie die Zufallsvariable X verteilt ist, die Verteilung der Stichprobenmittelwerte ist normal, sofern die Stichprobe sehr groß ist.

(a) In allgemeiner Form läßt sich der Satz so formulieren: Wenn $X_1, X_2, \ldots, X_n$ unabhängige Zufallsvariablen mit derselben – beliebigen – Wahrscheinlichkeitsverteilung $p(x)$ bzw. $f(x)$ mit dem Mittelwert μ und der Standardabweichung σ sind, dann ist die Summenvariable $S_n = X_1 + X_2 + \ldots + X_n$ asymptotisch normalverteilt mit dem Mittelwert $n \cdot \mu$ und der Standardabweichung $\sigma \cdot \sqrt{n}$. Transformiert man die Summenvariable S_n in die Standardvariable $Z_n = \dfrac{S_n - n \cdot \mu}{\sigma \cdot \sqrt{n}}$, so nähert sich die Wahrscheinlichkeitsverteilung dieser Standardvariablen mit zunehmender Stichprobengröße der Standardnormalverteilung.

(b) Eine **erste Folgerung** aus dem Zentralen Grenzwertsatz ergibt sich daraus, daß der Stichprobenmittelwert als Summenvariable aufgefaßt werden kann:

(5.2.4)
$$\bar{X} = \frac{X_1}{n} + \frac{X_2}{n} + \ldots + \frac{X_n}{n}$$

wobei die einzelnen Summanden voraussetzungsgemäß als Zufallsvariable mit gleicher Wahrscheinlichkeitsverteilung zu gelten haben. Demzufolge gilt für den Stichprobenmittelwert: Je größer die Stichprobe, desto mehr nähert sich die Stichprobenverteilung des Mittelwerts der Normalverteilung mit dem Mittelwert μ und der Standardabweichung $\sigma \cdot \sqrt{n}$ an. Die tatsächliche Verteilung der Meßwerte, d. h. die Verteilung in der Population, der die Stichprobe entnommen worden ist, ist ohne Belang.

Werden nicht die Stichprobenmittelwerte selbst betrachtet, sondern die standardisierten Mittelwerte

(5.2.5)
$$Z_n = \frac{\bar{x} - \mu}{\sigma / \sqrt{n}}$$

so nähert sich die Stichprobenverteilung dieser Variablen mit zunehmender Größe der Stichprobe der Standardnormalverteilung $N(0,1)$.

Eine **zweite Folgerung** beinhaltet die Annäherung der Binomialverteilung an die Normalverteilung und basiert darauf, daß eine binomialverteilte Zufallsvariable X als Summenvariable aufzufassen ist:

(5.2.6)
$$X = X_1 + X_2 + \ldots + X_n \quad \text{mit} \quad X_i \begin{cases} 0 \\ 1 \end{cases}$$

Voraussetzungsgemäß sind die Variablen $X_1, X_2, \ldots, X_n$ unabhängig und besitzen die gleiche Wahrscheinlichkeitsfunktion

(5.2.7)
$$p(x) = \begin{cases} p \\ 1-p \end{cases} \quad \text{für} \quad \begin{cases} X_i = 1 \\ X_i = 0 \end{cases}$$

Dem Zentralen Grenzwertsatz folgend geht die Binomialverteilung mit zunehmendem n in die Normalverteilung mit $\mu_x = n \cdot p$ und $\sigma_x^2 = n \cdot p \cdot (1 - p)$ über. Wird wiederum statt der Ausgangsvariablen X die standardisierte Variable betrachtet

(5.2.8)
$$Z_n = \frac{X - n \cdot p}{\sqrt{n \cdot p \cdot (1 - p)}}$$

so geht auch deren Verteilung mit zunehmendem n in die Standardnormalverteilung $N(0,1)$ über. Die Genauigkeit der Approximation ist i. a. hinreichend, wenn n größer als $5/p$ und $5/(1-p)$ ist. Für große n bedeutet diese Anwendung des Zentralen Grenzwertsatzes eine enorme Rechenerleichterung.

Rechenbeispiel: Die Wahrscheinlichkeit, die Schulbildung mit dem Abitur abzuschließen, sei für Arbeiterkinder p =.15. Die Leitung einer Schule, an der unter 25 Abiturienten des letzten Jahrgangs 10 Arbeiterkinder gewesen sind, verbucht dies als Erfolg ihrer sozialen Aufgeschlossenheit. Damit setzt sie voraus, daß ein solches Ergebnis nicht zufällig zustandegekommen sein kann. Wie groß ist - bei einer Wahrscheinlichkeit von p =.15, daß Arbeiterkinder das Abitur erreichen - die Wahrscheinlichkeit, daß n = 35 Abiturienten zufällig X = 10 oder mehr Arbeiterkinder sind und ist die Normalverteilung hier gerechtfertigt?

Da der Stichprobenumfang groß genug ist (35 > 5/.15 und 35 > 5/.85), kann die (Standard-) Normalverteilung zugrundegelegt werden:

$$Z_{35} = \frac{10 - 35 \cdot (.15)}{\sqrt{35 \cdot (.15) \cdot (.85)}} = \frac{4.75}{2.11} = 2.24$$

Aus der Wahrscheinlichkeitstabelle für die Standardnormalverteilung erhält man den gesuchten Wert durch geeignete Umformung:

$$p(Z \geq 2.24) = 1 - p(Z < 2.24) = 1 - F(2.24) = 1 - .9874 = .0126$$

Bei einer Wahrscheinlichkeit von p =.15, daß Arbeiterkinder das Abitur erreichen, ist der gegebene Anteil von 10 Arbeiterkindern bei 25 Abiturienten einer Klasse ein recht seltenes Ereignis. Der Anspruch der Schulleitung scheint begründet zu sein.

Da fast alle Schätzwerte für Populationsparameter als Summen von Zufallsvariablen betrachtet werden können, folgen ihre Stichprobenverteilungen bei genügend großer Stichprobe durchweg der Normalverteilung. Das gilt beispielsweise auch für die Stichprobenvarianz und den Median. Die Standardnormalverteilung spielt eine entsprechend zentrale Rolle bei der statistischen Inferenz.

5.3 Spezielle Stichproben-/Prüfverteilungen

Die im folgenden eingeführten drei Stichprobenverteilungen basieren auf **Stichprobenfunktionen von normalverteilten Zufallsvariablen.** Diese Funktionen ergeben sich aus bestimmten Stituationen, in denen man im Rahmen bestimmter Probleme der statistischen Inferenz **statistische Tests** anwenden möchte. Daraus resultiert auch die Bezeichnung „Prüf-" oder „Testverteilung". Sie spielen bei den wichtigsten Tests eine Rolle. Typische Parameter dieser Verteilungsfunktionen und der entsprechenden Grundgesamtheitsparameter lassen sich der Tabelle 5-1 entnehmen:

Tab. 5-1: Übersicht von Grundgesamtheits- und Stichprobenparametern

Population	Kennwert	Stichprobe
μ	Erwartungswert/Mittelwert	$\overline{x}$
σ	Standardabweichung	s
σ^2	Varianz	s^2
ρ	Korrelation	r

Zuvor aber eine Erklärung zum Begriff des **Freiheitsgrades** (FG, degree of freedom, df), der grundlegend für das Konzept von Verteilungsfunktionen ist. Erhält man die Werte der Zufallsvariable X aufgrund irgendeiner funktionalen Beziehung aus den Werten der unabhängigen Zufallsvariablen $X_1, X_2, ..., X_n$, dann ist die Anzahl n dieser Zufallsvariablen der Freiheitsgrad von X. Wenn beispielsweise

(5.3.1) $$X = X_1^2 + X_2^2$$

dann gibt es zwei unabhängige Zufallsprozesse, die bestimmen, welchen Wert X annimmt. Vielfach beinhaltet eine Stichprobenfunktion aber bestimmte Restriktionen der Variationsfreiheit der zugrundeliegenden Zufallsvariablen; dann verringert sich die Anzahl der Freiheitsgrade von X um die entsprechende Anzahl von Restriktionen. So setzt beispielsweise die Stichprobenfunktion „Stichprobenvarianz" die Bestimmung des Stichprobenmittelwertes voraus; dementsprechend hat sie n-1 Freiheitsgrade.

5.3.1 χ^2-Verteilung

$X_1, X_2, ..., X_n$ sei eine mathematische Stichprobe aus einer normalverteilten Grundgesamtheit, d. h. $X_i = N(\mu, \sigma^2)$. Durch Standardisierung erhält man die Werte $Z_1, Z_2, ..., Z_n$, wobei $Z_i = \frac{X_i - \mu}{\sigma}$ und $N(0, 1)$ verteilt. Dann besitzt die Quadratsumme

(5.3.2) $$\chi_n^2 = Z_1^2 + Z_2^2 + ... + Z_n^2 = \sum_{i=1}^{n} Z_i^2 = \sum_{i=1}^{n} \frac{(X_i - \mu)^2}{\sigma^2}$$

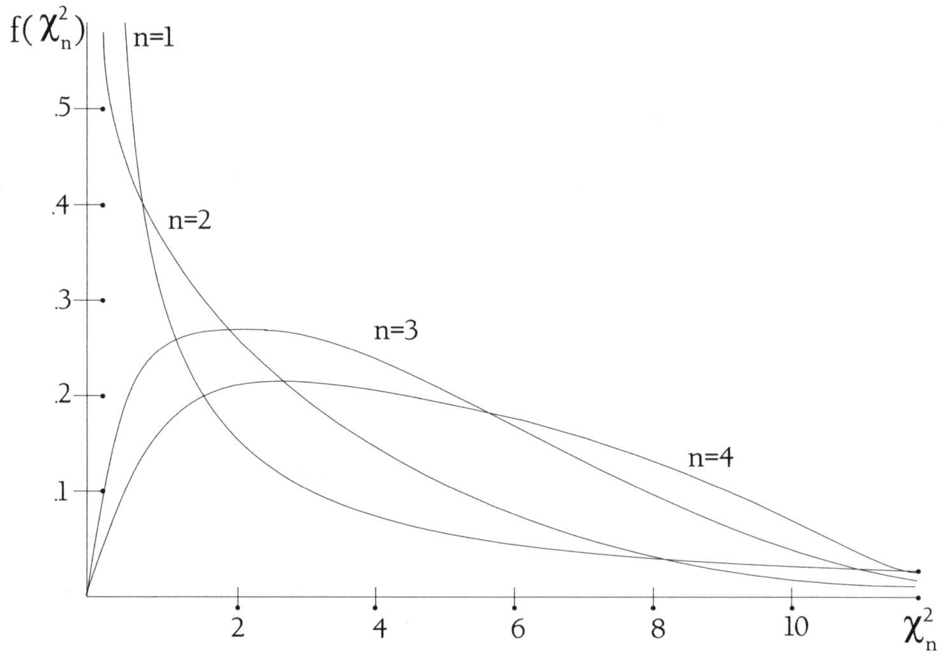

Abb. 5-1: Verlauf der χ^2-Verteilung in Abhängigkeit von den Freiheitsgraden

eine **χ^2-Verteilung** mit n Freiheitsgraden. Die Verteilung ist stetig und abhängig vom Parameter n (vgl. Abbildung 5-1).
Die χ^2-Verteilung ist aufgrund der Quadrierung nur für nicht-negative Werte definiert; für $\chi^2 < 0$ ist $f(\chi^2)$ stets gleich null. Es handelt sich um eine Wahrscheinlichkeitsverteilung: die Fläche unter der Kurve ist 1, der Erwartungswert $E(\chi^2_n) = n$ und die Varianz $\mathrm{Var}(\chi^2_n) = 2n$.

Zur Prüfung von Wahrscheinlichkeitsaussagen mit Hilfe der χ^2-Verteilung kann, wie bei der z-Verteilung, auf geeignete tabellierte Darstellungen zurückgegriffen werden (vgl. Abschnitt **13.5 χ^2-Tabelle von χ^2-Verteilungen**). Diese Tabellen enthalten χ^2-Werte in der Form $\chi^2_{n,\alpha}$. Damit ist der Wert einer χ^2-verteilten Zufallsvariable mit df = n bezeichnet, für den gilt (vgl. Abbildung 5-2):

(5.3.3) $$p\left(\chi^2 < \chi^2_{n,\alpha}\right) = 1 - \alpha$$

bzw.

(5.3.4) $$p\left(\chi^2 \geq \chi^2_{n,\alpha}\right) = \alpha$$

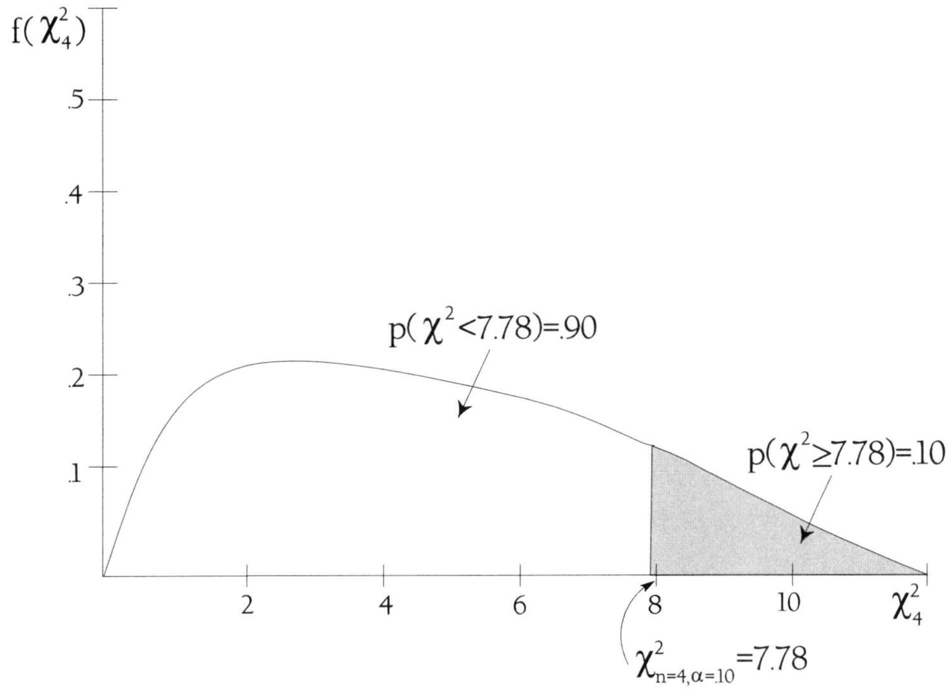

Abb. 5-2: Bedeutungsgehalt von (kritischen) Werten in einer χ^2-Tabelle

Die prüfstatistische Bedeutung der χ^2-Verteilung wird deutlich, wenn folgende Beziehung realisiert wird:

(5.3.5) $$\chi^2_n = \frac{n \cdot s^2_x}{\sigma^2_x}$$

bzw.

(5.3.6) $$\chi^2_{n-1} = \frac{(n-1)\, s^2_x}{\sigma^2_x}$$

Wird aus einer $N(\mu, \sigma^2)$-verteilten Grundgesamtheit eine Stichprobe vom Umfang n gezogen, so sollte diese Stichprobe eine Varianz aufweisen, die – bis auf Zufallsschwankungen – der Varianz der Grundgesamtheit entspricht. Dies läßt sich mit der angegebenen Beziehung prüfen.

Anwendungen finden sich bei Tests auf Verteilungsvoraussetzungen, beim Vergleich von Nominaldaten und beim Zusammenhang von Nominaldaten.

5.3.2 *t*-Verteilung

Wiederum sei $X_1, X_2, ..., X_n$ eine mathematische Stichprobe aus einer normalverteilten Grundgesamtheit. Der standardisierte Mittelwert

(5.3.7) $$Z = \frac{\bar{x} - \mu}{\sigma_x} \cdot \sqrt{n}$$

besitzt dann eine Standardnormalverteilung. Wird σ_x durch die empirische Standardabweichung ersetzt, die i. a. nicht bekannt ist,

(5.3.8) $$s = \sqrt{\frac{1}{n-1} \sum (x_i - \bar{x})^2}$$

hat die resultierende Stichprobenfunktion

(5.3.9) $$t = \frac{\bar{x} - \mu}{s} \cdot \sqrt{n}$$

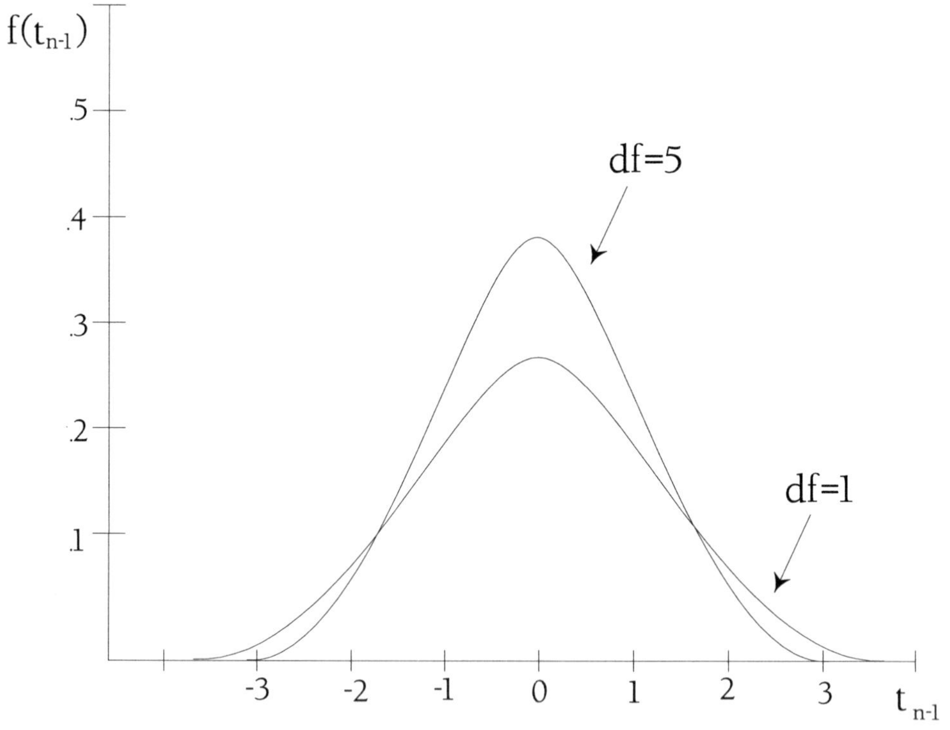

Abb. 5-3: Verlauf der *t*-Verteilung in Abhängigkeit von den Freiheitsgraden

eine t-Verteilung mit $n-1$ Freiheitsgraden. Diese Verteilung ist stetig. Ihre Dichtefunktion ist ähnlich im Verlauf der der Normalverteilung, hat aber eine geringere Wölbung und ist vor allem von der Anzahl der Freiheitsgrade abhängig. Für große n geht sie in die Normalverteilung über (vgl. Abbildung 5-3).

Für alle t-Werte von $-\infty$ bis $+\infty$ ist $f(t)$ definiert und >0. Der Erwartungswert ist $E(t) = 0$ und die Varianz $\mathrm{Var}(t) = n/(n-2)$. Für Zwecke der Verwendung als Prüfverteilung sind ähnlich wie bei der χ^2-Verteilung ausgewählte Flächenanteile unter $f(t)$ zu unterschiedlichen Freiheitsgraden tabelliert (vgl. Abschnitt **13.2 *t*-Tabelle von *t*-Verteilungen**). Die Angaben der Form $t_{n-1,\alpha}$ bezeichnen den Wert einer t-verteilten Zufallsvariable mit $n-1$ Freiheitsgraden, für den gilt (vgl. Abbildung 5-4):

(5.3.10) $$p\left(t < t_{n-1,\alpha}\right) = 1-\alpha$$

bzw.

(5.3.11) $$p\left(t \geq t_{n-1,\alpha}\right) = \alpha$$

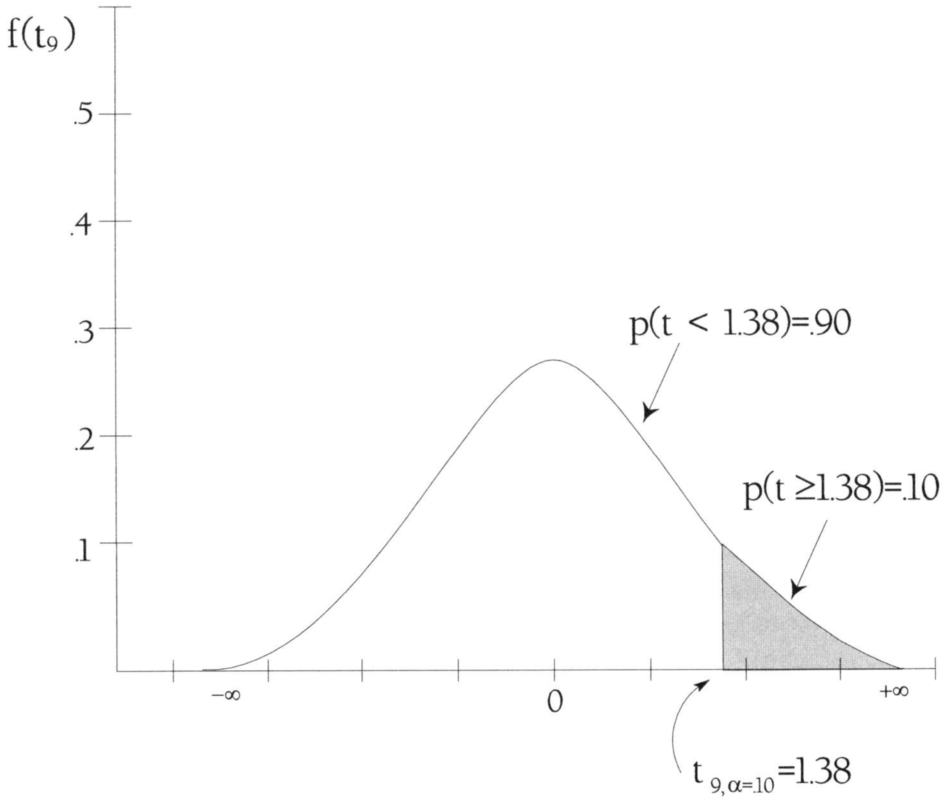

Abb 5-4: Bedeutungsgehalt der (kritischen) Werte in einer t-Tabelle

Wegen der Symmetrie gilt auch:

(5.3.12) $$p(t > -t_{n-1,\alpha}) = 1 - \alpha$$

bzw.

(5.3.13) $$p(t \leq -t_{n-1,\alpha}) = \alpha$$

und

(5.3.14) $$p(-t_{n-1,\alpha/2} < t < t_{n-1,\alpha/2})$$

Anwendungen liegen in der Bestimmung des Konfidenzintervalls für den Mittelwert bei unbekannter Populationsvarianz, beim Mittelwertsvergleich bei unbekannter Varianz (t-Test) und bei Tests für Korrelations- und Regressionskoeffizienten.

5.3.3 *F*-Verteilung

Ausgangsfrage für die Konstruktion dieser Verteilung bzw. der betreffenden Zufallsvariable ist die Frage, wie sich zwei Stichprobenvarianzen s_1^2 und s_2^2 zueinander verhalten, ob insbesondere die beiden Stichproben ihrer Varianz nach aus einer Grundgesamtheit stammen, ob also $\sigma_1^2 = \sigma_2^2$. Der Quotient aus den beiden Stichprobenvarianzen definiert die Zufallsvariable F:

(5.3.15) $$F = \frac{s_1^2}{s_2^2}$$

Da andererseits

(5.3.16) $$\chi^2_{n-1} = \frac{(n-1) \cdot s^2}{\sigma^2}$$

bzw.

(5.3.17) $$s^2 = \frac{\chi^2_{n-1} \cdot \sigma^2}{n-1}$$

läßt sich der F-Bruch auch als Quotient aus einer χ^2-verteilten Zufallsvariable mit $df_1 = n_1 - 1$ im Zähler und einer χ^2-verteilten Zufallsvariable mit $df_2 = n_2 - 1$ im Nenner verstehen:

(5.3.18) $$F_{(n_1-1, n_2-1)} = \frac{\chi^2_{n_1-1} \cdot \sigma_1^2 / n_1 - 1}{\chi^2_{n_2-1} \cdot \sigma_2^2 / n_2 - 1} = \frac{\chi^2_{n_1-1} \cdot n_2 - 1}{\chi^2_{n_2-1} \cdot n_1 - 1}$$

falls $\sigma_1^2 = \sigma_2^2$.

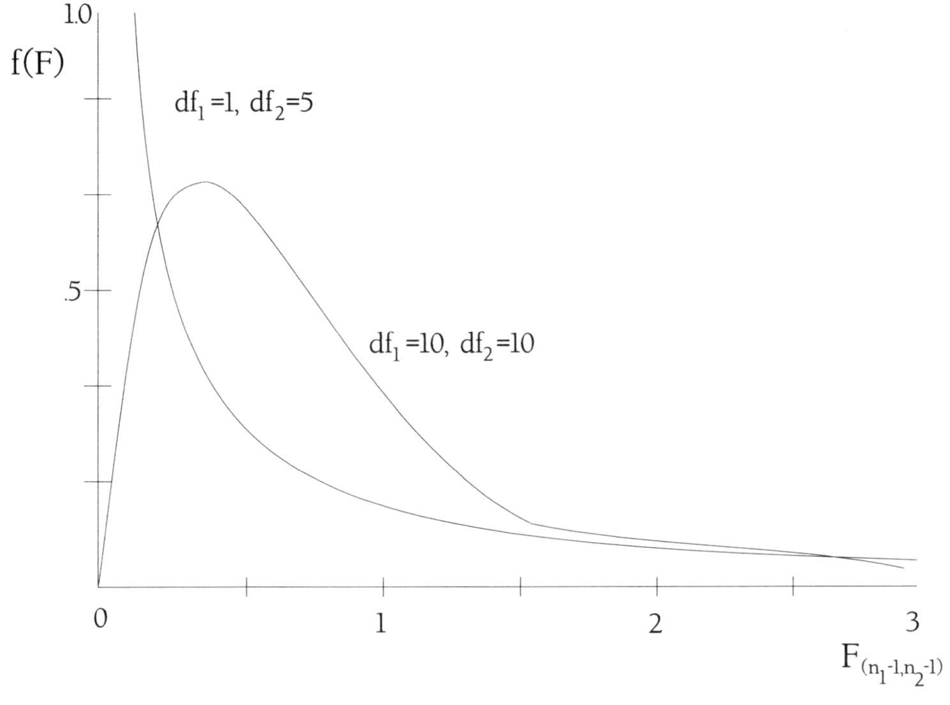

Abb. 5-5: Verlauf der *F*-Verteilung in Abhängigkeit von den Zähler- und Nennerfreiheitsgraden

Die Verteilung dieser Zufallsvariablen ist die ***F*-Verteilung** mit den Zählerfreiheitsgraden $df_1 = n_1 - 1$ und den Nennerfreiheitsgraden $df_2 = n_2 - 1$. *F*-Verteilungen sind stetige, asymmetrische Verteilungen (vgl. Abbildung 5-5).

Für alle nicht-negativen *F*-Werte ist $f(F)$ definiert: für $F < 0$ ist $f(F)$ gleich Null.

Im Hinblick auf die Verwendung als Prüfverteilung sind wiederum bestimmte Flächenanteile unter $f(F)$ mit unterschiedlichen Zähler- und Nennerfreiheitsgraden tabelliert (vgl. Abschnitt **13.3 *F*-Tabelle von *F*-Verteilungen**). Mit $F_{n-1,n-2;\alpha}$ wird der Wert einer *F*-verteilten Zufallsvariable bezeichnet, mit $n_1 - 1$ Zählerfreiheitsgraden und $n_2 - 1$ Nennerfreiheitsgraden, für die gilt (vgl. Abbildung 5-6):

(5.3.19) $$p\left(F < F_{n_1-1,n_2-1;\alpha}\right) = 1 - \alpha$$

bzw.

(5.3.20) $$p\left(F \geq F_{n_1-1,n_2-1;\alpha}\right) = \alpha$$

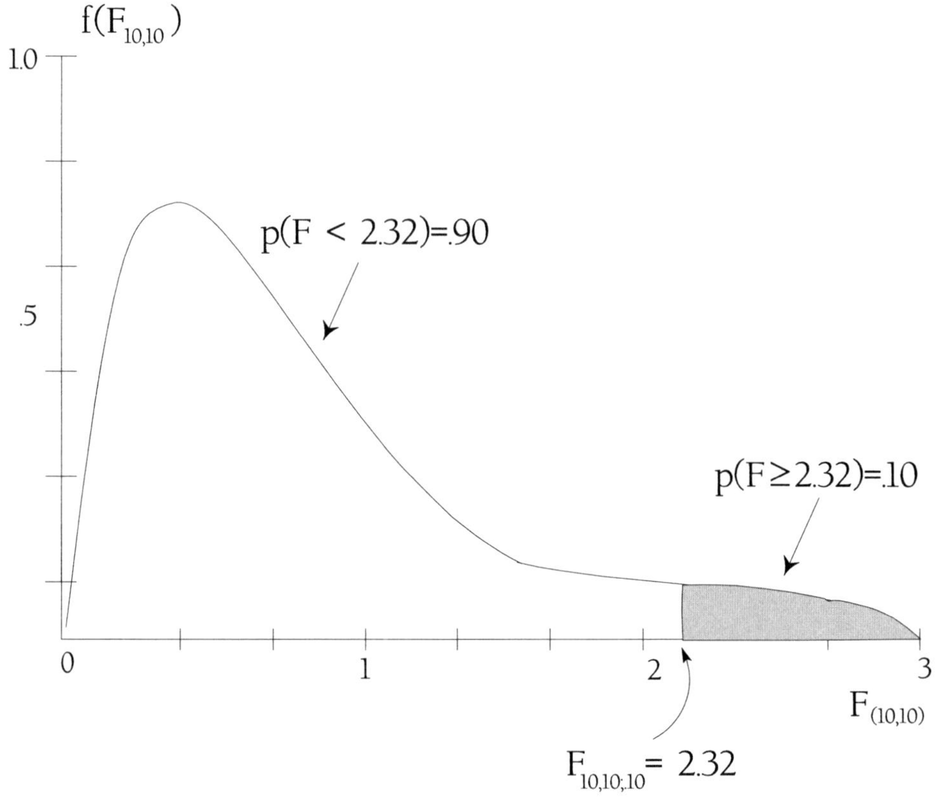

Abb. 5-6: Bedeutungsgehalt der (kritischen) *F*-Werte in einer *F*-Tabelle

Anwendungen sind hier die Varianzanalyse und Tests auf Varianzhomogenität.

> *Rechenbeispiel:* *Es soll untersucht werden, ob das Schätzen der Höhe von Gebäuden durch Üben verbessert werden kann, wobei davon auszugehen ist, daß genaueres Schätzen sich in einer kleineren Urteilsvarianz niederschlägt. Eine nach Zufall gewählte Experimentalgruppe von 12 Vpn übt unter Rückmeldung das Höhenschätzen; eine Kontrollgruppe von 10 Vpn macht keine entsprechende Erfahrung. Für einen kritischen Durchgang errechnet man bei der Experimentalgruppe die mittlere Höhenschätzung für ein bestimmtes Objekt* $\bar{x}_E = 16m$ *und die Varianz* $s_E^2 = 4$. *Bei der Kontrollgruppe sind die entsprechenden Werte:* $\bar{x}_K = 16m$, $s_K^2 = 12$. *Die Frage ist nun, ob die Urteilsvarianz bei der Kontrollgruppe (überzufällig) größer ist als bei der Experimentalgruppe. Als kritisch soll der F-Wert gelten, der, falls die beiden Stichproben im Hinblick auf die Varianz aus der gleichen Grundgesamtheit stammen, nur noch in 5% der Fälle erreicht oder überschritten wird.*
>
> ---

Bei $n_K = 10 - 1 = 9$ und $n_E = 12 - 1 = 11$ ist der F-Tabelle der Wert $F = 2.8962$ für α zu entnehmen.

Als empirischer F-Wert errechnet sich:

$$F = \frac{12}{4} = 3.0$$

Da der empirische F-Wert von 3.0 größer als der kritische (tabellierte) F-Wert von 2.896 ist, kann (mit einer Irrtumswahrscheinlichkeit von 5%) behauptet werden, daß die Übungsprozedur die Schätzgenauigkeit verbessert.

6. Parameterschätzung

Probleme der statistischen Inferenz sind im vorausgehenden Kapitel exemplarisch, zur Illustrierung der Verwendung der Prüf-Verteilungen, erörtert worden. Im weiteren sind die einzelnen Problemklassen detaillierter darzustellen. Bei der Parameterschätzung geht es darum, Stichprobenfunktionen (Stichprobenstatistiken) zu finden, die für bestimmte Parameter von Wahrscheinlichkeitsfunktionen – insbesondere μ und σ^2 – als geeignete Schätzfunktionen gelten können und eine **Punktschätzung** ermöglichen. An die Punktschätzung wird i. d. R. eine **Intervallschätzung** angeschlossen. Dabei geht es darum, das Intervall um einen geschätzten Wert zu bestimmen, in dem mit einer bestimmten (Sicherheits-) Wahrscheinlichkeit der Parameter liegt. Dazu ist die Frage der Eignung von Schätzfunktionen für die Punktschätzung vorab zu klären (vgl. Wonnacott & Wonnacott, 1985).

6.1 Kriterien der Punktschätzung

Problemstellung: Gegeben sei eine Zufallsvariable X mit den unbekannten Parametern μ_x und σ_x^2 und eine Zufallsstichprobe $X_1, X_2, \ldots, X_n$ aus der betreffenden Grundgesamtheit. Zur Schätzung eines Parameters aufgrund der Stichprobe gibt es nun in jedem Fall mehrere mögliche Schätzfunktionen, z. B. für den Populationsmittelwert μ: $\bar{x}$, $\tilde{x}$, $\frac{x_{\max} - x_{\min}}{2}$ (Mittelwert, Median, Spannweite).

Für welche Schätzfunktion man sich entscheidet, hängt davon ab, welche Eigenschaften die einzelnen Funktionen auszeichnen.

Notation: Parameter werden vielfach generell mit θ (theta) bezeichnet, Stichprobenstatistiken mit $\hat{\theta}$ (sprich: theta-dach), wobei mit „^" zum Ausdruck gebracht wird, daß die Statistik eine Schätzung des Parameters θ darstellt.

Voraussetzungen: Eine Stichprobenstatistik (Stichprobenfunktion, Schätzfunktion) ist definiert als Funktion g der n Zufallsvariablen $X_1, X_2, \ldots, X_n$

(6.1.1) $$\hat{\theta} = g(x_1, x_2, \ldots, x_n)$$

und daher ebenfalls eine Zufallsvariable mit entsprechender Wahrscheinlichkeitsfunktion – der Stichprobenverteilung – und deren Kennwerten, z. B. $E(\hat{\theta})$ und $E(\hat{\theta} - E(\hat{\theta}))^2$. Dagegen ist der zu schätzende Parameter eine Konstante; er ist als spezieller, aber unbekannter Wert der Schätzfunktion vorstellbar.

Kriterien: Erwartungstreue, Effizienz, Konsistenz und Suffizienz.

6.1.1 Erwartungstreue

Da jede Schätzfunktion $\hat{\theta}$ eine Zufallsvariable darstellt, hat sie auch einen Erwartungswert. Von einer Schätzfunktion, deren Erwartungswert gleich dem zu schätzenden Parameter ist, wird gesagt, er sei **erwartungstreu** (unverzerrt, *unbiased*):

(6.1.2) $$E(\hat{\theta}) = \theta$$

Bei nicht erwartungstreuen oder verzerrten Schätzfunktionen, gibt die Differenz $\theta - E(\hat{\theta})$den **‚bias'**, das Ausmaß der fehlenden Erwartungstreue an.

Daß $E(X) = \mu$ und der **Mittelwert** daher definitionsgemäß eine erwartungstreue Schätzfunktion ist, ist bereits im vorherigen Kapitel angesprochen worden. Dagegen ist die **Varianz** definiert als

(6.1.3) $$S^2 = \frac{1}{n} \sum (X_i - \bar{X})^2$$

keine erwartungstreue Schätzfunktion für σ^2. Der ‚bias' beträgt:

(6.1.4) $$\sigma^2 - E(S^2) = \frac{\sigma^2}{n}$$

so daß

(6.1.5) $$E(S^2) = \frac{n-1}{n} \cdot \sigma$$

Diese Verzerrung fällt umso weniger ins Gewicht, je größer die Stichprobe ist; für $n \to \infty$ ist die Verzerrung gleich Null. Ein erwartungstreuer Schätzer der Varianz ist

(6.1.6) $$S^2 = \frac{1}{n-1} \sum (X_i - \bar{X})^2$$

d. h. $E(S^2) = \sigma^2$.

Eine erwartungstreue Schätzfunktion für die Wahrscheinlichkeit p ist die **relative Häufigkeit**:

(6.1.7) $$E(h_x) = E\left(\frac{X}{n}\right) = p$$

bzw. gilt

(6.1.8) $$E(X) = np$$

wenn X binomialverteilt ist.

6.1.2 Effizienz

Die Stichprobenverteilung jeder Schätzfunktion besitzt auch eine Varianz, die die Streuung der Schätzwerte um den Mittelwert der Funktion angibt: $E\left(\hat{\theta} - E\left(\hat{\theta}\right)\right)^2$. Eine „gute" Schätzfunktion sollte nun eine möglichst kleine Varianz haben, damit darauf vertraut werden kann, daß der realisierte Schätzwert nahe bei $E\left(\hat{\theta}\right)$ liegt. Allerdings ist die Betrachtung der Varianz nur bei Schätzfunktionen sinnvoll, die erwartungstreu sind; bei verzerrten ist selbst eine geringe Varianz wertlos. Unverzerrte Schätzfunktionen, die eine kleinstmögliche Varianz besitzen, werden als effiziente Schätzfunktionen betrachtet.

Die **relative Effizienz** zweier (unverzerrter) Schätzfunktionen $\hat{\theta}_1$ und $\hat{\theta}_2$ wird aus dem Verhältnis der Varianzen bestimmt. Wenn

(6.1.9)
$$\frac{\mathrm{Var}\left(\hat{\theta}_1\right)}{\mathrm{Var}\left(\hat{\theta}_2\right)} > 1$$

gilt $\hat{\theta}_2$ als die relativ effizientere Schätzfunktion.

> *Rechenbeispiel:* Eine unverzerte Schätzfunktion für μ ist einerseits der Mittelwert $\bar{X}$ und andererseits der Median $\tilde{X}$. Der Standardmeßfehler für $\bar{X}$ ist $\sigma/\sqrt{n}$, für $\tilde{X}$ bei normalverteilter Ausgangspopulation ungefähr $1.25 \cdot \sigma/\sqrt{n}$. Die Frage ist nun, wie groß ist die relative Effizienz des Mittelwertes gegenüber dem Median?
>
> ---
>
> Die relative Effizienz von $\bar{X}$ gegenüber $\tilde{X}$ ist demnach:
>
> $$\frac{\mathrm{Var}\left(\tilde{X}\right)}{\mathrm{Var}\left(\bar{X}\right)} = \left(\frac{1.25 \cdot \sigma/\sqrt{n}}{\sigma/\sqrt{n}}\right)^2 = 1.25^2 = 1.56$$
>
> ---
>
> Das besagt: Bei normalverteilter Ausgangspopulation ist der Mittelwert eine um 56% effektivere Schätzfunktion für den Populationsparameter μ als der Median. Der Median erfordert, für die gleiche Effizenz, eine entsprechende Erhöhung des Stichprobenumfangs n.

Ein **Maß für die Effizienz** einer Schätzfunktion $\hat{\theta}$ ist der mittlere quadratische Fehler bezüglich des Parameters θ:

(6.1.10)
$$\mathrm{MSE} = E\left(\hat{\theta} - \theta\right)^2$$

Dieser Ausdruck ähnelt einer Varianz. Es geht aber um die (quadrierte) Abweichung eines Schätzers vom Zielparameter statt vom (möglicherweise verzerrten) Mittelwert seiner Stichprobenfunktion. Es kann gezeigt werden, daß es sich um eine Kombination von **Varianz** und ‚**bias**' der Schätzfunktion handelt:

(6.1.11) $$E\left(\hat{\theta}-\theta\right)^2 = E\left(\hat{\theta}-E\left(\hat{\theta}\right)\right)^2 + \left[\theta - E\left(\hat{\theta}\right)\right]^2$$

Dank dieser Kombination von Varianz und ‚bias' einer Schätzfunktion eignet sich der mittlere quadratische Fehler auch optimal zum Vergleich beliebiger Schätzfunktionen:

(6.1.12) $$\frac{\text{MSE}\left(\hat{\theta}_1\right)}{\text{MSE}\left(\hat{\theta}_2\right)} \equiv \text{Effizienz von } \hat{\theta}_2 \text{ im Vergleich zu } \hat{\theta}_1$$

6.1.3 Konsistenz

Der Fehler, der gemacht wird, wenn bei gegebener Stichprobengröße n die Realisation der Stichprobenfunktion $\hat{\theta}$ als Schätzwert für den unbekannten Parameter θ herangezogen wird, läßt sich im Einzelfall durch $\left|\hat{\theta} - \theta\right|$ ausdrücken. Er kann, wie gezeigt, durch fehlende Erwartungstreue oder durch die Tatsache entstehen, daß die Schätzfunktion eine Varianz besitzt. Unabhängig von diesen beiden Fehlerquellen sollte der Fehler mit wachsender Stichprobengröße abnehmen. Eine Schätzfunktion, die diese Eigenschaft besitzt, wird **konsistent** genannt. Eine Schätzfunktion $\hat{\theta}$ ist demnach eine konsistente Schätzfunktion, wenn gilt:

(6.1.13) $$p\left(\left|\hat{\theta} - \theta\right| < \varepsilon\right) \rightarrow 1 \quad \text{für} \quad n \rightarrow \infty$$

d. h. wenn die Wahrscheinlichkeit, daß $\hat{\theta}$ um weniger als eine beliebig kleine Zahl ε von θ abweicht, gegen Eins strebt, falls n gegen unendlich geht. Konsistente Schätzer der entsprechenden Parameter sind u. a. der Stichprobenmittelwert $\bar{x}$, die Streuung s – obwohl diese Schätzfunktion nicht erwartungstreu ist – und die relative Häufigkeit h_x.

6.1.4 Suffizienz

Eine Schätzfunktion $\hat{\theta}$ ist dann **suffizient** (erschöpfend), wenn sie alle in der Stichprobe über θ enthaltene Information ausschöpft (so daß durch Berechnung eines weiteren Kennwertes keine zusätzliche Information über den zu schätzenden Parameter gewonnen werden kann).

Nach den vier erläuterten Kriterien stellen das arithmetische Mittel $\bar{x}$ und die korrigierte Stichprobenvarianz s^2 die besten Schätzfunktionen für die Populationsparameter μ und σ^2 dar. Es sind erwartungstreue, konsistente und suffiziente Schätzwerte und effizienter als vergleichbare Statistiken. Nicht zuletzt sind sie deswegen von zentraler Bedeutung für die Inferenzstatistik.

6.2 Intervallschätzung

6.2.1 Prinzipielles Vorgehen

Unbeschadet der Qualität einer Schätzfunktion im Hinblick auf die erörterten Kriterien wird ihre Realisierung durch eine konkrete Stichprobe immer mehr oder weniger von dem Zielparameter θ abweichen. So nützt ihre Verwendung zur Schätzung des Parameters wenig, wenn unbekannt bleibt, wie groß der Fehler dieser Schätzung ist. Wünschenswert wäre die Angabe eines Intervalls I mit der unteren Grenze g_n und der oberen Grenze g_o – $I = [g_n, g_o]$ –, in dem der Parameter mit vorgegebener Wahrscheinlichkeit $1 - \alpha$ liegt:

(6.2.1) $$p(\theta \varepsilon [g_n, g_o]) = 1 - \alpha$$

Dabei ist α eine gesetzte Wahrscheinlichkeit – z. B. .05 (5%) oder .01 (1%) –, mit der der Parameter außerhalb von I liegt, die sogenannte **Irrtumswahrscheinlichkeit**; die Komplementärwahrscheinlichkeit, $1 - \alpha$, wird als **Konfidenzniveau** bezeichnet. Das gesuchte **Vertrauens-** oder **Konfidenzintervall** sollte das kleinste Intervall sein, das die angegebene Forderung erfüllt.

Das prinzipielle Vorgehen bei der Konstruktion eines Vertrauensintervalls sei für den Fall der Verwendung eines Stichprobenmittelwertes $\bar{x}$ zur Schätzung des Populationsparameters μ_x bei gegebener Stichprobegröße n und unbekannter Varianz σ^2 erläutert. Betrachtet wird dabei die Stichprobenverteilung (des Mittelwertes). Angenommen wird, daß sie der Normalverteilung folgt – bei hinreichend großem n (entsprechend des Zentralen Grenzwertsatz) –, den Erwartungswert $E(\bar{X}) = E(X) = \mu$ hat und die Standardabweichung $\sigma_{\bar{x}} = \sigma_x / \sqrt{n}$. Nach Festlegung des Konfidenzniveaus beispielsweise auf 95% bzw. einer Irrtumswahrscheinlichkeit von $\alpha = .05$ ist auf der $\bar{X}$-Achse das kleinste Intervall zu wählen, das die betreffende Wahrscheinlichkeitsmasse trägt. Dieser Bereich liegt symmetrisch um $E(\bar{X})$ herum, so daß an beiden Enden 2.5% ausgeschlossen werden. Bei der Standardnormalverteilung entsprechen diesen Prozentwerten die z-Werte –1.96 am unteren Ende und +1.96 am oberen (vgl. Abbildung 6-1). Bekanntlich gilt

(6.2.2) $$p(-1.96 < z < +1.96) = .95$$

Um diese Beziehung zur Lösung des Problems benutzen zu können, muß $\bar{x}$ standardisiert werden:

(6.2.3) $$z_{\bar{x}} = \frac{\bar{x} - \mu}{\sigma_{\bar{x}}}$$

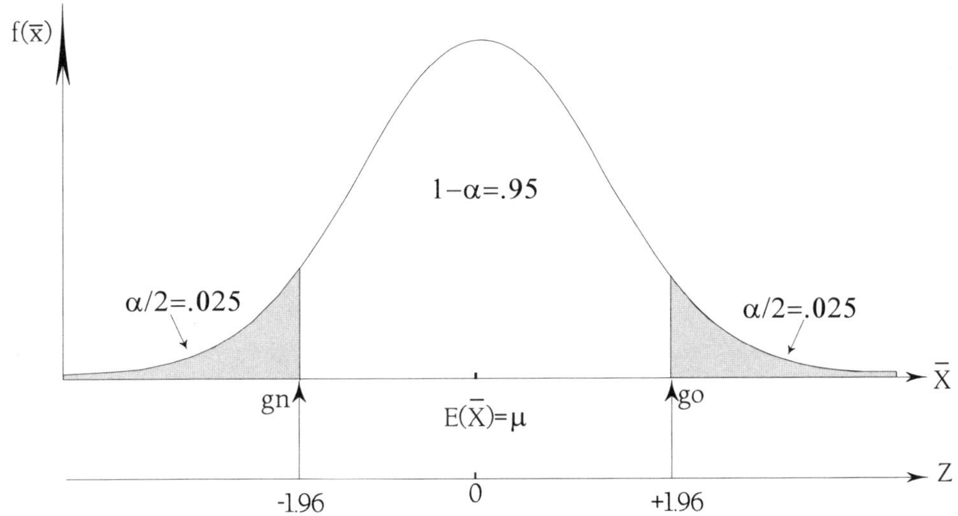

Abb. 6-1: Konstruktion eines Vertrauensintervalls für μ mit Hilfe der Standardnormalverteilung

Der Standardwert $z_{\bar{x}}$ in die vorausgehende Formel eingesetzt ergibt:

(6.2.4) $$p\left(-1.96 < \frac{\bar{x} - \mu}{\sigma_{\bar{x}}} < +1.96\right) = .95$$

Durch Auflösen nach μ resultiert:

(6.2.5) $$p\left(\bar{x} - 1.96 \cdot \sigma_{\bar{x}} < \mu < \bar{x} + 1.96 \cdot \sigma_{\bar{x}}\right) = .95$$

Das besagt, daß bei gegebenem Konfidenzniveau von 95% gilt:

(6.2.6) $$\mu_{.95} = \bar{x} \pm 1.96 \cdot \sigma_{\bar{x}} = \bar{x} \pm 1.96 \cdot \frac{\sigma_x}{\sqrt{n}}$$

bzw.

(6.2.7) $$I_{.95} = \left[\bar{x} \pm 1.96 \cdot \sigma_x / \sqrt{n}\right]$$

Allgemein gilt (unter den spezifizierten Voraussetzungen) für die Bestimmung eines Konfidenzintervalls für den Populationsmittelwert auf dem Niveau $1 - \alpha$:

(6.2.8) $$\mu_{1-\alpha} = \bar{x} \pm z_{\alpha/2} \cdot \frac{\sigma_x}{\sqrt{n}}$$

bzw.

(6.2.9) $$I_{1-\alpha} = \left[\bar{x} \pm z_{\alpha/2} \cdot \sigma_x / \sqrt{n}\right]$$

Rechenbeispiel: Um das entsprechende Angebot besser planen zu können, möchte die Leitung eines Kaufhauses das mittlere Alter ihrer Kundschaft in der Herrenoberbekleidungsabteilung auf dem 95%-Konfidenzniveau kennen. Bei einer Zufallsstichprobe von 50 Kunden ergibt sich ein Mittelwert von 36 Jahren. Die Populationsstreuung beläuft sich auf 12. Bestimmt werden soll das entsprechende Konfidenzintervall.

Zunächst ist der Standardfehler zu errechnen:

$$\sigma_{\bar{x}} = \frac{12}{\sqrt{50}} = 1.7$$

Damit kann das Intervall des Populationsmittelwertes bestimmt werden:

$$\mu = 36 \pm 1.96 \cdot 1.7 \text{ bzw. } 32.7 < \mu < 39.3$$

Das 95%-Konfidenzintervall für den Populationsmittelwert liegt also in den unteren und oberen Grenzen 32.7 und 39.3.

Zu beachten ist, daß die Grenzen des Konfidenzintervalls Zufallsgrößen darstellen, die für jede konkrete Stichprobe einen bestimmten Wert annehmen, während μ und das mit Hilfe der Stichprobenverteilung darum konstruierte Vertrauensintervall (bei gegebenem σ und n) konstant sind. Das Konfidenzniveau besagt, daß die konkret, anhand der Stichprobendaten zu bestimmenden Intervalle auf lange Sicht so zu liegen kommen, daß sie μ in der spezifizierten Anzahl der Fälle (z. B. in 19 von 20 Fällen bei einem Konfidenzniveau von 95%) enthalten.

6.2.2 Ausgewählte Zielparameter

Für die Bestimmung von Konfidenzintervallen lassen sich verschiedene Populationsparameter heranziehen:

(a) Mittelwert bei unbekannter Varianz: In der Praxis ist σ meist unbekannt und der Standardfehler muß aufgrund der Stichprobenstreuung bestimmt werden. Dadurch kommt eine zusätzliche Quelle mangelnder Verläßlichkeit ins Spiel. Dem wird durch Verwendung der t-Verteilung unter Berücksichtigung der Freiheitsgrade Rechnung getragen:

(6.2.10) $$\mu = \bar{x} \pm t_{n-1,\alpha/2} \cdot s/\sqrt{n}$$

Im Ergebnis resultieren breitere Intervalle bei gegebenem Konfidenzniveau und n.

Rechenbeispiel: Die Reaktionszeit von 30 nach Zufall ausgewählten Autofahrern liegt im Mittel bei .83 Sekunden mit einer Standardabweichung von .20 Sekunden. Es stellt sich die Frage, in welchem Bereich mit einer Gewißheit von 99% der Populationsmittelwert liegt. Weiter kann gefragt werden, wie die Reaktionszeit z.B. von .98 Sekunden eines weiteren Autofahrers zu beurteilen ist.

Dazu sind die Werte in die Formel einzusetzen:

$$\mu = .83 \pm 2.75 \cdot (.20)/\sqrt{30} = .83 \pm .10 \text{ bzw. } .73 < \mu < .93$$

Da das Intervall zwischen .73 und .93 Sekunden liegt, kann die Reaktionszeit des weiteren Autofahrers mit einer Irrtumswahrscheinlichkeit von 1% nicht aus der Bezugspopulation stammen.

Im Hinblick auf die Annäherung der t-Verteilung an die z-Verteilung mit „hinreichend großem" n wird bei einem $n > 30$ auch bei unbekanntem σ die z-Verteilung zur Ermittlung des Vertrauensintervalls des Populationsmittelwertes benutzt.

(b) Proportionen (bzw. Prozentwerte): Dank der Annäherung der Binomialverteilung an die Normalverteilung (Zentraler Grenzwertsatz) kann auch das Vertrauensintervall einer Populationsproportion π mit Hilfe der z-Verteilung ermittelt werden:

(6.2.11)
$$\pi = p \pm z_{\alpha/2} \cdot \sqrt{\frac{p(1-p)}{n}}$$

Rechenbeispiel: Bei einer zur Wahlprognose durchgeführten Meinungsumfrage unter 500 nach Zufall ausgewählten Personen haben sich 35% für den Kanzlerkandidaten A ausgesprochen. Gesucht ist das 95%-Konfidenzintervall für diese Wahlpräferenz.

Da n als „hinreichend groß" angesehen werden kann, ist das gesuchte Intervall über die Normalverteilungsapproximation der Binomialverteilung zu bestimmen:

$$\pi = .35 \pm 1.96 \cdot \sqrt{\frac{(.35) \cdot (.65)}{500}} = .35 \pm 1.96 \cdot (.21) \text{ bzw. } .31 < \pi < .39$$

Das gesuchte Konfidenzintervall liegt also in den Grenzen .31 und .39 bei einer Irrtumswahrscheinlichkeit von .05.

Die Normalverteilungsapproximation der Binomialverteilung ist verwendbar, wenn die Bedingung $n \cdot p(1-p) \geq 9$ erfüllt ist.

6.2.3 Determinanten der Schätzgenauigkeit

Die Schätzgenauigkeit, d. h. die Konfidenzintervallbreite, ist abhängig von der Populationsvarianz, der Irrtumswahrscheinlichkeit und der Stichprobengröße.

(a) Wahl der Irrtumswahrscheinlichkeit α: Wird α bei konstantem n (und σ) verringert, so vergrößert sich das Konfidenzintervall. Man erreicht also eine höhere Sicherheit (geringere Irrtumswahrscheinlichkeit) nur auf Kosten der Genauigkeit.

Rechenbeispiel: Ein Psychologe mißt bei 51 nach Zufall ausgewählten Personen die Reaktionszeit bei einem bestimmten Signal und erhält einen Mittelwert von .80 Sekunden. Die bekannte Populationsvarianz beträgt .04. Die Frage ist, welchen Unterschied die Intervallbreiten auf dem 95% und 99% Niveau aufweisen.

Voraussetzungsgemäß (Normalverteiltheit der Stichprobenverteilung des Mittelwertes, bekannte Populationsvarianz) kann das Vertrauensintervall mit Hilfe der Standardnormalverteilung bestimmt werden.

Bei einem Konfidenzniveau von 95% - einer Irrtumswahrscheinlichkeit von .05 - ergibt sich:

$$\mu = .80 \pm 1.96 \cdot (.20)/\sqrt{51} = .80 \pm .055 \text{ bzw. } .745 < \mu < .855$$

Daraus errechnet sich die Intervallbreite

$$\Delta_{.95} = .855 - .745 = .11$$

Bei einem Konfidenzniveau von 99% - einer Irrtumswahrscheinlichkeit von .01 - ergibt sich hingegen:

$$\mu = .80 \pm 2.58 \cdot (.20)/\sqrt{51} = .80 \pm .072 \text{ bzw. } .728 < \mu < .872$$

Daraus errechnet sich die Intervallbreite

$$\Delta_{.99} = .872 - .728 = .14$$

Die Intervallbreiten für ein 95% und 99% Konfidenzintervall liegen also bei .11 bzw. .14.

(b) Einfluß des Stichprobenumfangs n: Wird nur der Stichprobenumfang variiert, während die anderen Werte konstant gehalten werden, so nimmt die Intervallbreite mit wachsendem n ab. Die Aussage wird also genauer (bei gleicher Sicherheit), wenn die Stichprobe vergrößert wird.

Rechenbeispiel: - Fortsetzung - Wie groß muß der Psychologe den Stichprobenumfang n wählen, damit das Konfidenzintervall bei einem Konfidenzniveau von 95% nicht breiter als .05 Sekunden wird?

Für die Konfidenzintervallbreite gilt unter den gegebenen Voraussetzungen:

$$\Delta_{.95} = 2 \cdot 1.96 \cdot \frac{.20}{\sqrt{n}} \leq .05$$

$$[2 \cdot 1.96 \cdot (.20)/.05]^2 \leq n$$

$$n \geq 245.86$$

Um den Populationsparameter μ mit gewünschter Genauigkeit (bei konstantem σ und α) zu schätzen, werden mindestens 246 Personen benötigt.

Eine allgemeine Formel für die Bestimmung der Stichprobengröße als Funktion einer spezifizierten Konfidenzintervallbreite (bei gegebenem σ und α) für die Schätzung des Populationsmittelwertes ist:

(6.2.12) $$n = \frac{4 \cdot z_{\alpha/2}^2 \cdot \sigma^2}{\Delta^2}$$

und für die Schätzung von Proportionen:

(6.2.13) $$n = \frac{4 \cdot z_{\alpha/2}^2 \cdot p \cdot (1 - p)}{\Delta^2}$$

Grundsätzliche Schwierigkeiten bei der Ermittlung benötigter Stichprobenumfänge bereitet der Standardfehler bzw. die Populationsvarianz. Liegen keine Untersuchungen vor, die deren Schätzung zulassen, sollten zu diesem Zweck zunächst kleinere Voruntersuchungen durchgeführt werden. Auf dieser Basis läßt sich dann eine erste Schätzung des Stichprobenumfangs errechnen, die nach dem Eintreffen weiterer Daten verbessert werden kann, bis sich der benötigte Stichprobenumfang nicht mehr verändert, weil sich die Schätzung des unbekannten Parameters stabilisiert hat. Erst dann sind die restlichen Daten zu erheben, die die gewünschte Genauigkeit und Sicherheit der Intervallschätzung gewährleisten.

7. Formulierung und Prüfung von Hypothesen

Bei sehr vielen Fragestellungen in der empirischen Psychologie geht es nicht nur um die Schätzung von Parametern, sondern um die Überprüfung (Testung) **statistischer Hypothesen**, d. h. von Aussagen über bestimmte Parameter von (Wahrscheinlichkeits-) Verteilungen und/oder die Form der Verteilung. Das für diese statistischen Hypothesen aufgebrachte Interesse gilt allerdings den **inhaltlichen Hypothesen** oder Theorien („wissenschaftliche Hypothesen"), aus denen jene abzuleiten sind. Inhaltliche Hypothesen entstehen aus einer bestimmten (psychologischen) Theorie, die aus Erfahrungs- und Wissenselementen aufgebaut ist und bereits zum untersuchten Bereich vorliegt. Für die Umsetzung in die statistische Hypothese werden die Aussagen der wissenschaftlichen Hypothese in ein wahrscheinlichkeitstheoretisches Modell überführt und entsprechend formuliert (vgl. Bortz, 1993).

7.1 Formulierung von Hypothesen

7.1.1 Parameterschätzung und statistische Hypothesen

Parameterschätzung und die Prüfung statistischer Hypothesen unterscheiden sich wesentlich durch die Perspektive. Bei der Parameterschätzung errechnet man eine Stichprobenstatistik und bestimmt ein Intervall, das den Parameter mit einer bestimmten Wahrscheinlichkeit einschließt. Bezugspunkt ist also die Stichprobenstatistik. Beim Hypothesentest trifft man dagegen aufgrund theoretischer Überlegungen oder anderer empirischer Befunde konkrete Vorhersagen darüber, wo oder in welchem Bereich der Parameter liegt. Bezugspunkt ist in diesem Fall mithin der Parameter. Die Entscheidung darüber, ob die errechnete Stichprobenstatistik dafür spricht, daß der Parameter mit dem vorhergesagten Wert identisch ist bzw. in dem vorhergesagten Bereich liegt oder nicht, macht den statistischen Test aus.

Ein Hypothesentest beinhaltet also eine Art Konfidenzintervall um den hypostasierten Parameterwert, die getestete **statistische Hypothese**. Damit ist aber auch ein Bereich von Werten festgelegt, die im Falle des Zutreffens der getesteten Hypothese nur eine geringe Wahrscheinlichkeit der Realisierung in einer Stichprobe haben und daher gegebenenfalls als Beleg für die Geltung einer **Alternativhypothese** zu betrachten sind. Das Interesse des Forschers gilt i. d. R. der Alternativhypothese, die als „Übersetzung" der inhaltlichen Hypothese betrachtet wird, während die getestete Hypothese, als sog. **Nullhypothese**, eine der inhaltlichen Erwartung entgegengesetzte Voraussage darstellt. Die Nullhypothese hat dabei eher eine provisorische, zum Zwecke der Testung geschaffene Funktion, während die Alternativhypothese die Hypothese darstellt, die aus der Theorie abgeleitet worden ist.

Wesentlich für die Definition von Null- und Alternativhypothese ist nicht die Beziehung zur inhaltlichen Hypothese, sondern die **Testbarkeit**. Die Nullhypothese ist insofern die testbare statistische Hypothese, als sie zumindest einen exakten Wert mit der zugehörigen Stichprobenverteilung beinhaltet, so daß ein (Vertrauens-) Bereich angebbar ist, dessen Grenzen die Toleranzgrenzen für die Beibehaltung der Nullhypothese darstellen. D. h. konkret, die Alternativhypothese entspricht zwar (im allgemeinen) der Theorie, kann aber nicht mit statistischen Mitteln direkt bewiesen werden. Deshalb formuliert man das Gegenteil in der Nullhypothese und versucht diese zu einem Widerspruch zu führen.

Zusammengesetzte Hypothesen spezifizieren für einen Parameter einen ganzen Bereich (ein Intervall) von Werten. Dagegen spezifizieren **einfache Hypothesen** einen einzigen Wert. In der Psychologie ist die Alternativhypothese meist eine zusammengesetzte Hypothese, die Nullhypothese dagegen in der Regel eine einfache Hypothese. Der Grund dafür liegt darin, daß sich psychologische Gesetzmäßigkeiten eher in Form der Behauptung formulieren lassen, daß zwei (oder mehr) Parameter voneinander abweichen, als in Form einer Aussage über die genaue Größe dieser Abweichung. Die entsprechende Nullhypothese besagt dann lediglich, daß die Parameter den gleichen Wert besitzen.

Damit die inhaltliche Hypothese über die bloße Behauptung der Unterschiedlichkeit der Ausprägung der Zufallsvariable (ungerichtete/zweiseitige Alternativhypothese) hinaus auch Information über die Richtung enthält, in der die Unterschiede zu erwarten sind, ist dem durch eine **gerichtete (einseitige) Alternativhypothese** Rechnung zu tragen. Die Nullhypothese wird wiederum komplementär formuliert.

7.1.2 Inhaltliche und statistische Hypothesen

Eine Besonderheit bei der Entscheidung über Hypothesen liegt in der Unmöglichkeit, zweifelsfrei festzustellen, ob eine statistische Hypothese wahr oder falsch ist. Man kann sich aufgrund der verfügbaren Evidenz nur mit einem gewissen Fehlerrisiko dafür entscheiden, eine geprüfte statistische Hypothese beizubehalten oder abzulehnen. Darüber hinaus lassen sich aus einer wissenschaftlichen Hypothese in aller Regel verschiedene statistische Hypothesen ableiten, deren Überprüfung u. U. zu unterschiedlichen Ergebnissen führen kann. Die Wahl zwischen den möglichen Überprüfungsinstanzen kann nicht nach logischen Kriterien erfolgen, sondern muß sich an allgemeinen epistemologischen (erkenntnistheoretischen) Prinzipien orientieren. Entscheidend ist nur, daß mit Abnahme des Skalenniveaus die Strenge der Prüfung abnimmt.

Um einen anderen Gesichtspunkt als den der Strenge der Prüfung der inhaltlichen Hypothese geht es, sofern zur Übersetzung der inhaltlichen Hypothese zwischen einem Kennwert der zentralen Tendenz und einem Kennwert der Variabilität zu wählen ist. Ein weiterer wichtiger Gesichtspunkt für die Übersetzung der inhaltlichen Hypothese ist die Differenzierung von **Unterschieds- und Zusammenhangshypothesen.** Unterschiedshypothesen sind i. d. R. in eine experimentalistische Forschungsstrategie eingebettet. Zusammenhangshypothesen stehen dagegen meist im Kontext eines korrelationistischen Ansatzes.

7.2 Prüfung von Hypothesen

7.2.1 Prinzipien

(a) Die Prüfung statistischer Hypothesen (und damit inhaltlicher Hypothesen) erfolgt als Entscheidung zwischen der Null- und der Alternativhypothese auf der Grundlage des empirischen Wertes einer Schätzfunktion $\hat{\theta}$ für den interessierenden Parameter θ, z. B. von $\bar{x}$ für μ. Unter bestimmten Zusatzannahmen bezüglich der Populationsverteilung der Meßwerte („statistische Oberhypothesen") wird die Stichprobenverteilung von $\hat{\theta}$ konstruiert, wobei wesentlich die Annahme eingeht, daß die Nullhypothese richtig ist. Betrachtet wird dann das Ergebnis im Lichte der Stichprobenverteilung. Die **Entscheidungssituation** ist bzw. die **begehbaren Fehler** sind dabei folgende:

Entscheidung (Stichprobe)	Sachverhalt (Population)	
	H_0	H_1
„H_0"	richtige Entscheidung $(1-\alpha)$ $P(\text{Test } H_0 \mid \text{Wirklichkeit } H_0)$	Fehler 2. Art (β-Fehler): Nullhypothese zu Unrecht beibehalten (β) $P(\text{Test } H_0 \mid \text{Wirklichkeit } H_1)$
„H_1"	Fehler 1. Art (α-Fehler): Nullhypothese zu Unrecht verworfen (α) $P(\text{Test H}_1 \mid \text{Wirklichkeit } H_0)$	richtige Entscheidung $(1-\beta)$ $P(\text{Test } H_1 \mid \text{Wirklichkeit } H_1)$

Zur Erklärung soll folgendes Beispiel dienen: Es soll gezeigt werden, daß der Erwartungswert eines Merkmals von Null verschieden ist. Entsprechend lauten die Hypothesen:

$$H_0: \mu = 0 \quad \text{bzw.} \quad H_1: \mu \neq 0$$

Der Stichprobenmittelwert stimmt natürlich nicht mit Null überein, er ist aber ein Wert innerhalb eines definierten Annahmebereichs. Liegt der beobachtete Mittelwert weit entfernt von 0 (d. h. großer Standardfehler des Mittelwertes), wird

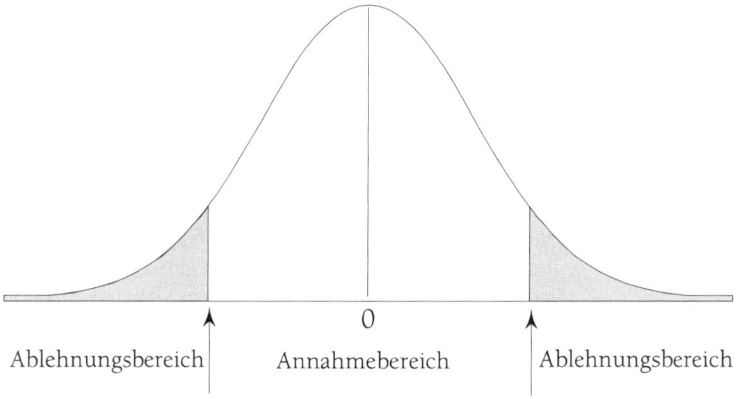

Abb. 7-1: Einteilung einer Verteilung mit Erwartungswert Null in Annahme- und Ablehnungsbereich

die Nullhypothese für unwahrscheinlich gehalten (Ablehnungsbereich) und verworfen (vgl. Abbildung 7-1).

(b) Zur Kontrolle der beiden Fehlerarten liegen sogenannte Entscheidungsregeln vor, die in Abbildung 7-2 am Beispiel eines Tests mit positiv gerichteter Alternativhypothese – also beispielsweise eines einseitigen z-Tests mit H_1: $\mu > \mu_0$ und H_0: $\mu \leq \mu_0$ – illustriert werden.

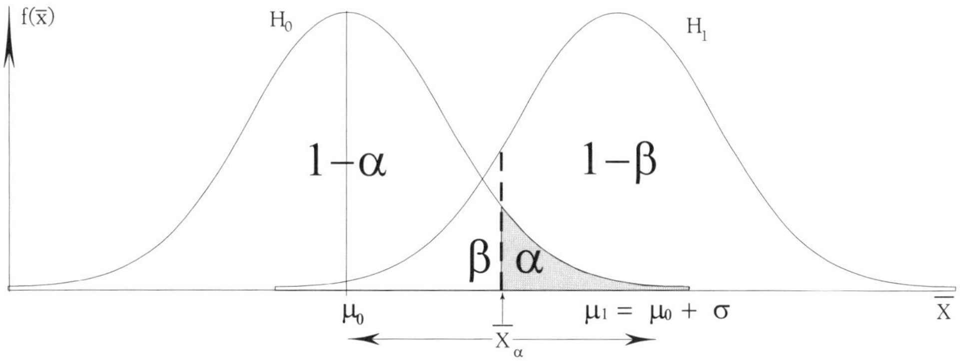

(nach Fisher)	keine Entscheidung	|	H_0 ablehnen
		|	H_1 annehmen
(nach Neyman & Pearson)	H_0 annehmen	|	H_0 ablehnen
	H_1 ablehnen	|	H_1 annehmen

Abb 7-2: Entscheidungssituation und Entscheidungsregeln beim Testen von Hypothesen

Beide Hypothesen sind im Beispielfall typischerweise Bereichshypothesen. Doch da für H_0 an der Bereichsgrenze ein bestimmter Wert angebbar ist – nämlich $\mu = \mu_0$ –, läßt sich eine Stichprobenverteilung angeben, die die Grundlage der Entscheidung bildet. In der **Fisher-Tradition** wird ausschließlich diese Verteilung betrachtet. Ein kritischer Wert $\bar{x}_\alpha$ der Teststatistik $\bar{x}$ wird so gewählt, daß extremere Werte als $\bar{x}_\alpha$ unter H_0 nur mit einer sehr geringen Wahrscheinlichkeit α auftreten (wobei α herkömmlicherweise gleich .05, .01 oder .001 gesetzt wird), d. h.

(7.2.1) $$p(\bar{x} \geq \bar{x}_\alpha \mid H_0) \leq \alpha$$

Ergibt sich ein solcher bei Gültigkeit der Nullhypothese unwahrscheinlicher („signifikanter“) Befund $\bar{x}_{emp} \geq \bar{x}_\alpha$, wird H_0 abgelehnt und H_1 angenommen. Die Wahrscheinlichkeit des damit möglicherweise gemachten **Fehlers 1. Art** entspricht dem Wert α (α-Fehler). Bei allen Resultaten $\bar{x}_{emp} < \bar{x}_\alpha$ enthält man sich des Urteils oder sagt allenfalls, die Nullhypothese sei (vorläufig) noch nicht verworfen. Der Grund für diese Zurückhaltung liegt in folgendem Sachverhalt: Fällt ein Ergebnis nicht in den Ablehnungsbereich und wird daraus der Schluß gezogen, daß H_0 zutrifft, begeht man u. U. den **Fehler 2. Art**, dann nämlich, wenn in Wirklichkeit H_1 zutrifft (β-Fehler). Dessen Wahrscheinlichkeit aber, β, ist meist nicht bekannt und nicht kontrollierbar, da H_1 i. d. R. eine zusammengesetzte Hypothese darstellt.

<u>Rechenbeispiel:</u> Aufgrund einer Vererbungstheorie der Intelligenz wird bei einer bestimmten Gruppe von $n = 25$ Personen eine überdurchschnittliche Intelligenz erwartet. Die mit einem Test zu messende Intelligenz sei normalverteilt mit $\mu = 100$ und $\sigma = 15$. Als statistische Hypothesen kann formuliert werden: H_1: $\mu > \mu_0 = 100$ und H_0: $\mu \leq \mu_0 = 100$.
Das α-Niveau soll .05 betragen. Bei der untersuchten Gruppe ist der Mittelwert 110.

Um die dargestellte Entscheidungsregel anwenden zu können, muß $\bar{x}_\alpha$ bestimmt werden. Da $\bar{x}$ normalverteilt ist und die Parameter μ_0 und $\sigma_{\bar{x}}$ bekannt bzw. berechenbar sind, kann die z-Verteilung herangezogen werden:

$$z_\alpha = \frac{\bar{x}_\alpha - \mu_0}{\sigma_{\bar{x}}} \quad \text{bzw.} \quad \bar{x}_\alpha = z_\alpha \cdot \sigma_{\bar{x}} + \mu_0$$

$$\bar{x}_{.05} = z_{.05} \cdot \sigma_{\bar{x}} + \mu_0 = 1.65 \cdot \frac{15}{\sqrt{25}} + 100 = 104.95$$

Da der empirische Mittelwert von 110 größer als der „kritische" Wert von 104.95 ist, kann H_0 mit der gewählten Irrtumswahrscheinlichkeit von .05 abgelehnt (und H_1 angenommen) werden.

Eine strikte Befolgung der Entscheidungsregel nach Fisher würde oft zu unüberwindlichen Problemen der Bestätigung (Bewährung) bzw. Widerlegung (Nicht-Bewährung) inhaltlicher Hypothesen führen – besonders dann, wenn in einem sog. Entscheidungsexperiment H_0 aus einer Theorie abgeleitet wird und H_1 aus einer konkurrierenden zweiten. Die von **Neymann & Pearson begründete Strategie** wird dieser Forschungsbedarfslage gerecht. Danach soll nicht nur die Wahrscheinlichkeit α für eine fälschliche Ablehnung der Nullhypothese klein sein (Kontrolle des Fehlers 1. Art), sondern auch die Wahrscheinlichkeit β für die fälschliche Beibehaltung der Nullhypothese (Kontrolle des Fehlers 2. Art). Aussagen über die Fehlerwahrscheinlichkeit β – und ihr Komplement, die Teststärke (power) $1-\beta$ – lassen sich aber nur machen, wenn einer der unter H_1 zusammengefaßten Parameterwerte als „wahrer" Populationswert angenommen wird, d. h. wenn von einer ganz bestimmten Abweichung von der Erwartung unter der Nullhypothese ausgegangen wird (z. B. $\mu_1 - \mu_0 = \delta$). Durch Festlegung einer Mindest-„Effektgröße" läßt sich demnach β (bei gegebenem α und n) beliebig klein halten, so daß auch bei einem nicht signifikanten Ergebnis $\bar{x} < \bar{x}_\alpha$ eine Entscheidung möglich ist: H_0 wird angenommen, H_1 abgelehnt.

<u>Rechenbeispiel:</u> - Fortsetzung - Angenommen, der im vorausgehenden Beispiel bemühte Vererbungstheoretiker der Intelligenz läßt sich auf die Behauptung festlegen, bei der besagten Gruppe sei im Mittel wenigstens mit einer halben Standardabweichung höheren Intelligenz zu rechnen. Die statistischen Hypothesen würden dann lauten: $H_1 : \mu \geq \mu_1 = 107.5$ und $H_0 : \mu \leq \mu_0 = 100$. Der α-Fehler sei wiederum auf .05 festgelegt. Als Mittelwert aber habe sich ein Wert von 104 ergeben.

Da $\bar{x} < \bar{x}_\alpha$, sollte man sich der Fisher-Regel zufolge des Urteils enthalten.

Dank der Festlegung eines Mindesteffekts von $\delta = 7.5$ kann aber der β-Fehler bestimmt werden. Unter der Voraussetzung, daß (abgesehen von dem prognostizierten Populationsmittelwert) die gleichen statistischen Oberhypothesen gelten wie im Ausgangsfall, kann wieder die z-Verteilung verwendet werden.

$$z_\beta = \frac{\bar{x}_\beta - \mu_1}{\sigma_{\bar{x}}}$$

Aufgrund der vorgängigen Festlegung von α gilt:

$$\bar{x}_\beta = \bar{x}_\alpha$$

$$\Rightarrow z_\beta = \frac{104.95 - 107.5}{15/\sqrt{25}} = -.85$$

$$\Rightarrow \beta = .198$$

Das Ergebnis besagt: Wenn die durch die bestimmte Effekterwartung von $\delta = 7.5$ spezifizierte Alternativhypothese durch den Stichprobenbefund $\bar{x} = 104$ als widerlegt angesehen wird, liegt die Irrtumswahrscheinlichkeit bei .198.

(c) Wie im obigen Beispiel ersichtlich, ist β unmittelbar von α abhängig (und umgekehrt): Wenn α kleiner wird, wird β größer, und wenn α größer wird, wird β kleiner – entsprechend der jeweiligen Verschiebung von $\bar{x}_{\alpha}$ (vgl. Abbildung 7-2). Damit stellt sich die Frage nach rationalen **Kriterien für die Fehlerfestsetzung**. Ein wichtiger Gesichtspunkt ist der der Kosten einer irrigen Entscheidung. Je größer die Kosten eines Fehlers 1. Art umso kleiner wird α, die Wahrscheinlichkeit, diesen Fehler zu begehen, gesetzt. Je größer andererseits die Kosten eines Fehlers 2. Art, umso kleiner muß β gesetzt werden. Das besagt, die relativen Kosten der beiden Fehler sind in Rechnung zu stellen. Ein weiterer Gesichtspunkt ist die (der konkreten empirischen Untersuchung) **vorausgehende Überzeugung** von der einen oder anderen Hypothese. Entsprechend strenger ist der Maßstab, der an die Gegenevidenz gelegt wird (z. B. in Form eines geringen α-Niveaus, wenn die gewählte Methode etabliert ist und sich bewährt hat).

Beispiel: In einem statistischen Testverfahren für zwei Stichproben werden die Erwartungswerte (d.h. die Mittelwerte der Klausurergebnisse) nach Einsatz einer neuen computergestützten Lehrmethode in der Statistik mit der konventionellen Vorlesungsmethode verglichen. Die Hypothesen lauten wie folgt:

H_0: $\mu_1 \geq \mu_2$, bedeutet, die Lehrmethoden unterscheiden sich nicht, oder die neue Methode ist sogar schlechter.
H_1: $\mu_1 < \mu_2$, bedeutet die computergestützte Lehrmethode ist besser als eine herkömmliche Vorlesung.

Der α-Fehler würde hier bedeuten H_0 wird verworfen, obwohl sie richtig ist, d.h. es wird fälschlicherweise angenommen, die computergestützte Lehrmethode sei besser als die konventionelle Vorlesung.

Mögliche Konsequenzen: Dies kann die Neuanschaffung von Computern, Lernsoftware und die Einstellung neuer Dozenten zur Folge haben, was angesichts einer falschen Entscheidung nicht zu rechtfertigen ist.

Demgegenüber wird beim β-Fehler die H_1 verworfen, obwohl sie richtig ist, d.h. es wird fälschlicherweise angenommen, daß sich die computergestützte Lehrmethode von der konventionellen Lehrmethode nicht unterscheidet.

Mögliche Konsequenzen: Die Folge hiervon wäre, daß weiterhin nach der alten Vorlesungsmethode verfahren wird, ohne daß eine Verbesserung stattfindet.

Gesetzt den Fall, es findet sich an einer Stichprobe von StudentInnen eine im Durchschnitt bessere Leistung bei Einsatz der computergestützten Lernmethode. Auch wenn dieses Ergebnis für die Annahme der Alternativhypothese spricht, bleibt die Möglichkeit offen, daß das Ergebnis rein zufällig (z.B. auf Grund der gewählten Stichprobe oder der schlechten Statistikvorlesung) zustande gekommen ist. Da die Verhältnisse in der Population nicht bekannt sind, kann die Qualität der Entscheidung nur dadurch abgeschätzt werden, daß die Wahrscheinlichkeit des α-Fehlers (bzw. β-Fehlers) angegeben wird. Es muß dazu also eine Angabe erfolgen, *mit welcher Wahrscheinlichkeit StudentInnen, die nach der konventionellen Vorlesungsmethode unterrichtet werden, genauso gute oder bessere Leistungen im Vergleich zu den computertrainierten StudentInnen erzielen. Der α-Fehler bestimmt also, wie hoch die (Irrtums-)Wahrscheinlichkeit ist, ein vergleichbares oder besseres Ergebnis zu finden, wenn davon ausgegangen wird, die Nullhypothese sei richtig.*

Verteilungstheoretisch liegt das Problem im Grad der Überschneidung der beiden Verteilungen unter H_0 und unter H_1. Mit Bezug auf das Beispiel überschneiden sich die „guten" StudentInnen aus der konventionellen Vorlesung mit den „schlechten" StudentInnen aus der computergestützten Lehrveranstaltung. Vergrößert sich diese Überschneidung, vergrößert sich gleichzeitig der Flächenanteil von α und damit der Fehler, der computergestützten Lehrmethode den Vorzug zu geben.

(d) Als Sonderfall der wechselseitigen Abhängigkeit von α und β kann die **Prüfung einer zweiseitigen Alternativhypothese** betrachtet werden. Da das gewählte α-Niveau in diesem Fall auf beide Enden der Stichprobenverteilung aufzuteilen ist, vergrößert sich auf beiden Seiten der Bereich der Nicht-Ablehnung von H_0. Damit erhöht sich aber auch das Fehlerrisiko 2. Art gegenüber einem einseitigen Test. Die Chance, einen eventuell vorhandenen Unterschied zu entdecken, ist prinzipiell vergleichweise geringer (vgl. Abbildung 7-3).

Die kritischen Grenzen werden bei der Prüfung einer zweiseitigen Hypothese im Prinzip in gleicher Weise wie im einseitigen Fall bestimmt, unter der Berücksichtigung der Aufteilung von α auf beide Enden der Verteilung.

Es sollte möglich sein, die inhaltliche Hypothese **vor** der Untersuchung auf eine ein- oder zweiseitige Testung festzulegen.

Rechenbeispiel: - Fortsetzung - Wenn von der fraglichen Vererbungstheorie der Intelligenz nur behauptet wird, bei der besagten Gruppe sei jedenfalls nicht mit einer durchschnittlichen Intelligenz zu rechnen, lauten die entsprechenden statistischen Hypothesen: H_1: $\mu \neq \mu_1 = 100$ und H_0: $\mu = \mu_0 = 100$.

Unter ansonsten gleichen Bedingungen gilt dann:

$$\pm z_{\alpha/2} = \frac{\bar{x}_{\alpha/2} - \mu_0}{\sigma_{\bar{x}}} \quad \text{bzw.} \quad \bar{x}_{\alpha/2} = \pm z_{\alpha/2} \cdot \sigma_{\bar{x}} + \mu_0$$

$$\bar{x}_{.025} = \pm z_{.025} \cdot \sigma_{\bar{x}} + \mu_0 = \pm 1.96 \cdot \frac{15}{\sqrt{25}} + 100$$

$$\bar{x}_{OG} = 105.88 \qquad \bar{x}_{UG} = 94.12$$

Demnach ist H_0 bei zweiseitiger Fragestellung erst zu verwerfen (H_1 anzunehmen), wenn $\bar{x}_{emp} \geq 105.88$ oder $\bar{x}_{emp} \leq 94.12$ ist.

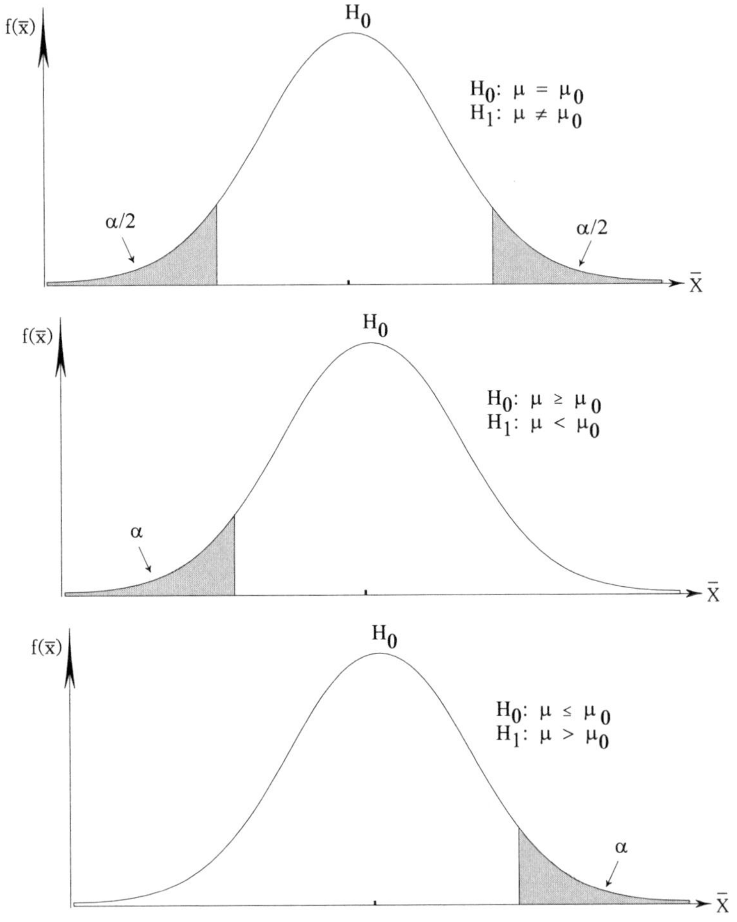

Abb. 7-3: Ablehnungs- und Nicht-Ablehnungsbereich unter der Nullhypothese H_0 bei zweiseitiger (oben) und einseitiger Alternativhypothese

7.2.2 Teststärke und Stichprobengröße

(a) Der Fehler einer ungerechtfertigten Beibehaltung der Nullhypothese (β-Fehler, Fehler 2. Art) kann nur berechnet werden, wenn die Alternativhypothese einfach ist, d. h. wenn sie also nur einen Wert für den Parameter vorsieht. Ist sie dagegen (wie es i. d. R. der Fall ist) zusammengesetzt, ergibt sich für jeden Wert des von H_1 spezifizierten Intervalls ein eigener Wert für β. Diese β-Fehler sind in einer Kurve als Funktion des Populationsparameters (μ) darstellbar. Diese Kurve wird als **Operationscharakteristik-Kurve** (OC-Kurve) eines Tests bezeichnet. Sie zeigt für jeden Wert der Alternativhypothese, wie groß die Wahrscheinlichkeit ist, die Nullhypothese irrtümlicherweise beizubehalten. Die komplementäre Kurve der

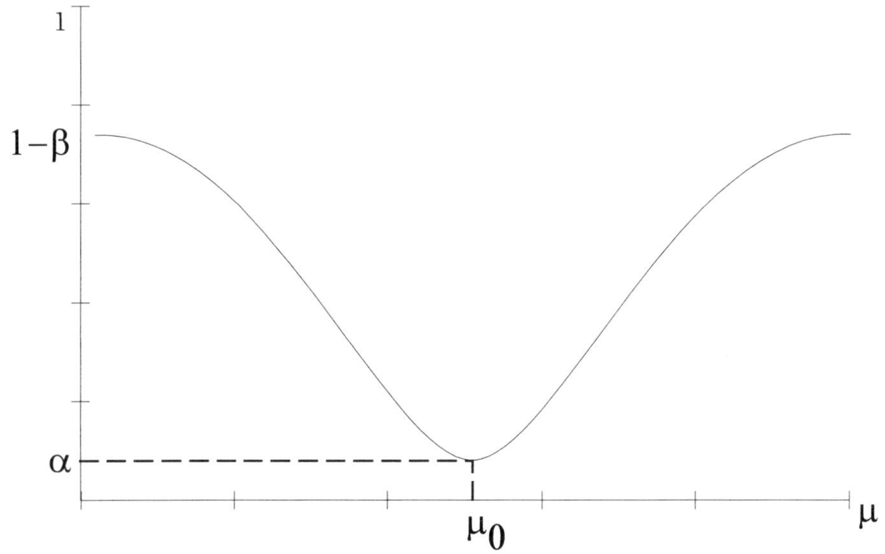

Abb. 7-4: Teststärkefunktion für einen zweiseitigen Test

Werte $1-\beta$ stellt die **Teststärke-** oder **Gütefunktion** des Tests dar. Sie gibt die Wahrscheinlichkeit an, mit der der Test eine richtige Alternativhypothese zu „erkennen" gestattet (vgl. Abbildung 7-4).

Wie in Abbildung 7-4 angedeutet, ist in dem Grenzfall, in dem $\mu_1 = \mu_0$, die Teststärke $1-\beta = \alpha$. Mit dem α-Niveau wird demnach die minimale Teststärke festgelegt. **Einflußgrößen** auf die Teststärkefunktion von größerer praktischer Bedeutung sind die Standardabweichung σ_x und die Stichprobengröße n. Eine Verringerung von σ_x bewirkt beispielsweise für den Parameter μ aufgrund der Beziehung $\sigma_{\bar{x}} = \sigma_x / \sqrt{n}$, daß die Stichprobenverteilung der Mittelwerte schmaler wird, die Verteilungen unter den beiden statistischen Hypothesen sich weniger überschneiden und $1-\beta$ unter sonst gleichen Bedingungen zunimmt.

Ein wichtiges Ziel der Versuchsplanung ist es demzufolge, durch geeignete Kontrollmaßnahmen – insbesondere durch Konstanthalten jener Größen, die auf die Zufallsvariable einwirken – die Standardabweichung dieser Variablen zu reduzieren. Andererseits bewirkt eine Erhöhung der Stichprobengröße für den Parameter μ unter sonst gleichen Bedingungen eine Reduzierung des Standardfehlers und damit eine Erhöhung der Teststärke.

(b) Durch eine entsprechende Vergrößerung der Stichprobe kann die Teststärke so erhöht werden, daß die Alternativhypothese auch bei sehr geringer Differenz von μ_0 und μ_1 mit hoher Wahrscheinlichkeit angenommen wird. Aber abgesehen davon, daß ökonomische Gesichtspunkte gegen eine solche Strategie sprechen, ist es nicht von vornherein sinnvoll, die Annahme der Alternativhypothese unter allen Umständen zu erreichen. In der Praxis interessieren Mindesteffekte, die für Konsequenzen aus der Untersuchung relevant sind. Die Testgütefunktion kann zur **Abschätzung des Stichprobenumfangs** benutzt werden, der notwendig ist, um einen solchen praktisch bedeutsamen Mindesteffekt δ bei gegebenem α und β zu entdecken. Durch Festlegung eines Mindesteffekts und der beiden Fehlerarten ist auch die Stichprobengröße bestimmt.

Rechenbeispiel: In einem psychopharmakologischen Experiment sollen zwei Beruhigungsmittel auf ihre Wirkung untersucht werden. Um das eingeführte Mittel 1 durch ein neues Mittel 2 zu ersetzen, wird eine Effektdifferenz von 2 Punkten für notwendig erachtet. Das besagt für die Hypothesenbildung: $H_1 : \mu_2 - \mu_1 = \delta \geq 2$ und $H_0 : \mu_2 - \mu_1 = \delta = 0$. Wenn σ bekannt und gleich ist und die Normalverteilung zugrundegelegt werden kann, läßt sich nach Festlegung der beiden Fehlerarten die für die Entdeckung dieses Effektes notwendige Stichprobengröße ermitteln. Es sei $\sigma_x = 4$, $\alpha = .05$ und $\beta = .10$.

Die Signifikanzgrenze $\bar{x}_\alpha$ ist bezogen auf die Nullhypothese in Termini der Standardnormalverteilung:

$$\bar{x}_\alpha = z_\alpha \cdot \sigma_{\bar{x}} + \mu_1 = z_\alpha \cdot \sigma_x / \sqrt{n} + \mu_1$$

Die gleiche Grenze bezogen auf die Alternativhypothese ist in Termini der Standardnormalverteilung:

$$\bar{x}_\beta = -z_\beta \cdot \sigma_{\bar{x}} + \mu_2 = -z_\beta \cdot \sigma_x / \sqrt{n} + \mu_2$$

Da $\bar{x}_\alpha = \bar{x}_\beta$ gilt:

$$\frac{z_\alpha \cdot \sigma_x}{\sqrt{n}} + \mu_1 = -\frac{z_\beta \cdot \sigma_x}{\sqrt{n}} + \mu_2$$

und ferner

$$\mu_2 - \mu_1 = \frac{\sigma_x}{\sqrt{n}} \left(z_\alpha + z_\beta\right)$$

Da μ_2-μ_1 gleich σ sein soll, ergibt sich nach Auflösung nach n:

$$n = \frac{\sigma_x^2}{\delta^2} \left(z_\alpha + z_\beta\right)^2$$

Durch Einsetzen der entsprechenden Werte resultiert:

$$n = \frac{16}{4} \cdot \left(1.64 - (-1.28)\right)^2 = \frac{16}{4} \cdot \left(1.64 + 1.28\right)^2 \approx 34$$

Da zwei Stichproben dieser Größe zu verwenden sind, werden insgesamt 68 Vpn benötigt, um die Ausgangsfrage unter den spezifizierten Bedingungen adäquat beantworten zu können.

8. Prüfung von Unterschiedshypothesen

8.1 Vorbemerkungen

Verfahren zur Prüfung von **Unterschieds- und Zusammenhangshypothesen** gehören zum „Standard-Werkzeug" des statistisch-empirisch arbeitenden Psychologen. Dabei basiert die Differenzierung dieser beiden Hypothesenarten auf der Art der Hypothesenformulierung. In der Sache geht es in beiden Fällen um den Zusammenhang von Variablen. Dementsprechend sind Überprüfungen der beiden Hypothesenarten auch ineinander überführbar, allerdings u. U. nur mit Einschränkungen. In der folgenden Abhandlung der Prüfung von Unterschiedshypothesen geht es nicht mehr um den Vergleich eines Stichprobenkennwertes mit dem entsprechenden Populationsparameter (vgl. **Kapitel 6 Parameterschätzung**), sondern um den **Vergleich zwischen (zwei) Stichprobenkennwerten** unterschiedlicher Herkunft, d. h. aus verschiedenen Stichproben. Die Leitfrage lautet: Sind Unterschiede zwischen den (beiden) Stichproben, z. B. bezüglich Mittelwert, Median, Varianz oder Verteilung überzufällig oder nicht?

Die zu besprechenden Verfahren sind nach dem **metrischen Niveau** der erhobenen Daten zu differenzieren. Die Wahl des adäquaten Testverfahrens setzt voraus, daß zuvor entschieden wurde, welche metrische Qualität die erhobenen Daten haben, d. h. allgemein ob Intervall-, Ordinal- oder Nominaldaten vorliegen. Das ist nicht immer zweifelsfrei möglich. Besonders bei Verfahren, die Intervallskalen-Niveau voraussetzen, müssen entsprechende (nicht ohne weiteres zu prüfende) Voraussetzungen gemacht werden. In „kritischen" (d. h. schwer entscheidbaren oder unsicheren) Fällen ist zu empfehlen, die Daten sowohl mit dem für das höhere metrische Niveau vorgesehenen Verfahren als auch mit dem entsprechenden Verfahren für ordinale Daten auszuwerten. Führen die zwei Verfahren zu unterschiedlichen Ergebnissen, sollte man sich an demjenigen orientieren, das geringere Anforderungen an die Skalenqualität stellt. Im anderen Fall erübrigen sich Spekulationen über die Angemessenheit der zur Auswahl stehenden Verfahren.

Eine weitere Differenzierung der Testverfahren ergibt sich aus der Beziehung zwischen den Stichproben: **Unabhängige Stichproben** erhält man, wenn die Auswahl der Beobachtungseinheiten für die eine Stichprobe keinen Einfluß auf die Auswahl der zur anderen Stichprobe gehörenden Elemente hat. Bei **abhängigen Stichproben** sind dagegen die Elemente einander paarweise nach einem sinnvollen Kriterium zugeordnet (*matched samples*). Eine andere Form von Abhängigkeit besteht bei wiederholter Messung an derselben Stichprobe (*repeated measurement*).

8.2 Prüfverfahren für Daten mit Intervallskala-Niveau

8.2.1 Vergleich von Stichprobenmittelwerten bei unabhängigen Stichproben

Definition: Der **t-Test für unabhängige Stichproben** testet die Erwartungswerte zweier unabhängiger normalverteilter Zufallsstichproben mit gleicher Streuung.

Voraussetzung: Intervalldaten, beide Populationen sind normalverteilt:

$$X_1 \approx N(\mu_1, \sigma_1) \text{ und } X_2 \approx N(\mu_2, \sigma_2).$$

Hypothesen:

	H_0	H_1
2-seitig	$\mu_1 = \mu_2$	$\mu_1 \neq \mu_2$
1-seitig	$\mu_1 \leq \mu_2$	$\mu_1 > \mu_2$
	$(\mu_1 \geq \mu_2)$	$(\mu_1 < \mu_2)$

Kennwerte:

	1. Stichprobe	*2. Stichprobe*
Umfang	n_1	n_2
Mittelwert	$\bar{x}_1$	$\bar{x}_2$
Varianz	s_1^2	s_2^2

Signifikanzniveau: α

***1.* Fall:** Als spezielle Voraussetzung für den ersten Fall gilt, daß die Varianzen in beiden Populationen bekannt sind. Dann gilt:

(8.2.1) $$\operatorname{Var}(\bar{x}_1 - \bar{x}_2) = \frac{\sigma_1^2}{n_1} + \frac{\sigma_2^2}{n_2}$$

Testgröße:

(8.2.2) $$t = \frac{(\bar{x}_1 - \bar{x}_2) - (\mu_1 - \mu_2)}{\sqrt{\frac{\sigma_1^2}{n_1} + \frac{\sigma_2^2}{n_2}}}$$

Da $(\mu_1 - \mu_2)$ gemäß H_0 gleich Null, ist

(8.2.3) $$t = \frac{(\bar{x}_1 - \bar{x}_2)}{\sqrt{\frac{\sigma_1^2}{n_1} + \frac{\sigma_2^2}{n_2}}}$$

Diese Testgröße ist – unter den gegebenen Voraussetzungen – standardnormalverteilt.

Entscheidung:				
	H_1 zweiseitig:	$\lvert t\rvert \geq z_{\alpha/2}$	$\Rightarrow$	H_0 verwerfen
		$\lvert t\rvert < z_{\alpha/2}$	$\Rightarrow$	H_0 beibehalten
	H_1 einseitig:	$t \geq z_\alpha$	$\Rightarrow$	H_0 verwerfen
		$t < z_\alpha$	$\Rightarrow$	H_0 beibehalten
	bzw.	$t \leq -z_\alpha$	$\Rightarrow$	H_0 verwerfen

2. Fall: Als spezielle Voraussetzung für den zweiten Fall gilt, daß die Varianzen in beiden Populationen zwar unbekannt, aber gleich sind: $\sigma_1^2 \approx \sigma_2^2 \approx \sigma^2$

Berechnung: Zur Schätzung von σ_2 verwendet man die „gepoolte" Stichprobenvarianz.

(8.2.4)
$$s_g^2 = \frac{(n_1 - 1) \cdot s_1^2 + (n_2 - 1) \cdot s_2^2}{n_1 + n_2 - 2}$$

Testgröße:

(8.2.5)
$$t = \frac{\bar{x}_1 - \bar{x}_2}{s_g \cdot \sqrt{\frac{1}{n_1} + \frac{1}{n_2}}} \quad \text{mit} \quad df = n_1 + n_2 - 2 .$$

Die Testgröße ist t-verteilt mit $n_1 + n_2 - 2$ Freiheitsgraden.

Entscheidung:				
	H_1 zweiseitig:	$\lvert t\rvert \geq t_{(\alpha/2, n_1+n_2-2)}$	$\Rightarrow$	H_0 verwerfen
		$\lvert t\rvert < t_{(\alpha/2, n_1+n_2-2)}$	$\Rightarrow$	H_0 beibehalten
	H_1 einseitig:	$t \geq t_{(\alpha, n_1+n_2-2)}$	$\Rightarrow$	H_0 verwerfen
		$t < t_{(\alpha, n_1+n_2-2)}$	$\Rightarrow$	H_0 beibehalten
	bzw.	$t \leq -t_{(\alpha, n_1+n_2-2)}$	$\Rightarrow$	H_0 verwerfen

3. Fall: σ_1^2 und σ_2^2 sind unbekannt und sehr verschieden $\sigma_1^2 \neq \sigma_2^2$. Die Varianzhomogenität läßt sich mit einem Verfahren zum Vergleich der Stichprobenvarianzen prüfen. Falls demnach die Nullhypothese $\sigma_1^2 = \sigma_2^2$ abzulehnen sein sollte, muß für den Mittelwertsvergleich eine approximative Lösung gesucht werden.

Anmerkungen: (näheres siehe Bortz, 1993; Hays, 1994 ; Sachs 1992)

- Da beim zweiseitigen Test die Richtung des Unterschieds nicht von Interesse ist, wird die empirische Testgröße absolut gesetzt, d. h. das Vorzeichen wird vernachlässigt. Anders beim einseitigen Test: Hier entscheidet das Vorzeichen der Testgröße über die Richtung des Unterschieds. Ist der t-Wert negativ, liegt der Mittelwert der 1. Stichprobe unter dem der 2. Stichprobe. Ein Austausch der Stichprobendaten führt entsprechend zum gleichen Ergebnis, aber mit geändertem Vorzeichen.

- Je kleiner die Mittelwertsdifferenz, desto kleiner der t-Wert. Sind die Mittelwerte identisch, wird $t = 0$.
- Die Voraussetzung der Varianzhomogenität kann z. B. mit dem F-Test untersucht werden.

Rechenbeispiel: *Untersucht werden soll (mit $\alpha = .05$), ob die Belastbarkeit bei weiblichen Personen höher ist als bei männlichen Personen. Die Daten stammen aus einem Belastungstest.*

---

männliche Vpn: X = 86 91 96 103 121 86 121 105 112 96 97 129 101 103 92 87 105 114 99 94 107 108 96 125 87 112 117 124 89 92 94 90 119 100 114
weibliche Vpn: Y = 97 87 113 93 115 108 126 118 93 120 86 104 122 97 102 88 100 109 88 125 95 101 92 122 106 98 104 106 95 97 113 90 130

```
 Umfang 1. Stichprobe (NX)
35
 Mittelwert 1. Stichprobe (MEANX)
103.2
 Varianz 1. Stichprobe (VARX)
157.87
 Umfang 2. Stichprobe (NY)
33
 Mittelwert 2. Stichprobe (MEANY)
104.24
 Varianz 2. Stichprobe (VARY)
159.75
```

---

bzw. in die Formel eingesetzt:

$$s_g^2 = \frac{(n_1 - 1) \cdot s_1^2 + (n_2 - 1) \cdot s_2^2}{n_1 + n_2 - 2} =$$

$$\frac{(35 - 1) \cdot 157.87 + (33 - 1) 159.75}{35 + 33 - 2} = \frac{10479.58}{66} = 158.78$$

$$t = \frac{\bar{x}_1 - \bar{x}_2}{s_g \cdot \sqrt{\frac{1}{n_1} + \frac{1}{n_2}}} = \frac{103.2 - 104.24}{12.6 \cdot \sqrt{\frac{1}{35} + \frac{1}{33}}} = -0.34$$

```
 T-Wert (T)
-0.3409
 Freiheitsgrade (df)
66
```

```
Wahrscheinlichkeit der t-Verteilung (P)
0.37468
 Fläche der t-Verteilung (F)
0.62532
 Kritischer Wert bei 1% Niveau (CRIT1)
2.38419
 Kritischer Wert bei 5% Niveau (CRIT5)
1.66827
-----------------------------------------------------------------
```

Der ermittelte t-Wert von -0.3409 bleibt unterhalb des kritischen Wertes (5%) von 1.66827 bzw. besitzt eine (einseitige) Irrtumswahrscheinlichkeit von 37%, d.h. die Alternativhypothese einer höheren Belastbarkeit bei Frauen muß nach diesem Ergebnis abgelehnt werden.

SPSS-Beispiel: *Vergleichsrechnung zum obigen Beispiel (Erläuterung unter Abschnitt **8.2.6 SPSS-Beispielrechnung für t-Test und F-Test**)*

Syntax:

```
T-TEST GROUPS=sex(1 2)
   /MISSING=ANALYSIS
   /VARIABLES=grp
   /CRITERIA=CIN(.95).
```

Ausgabe:

```
t-tests for independent samples of  SEX


                                Number
         Variable             of Cases    Mean          SD        SE of Mean
       --------------------------------------------------------------
         GRP

        Männer                     35     103,2000      12,565        2,124
        Frauen                     33     104,2424      12,639        2,200
       --------------------------------------------------------------

        Mean Difference = -1,0424

        Levene's Test for Equality of Variances: F = ,001    P = ,975


     t-test for Equality of Means                                 95%
  Variances  t-value   df    2-Tail Sig    SE of Diff       CI for Diff
 ----------------------------------------------------------------------
  Equal       -,34    66          ,734        3,057       (-7,148; 5,063)
  Unequal     -,34    65,72       ,734        3,058       (-7,149; 5,065)
 ----------------------------------------------------------------------
```

8.2.2 Vergleich von Stichprobenmittelwerten bei abhängigen Stichproben

Definition: Der **t-Test für abhängige Stichproben** vergleicht die Erwartungswerte von zwei abhängigen normalverteilten Zufallsstichproben.

Voraussetzung: Intervalldaten, Normalverteilung der Differenzen der zusammengesetzten Meßwertpaare: $D = X_1 - X_2 \approx N(\mu_d, \sigma_d^2)$.

Hypothesen:

	H_0	H_1
2-seitig	$\mu_1 = \mu_2$	$\mu_1 \neq \mu_2$
1-seitig	$\mu_1 \leq \mu_2$	$\mu_1 > \mu_2$
	$(\mu_1 \geq \mu_2)$	$(\mu_1 < \mu_2)$

Kennwerte:

	Stichprobe 1 und 2
Umfang	$n_1 = n_2 = n$
Mittelwert	$\bar{x}_d = \frac{1}{n} \cdot \Sigma d_i = \frac{1}{n} \cdot \Sigma \left(x_{1i} - x_{2i}\right)$
Varianz	$s_d^2 = \frac{1}{n-1} \cdot \Sigma \left(d_i - \bar{x}_d\right)^2 = \frac{1}{n-1} \cdot \left(\Sigma d_i^2 - \frac{\left(\Sigma d_i\right)^2}{n}\right)$

Signifikanzniveau: α

Berechnung:

(8.2.6) $$s_{\bar{x}_d} = \frac{s_d}{\sqrt{n}}$$

Testgröße:

(8.2.7) $$t = \frac{\bar{x}_d}{s_{\bar{x}_d}} \quad \text{mit} \quad df = n - 1 \text{ Freiheitsgraden}.$$

Die Testgröße ist t-verteilt mit $n - 1$ Freiheitsgraden.

Entscheidung:

H_1 zweiseitig: $|t| \geq t_{(\alpha/2, n-1)} \Rightarrow H_0$ verwerfen
$|t| < t_{(\alpha/2, n-1)} \Rightarrow H_0$ beibehalten
H_1 einseitig: $t \geq t_{(\alpha, n-1)} \Rightarrow H_0$ verwerfen
$t < t_{(\alpha, n-1)} \Rightarrow H_0$ beibehalten
bzw. $t \leq -t_{(\alpha, n-1)} \Rightarrow H_0$ verwerfen

Anmerkungen: (näheres siehe Bortz, 1993; Hays, 1994 ; Sachs 1992)

- Der *t*-Test für abhängige Stichproben bedarf keiner speziellen Voraussetzungsprüfung bezüglich der Varianzhomogenität, da diese durch die Differenzenbildung indirekt in die Rechnung mit eingeht.
- Je kleiner die Differenzen der Meßwertpaare, desto kleiner der *t*-Wert. Ist die Differenz $d = 0$, ist entsprechend $t = 0$.

Rechenbeispiel: Es soll geprüft werden, ob Examenskandidaten in der Lage sind, die eigene Leistungsfähigkeit richtig einzuschätzen. Vor Durchführung einer Klausur mit 70 Aufgaben sollen 15 Kandidaten angeben, wieviele Aufgaben sie vermutlich richtig lösen werden. Diese Selbsteinschätzung wird mit der tatsächlichen Leistung verglichen. Da nicht genügend Vorinformation über die Richtung der möglichen Fehlereinschätzung vorliegt, empfiehlt es sich, zweiseitig zu testen. Geprüft werden soll mit einer Irrtumswahrscheinlichkeit von 5%.

```
---------------------------------------------------------------------
Selbsteinschätzung: X = 40 60 30 55 55 35 30 35 40 35 50 25 10 40 55
Klausurergebnis:    Y = 48 55 44 59 70 36 44 28 39 50 64 22 19 53 60
---------------------------------------------------------------------
Stichprobenumfang (N)
15
 Differenzen der Meßwerte (DI)
-8 5 -14 -4 -15 -1 -14 7 1 -15 -14 3 -9 -13 -5
 Mittelwert der Differenzen (MEAND)
-6.4
---------------------------------------------------------------------
```

Nach den Formeln berechnen sich Kennwerte und Testgröße:

$$\bar{x}_d = \frac{1}{n} \cdot \sum d_i = \frac{1}{15} \cdot \sum -96 = -6.4$$

$$s_d^2 = \frac{1}{n-1} \cdot \sum (d_i - \bar{x}_d)^2 = \frac{1}{15-1} \cdot 863.6 = 61.69$$

$$s_{\bar{x}_d} = \frac{s_d}{\sqrt{n}} = \frac{7,9}{3,87} = 2,04 \qquad t = \frac{\bar{x}_d}{s_{\bar{x}_d}} = \frac{-6.4}{2.04} = -3.14$$

```
---------------------------------------------------------------------
 T-Wert (T)
-3.138
 Freiheitsgrade (df)
14
 Wahrscheinlichkeit der t-Verteilung (P)
0.00713
 Fläche der t-Verteilung (F)
0.99287
 Kritischer Wert bei 2.5% Niveau (CRIT25)
2.14479
 Kritischer Wert bei 5% Niveau (CRIT5)
1.76131
---------------------------------------------------------------------
```

Der ermittelte t-Wert von -3.138 liegt oberhalb des kritischen Wertes bei einer Irrtumswahrscheinlichkeit von 2.5% (da zweiseitig) von 2.14479. Die exakte (zweiseitige) Irrtumswahrscheinlichkeit liegt bei 0.00713. Der Richtung des Mittelwertunterschiedes ist zu entnehmen, daß die effektiven Leistungen (hochsignifikant) unterschätzt werden.

SPSS-Beispiel: *Vergleichsrechnung zum obigen Beispiel (Erläuterung unter Abschnitt* ***8.2.6 SPSS-Beispielrechnung für t-Test und F-Test****)*

Syntax:

```
T-TEST PAIRS= selbst  WITH klausur (PAIRED)
   /CRITERIA=CIN(.95)
   /FORMAT=LABELS
   /MISSING=ANALYSIS.
```

Ausgabe:

```
                    - - - t-tests for paired samples - - -


                   Number of       2-tail
 Variable            pairs      Corr    Sig     Mean         SD      SE of Mean
-----------------------------------------------------------------------------------
 SELBST                                        39,6667    13,558      3,501
                      15        ,856    ,000
 KLAUSUR                                       46,0667    15,121      3,904
-----------------------------------------------------------------------------------


         Paired Differences           |
 Mean          SD         SE of Mean  |       t-value      df   2-tail Sig
--------------------------------------|--------------------------------------------
-6,4000        7,854        2,028     |        -3,16       14        ,007
95% CI (-10,751; -2,049)              |
```

8.2.3 Vergleich von Stichprobenvarianzen bei unabhängigen Stichproben

Definition: Der ***F*-Test für unabhängige Stichproben** prüft, ob zwei Stichproben unterschiedliche Varianzen besitzen. Er eignet sich damit u. a. zur Prüfung der Varianzhomogenität für den *t*-Test bei unabhängigen Stichproben. Da bei einer solchen Voraussetzungsprüfung der β-Fehler klein gehalten werden muß, ist entsprechend ein größerer Wert für α zu wählen (z. B. $\alpha \geq .10$ oder .25).

Voraussetzung: Intervalldaten, beide Populationen sind normalverteilt: $X_1 \approx N(\mu_1, \sigma_1)$ und $X_2 \approx N(\mu_2, \sigma_2)$.

Hypothesen:

	H_0	H_1
2-seitig	$\sigma_1^2 = \sigma_2^2$	$\sigma_1^2 \neq \sigma_2^2$
1-seitig	$\sigma_1^2 \leq \sigma_2^2$	$\sigma_1^2 < \sigma_2^2$
	$(\sigma_1^2 \geq \sigma_2^2)$	$(\sigma_1^2 < \sigma_2^2)$

Kennwerte:

	1. Stichprobe	*2. Stichprobe*
Umfang	n_1	n_2
Mittelwert	$\bar{x}_1$	$\bar{x}_2$
Varianz	s_1^2	s_2^2

Signifikanzniveau: α

Testgröße:

(8.2.8) zweiseitig: $F = \dfrac{\max(s_1^2, s_2^2)}{\min(s_1^2, s_2^2)}$, mit $df_{\text{Zähler}} = n_i - 1$, wenn s_i^2 im Zähler

mit $df_{\text{Nenner}} = n_j - 1$, wenn s_j^2 im Nenner

(8.2.9) einseitig: $F = \dfrac{s_1^2}{s_2^2}$, mit $df_{\text{Zähler}} = n_1 - 1$, mit $df_{\text{Nenner}} = n_2 - 1$

F ist der Wert einer F-verteilten Zufallsvariable mit den jeweils angegebenen Zähler- und Nennerfreiheitsgraden. Beim zweiseitigen Test steht die größere Varianz im Zähler, und die Zählerfreiheitsgrade richten sich nach der Anzahl der Messungen in der Stichprobe, in der die größere Varianz berechnet wird.

Entscheidung: H_1 zweiseitig: $F_{\max}$-Bruch $\geq F_{(\alpha/2, n_1-1, n_2-1)}$ $\Rightarrow H_0$ verwerfen
$F_{\max}$-Bruch $< F_{(\alpha/2, n_1-1, n_2-1)}$ $\Rightarrow H_0$ beibehalten
H_1 einseitig: F-Bruch $\geq F_{(\alpha, n_1-1, n_2-1)}$ $\Rightarrow H_0$ verwerfen
F-Bruch $< F_{(\alpha, n_1-1, n_2-1)}$ $\Rightarrow H_0$ beibehalten

Anmerkungen: (näheres siehe Bortz, 1993; Hays, 1994 ; Sachs 1992)

- Der F-Test kann als Voraussetzungsprüfung für den t-Test für unabhängige Stichproben eingesetzt werden. Dann ist in jedem Falle ein α von .10 oder größer zu wählen.
- Je kleiner die Unterschiede in den Varianzen, umso kleiner der F-Wert. Sind die Varianzen gleich, ist $F = 1$.

```
Rechenbeispiel: Zur Voraussetzungsprüfung des t-Testes soll untersucht
werden, ob die weiblichen und männlichen Personen, die mit dem Bela-
stungstest getestet werden, in ihren Varianzen homogen sind. Die Varian-
zen der Belastungstests sollen mit einer Irrtumswahrscheinlichkeit von
10% verglichen werden.
-------------------------------------------------------------------------
Stichprobe 1: X = 86 91 96 103 121 86 121 105 112 96 97 129 101 103 92
87 105 114 99 94 107 108 96 125 87 112 117 124 89 92 94 90 119 100 114
Stichprobe 2: Y = 97 87 113 93 115 108 126 118 93 120 86 104 122 97 102
88 100 109 88 125 95 101 92 122 106 98 104 106 95 97 113 90 130
-------------------------------------------------------------------------
 Prä-Stichprobenumfang (NX)
35
 Prä-Varianz (VARX)
157.87
 Post-Stichprobenumfang (NY)
33
 Post-Varianz (VARY)
159.75
-------------------------------------------------------------------------
 Fmax-Wert (F)
1.012
 Freiheitsgrade (df)
34 32
-------------------------------------------------------------------------
 Wahrscheinlichkeit der F-Verteilung (P)
0.48793
 Fläche der F-Verteilung (FL)
0.51207
 Kritischer F-Wert bei 10% Niveau (CRIT10)
1.57452
-------------------------------------------------------------------------
Der ermittelte F-Wert von 1.012 liegt unterhalb des kritischen Wertes
bei 10% Irrtumswahrscheinlichkeit von 1.57452 bzw. bei einem exakten
Wert von 0.48793. Demnach kann die Nullhypothese nicht abgelehnt werden,
d.h. es kann Varianzhomogenität unterstellt werden.
```

8.2.4 Vergleich von Stichprobenvarianzen bei abhängigen Stichproben

Definition: Für den Varianzvergleich bei abhängigen Stichproben findet ein ***t*-Test für korrelierte Stichproben** Verwendung.

Voraussetzung: Intervalldaten, Normalverteilung der Differenzen der zusammengehörenden Meßwertpaare: $D = X_1 - X_2 \approx N(\mu_d, \sigma_d^2)$.

Hypothesen:

	H_0	H_1
2-seitig	$\sigma_1^2 = \sigma_2^2$	$\sigma_1^2 \neq \sigma_2^2$
1-seitig	$\sigma_1^2 \leq \sigma_2^2$	$\sigma_1^2 < \sigma_2^2$
	$(\sigma_1^2 \geq \sigma_2^2)$	$(\sigma_1^2 < \sigma_2^2)$

<u>Kennwerte:</u>

	1. Stichprobe		*2. Stichprobe*		
Umfang	n_1	=	n_2	=	n
Varianz	s_1^2		s_2^2		
Korrelation	r (Korrelation der Meßwerte)				

<u>Signifikanzniveau:</u> α

<u>Testgröße:</u>

(8.2.10) $$t = \frac{(s_1^2 - s_2^2) \cdot \sqrt{n-2}}{\sqrt{4 \cdot s_1^2 \cdot s_2^2 \cdot (1 - r^2)}}, \quad \text{mit } df = n - 2$$

Die Testgröße ist t-verteilt mit $n - 2$ Freiheitsgraden.

<u>Entscheidung:</u> H_1 zweiseitig: $|t| \geq t_{(\alpha/2, n-2)}$ $\Rightarrow$ H_0 verwerfen
$|t| < t_{(\alpha/2, n-2)}$ $\Rightarrow$ H_0 beibehalten
H_1 einseitig: $t \geq t_{(\alpha, n-2)}$ $\Rightarrow$ H_0 verwerfen
$t < t_{(\alpha, n-2)}$ $\Rightarrow$ H_0 beibehalten
bzw. $t \leq -t_{(\alpha, n-2)}$ $\Rightarrow$ H_0 verwerfen

```
Rechenbeispiel: Die scheinbare Wirkung eines Placebo-Präparats auf die
Leistungsfähigkeit soll untersucht werden. Da die Daten an den gleichen
Personen erhoben werden, soll vorab ein Vergleich der Varianzen vorge-
nommen werden. Geprüft wird mit einer Irrtumswahrscheinlichkeit von 10%.
-----------------------------------------------------------------------
Ergebnisse ohne Präparat: X = 23.5 43.6 12.7 56.4 32.7 51.6
Ergebnisse mit Präparat:  Y = 38.4 37.4 59.3 28.4 62.6 18.4
-----------------------------------------------------------------------
 Umfang 1. Stichprobe (NX)
6
 Mittelwert 1. Stichprobe (MEANX)
36.75
 Varianz 1. Stichprobe (VARX)
284.787
 Standardabweichung 1. Stichprobe (SDX)
16.88
 Umfang 2. Stichprobe (NY)
6
 Mittelwert 2. Stichprobe (MEANY)
40.75
 Varianz 2. Stichprobe (VARY)
298.063
 Standardabweichung 2. Stichprobe (SDY)
17.26
 Korrelationskoeffizient (r)
-0.7558
-----------------------------------------------------------------------
```

bzw. in die Formel eingesetzt

$$t = \frac{(s_1^2 - s_2^2) \cdot \sqrt{n-2}}{\sqrt{4 \cdot s_1^2 \cdot s_2^2 \cdot (1 - r^2)}}$$

$$= \frac{(284.787 - 298.063) \cdot \sqrt{6-2}}{\sqrt{4 \cdot 284.787 \cdot 298.063 \cdot 0.428}} = \frac{-26.552}{381.555} = -0.0696$$

```
----------------------------------------------------------------------
 T-Wert für Varianzvergleich (T)
-0.0696
Freiheitsgrade (df)
4
----------------------------------------------------------------------
 Wahrscheinlichkeit der t-Verteilung (P)
0.37387
 Fläche der t-Verteilung (F)
0.62613
Kritischer Wert bei 10% Niveau (CRIT10)
1.5332
----------------------------------------------------------------------
```

Der ermittelte t-Wert von -0.0696 liegt unterhalb des kritischen Wertes bei 10% Irrtumswahrscheinlichkeit von 1.5332. Der exakte Wert für α liegt bei 0.37387. Demnach kann die Nullhypothese nicht abgelehnt werden, d.h. es kann Varianzhomogenität unterstellt werden.

8.2.5 Prüfung der Voraussetzungen des t-Tests

Für die Voraussetzungsprüfung des t-Testes bieten sich mehrere Möglichkeiten:

- Zur **Prüfung der Varianzhomogenität** kann der F-Test auf mittlerem α-Niveau (α = .10 oder α = .25) herangezogen werden, um den β-Fehler (indirekt) klein zu halten.
- Zur **Prüfung der Normalverteilungsvoraussetzung** kann entweder ein **Anpassungstest** (vgl. Abschnitt **8.4.3 χ^2-Anpassungstest**) verwendet werden oder mittels des **DAVID-Tests** geprüft werden. Die Testgröße errechnet sich

(8.2.11) $$D = \frac{x_{\max} - x_{\min}}{s_d},$$

wobei $$x_{\max} = \max(x_i - x_j)$$
$$x_{\min} = \min(x_i - x_j)$$

$$s_d = \sqrt{\frac{\sum d_i^2 - \frac{(\sum d_i)^2}{n}}{n-1}}$$

Allgemein kann davon ausgegangen werden, daß der *t*-Test gegenüber Verletzungen dieser Voraussetzungen „relativ" robust ist, d. h. Entscheidungen, die aufgrund des Tests getroffen werden, weitgehend unabhängig davon sind, ob die Voraussetzungen erfüllt sind oder nicht. Das gilt jedenfalls, wenn **gleich große Stichproben** aus ähnlichen, möglichst **eingipflig-symmetrisch verteilten Grundgesamtheiten** zu vergleichen sind. Das gilt auch noch solange, wie bei deutlich verschiedenen Stichprobenumfängen die **Varianzen gleich** sind. Andernfalls ist jedoch mit einem wesentlich höheren Prozentsatz von Fehlentscheidungen zu rechnen.

8.2.6 SPSS-Beispielrechnungen für den *t*-Test und *F*-Test

SPSS-Beispiel: *t-Test für unabhängige Stichproben: Vergleich der FPI9-Skala mit dem Geschlecht. Es soll geklärt werden, ob es einen generellen geschlechtsspezifischen Unterschied bei der Offenheitsskala gibt. Eine geringe Ausprägung dieser Variablen bedeutet eine verschlossene und unkritische Haltung, eine hohe Ausprägung deutet auf eine offene und selbstkritische Haltung hin.*

Syntax:

```
T-TEST GROUPS=sex(1 2)
   /MISSING=ANALYSIS
   /VARIABLES=fpi9
   /CRITERIA=CIN(.95).
```

Ausgabe:

```
t-tests for independent samples of   SEX   Geschlecht

                              Number
         Variable             of Cases    Mean         SD        SE of Mean
      -----------------------------------------------------------------------
         FPI9  Offenheit

        männlich                 30      5,6667      1,470          ,268
        weiblich                 29      5,0690      1,387          ,258
      -----------------------------------------------------------------------

        Mean Difference = ,5977

        Levene's Test for Equality of Variances: F = ,179   P = ,674


     t-test for Equality of Means                                  95%
  Variances   t-value    df     2-Tail Sig     SE of Diff      CI for Diff
  -------------------------------------------------------------------------
  Equal        1,61      57          ,114          ,372       (-,148; 1,343)
  Unequal      1,61      56,97       ,114          ,372       (-,147; 1,343)
  -------------------------------------------------------------------------
```

Erklärung: *Die Voraussetzung der Varianzhomogenität kann mit einer Wahrscheinlichkeit von 67.4% als erfüllt angesehen werden. Allerdings reicht die Mittelwertsdifferenz von .5977 nicht aus, um einen signifikanten Unterschied zwischen den Geschlechtern zu bestätigen. Die Irrtumswahrscheinlichkeit bei zweiseitigem Testen liegt bei .114.*

Die Ausgabe zeigt zunächst eine Tabelle über verschiedene deskriptive Maße, wie die Anzahl der Fälle (**Cases**), den Mittelwert (**Mean**), die Standardabweichung (**SD**) und den Standardfehler des Mittelwertes (**SE of Mean**). Aus den beiden Mittelwerten kann dann entsprechend die Mittelwertsdifferenz (**Mean Difference**) errechnet werden. Je größer diese Differenz, umso wahrscheinlicher wird eine große Testgröße (**t-value**) und eine entsprechend niedrige Irrtumswahrscheinlichkeit (**2-Tail Sig**).

SPSS rechnet dann als Test auf Varianzhomogenität den **Levene-Test (Levene's Test for Equality of Variances).** Dies ist ein Test auf Gleichheit von Varianzen (wie der *F*-Test) in verschiedenen Gruppen, der aber gegen Abweichungen von der Normalverteilung robust ist. Der angegebene *F*-Wert stellt die resultierende empirische Testgröße dar.

Der Wert von ***P*** ist die Angabe des beobachteten Signifikanzniveaus (**observed significance level**). Er dient der Entscheidung, ob die Nullhypothese abzulehnen ist oder nicht. Mit *P* wird die Wahrscheinlichkeit angegeben, daß ein statistisches Ergebnis (z. B. der Wert der Teststatistik) mindestens so extrem wie das beobachtete herauskommen würde, wenn die Nullhypothese richtig wäre. Wenn das beobachtete Signifikanzniveau klein genug ist (.05 oder .01 werden oft verwendet), wird die Nullhypothese abgelehnt, d. h. es ist dann eher unwahrscheinlich, daß die Varianzen gleich sind. Ist das beobachtete Signifikanzniveau hingegen „groß" (größer/gleich .10), ist die Nullhypothese beizubehalten, d. h. es kann Varianzhomogenität unterstellt werden.

Dann folgen die eigentlichen Ergebnisse des *t*-Testes. Diese können sowohl unter der Annahme der Gleichheit der Varianzen (**Variances – Equal**) als unter der Annahme, daß die Varianzen nicht gleich sind (**Variances – Unequal**) abgelesen werden. Welche Spalte zur Interpretation berücksichtigt wird, ist also vom Ergebnis des Levene-Tests abhängig. SPSS zeigt für beide Fälle den empirischen *t*-Wert (**t-value**), die Freiheitsgrade (**df**), mit entsprechender Korrektur für den ungleichen Varianzfall und die resultierende Irrtumswahrscheinlichkeit (**2-Tailed Sig**) für den zweiseitigen Fall. Darüber hinaus erfolgt noch eine Angabe zum Standardfehler der Differenzen (**SE of Diff**) und zur Größe eines 95% Konfidenzintervalls der Differenzen (**95% CI for Diff**).

Zur Prüfung der Signifikanz gibt SPSS immer eine **zweiseitige Wahrscheinlichkeit (2-Tailed Significance)** an. Diese wird zur Entscheidung verwendet, ob die Nullhypothese abgelehnt werden kann. Es ist die Wahrscheinlichkeit, bei einer neuen Stichprobe Werte für die Teststatistik zu erhalten, die eine mindestens so extreme Lage wie die beobachteten haben (in beiden durch die Alternativhypothese vorgegebenen Richtungen) unter der Annahme, daß die Nullhypothese wahr ist. Zusatzinformationen über die erwartete Richtung der Abweichung werden nur im einseitigen Fall berücksichtigt. Wenn die Wahrscheinlichkeit klein ist (0.05 oder kleiner wird oft verwendet), wird die Nullhypothese abgelehnt. Der angegebene Wert gibt an, zu welcher Irrtumswahrscheinlichkeit die Nullhypothese beim beobachteten Testwert gerade noch abgelehnt werden kann.

SPSS-Beispiel: *t-Test für abhängige Stichproben: Vergleich der FPI1 mit der FPI2-Skala. Über alle Gruppen soll geklärt werden, ob die Probanden in der Beantwortung der Nervositätsskala höhere Ausprägungen erreichen als bei der Aggressivitätsskala.*

Syntax:

```
T-TEST PAIRS= fpi1 WITH fpi2 (PAIRED)
   /CRITERIA=CIN(.95)
   /FORMAT=LABELS
   /MISSING=ANALYSIS.
```

Ausgabe:

```
- - - t-tests for paired samples - - -

                    Number of        2-tail
 Variable            pairs    Corr   Sig       Mean      SD      SE of Mean
-----------------------------------------------------------------------------
 FPI1  Nervosität                              5,5763    2,513        ,327
                        59    ,256   ,050
 FPI2  Aggressivität                           4,8136    1,537        ,200
-----------------------------------------------------------------------------

         Paired Differences          |
 Mean          SD        SE of Mean  |      t-value      df   2-tail Sig
-------------------------------------|---------------------------------------
  ,7627         2,589          ,337  |         2,26      58        ,027
95% CI (,088; 1,437)                 |
```

Erklärung: Der ermittelte t-Wert von 2.26 besitzt eine Irrtumswahrscheinlichkeit von .0135 (einseitig), d.h. es gibt einen signifikanten Unterschied in der vorausgesagten Richtung bei den beiden Skalen.

Die deskriptiven Angaben für den abhängigen Fall sind mit dem *t*-Test für unabhängige Stichproben nahezu identisch. Zusätzlich wird hier aber noch ein Pearsonscher Korrelationskoeffizient (**Corr**) ermittelt und auf Signifikanz (**2-tail Sig**) geprüft. Dann folgen im linken Teil der zweiten Tabelle Angaben zum Mittelwert der paarweisen Differenzen (**Paired Differences – Mean**), zur Standardabweichung der Differenzen (**... – SD**) und zum Standardfehler des Mittelwertes ebenfalls ermittelt aus den Differenzen (**... – SE of Mean**). Schließlich folgen im rechten Teil die Angabe des empirischen t-Wertes (**t-value**), die Freiheitsgrade (**df**) und die Irrtumswahrscheinlichkeit (**2-tail Sig**).

Die Rechenprozedur für den ein- und zweiseitigen Fall unterscheidet sich nicht. Lediglich die Wahrscheinlichkeit, die für den zweiseitigen Fall ermittelt wird, ist für eine einseitige Fragestellung durch 2 zu dividieren. Damit wird die Irrtumswahrscheinlichkeit der Tatsache angepaßt, daß die Nullhypothese nur dann verworfen wird, wenn die Differenz zwischen den beiden Mittelwerten groß genug ist und in der gewünschten Richtung liegt. Im zweiseitigen Fall wird die Nullhypothese bei großen positiven oder negativen (empirischen) Testgrößen verworfen.

8.3 Prüfverfahren für Daten mit Ordinalskala-Niveau

Die im folgenden darzustellenden „verteilungsfreien“ oder „nicht-parametrischen“ Verfahren sind insofern verteilungsfrei, weil sie keine Annahme über eine spezielle Verteilung des Merkmals in der Population voraussetzen. Sie sind damit auch für Daten mit Intervallskala-Niveau angemessen, wenn die Populationsverteilung nicht normalverteilt ist. Im Zweifelsfall bevorzugt man allgemein den nicht-parametrischen Test, da die Vorteile der parametrischen Verfahren (wie höhere Teststärke) nur zum Tragen kommen, wenn die Voraussetzungen erfüllt sind. I. d. R. geht es um den Vergleich von (zwei) Stichproben hinsichtlich ihrer zentralen Tendenz (aber nicht um einen Mittelwertsvergleich).

8.3.1 Vergleich unabhängiger Stichproben (U-Test)

Definition: Der ***U*-Test** von Mann & Whitney testet zwei unabhängige Stichproben auf ihre zentrale Tendenz.

Voraussetzung: Ordinaldaten, unabhängige Stichproben, Stetigkeit der Verteilungsfunktion.

Hypothesen:

	H_0	H_1
2-seitig	$p(x_1 < x_2) = .50$	$p(x_1 < x_2) \neq .50$
1-seitig	$p(x_1 < x_2) \leq .50$	$p(x_1 < x_2) > .50$
	$p(x_1 < x_2) \geq .50$	$p(x_1 < x_2) < .50$

Die Hypothesen lassen sich für den zweiseitigen Fall folgendermaßen übersetzen: Nach der Nullhypothese führt ein **Größenvergleich** (<) der beiden Meßwertreihen zu einer Wahrscheinlichkeit von $p = ½$. D. h. die Meßergebnisse beider Stichproben unterscheiden sich, wenn sie der Größe nach angeordnet werden, nicht. Die Alternativhypothese dagegen unterstellt entsprechend solche Größenunterschiede. Im einseitigen Fall wird zusätzlich die Wahrscheinlichkeit für die **Richtung** des Größenunterschieds spezifiziert.

Vor Berechnung der Kennwerte sind die n_1 Meßwerte $x_{11}, x_{12}, ..., x_{1i}, ... x_{1n}$ der ersten Stichprobe und die n_2 Meßwerte $x_{21}, x_{22}, ..., x_{2i}, ... x_{2n}$ der zweiten Stichprobe in eine **gemeinsame Rangreihe** zu bringen – wobei der kleinste Wert den Rangplatz 1 erhält, der zweitkleinste den Rangplatz 2 usw. und gleichen Werten (Bindungen oder gebundenen Rängen) der gleiche durchschnittliche Rangplatz zugewiesen wird.

Kennwerte:

	1. Stichprobe	*2. Stichprobe*
Umfang	n_1	n_2
Rangplatzsumme	$R_1 = \sum_{i=1}^{n_1} R(x_{1i})$	$R_2 = \sum_{i=1}^{n_2} R(x_{2i})$
Rangplatzunterschreitungen	$U_1 = R_1 - \frac{n_1}{2}(n_1 + 1)$	$U_2 = R_2 - \frac{n_2}{2}(n_2 + 1)$

Signifikanzniveau: α

Testgröße:

(a) Wenn die größere der beiden Stichproben höchstens 20 Beobachtungen beinhaltet, ist

(8.3.1) $$U = \min(U_1, U_2)$$

Die kritischen unteren Werte $U_{(\alpha, n_1, n_2)}$ liegen in Tabellen vor (s. Abschnitt **13.4**).

(b) Wenn die größere der beiden Stichproben mehr als 20 Beobachtungen beinhaltet (U-Tabelle ist bis $n = 20$ angegeben) und die Umfänge „nicht zu unterschiedlich“ sind, ist die Stichprobenverteilung der U-Werte angenähert normalverteilt. Bereits Stichprobenumfänge von n_1 oder $n_2 > 10$ führen unter der Normalverteilungsannahme zu gleichen Entscheidungen wie unter (a). Es kann also bereits ab dieser Stichprobengröße eine angenäherte Normalverteilung angenommen werden.

Die Testgröße

$$V = \frac{U - \mu_u}{\sigma_u} = \frac{U - \frac{n_1 \cdot n_2}{2}}{\sqrt{\frac{1}{12} \cdot n_1 \cdot n_2 (n_1 + n_2 + 1)}} \tag{8.3.2}$$

ist standardnormalverteilt. In diesem Fall ist es gleichgültig, welcher U-Wert für die Bestimmung der Testgröße verwendet wird, da der absolute Betrag des resultierenden Wertes davon nicht betroffen ist. Bei gerichteten Alternativhypothesen ist allerdings das Vorzeichen des z-Wertes (der Standardnormalverteilung) zu berücksichtigen. Zur Signifikanzprüfung kann die Testgröße direkt mit dem entsprechenden z-Wert (bei gegebener Irrtumswahrscheinlichkeit) verglichen werden.

Wenn Rangbindungen Werte beider Stichproben enthalten, muß σ_u wie folgt korrigiert werden:

$$\sigma_u = \sqrt{\frac{n_1 \cdot n_2}{12n \cdot (n-1)} \cdot \left[n^3 - n - \sum_{j=1}^{k} \left(t_j^3 - t_j \right) \right]} \tag{8.3.3}$$

wobei $n = n_1 + n_2$
t_j = Anzahl ranggleicher Werte auf Rangplätzen
k = Anzahl der Rangverbindungen

Entscheidung:

(a) Bei kleineren Stichprobenumfängen:

H_1 zweiseitig:	$\min U \leq U_{(\alpha/2; n_1, n_2)}$	$\Rightarrow$	H_0 verwerfen
	$\min U > U_{(\alpha/2; n_1, n_2)}$	$\Rightarrow$	H_0 beibehalten
H_1 einseitig:	$\min U \leq U_{(\alpha; n_1, n_2)}$	$\Rightarrow$	H_0 verwerfen
	$\min U > U_{(\alpha; n_1, n_2)}$	$\Rightarrow$	H_0 beibehalten

(b) Bei größeren Stichprobenumfängen:

H_1 zweiseitig:	$\lvert V \rvert \geq Z_{\alpha/2}$	$\Rightarrow$	H_0 verwerfen
	$\lvert V \rvert < Z_{\alpha/2}$	$\Rightarrow$	H_0 beibehalten
H_1 einseitig:	$V \geq Z_\alpha$	$\Rightarrow$	H_0 verwerfen
	$V < Z_\alpha$	$\Rightarrow$	H_0 beibehalten
bzw.	$V \leq -Z_\alpha$	$\Rightarrow$	H_0 verwerfen

Anmerkungen: (näheres siehe Bortz, Lienert & Boehnke, 1990; Diehl & Arbinger, 1992)

- Beim *U*-Test fließen nicht mehr die Ursprungsdaten in den Test ein, sondern die „rang-transformierten" Werte. Dadurch entfallen spezifische Voraussetzungen über die Normalverteilung der Daten. Lediglich die Stetigkeit der Verteilungsfunktion wird vorausgesetzt, was bedeutet, daß die Skalierung der Daten kontinuierliche Größen beinhalten muß und nicht nur (diskrete) Häufigkeiten (im Sinne einer Wahrscheinlichkeitsverteilung). Diese wären lediglich nominalskaliert.
- Mit der Zunahme des Unterschieds zwischen den (mittleren) Rangsummen, vergrößert sich die Wahrscheinlichkeit eines signifikanten Unterschieds zwischen den Stichproben.
- Vergleicht man die Entscheidungen über die Hypothesen zwischen kleineren und größeren Stichproben wird deutlich, daß die Entscheidungsregel beim *U*-Wert für kleinere Stichproben genau entgegengesetzt zur Entscheidung für den *V*-Wert ist. D. h. der (min) *U*-Wert (für kleinere Stichproben) muß, um H_0 zu verwerfen, **kleiner-gleich** (≤) als der tabellierte *U*-Wert sein. Beim *V*-Wert (für größere Stichproben) ist hingegen die Entscheidungsregel wie bisher: Der empirische *V*-Wert **muß größer-gleich** (≥) dem kritischen *z*-Wert aus der Tabelle sein.
- Besonderheit bei der approximativen Berechnung ist die Berücksichtigung der Rangbindungen. Die Größe *k* bezieht sich dabei nur auf die Anzahl der Rangverbindungen zwischen den beiden Stichproben. Rangverbindungen innerhalb einer Stichprobe gehen in diesen Parameter nicht ein, werden aber als verbundener Rangplatz in der jeweiligen Stichprobe vergeben.

```
Rechenbeispiel: In einer Untersuchung zur präferierten Raumtemperatur
erhielt man bei je 10 Männern und Frauen offensichtlich unterschiedliche
Werte. Frage ist, ob die bevorzugte Raumtemperatur verläßlich verschie-
den ist für Männer und Frauen. Getestet werden soll zweiseitig mit einer
Irrtumswahrscheinlichkeit von 5%.
------------------------------------------------------------------
Männer: X = 23.3 22.2 25   24.4 24.4 22.8 23.9 22.8 23.3 23.9
Frauen: Y = 23.9 25   25.6 26.1 25   22.8 25.6 26.1 25.6 26.7
------------------------------------------------------------------
 Datenumfang 1. Stichprobe (NX)
10
 Datenumfang 2. Stichprobe (NY)
10
 Absteigend sortierte Daten (XYr)
26.7 26.1 26.1 25.6 25.6 25.6 25 25 25 24.4 24.4 23.9 23.9 23.9 23.3
23.3 22.8 22.8 22.8 22.2
 Rangplätze nach sortierten Daten (R)
1 2.5 2.5 5 5 5 8 8 8 10.5 10.5 13 13 13 15.5 15.5 18 18 18 20
------------------------------------------------------------------
oder als Tabelle dargestellt (in aufsteigender Reihenfolge; auftretende
Rangbindungen - zwischen den Stichproben - sind markiert):
```

X	23.3	22.2	25	24.4	24.4	22.8	23.9	22.8	23.3	23.9	
R_x	5.5	1	13°	10.5	10.5	3*	8^	3*	5.5	8^	R_x=68
Y	23.9	25	25.6	26.1	25	22.8	25.6	26.1	25.6	26.7	
R_y	8^	13°	16	18.5	13°	3*	16	18.5	16	20	R_y=142
											n=10

1. U-Wert (U1)
13

2. U-Wert (U2)
87

In die Formeln eingesetzt, errechnet sich die Testgröße

$$U_1 = R_1 - \frac{n_1}{2}(n_1 + 1) = 68 - 5 \cdot 11 = 13$$

$$U_2 = R_2 - \frac{n_2}{2}(n_2 + 1) = 142 - 5 \cdot 11 = 87$$

$$U = \min(U_1, U_2) = \min(13{,}87) = 13$$

U-Testwert (U)
13
Standardfehler (SE)
13.22875656

Da der kritische U-Wert mit $\alpha/2 = .025$ und $n_1 = 10$ und $n_2 = 10$ bei 23 liegt, ist die Nullhypothese abzulehnen, d.h. Frauen präferieren eine verläßlich andere Raumtemperatur als Männer - augenscheinlich eine höhere.

Zum gleichen Ergebnis kommt der approximative Test (unter Berücksichtigung der Rangbindungen zwischen den Gruppen mit n=20, t=3 und k=3):

$$V = \frac{U - \frac{n_1 \cdot n_2}{2}}{\sqrt{\frac{n_1 \cdot n_2}{12n(n-1)}\left[n^3 - n - \sum_{j=1}^{k}\left(t_j^3 - t_j\right)\right]}}$$

$$= \frac{13 - \frac{10 \cdot 10}{2}}{\sqrt{\frac{10 \cdot 10}{12 \cdot 20 \cdot 19}\left[20^3 - 20 - \left((3^3 - 3) + (3^3 - 3) + (3^3 - 3)\right)\right]}}$$

$$= \frac{-37}{\sqrt{176.579}} = -2.78$$

Da der kritische Z-Wert bei $\alpha/2$ bei 1.96 liegt (gegenüber $|V| = 2.78$, da zweiseitig), ist auch nach diesem Test die Nullhypothese abzulehnen.

SPSS-Beispiel: *Vergleichsrechnung zum obigen Beispiel (Erläuterung unter Abschnitt* ***8.3.2 SPSS-Beispielrechnung für U-Test****)*

Syntax:

```
NPAR TESTS /M-W= grp   BY sex(1 2)
   /MISSING ANALYSIS.
```

Ausgabe:

```
- - - - - Mann-Whitney U - Wilcoxon Rank Sum W Test

     GRP2      U-Test
  by SEX2

     Mean Rank    Cases

          6,80       10  SEX2 = 1,0000
         14,20       10  SEX2 = 2,0000
                     --
                     20  Total

                                  Exact                Corrected for ties
          U             W       2-Tailed P             Z       2-Tailed P
         13,0          68,0       ,0039             -2,8171       ,0048
```

8.3.2 SPSS-Beispielrechnung für *U*-Test

SPSS-Beispiel: *Mann & Whitney U-Test: Vergleich der fpi5-Skala zwischen den Geschlechtern. Es soll geklärt werden, ob es einen generellen geschlechtsspezifischen Unterschied bei der Geselligkeitsskala gibt. Eine geringe Ausprägung dieser Variablen bedeutet eine ungesellige und zurückhaltende Haltung, eine hohe Ausprägung deutet auf eine gesellige und lebhafte Haltung hin.*

Syntax:

```
NPAR TESTS /M-W= fpi5   BY sex(1 2)
   /MISSING ANALYSIS.
```

Ausgabe:

```
- - - - - Mann-Whitney U - Wilcoxon Rank Sum W Test

     FPI5      Geselligkeit
  by SEX       Geschlecht

     Mean Rank    Cases

         32,60       30  SEX = 1  männlich
         27,31       29  SEX = 2  weiblich
                     --
                     59  Total
```

```
                              Corrected for ties
        U              W            Z        2-Tailed P
      357,0          792,0       -1,1993       ,2304

Erklärung: Der Unterschied in den mittleren Rängen reicht nicht aus,
um einen signifikanten Unterschied zwischen den Geschlechtern zu bestä-
tigen. Die Irrtumswahrscheinlichkeit bei zweiseitigen Testen liegt bei
.2304.
```

Die Ausgabe von SPSS zeigt zunächst eine Übersicht über die mittleren Ränge (**Mean Rank**) und die Anzahl der Fälle (**Cases**), die in diese Berechnung eingehen. Ein mittlerer Rang ermittelt sich aus der Summe der Ränge, dividiert durch die Anzahl an Beobachtungen. Der *U*-Wert (**U**) zeigt die Anzahl, d. h. wie oft ein Wert in der ersten Gruppe einem Wert in der zweiten Gruppe vorausgeht, wenn die Werte aufsteigend nach ihrer Ordnung sortiert wurden. Der *W*-Wert (**W**) ergibt sich aus der Summe der Ränge (Rangsumme) für die Gruppe mit dem kleineren mittleren Rang. Wenn beide Gruppen die gleiche Größe besitzen, wird *W* für die zweite der beiden in der Ausgabe aufgeführten Gruppen berechnet. SPSS nimmt dabei automatisch eine nötige Korrektur vor, wenn Bindungen vorliegen (**corrected for ties**). Auch hier wird ein *Z*-Wert (**Z**) ausgegeben, also die Teststatistik, die für genügend große Stichproben angewendet wird, wenn diese approximativ normalverteilt ist. Oft ist dies das Verhältnis (Quotient) eines Schätzers zu seinem Standardfehler. Die Wahrscheinlichkeit *p* wird für den zweiseitigen Fall (**2-tailed *p***) ausgegeben. Bei kleineren Stichproben ($n \leq 10$) gibt SPSS zusätzlich für den ermittelten *U*-Wert die sog. exakte zweiseitige Wahrscheinlichkeit (**Exact 2-Tailed P**) an, wie sie auch den Tabellen zu entnehmen ist (vgl. SPSS, 1993).

8.3.3 Vergleich abhängiger Stichproben (Wilcoxon-Test)

Definition: Der **Wilcoxon-Test** testet zwei abhängige Stichproben auf ihre zentrale Tendenz.

Voraussetzung: Ordinaldaten, abhängige Stichproben, Stetigkeit der Verteilungsfunktion.

Hypothesen:

	H_0	H_1
2-seitig	$p(x_1 < x_2) = .50$	$p(x_1 < x_2) \neq .50$
1-seitig	$p(x_1 < x_2) \leq .50$	$p(x_1 < x_2) > .50$
	$p(x_1 < x_2) \geq .50$	$p(x_1 < x_2) < .50$

Die Übersetzung der Hypothesen erfolgt in gleicher Weise wie beim *U*-Test.

Man berechnet zunächst die Differenzen d_i der n' Meßwertpaare (x_{11}, x_{21}), (x_{12}, x_{22}), ..., (x_{1i}, x_{2i}), ... $(x_{1n'}, x_{2n'})$ aus den beiden Stichproben. Unter Nichtberücksichtigung der Paare mit einer Differenz von Null wird dann die Rangreihe der Absolutbeträge $|d_i|$ der verbleibenden $n \leq n'$ Paare gebildet (wobei der kleinste Betrag wiederum den Rangplatz 1 erhält, der zweitkleinste den Rangplatz 2 usw. und gleichen Werten ebenfalls der gleiche durchschnittliche Rangplatz zugewiesen wird) und berechnet die Rangplatzsummen der positiven und negativen Meßwertdifferenzen.

Kennwerte:

	Stichprobe 1 und 2
Umfang	$n_1 = n_2 = n$
Rangplatzsummen	$R_+ = \Sigma\, R(\lvert d_i \rvert) \quad (d_i > 0)$
	$R_- = \Sigma\, R(\lvert d_i \rvert) \quad (d_i < 0)$

Signifikanzniveau: α

Testgröße:

(a) Bei kleineren Stichproben ($n \leq 25$) ist die Testgröße

(8.3.4) $$R = \min(R_+, R_-)$$

Die kritischen unteren Werte $R_{(\alpha,n)}$ liegen tabelliert bis maximal $n = 25$ vor (s. Abschnitt **13.4**).

(b) Bei größeren Stichproben ist die Testgröße

(8.3.5) $$W = \frac{R - \mu_R}{\sigma_R} = \frac{R - \frac{n \cdot (n+1)}{4}}{\sqrt{\frac{n \cdot (n+1) \cdot (2 \cdot n + 1)}{24}}}$$

Diese Größe ist annähernd standardnormalverteilt. Auch in diesem Fall ist es gleichgültig, welcher *R*-Wert für die Bestimmung des *z*-Wertes verwendet wird, da dessen Absolutbetrag davon unbetroffen bleibt. Bei gerichteter Hypothese ist jedoch das Vorzeichen des *z*-Wertes zu berücksichtigen. Zur Signifikanzprüfung kann die Testgröße direkt mit dem entsprechenden *z*-Wert (bei gegebener Irrtumswahrscheinlichkeit) verglichen werden.

Entscheidung:

(a) Bei kleineren Stichprobenumfängen:

H_1 zweiseitig: $R \leq R_{(\alpha/2,n)} \Rightarrow H_0$ verwerfen

$R > R_{(\alpha/2,n)} \Rightarrow H_0$ beibehalten

H_1 einseitig: $R \leq R_{(\alpha,n)} \Rightarrow H_0$ verwerfen

$R > R_{(\alpha,n)} \Rightarrow H_0$ beibehalten

(b) Bei größeren Stichprobenumfängen:

H_1 zweiseitig: $|W| \geq Z_{\alpha/2} \Rightarrow H_0$ verwerfen

$|W| < Z_{\alpha/2} \Rightarrow H_0$ beibehalten

H_1 einseitig: $W \geq Z_{\alpha} \Rightarrow H_0$ verwerfen

$W < Z_{\alpha} \Rightarrow H_0$ beibehalten

bzw. $W \leq -Z_{\alpha} \Rightarrow H_0$ verwerfen

Anmerkungen: (näheres siehe Bortz, Lienert & Boehnke, 1990; Diehl & Arbinger, 1992)

- Beim Wilcoxon-Test fließen (wie beim *U*-Test) nicht mehr die Ursprungsdaten in den Test ein, sondern die „rang-transformierten" Werte. Dadurch entfallen spezifische Voraussetzungen über die Normalverteilung der Daten. Lediglich die Stetigkeit der Verteilungsfunktion wird vorausgesetzt, was bedeutet, daß die Skalierung der Daten kontinuierliche Größen beinhalten muß und nicht nur (diskrete) Häufigkeiten (im Sinne einer Wahrscheinlichkeitsverteilung). Diese wären lediglich nominalskaliert.
- Mit der Zunahme des Unterschieds zwischen den positiven und negativen Differenzen, vergrößert sich die Wahrscheinlichkeit eines signifikanten Unterschieds zwischen den Stichproben.
- Vergleicht man die Entscheidungen über die Hypothesen zwischen kleineren und größeren Stichproben, wird deutlich, daß die Entscheidungsregel beim *R*-Wert für kleinere Stichproben genau entgegengesetzt zur Entscheidung für den *W*-Wert ist. D. h. der (min) *R*-Wert (für kleinere Stichproben) muß, um H_0 zu verwerfen, **kleiner-gleich** ($\leq$) als der tabellierte *R*-Wert sein. Beim *W*-Wert (für größere Stichproben) ist hingegen die Entscheidungsregel wie bisher: Der empirsche *W*-Wert **muß größer-gleich** ($\geq$) als der kritische *z*-Wert aus der Tabelle sein.

Rechenbeispiel: Um die Auswirkungen des Kindergarten-Besuchs auf das soziale Wahrnehmungsvermögen von Vorschulkindern zu prüfen, läßt man nach Zufall jeweils einen Prüfling von 8 eineiigen Zwillingspaaren eine Zeitlang einen Kindergarten besuchen, während man den anderen zu Hause behält. Nach Ablauf der Zeit werden die 16 Kinder mit einem Verfahren auf ihr soziales Wahrnehmungsvermögen getestet, das innerhalb der Paare und zwischen den Paaren Rangdaten liefert. Es soll zweiseitig mit einer Irrtumswahrscheinlichkeit von 5% getestet werden.

```
--------------------------------------------------------------------------
mit Kindergarten:  X = 82 69 73 43 58 56 76 85
ohne Kindergarten: Y = 63 42 74 37 51 43 80 82
--------------------------------------------------------------------------
 Stichprobenumfang (N)
8
 Differenzen der Meßwerte (DI)
19 27 -1 6 7 13 -4 3
 Summe der positiven Rangsummen (RP)
32
 Summe der negativen Rangsummen (RM)
4
--------------------------------------------------------------------------
oder als Tabelle dargestellt
```

X	82	69	73	43	58	56	76	85	
Y	63	42	74	37	51	43	80	82	
d	19	27	-1	6	7	13	-4	3	
R(|d|)	7	8	(-)1	4	5	6	(-)3	2	R+=32 R-=4
									n=8

```
 R-Testwert (R)
4
--------------------------------------------------------------------------
```

Da die Testgröße von 4 mit dem kritischen R-Wert bei einer Irrtumswahrscheinlichkeit von 0.05 bei zweiseitiger Alternativhypothese identisch (d.h. ebenfalls 4) ist, ist die Nullhypothese abzulehnen, d.h. der Kindergartenbesuch liefert scheinbar ein anderes soziales Wahrnehmungsvermögen.

Auch in diesem Fall führt der approximative Test zum gleichen Ergebnis:

$$W = \frac{R - \frac{n \cdot (n+1)}{4}}{\sqrt{\frac{n \cdot (n+1) \cdot (2 \cdot n + 1)}{24}}} = \frac{4 - \frac{8 \cdot 9}{4}}{\sqrt{\frac{8 \cdot 9 \cdot 17}{24}}} = \frac{-14}{\sqrt{51}} = -1.96$$

Da die empirische Testgröße von -1.96 mit dem z-Wert bei 0.025 übereinstimmt, kann auch nach diesem Test die Nullhypothese abgelehnt werden.

SPSS-Beispiel: Vergleichsrechnung zum obigen Beispiel (Erläuterung unter Abschnitt ***8.3.4 SPSS-Beispielrechnung für Wilcoxon-Test****)*

Syntax:

```
NPAR TEST /WILCOXON=kg  WITH okg (PAIRED)
  /MISSING ANALYSIS.
```

```
Ausgabe:

- - - - - Wilcoxon Matched-Pairs Signed-Ranks Test

     KG         Kindergartenbesuch
with OKG        ohne Kindergartenbesuch

    Mean Rank     Cases

         5,33         6   - Ranks  (OKG LT KG)
         2,00         2   + Ranks  (OKG GT KG)
                      0     Ties   (OKG EQ KG)
                      -
                      8     Total

         Z =    -1,9604            2-Tailed P =  ,0500
```

8.3.4 SPSS-Beispielrechnung für Wilcoxon-Test

SPSS-Beispiel: *Wilcoxon-Test für abhängige Stichproben: Vergleich der FPI1 mit der FPI2-Skala. Zur Absicherung des beim t-Test für abhängige Stichproben gefundenen Unterschieds zwischen der Nervositätsskala und der Aggressivitätsskala, soll ein „Kontroll-Test" mit dem Wilcoxon-Test vorgenommen werden.*

Syntax:

```
NPAR TEST /WILCOXON=fpi1  WITH fpi2 (PAIRED)
   /MISSING ANALYSIS.
```

```
Ausgabe:

- - - - - Wilcoxon Matched-Pairs Signed-Ranks Test

     FPI1       Nervosität
with FPI2       Aggressivität

     Mean Rank     Cases

         29,63        32   - Ranks (FPI2 LT FPI1)
         23,00        21   + Ranks (FPI2 GT FPI1)
                       6     Ties  (FPI2 EQ FPI1)
                      --
                      59     Total

         Z =    -2,0583            2-Tailed P =  ,0396
```

Erklärung: *Auch nach Prüfung mit einem nicht-parametrischen Verfahren bleibt der Unterschied zwischen den Skala mit einer Wahrscheinlichkeit von .0396 erhalten.*

Die SPSS-Ausgabe für den Wilcoxon-Test bedarf keiner weiteren Erläuterung, da sie von der Angabe des mittleren Ranges, der berücksichtigten Fälle und der Ausgabe des z-Wertes mit Signifikanzprüfung nahezu identisch mit der Ausgabe des U-Test ist (Erläuterungen unter **8.3.2 SPSS-Beispielrechnung für *U*-Test**). Die hier zusätzlich erscheinende Angabe über Rangbindungen (**Ties**) besagt, daß eine bestimmte Anzahl von Rangpaaren eine Differenz von Null aufweisen, und von daher (entsprechend der Vorgabe des Wilcoxon-Tests) aus der Datenanalyse herausgenommen werden. Entsprechend verkleinert sich u. U. die Anzahl der berücksichtigten Fälle (**Total**).

8.4 Prüfverfahren für Daten mit Nominalskala-Niveau

Verfahren für Daten mit Nominalskala-Niveau sind indiziert, wenn Häufigkeitsunterschiede im Auftreten bestimmter Merkmale bzw. Merkmalskombinationen analysiert werden sollen. Vorauszusetzen ist, daß jede Beobachtungseinheit einer Merkmalskategorie bzw. einer Kombination von Merkmalskategorien eindeutig zugeordnet werden kann. Grundlage fast aller Verfahren ist eine approximativ χ^2-verteilte Teststatistik, so daß man gelegentlich vereinfachend von diesen Verfahren als **χ^2-Verfahren** spricht. Erwartet wird aufgrund irgendwelcher Annahmen, daß in die j-te Kategorie der k Kategorien eines Merkmals e_j Beobachtungen der Stichprobe fallen, und registriert man o_j Fälle in dieser Kategorie, so ist der Ausdruck

(8.4.1)
$$\sum_{j=1}^{k} \frac{\left(o_j - e_j\right)^2}{e_j}$$

angenähert χ^2-verteilt mit $(k - 1)$ Freiheitsgraden.

χ^2-Verfahren ermöglichen die Analyse von empirischen Häufigkeiten relativ zu erwarteten in **Situationen unterschiedlicher dimensionaler Komplexität**. Hier geht es primär um den typischen Fall des Vergleichs zweier Gruppen im Hinblick auf ihre Verteilung auf k Stufen eines Merkmals. Wiederum ist zu berücksichtigen, ob es sich um unabhängige oder abhängige Stichproben handelt. Als Sonderfall wird auch der Vergleich einer empirischen Verteilung mit einer theoretischen Verteilung hier abgehandelt („Anpassungstest"), obwohl es dabei um eine eindimensionale Fragestellung geht.

8.4.1 Häufigkeitsvergleich bei unabhängigen Stichproben

***1.* <u>Allgemeiner Fall:</u>** $2 \times k$ Zellen

<u>Voraussetzung:</u> Eindeutige Klassifizierbarkeit der Beobachtungseinheiten in eine der k Kategorien, wechselseitige Unabhängigkeit der (beiden) Stichproben.

Hypothesen:

	H_0	H_1
2-seitig	$p_{ij} = p_i\, p_j$	$p_{ij} \neq p_i\, p_j$
1-seitig	–	–

Die statistischen Hypothesen besagen, daß die Wahrscheinlichkeit der erwarteten Häufigkeiten ($p_{ij} = e_{ij}/n$) pro Zelle mit der Wahrscheinlichkeit der beobachteten Häufigkeit ($p_i p_j = o_{ij}/n$) pro Zelle verglichen werden. Nach der Nullhypothese ist die Abweichung der Wahrscheinlichkeiten Null, nach der Alternativhypothese ist sie ungleich Null.

Zunächst sind die Einheiten nach folgendem Schema zu klassifizieren:

	Kat. 1	Kat. 2	...	Kat. k	
Stichprobe 1	o_{11}	o_{12}	...	o_{1k}	n_1
Stichprobe 2	o_{21}	o_{22}	...	o_{2k}	n_2
	c_1	c_2	...	c_k	n

Aus dieser Tabelle der beobachteten Zellenbesetzungen o_{ij} lassen sich dann die erwarteten Zellenbesetzungen e_{1j} und e_{2j} auf der Grundlage der Randverteilung berechnen (unter der Annahme von H_0):

(8.4.2) $$p_{ij} = \frac{e_{ij}}{n} = \frac{n_i \cdot c_j}{n \cdot n} \Rightarrow e_{ij} = n_i \cdot \frac{c_j}{n}$$

Die erwarteten Zellenbesetzungen bzw. erwarteten Häufigkeiten errechnen sich also durch eine Multiplikation der Gesamthäufigkeit pro Stichprobe (n_1 und n_2) mit der jeweiligen Spaltensumme pro Kategorie (c_k) dividiert durch die Gesamthäufigkeit (n). Dadurch erhält man für jede Zelle den Häufigkeitsanteil, der aufgrund der Randverteilungen zu erwarten wäre.

Signifikanzniveau: α

Testgröße:

Die Testgröße berechnet sich als Summe der quadrierten und auf die erwarteten Häufigkeiten relativierten Differenzen von beobachteten und erwarteten Häufigkeiten:

(8.4.3) $$\chi^2 = \sum_{i=1}^{2} \sum_{j=1}^{k} \frac{\left(o_{ij} - e_{ij}\right)^2}{e_{ij}} = \sum_{i=1}^{2} \sum_{j=1}^{k} \frac{o_{ij}^2}{e_{ij}} - n$$

mit $k - 1$ Freiheitsgraden. Zur Prüfung dieser Testgröße kann die χ^2-Verteilung herangezogen werden, wenn höchstens 20% der Zellen der Häufigkeitstabelle eine erwartete Häufigkeit kleiner 5 und keine eine erwartete Häufigkeit kleiner 1 hat.

Wenn diese Bedingungen nicht erfüllt sind, sollten die Kategorien – sofern dies inhaltlich zu rechtfertigen ist – zusammengefaßt werden, damit größere erwartete Häufigkeiten resultieren.

Entscheidung: H_1 zweiseitig: $\chi^2 \geq \chi^2_{(\alpha, k-1)} \Rightarrow H_0$ verwerfen

H_1 einseitig: nicht testbar, wenn $k > 2$, da k-Häufigkeitsvergleiche mit unterschiedlichen Differenzen durchgeführt werden

Anmerkungen: (näheres siehe Bortz, Lienert & Boehnke, 1990; Diehl & Arbinger, 1992)

- Sind die Abweichungen der (beobachteten und erwarteten) Häufigkeiten zwischen den Stichprobenkategorien klein, strebt der χ^2-Wert gegen Null. Sind die Häufigkeitsunterschiede groß, vergrößert sich entsprechend der χ^2-Wert.

Rechenbeispiel: Zwei Zufallsstichproben von n_1 = 46 Schülern von Privatschulen und n_2 = 82 Schülern öffentlicher Schulen werden nach dem Ergebnis eines standardisierten Leistungstests zwecks eines ersten, groben Vergleichs in 4 Leistungsstufen eingeteilt. Frage ist, ob sich beide Populationen hinsichtlich ihrer Leistung unterscheiden (bei einer Irrtumswahrscheinlichkeit von 5%).

```
-----------------------------------------------------------------------
Häufigkeiten der Privatschüler:                   FX = 6 14 17 9
Häufigkeiten der Schüler an öffentlichen Schulen: FY = 30 32 17 3
-----------------------------------------------------------------------
 Stichprobenumfang (N)
128
 Chi-Quadrat für 1. Stichprobe (CHIX)
11.0737
 Chi-Quadrat für 2. Stichprobe (CHIY)
6.21209
-----------------------------------------------------------------------
oder als Tabelle dargestellt
```

	Kat. 1	Kat. 2	Kat. 3	Kat. 4	
Privatschule	6	14	17	9	n_1 = 46
öffentl. Schule	30	32	17	3	n_2 = 82
	c_1=36	c_2=46	c_3=34	c_k=12	n = 128

Zur (manuellen) Berechnung der Testgröße sind zunächst die erwarteten Häufigkeiten zu ermitteln. Entsprechend sind die Werte aus der Tabelle in die folgende Formel einzusetzen.

$$e_{ij} = n_i \cdot \frac{c_j}{n} \Rightarrow c_{11} = n_1 \cdot \frac{c_1}{n}, \ldots, c_{24} = n_2 \cdot \frac{c_4}{n}$$

$$\Rightarrow c_{11} = 46 \cdot \frac{36}{128} = 12.9, \ldots, c_{24} = 82 \cdot \frac{12}{128} = 7.$$

Damit erhält man folgende neue Tabelle mit den erwarteten Häufigkeiten, bei unveränderter Randverteilung:

	Kat. 1	Kat. 2	Kat. 3	Kat. 4	
Privatschule	12.9	16.5	12.2	4.3	n_1 = 46
öffentl. Schule	23.1	29.5	21.8	7.7	n_2 = 82
	c_1=36	c_2=46	c_3=34	c_k=12	n = 128

Daraus berechnet sich die Testgröße für beide Stichproben:

$$\chi^2 = \sum_{i=1}^{2}\sum_{j=1}^{k} \frac{\left(o_{ij} - e_{ij}\right)^2}{e_{ij}} = \frac{(6 - 12.9)^2}{12.9} + \frac{(14 - 16.5)^2}{16.5}$$

$$+ \frac{(17 - 12.2)^2}{12.2} + \frac{(9 - 4.3)^2}{4.3} + \frac{(30 - 23.1)^2}{23.1}$$

$$+ \frac{(32 - 29.5)^2}{29.5} + \frac{(17 - 21.8)^2}{21.8} + \frac{(3 - 7.7)^2}{7.7} = 17.3$$

Chi-Quadrat (CHI)
17.28581308
Freiheitsgrade (df)
3
Wahrscheinlichkeit der Chiquadrat-Verteilung (P)
0.00062
Fläche der Chiquadrat-Verteilung (F)
0.99938
Kritischer Wert bei 1% Niveau (CRIT1)
11.3417
Kritischer Wert bei 5% Niveau (CRIT5)
7.81524

Da die empirische Testgröße größer als der kritische Wert ist (kritischer Wert bei 5% Irrtumswahrscheinlichkeit und 3 Freiheitsgraden beträgt 7.815), kann die Hypothese einer Gleichverteilung der Leistungswerte in beiden Schultypen verworfen werden.

SPSS-Beispiel: *Vergleichsrechnung zum obigen Beispiel(Erläuterung unter Abschnitt* ***8.4.4 SPSS-Beispielrechnungen für Nominal-Tests und Anpassungstests****)*

Syntax:

```
WEIGHT BY freq.

CROSSTABS /TABLES=gew1111  BY gew1234
  /FORMAT= AVALUE NOINDEX BOX LABELS TABLES
  /STATISTIC=CHISQ
  /CELLS= COUNT EXPECTED.
```

Ausgabe:

GEW1111 by GEW1234

```
                        GEW1234
              Count  I
            Exp Val  I
                     I                                                 Row
                     I  1,0000I  2,0000I  3,0000I  4,0000I   Total
GEW1111       --------+--------+--------+--------+--------+
              1,0000 I       6 I      14 I      17 I       9 I      46
                     I    12,9 I    16,5 I    12,2 I     4,3 I   35,9%
                     +--------+--------+--------+--------+
              2,0000 I      30 I      32 I      17 I       3 I      82
                     I    23,1 I    29,5 I    21,8 I     7,7 I   64,1%
                     +--------+--------+--------+--------+
              Column        36        46        34        12       128
               Total     28,1%     35,9%     26,6%      9,4%    100,0%


      Chi-Square                 Value           DF           Significance
--------------------          -----------       ----          ------------

Pearson                       17,28581           3                ,00062
Likelihood Ratio              17,57802           3                ,00054
Mantel-Haenszel test for      16,78851           1                ,00004
      linear association

Minimum Expected Frequency -      4,313
Cells with Expected Frequency < 5 -      1 OF      8 ( 12,5%)

Number of Missing Observations:  0
```

2. Spezieller Fall: 2 × 2 Zellen (4-Felder-Tafel)

Definition: Die unter *1.* wiedergegebene Formel für die Testgröße hat auch Gültigkeit, falls mehr als zwei Stichproben im Hinblick auf ihre Verteilung auf die k Kategorien zu vergleichen sind. Wenn dagegen zwei Stichproben nur hinsichtlich ihrer Verteilung auf $k = 2$ Kategorien verglichen werden sollen, wird i. d. R. eine – algebraisch äquivalente – andere Formel benutzt, die als **Vierfelder χ^2-Test für unabhängige Stichproben** bezeichnet wird.

Voraussetzung: Eindeutige Klassifizierbarkeit der Beobachtungseinheiten in eine der k Kategorien, wechselseitige Unabhängigkeit der (beiden) Stichproben.

Hypothesen:

	H_0	H_1
2-seitig	$p_{11} = p_{21}$	$p_{11} \neq p_{21}$
1-seitig	$p_{11} \leq p_{21}$ $(p_{12} \geq p_{22})$	$p_{11} > p_{21}$ $(p_{12} < p_{22})$

Die statistischen Hypothesen sagen aus, daß die Wahrscheinlichkeit der erwarteten Häufigkeit der ersten Stichprobe (p_{11}) mit der Wahrscheinlichkeit der erwarteten Häufigkeit der zweiten Stichprobe (p_{21}) verglichen wird. Bezug genommen wird dabei auf die Wahrscheinlichkeiten der ersten Kategorie.

Die $n = n_1 + n_2$ Einheiten verteilen sich in die 2×2-Kontingenztafel nach dem Schema

	Kat. 1	Kat. 2	
Stichprobe 1	a	b	$a + b = n_1$
Stichprobe 2	c	d	$c + d = n_2$
	$a + c$	$b + d$	n

Signifikanzniveau: α

Testgröße:

Die Testgröße berechnet sich aufgrund dieser Verteilung nach der Formel

(8.4.4) $$\chi^2 = \frac{n \cdot (a \cdot d - b \cdot c)^2}{(a+b) \cdot (c+d) \cdot (a+c) \cdot (b+d)}$$

Die Testgröße ist angenähert χ^2-verteilt mit einem Freiheitsgrad ($df = 1$).

Wenn $20 \leq n \leq 40$ und die erwarteten Häufigkeiten ≥ 5, empfiehlt man eine „Stetigkeitskorrektur", um die Ungenauigkeit zu kompensieren, die durch die Verwendung einer stetigen Verteilungsfunktion (Chi-Quadrat) anstelle der diskreten bedingt ist. Die Testgröße errechnet sich mit

(8.4.5) $$\chi^2 = \frac{n \cdot \left(|a \cdot d - b \cdot c| - \frac{n}{2}\right)^2}{(a+c) \cdot (b+d) \cdot (a+b) \cdot (c+d)}$$

Die erwarteten Häufigkeiten erhält man prinzipiell in gleicher Weise wie im allgemeinen Fall, unter Verwendung der üblichen Notation:

	Kat. 1	Kat. 2
Stichprobe 1	$\frac{(a+b) \cdot (a+c)}{n}$	$\frac{(a+b) \cdot (b+d)}{n}$
Stichprobe 2	$\frac{(c+d) \cdot (a+c)}{n}$	$\frac{(c+d) \cdot (b+d)}{n}$

Für $n < 20$ oder eine erwartete Häufigkeit < 5 benutzt man Fishers „Exakten Wahrscheinlichkeitstest". Die exakte Wahrscheinlichkeit einer bestimmten Häufigkeitsverteilung in einer 2×2-Felder-Tafel bei festen Randhäufigkeiten unter H_0 ergibt sich nach der Formel:

(8.4.6) $$p = \frac{(a+b)!\,(c+d)!\,(a+c)!\,(b+d)!}{n!\,a!\,b!\,c!\,d!}$$

Entscheidung:

H_1 zweiseitig: $\chi^2 \geq \chi^2_{(\alpha,1)} \Rightarrow H_0$ verwerfen

H_1 einseitig: Man berechnet zunächst die Proportionen $\frac{a}{n}$ und $\frac{c}{n}$ als Schätzungen für p_{11} und p_{21}. Entsprechen sie der Nullhypothese, kann sie nicht verworfen werden. Widersprechen sie ihr, berechnet man die Testgröße und verwirft H_0 auf dem gewählten α-Niveau, wenn $\chi^2 \geq \chi^2_{(2\alpha,1)}$.

Bei Verwendung von Fishers „Exaktem Wahrscheinlichkeitstest“, orientiert man sich an der errechneten Wahrscheinlichkeit für die gegebene Häufigkeitsverteilung unter H_0.

Anmerkungen: (näheres siehe Siegel, 1956)

- Zur Berechnung von Fishers „Exakten Wahrscheinlichkeitstests“ sind Kenntnisse in der Berechnung von Fakultäten (!) notwendig. So ist z. B. die Fakultät von 4 (!4) = 24. Ermittelt wird dieses Ergebnis durch folgende Multiplikation: $1 \cdot 2 \cdot 3 \cdot 4 = 24$. Fakultäten nehmen schnell große Dimensionen an. So ist !10 = 3 628 800.
- Das Ergebnis von Fishers „Exakten Wahrscheinlichkeitstests“ ist eine Wahrscheinlichkeitsangabe, die direkt mit der gesetzten Irrtumswahrscheinlichkeit verglichen werden kann.

Rechenbeispiel: *Im Rahmen einer Untersuchung zum persönlichen und beruflichen Hintergrund der Nazi-Führer will man die Hypothese prüfen, daß Nazi-Führer sich im Vergleich zur traditionellen politischen Elite primär durch eine Parteikarriere „qualifiziert“ haben. Dazu teilt man die Mitglieder des Reichskabinetts von 1934 zum einen danach ein, ob es sich um einen Nazi (N) oder einen Nicht-Nazi (NN) handelt, und zum anderen danach, ob er seine berufliche Laufbahn in einem etablierten Beruf (Rechtswesen und Verwaltung - RV) oder im Dienst der Partei (P) begonnen hat. Die statistischen Hypothesen lauten entsprechend*

H_0: $p(N\&RV) \geq p(NN\&RV)$

H_1: $p(N\&RV) < p(NN\&RV)$

Getestet wird mit einer Irrtumswahrscheinlichkeit von .01. Die Anlage der Untersuchung erfordert einen Test zum Vergleich von Häufigkeitsverteilungen bei zwei unabhängigen Stichproben. Der geringe Umfang des Datenmaterials läßt Fishers „Exakten Wahrscheinlichkeitstest" angemessen erscheinen.

Die Daten verteilen sich wie folgt:

	Recht und Verwaltung	Partei	
Nazi	1	8	9
Nicht-Nazi	6	0	6
	7	8	15

d.h. die Zellenbesetzungen veteilen in die vier Kategorien: A = 1, B = 8, C = 6, D = 0.

Stichprobenumfang (N)
15
Summe Felder (ab)
9
Summe Felder (cd)
6
Summe Felder (ac)
7
Summe Felder (bd)
8
Gesamtsumme (abcd)
30

Die genaue Wahrscheinlichkeit für die vorliegende Verteilung errechnet sich bei gegebenen Randhäufigkeiten unter der Nullhypothese:

$$p = \frac{(a+b)!\,(c+d)!\,(a+c)!\,(b+d)!}{n!\,a!\,b!\,c!\,d!}$$

$$= \frac{(1+8)!\,(6+0)!\,(1+6)!\,(8+0)!}{15!\,1!\,8!\,6!\,0!}$$

$$= \frac{362880 \cdot 720 \cdot 5040 \cdot 40320}{1307674368000 \cdot 1 \cdot 40320 \cdot 720 \cdot 1} \approx .0014$$

Fishers-Exakt Chi-Quadrat (p)
0.001399
Freiheitsgrad (df)
1

Da die empirische Testgröße von .0014 < .01 Irrtumswahrscheinlichkeit und da die Schätzungen 1/15=.067 und 6/15 = .4 für die kritischen verbundenen Wahrscheinlichkeiten der Nullhypothese widersprechen, ist diese Hypothese zugunsten der Alternativhypothese zurückzuweisen.

SPSS-Beispiel: *Vergleichsrechnung zum obigen Rechenbeispiel (Erläuterung unter Abschnitt* ***8.4.4 SPSS-Beispielrechnungen für Nominal-Tests und Anpassungstests****)*

Syntax:

```
WEIGHT BY freq.

 CROSSTABS /TABLES=gew1122  BY gew1212
   /FORMAT= AVALUE NOINDEX BOX LABELS TABLES
   /STATISTIC=CHISQ
   /CELLS= COUNT.
```

Ausgabe:

```
GEW1122  by  GEW1212


                          GEW1212
             Count    |
                      |
                      |                  Row
                      |  1,0000|  2,0000| Total
GEW1122      --------+--------+--------+
            1,0000    |     1  |     8  |     9
                      |        |        |  60,0
                      +--------+--------+
            2,0000    |     6  |        |     6
                      |        |        |  40,0
                      +--------+--------+
             Column        7        8       15
              Total      46,7     53,3    100,0


      Chi-Square                Value          DF           Significance
--------------------         -----------      ----          ------------

Pearson                      11,42857          1                ,00072
Continuity Correction         8,13616          1                ,00434
Likelihood Ratio             14,44872          1                ,00014
Mantel-Haenszel test for     10,66667          1                ,00109
      linear association
Fisher's Exact Test:
 One-Tail                                                       ,00140
 Two-Tail                                                       ,00140


Minimum Expected Frequency -    2,800
Cells with Expected Frequency < 5 -      4 OF     4 (100,0%)


Number of Missing Observations:  0
```

8.4.2 Häufigkeitsvergleich bei abhängigen Stichproben

Definition: Um Fragestellungen dieser Art geht es u. a. immer, wenn bei „Vorher-Nachher"-Versuchsplänen eine Experimentalgruppe auch gleichzeitig als Kontrollgruppe dient. Für den Fall der Verwendung eines zweistufigen Merkmals ist der **McNemar-Test** auf signifikante Veränderungen konzipiert.

Voraussetzung: Die Daten bestehen aus n abhängigen bivariaten Beobachtungen (x_{1i}, x_{2i}), $i = 1, 2, ..., n$, mit den möglichen Ausprägungen „0" und „1". Sie werden meist in der Form einer 2 × 2-Kontingenztafel zusammengefaßt:

	Zweitmessung (x_2)	
Erstmessung (x_1)	0	1
0	a	b
1	c	d

Hypothesen:

	H_0	H_1
2-seitig	$p_b = p_c$	$p_b \neq p_c$
1-seitig	$p_b \leq p_c$	$p_b > p_c$

Signifikanzniveau: α

Testgröße:

Die Testgröße berechnet sich unter alleiniger Berücksichtigung der interessierenden Fälle b und c (siehe statistische Hypothesen) nach folgender Formel:

(8.4.7) $$\chi^2 = \frac{\left(b - \frac{b+c}{2}\right)^2 + \left(c - \frac{b+c}{2}\right)^2}{\frac{b+c}{2}} = \frac{(b-c)^2}{b+c}$$

Diese Testgröße ist angenähert χ^2-verteilt mit 1 Freiheitsgrad.

Wenn $20 < (b + c) < 30$, empfiehlt sich folgende Stetigkeitskorrektur:

(8.4.8) $$\chi^2 = \frac{(|b - c| - 0.5)^2}{b+c}$$

Wenn die erwartete Häufigkeit $\frac{b+c}{2} < 5$, sollte ein Binomialtest durchgeführt werden (wobei $n = b + c$, $x = \min [b, c]$ und $p = .50$).

Entscheidung: H_1 zweiseitig: $\chi^2 \geq \chi^2_{(\alpha,1)} \Rightarrow H_0$ verwerfen

H_1 einseitig: Wenn $b > c$ und $\chi^2 \geq \chi^2_{(2\alpha,1)} \Rightarrow H_0$ verwerfen

Anmerkungen: (näheres siehe Bortz, Lienert & Boehnke, 1990; Diehl & Arbinger, 1992)

- Beim McNemar-Test ist es wichtig vorab zu klären, welche der vier Kategorien miteinander verglichen werden sollen. Im Regelfall wird die veränderte „Nachher-Bedingung“ (Feld *b*) im ersten Fall mit der nicht-veränderten „Vorher-Bedingung“ im zweiten Fall (Feld *c*) verglichen. Soll hingegen genau entgegengesetzt getestet werden (*a* gegen *d*), ist dies bei der Anordnung der vier Felder zu berücksichtigen.

Rechenbeispiel: Im Zusammenhang einer Kampagne gegen das Rauchen wurde bei $n = 237$ Personen vorher und nacher festgestellt, ob sie Raucher waren. Überprüft werden sollte der Effekt der Kampagne. Die statistischen Hypothesen lauten entsprechend:

H_0: $p_b \leq p_c$
H_1: $p_c > p_b$

Getestet wird mit einer Irrtumswahrscheinlichkeit von .05 bei einseitiger Fragestellung.

Die Daten verteilen sich wie folgt (- = Nichtraucher, + = Raucher):

	nachher -	nachher +
vorher -	120	12
vorher +	25	80

Die Tabelle sagt im Klartext folgendes aus: Vor und nach der Kampagne Nichtraucher waren 120 Personen. Vor und nach der Kampagne Raucher waren 80 Personen. Für die Analyse interessieren aber die Personen, die vor der Kampagne Nichtraucher und nach der Kampagne Raucher geworden sind ($n = 12$ in Zelle b) bzw. die Personen, die vor der Kampagne Raucher und nach der Kampagne Nichtraucher wurden ($n = 25$ in Zelle c).

Die Zellenbesetzungen verteilen sich also in die vier Kategorien: A = 120, B = 12, C = 25, D = 80.

Nach der Formel berechnet sich die Testgröße

$$\chi^2 = \frac{(b-c)^2}{b+c} = \frac{(12-25)^2}{12+25} = 4.57$$

Chi-Quadrat (CHI)
4.56757
Freiheitsgrad (df)
1

```
---------------------------------------------------------------------
 Wahrscheinlichkeit der Chiquadrat-Verteilung (P)
0.03258
 Fläche der Chiquadrat-Verteilung (F)
0.96741
 Kritischer Wert bei 10% Niveau (CRIT10)
2.70554
---------------------------------------------------------------------
```

Da die empirische Testgröße von 4.57 größer als der kritische Wert von 2.71 (bei 10% Irrtumswahrscheinlichkeit (2α) und einem Freiheitsgrad) ist, kann die Nullhypothese zugunsten der Alternativhypothese abgelehnt werden. Es kann also davon ausgegangen werden, daß die Kampagne Wirkung gezeigt hat.

SPSS-Beispiel: *Vergleichsrechnung zum obigen Beispiel*

Syntax:

```
WEIGHT BY freq.

NPAR TEST /MCNEMAR= GEW1122 WITH GEW1212 (PAIRED)
   /MISSING ANALYSIS.
```

Ausgabe:

```
- - - - - McNemar Test

     GEW1122
with GEW1212

                              GEW1212
                          2,0000    1,0000            Cases          237
                        +---------+---------+
              1,0000    |      12 |     120 |         Chi-Square    3,8919
 GEW1122                +---------+---------+
              2,0000    |      80 |      25 |         Significance   ,0485
                        +---------+---------+
```

Erklärung: *Die Differenz zwischen der manuellen Rechnung und SPSS-Ergebnis liegt nicht in der etwas anderen Anordnung der Daten, sondern resultiert aus einer automatischen Stetigkeitskorrektur bei SPSS nach der Formel:* $\chi^2 = \frac{(|b - c| - 1)^2}{b + c}$

8.4.3 χ^2-Anpassungstest

Definition: Einer statistischen Datenanalyse vorgelagert sind oftmals spezifische Verteilungsvoraussetzungen über die Daten. Diese Verteilungsvoraussetzungen können sich auf die Normalverteilung oder andere Verteilungsformen beziehen.

Hierbei kann es sich z. B. handeln um eine Poissonverteilung, wenn die Häufigkeiten seltener Ereignisse gesucht werden, eine Binomialverteilung, wenn für den Generierungsprozeß der Daten ein Bernoulliprozeß angenommen wird oder eine Gleichverteilung, wenn die Daten aus einem Laplace-Experiment entstehen. Für die Überprüfung solcher Annahmen können Anpasssungstests eingesetzt werden, die die Übereinstimmung (*goodness of fit*) von empirischer und theoretischer Verteilungsfunktion prüfen. Der χ^2-Anpassungstest testet, im Hinblick auf die entsprechende Voraussetzung parametrischer Testverfahren, ob eine empirische Verteilung aus einer normalverteilten Grundgesamtheit stammt.

Ein weiteres Verfahren für stetige Verteilungsfunktionen auch zweier Verteilungen ist der **Kolmogoroff-Smirnov-Test**, auf den bei den SPSS-Beispielrechnungen näher eingegangen wird.

Hypothesen:

H_0: $F_X(x) = F(x)$, d. h. die Daten stammen von einer Zufallsvariablen X, deren Verteilungsfunktion $F_X(x)$ einer speziell vermuteten Verteilungsfunktion $F(x)$ (also: Normalverteilung, Binomialverteilung, Gleichverteilung usw.) entspricht.
H_1: $F_X(x) \neq F(x)$

Testgröße:

Nach Aufteilung der Daten in k Klassen – und zwar so, daß alle erwarteten Klassenbesetzungen $e_j \geq 5$ – läßt sich die Testgröße in folgender Weise bestimmen:

(8.4.9) $$\chi^2 = \sum_{j=1}^{k} \frac{\left(o_j - e_j\right)^2}{e_j}$$

wobei o_j = Anzahl der in der j-ten Klasse beobachteten Werte
e_j = Anzahl der in der j-ten Klasse bei Gültigkeit der Nullhypothese erwarteten Werte ($e_j = n \cdot p_j$)

Diese Testgröße ist χ^2-verteilt. Gibt es keine unbekannten Parameter, besitzt die Verteilung $k-1$ Freiheitsgrade. Sind für die Ermittlung der erwarteten Häufigkeiten m Parameter aus den Daten zu schätzen, hat die Testgröße $k-m-1$ Freiheitsgrade.

Entscheidung: $\chi^2 < \chi^2_{(\alpha, k-m-1)} \Rightarrow H_1$ verwerfen bzw. H_0 beibehalten

Anmerkungen: (näheres siehe Bortz, Lienert & Boehnke, 1990; Diehl & Arbinger, 1992)

- Da man bei Verwendung des χ^2-Anpassungstests i. a. an der Beibehaltung von H_0 interessiert ist (H_0 wird von der Verteilungsannahme impliziert), sollte man den β-Fehler, die Wahrscheinlichkeit, H_0 irrtümlicherweise beizubehalten, möglichst reduzieren. Der β-Fehler kann jedoch nur bestimmt werden, wenn eine spezifische Alternativhypothese vorliegt. Bei einem Anpassungstest ist das praktisch niemals der Fall. Daher ist man darauf angewiesen, den β-Fehler indirekt klein zuhalten, indem man den α-Fehler vergrößert (z. B. α = .25).

- Der χ^2-Wert wächst mit der Zunahme der Abweichung zwischen beobachteter und erwarteter Häufigkeit.

Rechenbeispiel: Es soll geprüft werden, ob die Häufigkeitsverteilung der Bearbeitungszeiten von 90 Versuchspersonen einer Normalverteilung entspricht. Es wird eine Irrtumswahrscheinlichkeit von .25 festgesetzt.

Die Daten werden in 9 Intervalle aufgeteilt und die entsprechenden erwarteten Häufigkeiten errechnet:

Intervall	1	2	3	4	5	6	7	8	9
g_{oj}	69.9	79.9	89.9	99.9	109.9	119.9	129.9	139.9	149.9
o_j	5	8	7	12	17	15	13	7	6
z_j	-1.71	-1.25	-0.78	-0.32	0.15	0.62	1.08	1.55	∞
p_j	.044	.061	.111	.157	.181	.173	.128	.080	.061
$e_i = n \times p_j$	3.96	5.58	9.99	14.13	16.29	15.57	11.52	7.20	5.49
$(o_j - e_j)^2/e_j$	1.25		.89	.32	.03	.02	.19	.01	.05

z_j errechnet sich nach folgender Formel: $z_j = \frac{g_{oj} - \bar{x}}{s_x}$, wobei hier $\bar{x}$ =106.78 und s_x=21.48.

P_j errechnet sich nach der Beziehung: $p_j = F_z(z_j) - F_z(z_{j-1})$

Aus der letzten Zeile ergibt sich durch Summierung die Testgröße von 2.77. Aus den Daten sind 3 Parameter zu schätzen, d.h. beobachtete und erwartete Häufigkeiten müssen hinsichtlich der restriktiven Größen Summe, Mittelwert und Streuung (benutzt bei z-Standardisierung) identisch sein. Entsprechend bleiben 5 Freiheitsgrade. Der kritische Wert bei einer Irrtumswahrscheinlichkeit von .25 und 5 Freiheitsgraden beträgt 6.63 und ist damit größer als der empirische Wert. Demnach kann die Nullhypothese beibehalten werden. D.h. die Bearbeitungszeiten der Versuchspersonen stammen mit einer Wahrscheinlichkeit >.25 aus einer normalverteilten Grundgesamtheit.

8.4.4 SPSS-Beispielrechnungen für Nominal-Tests und Anpassungstests

Zunächst ist eine Erklärung für den Fall der gruppierten Datenanordnung beim $2 \times k$- und 2×2-Chiquadrat-Test nachzuliefern (vgl. Abschnitt **8.4.1**). SPSS wurden hier keine Rohdaten für die Vergleichsrechnung übergeben, sondern die aggregierten Häufigkeitsdaten (wie im Rechenbeispiel) mit der entsprechenden (kodierten) Zuordnung zu den Feldern mittels zweier Gruppierungsvariablen. Für den etwas komplexeren $2 \times k$-Fall sieht das folgendermaßen aus:

gew1111	gew1234	freq
1,0000	1,0000	6,0000
1,0000	2,0000	14,0000
1,0000	3,0000	17,0000
1,0000	4,0000	9,0000
2,0000	1,0000	30,0000
2,0000	2,0000	32,0000
2,0000	3,0000	17,0000
2,0000	4,0000	3,0000

Diese Datenanordnung ermöglicht, nachdem mittels der *freq*-Variable die Fälle gewichtet wurden, das Rechnen mit den aggregierten Häufigkeiten.

In der Ausgabe zeigen sich die im folgenden genannten Ergebnisse (vgl. SPSS, 1993). Zunächst erscheint die Tabellenanordnung der Daten, anhand der Gruppierungszuordnung mit den absoluten (relativen) Häufigkeiten und den Summierungen über Zeilen und Spalten. Danach erfolgt eine ausführliche Chi-Quadrat-Tabelle mit verschiedenen Maßen. Alle Ergebnisse werden als Wert (**Value**), mit Freiheitsgraden (**DF**) und beobachteter Signifikanz (**Significance**) wiedergegeben. Die erste Angabe (**Pearson**) stellt den bekannten Chi-Quadrat Wert dar, also die Statistik, die zum Testen der Hypothese verwendet wird, daß die Zeilen- und Spaltenvariablen in einer Kreuztabelle unabhängig voneinander sind. Diese Testangabe sollte allerdings nicht interpretiert werden, wenn eine der Zellen eine (unter der Unabhängigkeitsannahme) erwartete Häufigkeit unter 1 hat oder wenn mehr als 20% der Zellen erwartete Häufigkeiten unter 5 haben. In diesem Falle ist auf Fishers exakten Test (**Fisher's Exact Test**) zurückzugreifen, der ebenfalls einen Test auf Unabhängigkeit (allerdings nur bei einer 2×2 Kreuztabelle) darstellt. Der Test basiert auf der hypergeometrischen Verteilung und berücksichtigt explizit eine kleine Größe der gesamten Stichprobe und der erwarteten Werte. Es wird die exakte Wahrscheinlichkeit berechnet, einen Beobachtungsbefund wie den vorliegenden oder einen noch extremeren zu erhalten, unter der Annahme, daß die beiden Variablen unabhängig und die Randverteilungen fest sind. Die Wahrscheinlichkeit kann für die einseitige Testung (**One-Tail**) und die zweiseitige Testung (**Two-Tail**) abgelesen werden. Die Angaben können je nach Zellenbesetzung mehr oder minder stark differieren. SPSS verwendet diesen Test automatisch dann, wenn die Stichprobengröße 20 unterschreitet.

Für den Fall $20 \leq n \leq 40$ und erwartete Häufigkeiten ≥ 5 kann bei einer 2×2-Tabelle auf Yates Kontinuitätskorrektur (**Yates' correction for continuity**) zurückgegriffen werden, deren Sinn in einer besseren Anpassung der diskreten Verteilung der Teststatistik an die Chi-Quadrat Verteilung liegt. Die korrigierten Werte für die Chi-Quadrat Statistik sind immer kleiner als die unkorrigierten. Die Korrektur besteht aus der Subtraktion von 0.5 von den positiven Differenzen zwischen beobachteten und erwarteten Häufigkeiten (den Residuen) und der Addition von 0.5 auf die negativen Differenzen vor der Quadrierung.

Weitere Tests in der Ausgabe sind der Chi-Quadrat verteilte Likelihoodquotient (**likelihood ratio**). Dies ist ebenfalls ein Test auf Anpassungsgüte, ähnlich dem Pearsonschen Chi-Quadrat. Für große Stichprobenumfänge sind die beiden Statistiken äquivalent. Der Vorteil des Chi-Quadrat Likelihoodquotienten liegt darin begründet, daß er in interpretierbare Teile aufgesplittet werden kann, die sich zur Gesamtsumme aufaddieren.

Schließlich wird noch der Mantel-Haenszel Chi-Quadrat Test (**Mantel-Haenszel test for linear association**) ausgegeben. Dies ist ein Maß des linearen Zusammenhangs zwischen der Zeilen- und der Spaltenvariablen in einer Kreuztabelle. Der Mantel-Haenszel Chi-Quadrat Test wird berechnet durch Multiplikation des quadrierten Pearsonschen Korrelationskoeffizienten mit der Anzahl der Fälle minus 1. Er hat einen Freiheitsgrad. Diese Statistik sollte allerdings für nominale Daten nicht verwendet werden.

Dann folgen Angaben zur kleinsten erwarteten Zellenhäufigkeit (**Minimum expected cell frequency**). Gemeint ist damit die kleinste Zahl an Fällen, die in einer Zelle erwartet werden würde, wenn die Nullhypothese richtig wäre. Wenn eine Zelle eine erwartete Häufigkeit kleiner als 1 besitzt oder mehr als 20% der Zellen erwartete Häufigkeiten kleiner als 5 besitzen, kann das Signifikanzniveau der Chi-Quadrat Statistik inkorrekt sein. Man sollte versuchen, ähnliche Kategorien zusammenzufassen, um eine Tabelle mit weniger Zellen, aber größeren erwarteten Häufigkeiten zu erhalten. Als letzte Angabe ist der absolute und prozentuale Anteil abzulesen, der in bezug auf die erwarteten Häufigkeiten kleiner als 5 ist (**Cells with Expected Frequency < 5**).

Neben der Verfahrensweise über aggregierte Daten kann ein Chiquadrat-Test auch auf Ursprungsdaten, d. h. auf eine einzelne Stichproben bzw. Variablen (als Anpassungstest) angewendet werden, wie das folgende Beispiel zeigt.

SPSS-Beispiel: *Chi-Quadrat Test: Bei zwei Skalen aus dem Beispieldatensatz soll überprüft werden, ob die Skalen ausgenutzt und die entsprechenden Antworten annähernd gleichverteilt sind.*

Syntax:

```
NPAR TEST  /CHISQUARE=alter fpi1 fpi2
   /EXPECTED=EQUAL
   /MISSING ANALYSIS.
```

```
Ausgabe:

- - - - - Chi-Square Test

     FPI1        Nervosität

                                           Cases
                                Category  Observed  Expected  Residual

     psychosomatisch nich           1         5       7,38     -2,38
                                    3        10       7,38      2,63
                                    4         9       7,38      1,63
                                    5         4       7,38     -3,38
                                    6         4       7,38     -3,38
                                    7        12       7,38      4,63
                                    8         5       7,38     -2,38
     psychosomatisch gest           9        10       7,38      2,63
                                             --
                                   Total     59

          Chi-Square           D.F.          Significance
            9,7458              7               ,2034

- - - - - Chi-Square Test

     FPI2        Aggressivität

                                           Cases
                                Category  Observed  Expected  Residual

                                    2         2       7,38     -5,38
                                    3        11       7,38      3,63
                                    4        11       7,38      3,63
                                    5        19       7,38     11,63
                                    6         9       7,38      1,63
                                    7         4       7,38     -3,38
                                    8         1       7,38     -6,38
     spontan aggr., emoti           9         2       7,38     -5,38
                                             --
                                   Total     59

          Chi-Square           D.F.          Significance
           37,1356              7               ,0000

Erklärung: Die Nullhypothese, daß es keinen Unterschied in den Häufig-
keiten der beiden 9er Skalen gibt, kann im ersten Fall (FPI1) bestätigt
werden, muß aber im zweiten Fall (FPI2) abgelehnt werden.
```

Die typische Anwendung für den Chiquadrat-Test ist die Berechnung der Abweichung zwischen der empirischen und der bei Unabhängigkeit der Variablen erwarteten Häufigkeit (**Expected Frequencies**). Mit diesem Vergleich kann geklärt werden, ob bestimmte Kategorien in ihrer beobachteten Häufigkeit im Vergleich, zu den erwarteten Häufigkeiten über- oder unterrepräsentiert sind. Der Chiquadrat-Wert stellt eine Größe zur Verfügung, diese Abweichung zu prüfen.

Der oben gezeigte Chiquadrat-Test zeigt entsprechend die vorliegenden Kategorien (**Category**) der Skala und die beobachteten Häufigkeiten (**Cases Observed**) pro Kategorie. Dann folgt die erwartete Häufigkeit (**Expected**) in den Kategorien. Damit ist die in einer bestimmten Kategorie erwartete Anzahl von Beobachtungen gemeint, im Falle der Unabhängigkeit. Die Wahrscheinlichkeit für einen Fall, in eine bestimmte Kategorie zu fallen, wird geschätzt als der Anteil der Fälle der gesamten Stichprobe, die in diese Kategorie fallen. Die erwartete Kategorienhäufigkeit ist dann die Kategorienwahrscheinlichkeit bei angenommener Unabhängigkeit multipliziert mit dem Stichprobenumfang. Voreingestellt ist die gleiche erwartete Häufigkeit für alle Variablenwerte. In der letzten Spalte der Tabelle wird das Residuum bzw. die Restgröße (**Residual**) ausgegeben. Dies ist die Differenz zwischen den beobachteten und erwarteten Häufigkeiten für eine Kategorie der Tabelle.

Der anschließend ausgegebene Chiquadrat-Test (**Chi-Square**) prüft dann für diese Variable, ob sich die beobachteten Häufigkeiten der Variablenwerte signifikant von den vorgegebenen erwarteten Häufigkeiten unterscheiden. Die Nullhypothese besagt entsprechend, daß es keinen Unterschied zwischen beobachteten und erwarteten Häufigkeiten gibt. Zur Signifikanzprüfung gehört die Angabe der Freiheitsgrade (**D.F.**) und das entsprechende Signifikanzniveau (**Significance**).

Eine andere Form von Anpassungstest als der χ^2-Anpassungstest stellt der **Kolmogoroff-Smirnov-Anpassungstest** dar. Mit diesem Test können im Prinzip zwei Fragestellungen beantwortet werden:

- Die erste Testvariante prüft, ob eine Stichprobenverteilung einer vorgegebenen theoretischen Verteilung entspricht. Dies kann wie im Falle des χ^2-Anpassungstests die Normalverteilung sein oder aber eine andere Verteilungsform (Poisson- oder Gleichverteilung). Die Nullhypothese lautet hier: Es besteht kein Unterschied zwischen der empirischen und der theoretischen Verteilung.
- Die zweite Testvariante prüft, ob zwei unabhängige Stichproben bzw. Variablen derselben Grundgesamtheit entstammen. Die Nullhypothese lautet entsprechend: Zwei Stichproben/Variablen entstammen derselben Grundgesamtheit.

Der Wert der Kolmogoroff-Smirnov Z-Statistik basiert auf der größten absoluten Differenz zwischen der beobachteten empirischen (kumulativen) und der theoretischen Verteilungsfunktion. Er reagiert empfindlich gegen jede Art von Unterschied in den beiden beobachteten Verteilungen, z. B. Median, Streuung, Schiefe, usw.

SPSS-Beispiel: Kolmogoroff-Smirnov Test: Anhand der Altersvariable soll überprüft werden, ob die Daten eher einer Normalverteilung, einer Gleichverteilung oder einer Poissonverteilung entstammen. Es wird zweiseitig getestet mit einer Irrtumswahrscheinlichkeit von .25.

Syntax:

```
NPAR TESTS   /K-S(NORMAL)= alter
   /K-S(UNIFORM)= alter
   /K-S(POISSON)= alter
   /MISSING ANALYSIS.
```

Ausgabe:

```
- - - - - Kolmogorov - Smirnov Goodness of Fit Test

     ALTER      Alter der Vpn

     Test distribution   -  Normal                   Mean:  35,63
                                      Standard Deviation:  13,25

              Cases:  59

              Most extreme differences
      Absolute      Positive      Negative        K-S Z     2-Tailed P
        ,10743        ,10743       -,08778        ,8252          ,5038

- - - - - Kolmogorov - Smirnov Goodness of Fit Test

     ALTER      Alter der Vpn

     Test distribution   -  Uniform       Range:  13 to 73

              Cases:  59

              Most extreme differences
      Absolute      Positive      Negative        K-S Z     2-Tailed P
        ,26356        ,26356       -,08305       2,0244          ,0006

- - - - - Kolmogorov - Smirnov Goodness of Fit Test

     ALTER      Alter der Vpn

     Test distribution   -  Poisson       Mean:  35,63

              Cases:  59

              Most extreme differences
      Absolute      Positive      Negative        K-S Z     2-Tailed P
        ,28114        ,28114       -,17883       2,1595          ,0002
```

Erklärung: Anhand dieses Tests kann die Nullhypothese beibehalten werden. D.h. mit einer Irrtumswahrscheinlichkeit größer .25 kann davon ausgegangen werden, daß die Altersangaben einer normalverteilten Population entstammen. Die Annahmen einer Gleich- oder Poissonverteilung muß hingegen in beiden Fällen abgelehnt werden, da beide Wahrscheinlichkeiten deutlich kleiner als .25 sind.

Die Ausgabe zeigt zunächst die deskriptiven Ergebnisse des Mittelwertes (**Mean**) und der Standardabweichung (**Standard Deviation**). Darunter erscheinen Angaben zu den extremsten Differenzen (**Most Extreme Differences**) in positiver, negativer und absoluter Richtung. Dies sind die größten Differenzen zwischen den beiden kumulativen Verteilungsfunktionen. Kleine Differenzen stützen die Nullhypothese, während große Differenzen eher zur Ablehnung der Nullhypothese führen. Abschließend erfolgt die Ausgabe des K-S *Z*-Wertes und die entsprechende zweiseitige Signifikanzprüfung (**2-Tailed P**).

Eine Variante bzw. Korrekur des Kolmogoroff-Smirnov-Anpassungstests stellt der **Lilliefors-Test** dar. Die Korrektur nach Lilliefors wird angewendet, wenn Mittelwert und Varianz unbekannt sind und aus den vorliegenden Daten geschätzt werden müssen. Die Interpretation erfolgt entsprechend: Ein kleines beobachtetes Signifikanzniveau (< .20) führt zu einer Ablehnung der Nullhypothese, daß die Daten einer Normalverteilung entstammen.

Syntax:

```
EXAMINE VARIABLES=alter
  /PLOT BOXPLOT STEMLEAF NPPLOT
  /COMPARE GROUP
  /STATISTICS DESCRIPTIVES
  /CINTERVAL 95
  /MISSING LISTWISE
  /NOTOTAL.
```

Ausgabe:

```
    ALTER     Alter der Vpn


Valid cases:    59,0   Missing cases:   ,0   Percent missing:    ,0

Mean     35,6271  Std Err      1,7248 Min    13,0000  Skewness      ,6120
Median   35,0000  Variance   175,5137 Max    73,0000  S E Skew      ,3112
5% Trim 34,9887  Std Dev     13,2482 Range  60,0000  Kurtosis     -,1675
95% CI for Mean (32,1746;    39,0796)IQR    20,0000  S E Kurt      ,6133

                        Statistic         df       Significance

K-S (Lilliefors)             ,1074        59            ,0874
```

Erklärung: *Das beobachtete Signifikanzniveau nach der Lilliefors Korrektur fällt sehr viel kleiner aus als beim obigen K-S-Test und liegt nach dieser Berechnung unterhalb der .20 Irrtumswahrscheinlichkeit.*

Anpassungstests reagieren empfindlich auf große Stichprobenumfänge. Jede große Stichprobe führt im Ergebnis eines Anpassungstests zu einer Ablehnung der Nullhypothese. So ist es (meistens) unmöglich, Daten zu finden, die exakt normalverteilt sind. Für die meisten statistischen Tests ist es allerdings ausreichend, wenn die Daten annähernd normalverteilt sind. Entsprechend sollte bei großen Datensätzen nicht ausschließlich das beobachtete Signifikanzniveau berücksichtigt werden, sondern auch die tatsächliche Abweichung von der Normalität.

Zur graphischen Verdeutlichung kann zusätzlich ein spezieller Normalverteilungsplot herangezogen werden, der die kumulative Verteilung einer Variablen auf einer Achse und die erwartete kumulative Variable einer normalverteilten Variablen auf der anderen Achse zeigt. Ist die Variable normalverteilt, bilden die graphisch dargestellten Punkte eine gerade diagonal verlaufende Linie. Abweichungen vom Normalverteilungsplot zeigen die Abweichungen der dargestellten Punkte von einer geraden Linie. Bei einer normalverteilten Variable sollte kein Muster erkennbar sein.

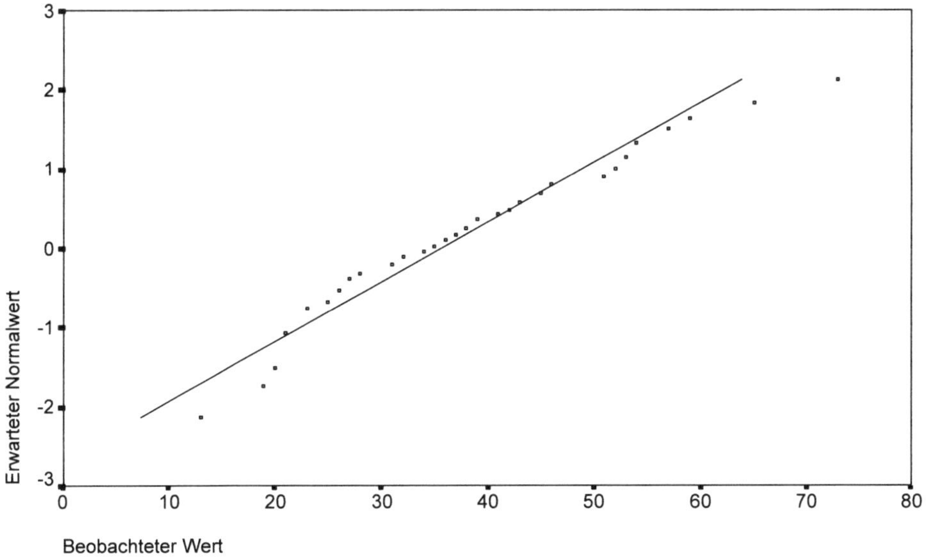

Abb 8-1: Normalverteilungsplot der Altersvariabe aus dem Demonstrationsdatensatz

8.5 Weitere Testverfahren im Überblick

Natürlich können in diesem Zusammenhang nicht alle Zweistichproben-Verfahren zur Prüfung von Unterschiedshypothesen dargestellt werden. Ein kurzer Überblick soll auf weitere **nicht-parametrische Verfahren** verweisen (vgl. Bortz, Lienert & Boehnke, 1991; SPSS, 1993):

- **Binomial-Test**: Ein Test für eine Stichprobe (Variable), bei der nur zwei verschiedene (dichotome) Werte vorkommen dürfen. Geprüft wird (wie beim

Chiquadrat-Test), ob die beobachteten Häufigkeiten den erwarteten Häufigkeiten entsprechen. Getestet wird die Nullhypothese, daß die Daten einer binomialen Verteilung entstammen und mit einer angegebenen Wahrscheinlichkeit in der ersten von zwei Kategorien liegen.

- **Sequenztest**: Ein Test für eine Stichprobe (Variable), die ebenfalls nur dichotome bzw. dichotomisierte Werte enthalten darf und darauf prüft, ob sich die einzelnen dichotomen Werte in ihrer Reihenfolge zufällig oder nicht zufällig ergeben. Die Nullhypothese lautet hier, daß zwischen den aufeinanderfolgenden Beobachtungen kein Zusammenhang besteht.
- **Wald-Wolfowitz-Test**: Ein nichtparametrischer Test (ähnlich dem Kolmogoroff-Smirnov-Test), der die Hypothese testet, daß zwei Stichproben aus der gleichen Grundgesamtheit stammen. Er reagiert auf alle Arten von Differenzen in den beiden Grundgesamtheiten (Mittelwert, Varianz, Schiefe usw.). Der Test legt Ränge für die Werte der Beobachtungen beider Stichproben zusammen fest. Dabei wird die Zahl der Sequenzen beachtet (als Folge von Werten aus der gleichen Stichprobe), um die Wahrscheinlichkeit festzustellen, mit der die Stichproben aus der gleichen Grundgesamtheit stammen. Stammen die Stichproben aus der gleichen Grundgesamtheit, wird eine große Zahl an Sequenzen erwartet. Eine geringe Zahl von Sequenzen dient dem Schluß, daß die Stichproben aus verschiedenen Grundgesamtheiten stammen.
- **Moses-Test für extreme Reaktionen**: Dieser Test prüft, ob die Spannweite zweier unabhängiger Stichproben mit Ordinalskala-Niveau gleich ist. Die Gruppe mit den kleineren Wert für die Kodierung wird als Kontrollgruppe betrachtet und die andere als Experimentalgruppe. Der Test kombiniert die beiden Gruppen und vergibt Ränge vom kleinsten bis zum größten Wert. Ausgerichtet ist der Test auf die Spanne der Kontrollgruppe und stellt ein Maß dafür dar, wie stark extreme Einflüsse in der Experimentalgruppe die Spanne beeinflussen, wenn sie mit der Kontrollgruppe kombiniert werden.
- **Vorzeichen-Test**: Dieser nichtparametrische Test prüft bei zwei abhängigen Stichproben mit ordinal skalierten Werten, ob die positiven und negativen Rangunterschiede zwischen der ersten und zweiten Stichprobe gleich sind (vgl. Wilcoxon-Test). Es wird die Hypothese geprüft, daß die Verteilung zweier Variablen die gleiche ist. Der Vorzeichentest macht keine Annahmen über die Form der Verteilungen. Für alle Fälle werden die Differenzen zwischen den Werten der beiden Variablen berechnet und als positiv, negativ oder gleich (tied) klassifiziert. Wenn die beiden Variablen ähnlich verteilt sind, sollte sich die Anzahl von positiven und negativen Vorzeichen nicht signifikant unterscheiden. Die Leistungsfähigkeit des Vorzeichen-Tests liegt allerdings unterhalb der des Wilcoxon-Tests, da das Ausmaß der Unterschiede nicht berücksichtigt wird.

- **Median-Test**: Der Test prüft, ob zwei oder mehr unabhängige Stichproben aus Grundgesamtheiten mit gleichem Median gezogen wurden. Es wird der Median über alle Gruppen berechnet und eine Kontingenztafel ausgegeben, die die Häufigkeit der Fälle in jeder Gruppe angibt, die größer als oder kleiner gleich dem Median für die Beobachtungen aller Gruppen ist. Der Test ist analog zum *t*-Test, der einen Mittelwertsvergleich für intervallskalierte Variablen vornimmt.

Genauere Erläuterungen und weitere Testverfahren finden sich u. a. bei Bortz, Lienert & Boehnke (1990), Diehl & Arbinger (1992) und Sachs (1992).

9. Prüfung von Zusammenhangshypothesen

9.1 Vorbemerkungen

Viele psychologische Fragestellungen beinhalten Zusammenhangshypothesen, sei es in Form des Schlusses von einer Variablen auf eine andere oder in Form der Bestimmung der Stärke des Zusammenhanges zwischen zwei (oder mehreren) Variablen. Im ersten Fall handelt es sich um ein sog. **Regressionsproblem**. Um z. B. den Studienerfolg aufgrund der Abiturnote vorherzusagen, berechnet man die bedingten Erwartungswerte der Variablen Studienerfolg für feste Werte der Variablen Abiturnote (sowie die Varianz der vorherzusagenden Variablen unter dieser Bedingung). Die Messung der Stärke des Zusammenhangs zwischen (zwei) Variablen ist Thema der **Korrelationsstatistik**.

In der Regressions- und Korrelationsstatistik geht es zunächst **nicht** um **kausale Beziehungen** zwischen Variablen, sondern um einen **statistischen Zusammenhang**. Wenn zwei Variablen in einem statistischen Zusammenhang stehen (kovariieren), ist nicht notwendigerweise eine kausale Beziehung zwischen ihnen gegeben. Sie können z. B. von einer dritten Variablen kausal beeinflußt werden. Trotzdem kann man **Regressionsschlüsse** ziehen. Ob eine kausale Beziehung vorliegt, kann nur durch nicht-statistische Überlegungen geklärt werden. So kann z. B. der hypothetische Zusammenhang zwischen Wissen und Körpergröße von Kindern kaum kausal interpretiert werden. Aber auch die vermutlich für beide Variablen sehr bedeutsame Variable Lebensalter ist kaum als kausales Agens in einem mechanistischen Sinn zu verstehen.

9.2 Einfache Regression

Regressionsstatistische Analysen sind grundlegend für die gesamte Testpsychologie, wo es immer um die Vorhersage einer **Kriteriumsvariablen** mit Hilfe – im hier allein berücksichtigten einfachsten Fall – einer **Prädiktorvariablen** geht, z. B. des Erfolgs auf einer weiterführenden Schule (Kriterium) mit Hilfe eines Schulübergangstests (Prädiktor). Die Stärke des Zusammenhangs zwischen Prädiktor und Kriterium macht die **Validität** (oder Gültigkeit, d. h. ob der Test das mißt, was er zu messen vorgibt) eines Tests aus. Das Interesse an solchen Zusammenhängen basiert im wesentlichen darauf, daß das Kriterium prinzipiell (noch) nicht zugänglich ist oder nur mit wesentlich höherem Aufwand als der Prädiktor erfaßt werden kann.

Die Unterscheidung von Prädiktor und Kriterium in der Testpsychologie entspricht in etwa der von unabhängiger und abhängiger Variable in der experimentellen Psychologie – ohne die Konnotation einer (hypostasierten) Kausalbeziehung in der zweiten Unterscheidung.

9.2.1 Regressionsmodell

Das Regressionsmodell basiert auf der Bestimmung bedingter Erwartungswerte für die Kriteriumsvariable Y unter der Bedingung, daß die Prädiktorvariable X feste Werte annimmt. Im diskreten Fall resultiert eine Punktmenge, die durch eine Linie verbunden werden kann. Im stetigen Fall bilden diese Werte von vornherein eine Linie. Häufig kann man die Schlußrichtung umkehren, d. h. die bedingten Erwartungswerte X unter der Bedingung, daß Y feste Werte annimmt, berechnen. In diesen Fällen erhält man zwei **Regressionslinien.**

Auch wenn die Regressionslinien im allgemeinen keine Geraden sind, ist es von Vorteil, diejenige Gerade zu bestimmen, die einer Regressionslinie annähernd entspricht: die **Regressionsgerade**. Dahinter verbirgt sich der Umstand, daß empirisch gewonnene Meßwerte immer fehlerbehaftet und daher nie auf einer Geraden anzuordnen sind, sondern eher als Punkteschwarm um eine theoretische Gerade liegen. Das Problem, das zu lösen ist, liegt in der Bestimmung der Geraden, die „optimal" in den Punkteschwarm paßt und Abweichungen davon als Zufallsschwankungen definiert. Im weiteren geht es nur noch um die **lineare Regression**. Eine Gerade ist durch die Angabe zweier auf ihr liegender Punkte bzw. eines Punktes und der Steigung eindeutig bestimmt.

Wenn die Steigung (b), d. h. der Winkel zwischen der x-Achse und der Geraden und die Höhenlage (a), d. h. der Schnittpunkt der Geraden mit der y-Achse bekannt sind, ergibt sich unmittelbar die Geradengleichung:

(9.2.1) $$y = a + bx$$

Die Gleichungen für die Regressionsgeraden haben demnach die Form

(9.2.2) $$\hat{y} = a_{yx} + b_{yx} \cdot x \quad \text{für die Regression von } Y \text{ auf } X$$

(9.2.3) $$\hat{x} = a_{xy} + b_{xy} \cdot y \quad \text{für die Regression von } X \text{ auf } Y$$

Legt man nun durch eine empirische zweidimensionale Wahrscheinlichkeitsverteilung (X,Y) eine durch die Koeffizienten a und b bestimmte Regressionsgerade, werden die vorhergesagten Werte $\hat{y}$ und $\hat{x}$ immer um einen gewissen Betrag von den empirischen Werten y und x abweichen. Die Regressionsgleichungen repräsentieren die empirischen Verhältnisse umso besser, je geringer diese Abweichungen sind. Nach dem **Kleinste-Quadrate-Kriterium** sind die

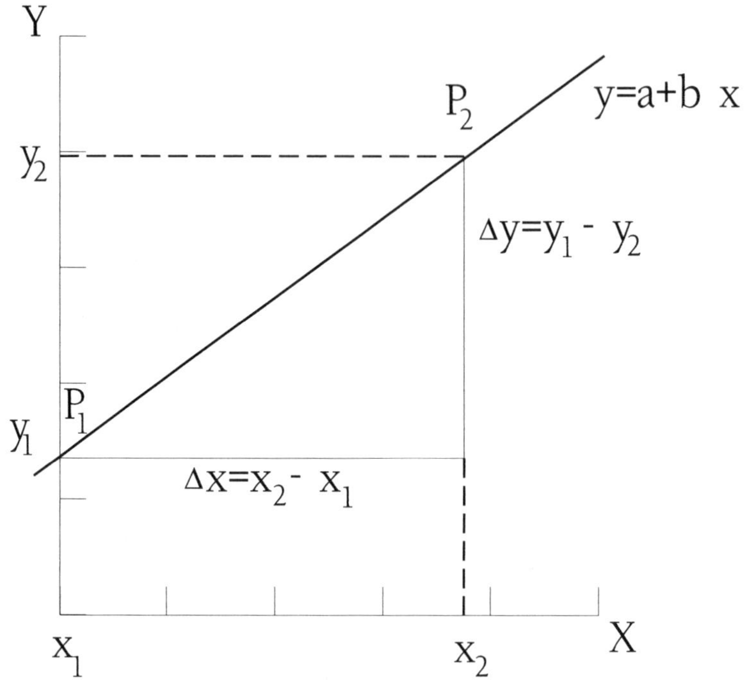

Abb. 9-1: Definition einer Geraden nach dem Regressionsmodell

Regressionskoeffizienten so zu wählen, daß die Summe der Quadrate der vertikalen (für die Regression von *Y* auf *X*) bzw. horizontalen (für die Regression auf *X* auf *Y*) Abstände aller Punkte von der betreffenden Regressionsgeraden (den vorhergesagten Werten) ein Minimum wird:

(9.2.4) $$\sum(y_i - \hat{y}_i)^2 = \min$$

(9.2.5) $$\sum(x_i - \hat{x}_i)^2 = \min$$

Die Quadrierung der Abstandes führt dazu, daß kleine Abstände weniger Gewicht bekommen (d. h. für eine gute Anpassung an die Gerade sprechen), während große Abstände großes Gewicht bekommen (d. h. auf eine schlechte Anpassung hindeuten). Wenn die Regressionsgerade bekannt ist, kann sie zur Vorhersage genutzt werden, in dem der Wert einer Variablen bestimmt und der Wert einer anderen Variablen aus der Regressionsgerade berechnet wird. Dazu ist die Gerade zu bestimmen, die die Summe der Abweichungsquadrate minimiert. Man kann zeigen, daß sich die in diesem Sinne optimalen Werte nach folgenden Formeln ergeben:

(9.2.6)
$$a_{yx} = \bar{y} - b_{yx} \cdot \bar{x}$$

bzw.

(9.2.7)
$$a_{xy} = \bar{x} - b_{xy} \cdot \bar{y}$$

(9.2.8)
$$b_{yx} = \frac{\sum x_i y_i - \frac{\sum x_i \cdot \sum y_i}{n}}{\sum x_i^2 - \frac{(\sum x_i)^2}{n}} = \frac{\operatorname{cov}(x,y)}{s_x^2}$$

bzw.

(9.2.9)
$$b_{xy} = \frac{\sum x_i y_i - \frac{\sum x_i \cdot \sum y_i}{n}}{\sum y_i^2 - \frac{(\sum y_i)^2}{n}} = \frac{\operatorname{cov}(x,y)}{s_y^2}$$

cov (*x,y*) ist in dieser Gleichung die sog. **Kreuzproduktabweichung**, d. h. die Summe der Kreuzprodukte für zwei Variablen. Für eine Beobachtung ergibt sich das Kreuzprodukt als Produkt der Abweichungen beider Variablen von ihren Mittelwerten. Das Vorzeichen der Kreuzprodukte gibt an, ob der Zusammenhang zwischen den beiden Variablen positiv oder negativ ist. Wird die Kreuzproduktabweichung durch *n* bzw. *n* – 1 dividiert, kann die sog. **Varianz-Kovarianz** errechnet werden (vgl. Bortz, 1993).

```
Rechenbeispiel: Von jeweils 5 Versuchspersonen liegen Meßwerte für einen
bereits existierenden psychologischen Test X und einen neu entwickelten
Test Y vor. Beide Tests messen das gleiche Merkmal, so daß der neue Test
am alten Test validiert werden kann. Gesucht sind die Regressionsgera-
den, die diese Meßwertpaare am besten repräsentieren. Dazu sind die
Koeffizienten nach den Formeln zu berechnen.
-----------------------------------------------------------------------
alter Test: X = 31 128 67 46 180
neuer Test: Y = 15  95 35 40  80
-----------------------------------------------------------------------
 Stichprobenumfang (N)
5
 Mittelwert 1. Stichprobe (MEANX)
90.4
 Standardabweichung 1. Stichprobe (SDX)
62.228
 Mittelwert 2. Stichprobe (MEANY)
53
 Standardabweichung 2. Stichprobe (SDY)
33.279
```

```
 Kreuzproduktabweichung (COV)
7254
 Varianz-Kovarianz - dividiert durch n (COV1)
1450.8
 Varianz-Kovarianz - dividiert durch n-1 (COV2)
1813.5
-----------------------------------------------------------------------
```

Per Hand müssen verschiedene Zwischenrechnungen durchgeführt werden

Vp	Test X	Test Y	x^2	y^2	$X*Y$	$\hat{X}$	$\hat{Y}$
1	31	15	961	225	465	25.08	20.08
2	128	95	16384	9025	12160	70.67	159.28
3	67	35	4489	1225	2345	42.00	60.88
4	46	40	2116	1600	1840	32.13	69.08
5	180	80	32400	6400	14400	95.11	134.68
Summe	452	265	56350	18475	31210		

Mit den Summierungen und Quadrierungen stehen alle Zwischenrechenergebnisse zur Verfügung. Nach Einsatz in die entsprechenden Formeln ergibt sich:

$$b_{yx} = \frac{31210 - \frac{452 \cdot 265}{5}}{56350 - \frac{(452)^2}{5}} = \frac{7254}{15498.2} =.\,47$$

$$b_{xy} = \frac{31210 - \frac{452 \cdot 265}{5}}{18475 - \frac{(265)^2}{5}} = \frac{7254}{4430} = 1.64$$

$$a_{yx} = \frac{265}{5} - .47 \cdot \frac{452}{5} = 10.51 \qquad a_{xy} = \frac{452}{5} - .1.64 \cdot \frac{265}{5} = 3.48$$

$$\hat{y}_i = .47 \cdot x_i + 10.51 \qquad \hat{x}_i = 1.64 \cdot y_i + 3.48$$

Die aufgrund dieser Regressionsgleichung vorhergesagten Werte sind in den letzten beiden Spalten der vorausgehenden Tabelle eingetragen.

```
-----------------------------------------------------------------------
 Regressionsgerade für y
Yi = 0.46833 * Xi + 10.6633
 Regressionsgerade für x
Xi = 1.6375 * Yi + 3.614
 Standardschätzfehler SY/X (SDEX)
18.55407315
 Standardschätzfehler SX/Y (SDEY)
34.69380196
```

```
 Standardfehler SBYX (SYX)
0.1333428595
 Standardfehler SBXY (SXY)
0.4662244288
------------------------------------------------------------------------
Damit lassen sich die beiden Regressionsgeraden in Schnittpunkt und
Steigung bestimmen. Wenn eine Versuchsperson im alten Test den Wert 100
erreicht, kann aufgrund der Regressionsgeraden ein Wert von
y = 0.47 · 100 + 10.51 = 57.51 im neuen Test vorhergesagt werden.
```

Abbildung 9-2 enthält eine gemeinsame Darstellung beider Regressionsgeraden aus dem Rechenbeispiel, sowie die empirischen Meßwertpunkte.

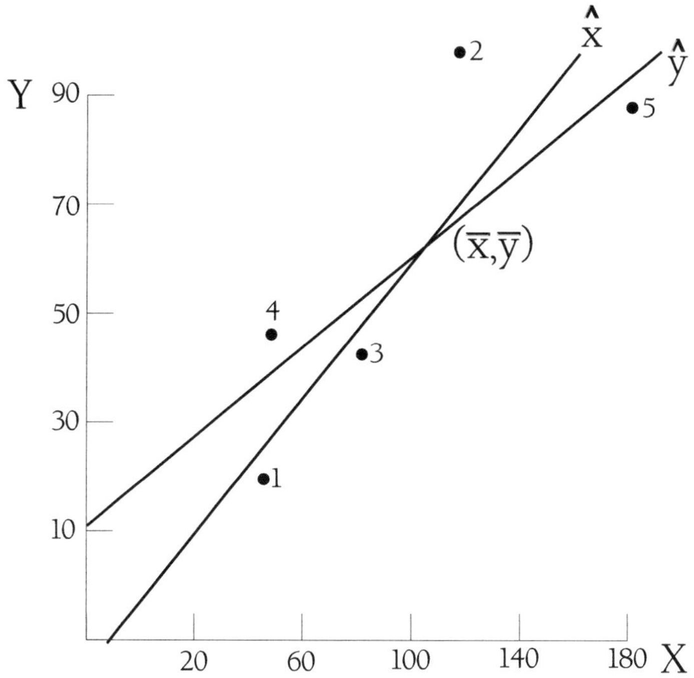

Abb. 9-2: Regressionsgeraden für beide Vorhersagerichtungen und empirische Meßwerte

Der **Schnittpunkt** der beiden Regressionsgeraden stimmt grundsätzlich mit den Mittelwertskoordinaten überein. Beim Zeichnen kann man daher die Gerade einfach durch die beiden Punkte $(\bar{x}, \bar{y})$ gehen lassen. Wenn die **Variablen unabhängig** voneinander sind, also die cov $(x, y) = 0$ ist, folgt für die Steigungen der beiden Regressionsgeraden, daß sie ebenfalls Null sind, da sie die Kovarianz im Zähler haben. Der Mittelwert ist dann jeweils die beste Vorhersage (als Ergebnis der Höhenlage). Das besagt, daß die Regressionsgerade von Y auf X dann parallel zur x-Achse verläuft (d. h. $\hat{y} = 0 \cdot x_i + \bar{y}$), die Geraden also senkrecht aufeinander stehen und sich in $(\bar{x}, \bar{y})$ schneiden. Wenn andererseits maximale Abhängigkeit besteht, sind die Regressionsgeraden identisch; das ist der Fall wenn $\text{cov}(x, y) = s_x \cdot s_y$.

9.2.2 Statistische Absicherung

Bisher stand der deskriptive Zweck des einfachen Regressionsmodells, die Beschreibung der linearen Abhängigkeit einer Variablen von einer anderen in einer Stichprobe, im Vordergrund. Für diesen Zweck ist dieses Modell, vom Intervallskala-Niveau der Daten abgesehen, an keine besonderen Voraussetzungen geknüpft. Von speziellem Interesse sind aber Zufallsvariablen, deren Verteilung bekannt ist, um dann auch Schlüsse auf die Grundgesamtheit ziehen zu können. Den Voraussetzungen dieser **inferentiellen Verwendung des Regressionsmodells** soll im folgenden nachgegangen werden.

1. **Standardschätzfehler**: Der inferenzstatistische Gebrauch des Regressionsmodells hat verschiedene Aspekte. Grundlegend ist der Begriff des Standardschätzfehlers $\sigma_{y/x}$ – die Wurzel aus der bedingten Varianz als Schätzung für die Streuung der y-Werte um die Regressionsgerade. Da $\sigma_{y/x}$ an allen Stellen um die Regressionsgerade gleich groß ist, kann man den Standardschätzfehler als Parallele zur Regressionsgeraden darstellen. Er ist wie eine Standardabweichung zu betrachten. Zwischen $\hat{y} - \sigma_{y/x}$ und $\hat{y} + \sigma_{y/x}$ liegen etwa 68% aller Werte der zweidimensionalen Verteilung (x, y).

Die beste Schätzung für den Standardschätzfehler, aufgrund der Stichprobendaten ist die Standardabweichung der tatsächlichen Werte von den vorhergesagten Werten, d. h. die **Standardabweichung der Residuen:**

(9.2.10) $$\hat{\sigma}_{y/x} = s_{y/x} = \sqrt{\frac{\sum\sum \left(y_{ij} - \hat{y}\right)^2}{n - 2}}$$

Für die Berechnung dieser Größe stehen in unterschiedlichen Situationen verschiedene Formeln zur Verfügung, z. B.

(9.2.11) $$\hat{\sigma}_{y/x} = s_{y/x} = \sqrt{\frac{n \cdot s_y^2 - n \cdot b_{yx}^2 \cdot s_x^2}{n - 2}}$$

Der Standardschätzfehler $\sigma_{x/y}$ für die Regression von X auf Y bestimmt sich analog. Zusammenfasssend kann gesagt werden, daß der Standardschätzfehler als Gütemaß für die Regressionsvorhersagen genutzt werden kann.

2. **Regressionskoeffizienten in der Grundgesamtheit**: Die Frage ist, wie gut die aufgrund der Stichprobendaten bestimmte Regressionsgerade der Regressionsgeraden in der Grundgesamtheit entspricht, da unterschiedliche Stichproben zu unterschiedlichen Geradengleichungen führen müssen. Dieser Aspekt läuft auf die Frage nach der Güte der **Schätzung der Regressionskoeffizienten**, insbesondere des Steigungskoeffizienten *b* hinaus. Man kann zeigen, daß die Stichprobenverteilung von *b* angenähert normalverteilt ist.

(9.2.12) $$E(b) = \beta$$

(9.2.13) $$\sigma_{b_{yx}} = \frac{\sigma_{y/x}}{\sqrt{\sum(x - \bar{x})^2}}; \qquad \hat{\sigma}_{b_{yx}} = s_{b_{yx}} = \frac{s_{y/x}}{s_x \sqrt{n}}$$

Aufgrund der letzten Formel für den Standardfehler von *b* wird deutlich, daß die Schätzung von β (Erwartungswert von *b*) umso besser wird, je geringer der Standardschätzfehler $s_{y/x}$ bzw. die inhärente Variabilität von *Y* ist, je größer der Umfang *n* der Stichprobe und je größer die Varianz s_x der *x*-Werte wird. Der Umstand, daß die Steigungskoeffizienten bei voneinander unabhängigen Variablen gleich null sind, kann zur **Prüfung auf Unabhängigkeit** genutzt werden. Dazu wird um einen empirisch bestimmten Steigungskoeffizienten *b* mit Hilfe von s_b ein **Konfidenzintervall** konstruiert, in dem mit bestimmter Wahrscheinlichkeit der wahre Regressionskoeffizient β liegt. Dieses Vertrauensintervall hat die Form:

(9.2.14) $$p\left(b_{yx} - t_{(\alpha/2,n-2)} \cdot s_{b_{yx}} < \beta_{yx} < b_{yx} + t_{(\alpha/2,n-2)} \cdot s_{b_{yx}}\right) = 1 - \alpha$$

Oder anders ausgedrückt:

(9.2.15) $$\beta_{yx} = b_{yx} \pm t_{(\alpha/2,n-2)} \cdot s_{b_{yx}} = b_{yx} \pm t_{(\alpha/2,n-2)} \cdot \frac{s_{y/x}}{s_x \cdot \sqrt{n}}$$

Wenn das bestimmte Intervall auch den Wert null einschließt, kann man nicht ausschließen, daß $\beta = 0$ ist, daß also beide Variablen unabhängig voneinander sind. Liegt dagegen die Null nicht in diesem Intervall, ist β mit der gewählten Irrtumswahrscheinlichkeit ungleich null, die Variablen also abhängig voneinander.

Eine direktere Möglichkeit zur Prüfung der Nullhypothese: $\beta = 0$, ergibt sich durch die Bildung folgender Testgröße:

(9.2.16) $$B = \frac{\sum(\hat{y} - \bar{y})^2}{\sum(y - \hat{y})^2 / n - 2}$$

Diese Testgröße ist F-verteilt mit 1 Zähler- und $n-2$ Nenner-Freiheitsgraden. Wenn $B \geq F_{(\alpha;1,n-2)}$, verwirft man die Nullhypothese.

3. **Vorhersage von** ***Y***: Bisher ging es um globale Aspekte der inferenzstatistischen Verwendung des Regressionsmodells. In der Praxis i. d. R. weit relevanter ist die Frage, wie gut Y aufgrund eines bestimmten Wertes von X vorhergesagt werden kann. Dabei ist zu differenzieren zwischen der Vorhersage, des **bedingten Erwartungswertes** $\hat{y}_j^* = \mu_{y/x_j}$ (der Grundgesamtheit) und der Vorhersage eines **Einzelwertes** y_{ij}^* aufgrund von x_j.

Die beste Schätzung für $\hat{y}_j^*$ (als wahrer bedingter Erwartungswert) ist $\hat{y}_j$ (als bedingter Stichprobenwert) auf der empirisch bestimmten Regressionsgerade. Bei wiederholter Stichprobenbildung würde man allerdings unterschiedliche $\hat{y}_j$ um $\hat{y}_j^*$ erhalten. Die Standardabweichung der auf diese Weise resultierenden Stichprobenverteilung, $\sqrt{\mathrm{Var}(\hat{y}_j)}$, erlaubt die Konstruktion eines Konfidenzintervalls, in dem bei entsprechendem Konfidenzniveau der Zielwert $\hat{y}_j^*$ liegt.

Unter Verwendung von $s_{y/x}$ als Schätzung für $\sigma_{y/x}$ gilt für das gesuchte Konfidenzintervall bzw. dessen Grenzen folgende Beziehung:

(9.2.17)
$$\hat{y}_j^* = \hat{y}_j \pm t_{(\alpha/2,n-2)} \cdot s_{y/x}\sqrt{\frac{1}{n} + \frac{(x_j - \bar{x})^2}{\sum (x - \bar{x})^2}}$$

$$= (a + bx_j) \pm t_{(\alpha/2,n-2)} \cdot s_{y/x}\sqrt{\frac{1}{n} + \frac{(x_j - \bar{x})^2}{n \cdot s_x^2}}$$

Folgende Zusammenhänge ergeben sich durch diese Formel: Vergrößern sich $s_{y/x}$ oder $(x_i - \bar{x})$, vergrößert sich auch das Konfidenzintervall. Steigen n oder s_x^2, verkleinert sich das Konfidenzintervall.

Die Vorhersage eines Einzelwertes y_{ij}^* auf der Basis von x_j ist mit den gleichen Problemen behaftet wie die Vorhersage von $\hat{y}_j^*$. Wiederum dient der Punkt $\hat{y}_j$ auf der empirisch bestimmten Regressionsgerade über x_j als beste Schätzung. Aber zu der Varianz, die die Fehler bei der Schätzung der (Parameter der) Regressionsgerade widerspiegelt, kommt die Varianz aufgrund der Fluktuation der einzelnen Y-Werte, der Standardschätzfehler. Abgesehen von dieser Erhöhung des Vorhersagefehlers, entspricht das gesuchte Konfidenzintervall für einen Einzelwert von Y dem für den bedingten

Erwartungswert:

(9.2.18)
$$\hat{y}^*_{ij} = \hat{y}_j \pm t_{(\alpha/2, n-2)} \cdot s_{y/x} \sqrt{\frac{1}{n} + \frac{(x_j - \bar{x})^2}{\sum(x - \bar{x})^2} + 1}$$
$$= (a + bx_j) \pm t_{(\alpha/2, n-2)} \cdot s_{y/x} \sqrt{\frac{1}{n} + \frac{(x_j - \bar{x})^2}{n \cdot s_x^2} + 1}$$

Rechenbeispiel: Damit kann für die 5 Testpersonen auch der Standardschätzfehler und der Standardfehler bestimmt werden.

Test X = 31 128 67 46 180
Test Y = 15 95 35 40 80

Standardschätzfehler

$$s_{y/x} = \sqrt{\frac{1}{3}\left[\begin{matrix}(15 - 25.08)^2 + (95 - 70.67)^2 + (35 - 42)^2 \\ + (40 - 32.13)^2 + (80 - 95.11)^2\end{matrix}\right]} = 18.55$$

Standardfehler

$$s_{b_{yx}} = \frac{18.55}{62.33 \cdot \sqrt{5}} = 0.133$$

Konfidenzintervall (auf dem 95%-Niveau)

$$\beta_{yx} = 0.47 \pm 3.18 \cdot (0.133) = 0.47 \pm 0.42 \Rightarrow KI_{\beta_{yx}} = [0.047; 0.893]$$

Testgröße zur Prüfung der Nullhypothese: $\beta_{yx} = 0$

$$B = \frac{(25.08-53)^2 + (70.67-53)^2 + (42-53)^2 + (32.13-53)^2 + (95.11-53)^2}{(15-25.08)^2 + (95-70.67)^2 + (35-42)^2 + (40-32.13)^2 + (80-95.11)^2 / 3}$$
$$= \frac{3421.56}{344.23} = 9.94$$

Da die Testgröße von 9.94 kleiner als der kritische F-Wert von 10.1 ist (bei einer Irrtumswahrscheinlichkeit von 5%, und 1 Zähler- und 3 Nennerfreiheitsgraden), kann die Nullhypothese nicht verworfen werden (Das entspricht in etwa dem Umstand, daß die untere Grenze des Konfidenzintervalls für β_{yx} *bei .047 liegt).*

Konfidenzintervall für den wahren bedingten Erwartungswert für $j = 3$ (mit 5% Irrtumswahrscheinlichkeit)

$$\hat{y}_3^* = (10.51 + (0.47) \cdot 67) \pm 3.18 \cdot 18.55 \cdot \sqrt{\frac{1}{5} + \frac{(67 - 90.4)^2}{5 \cdot 62.23^2}}$$

$$= 42 \pm 58.99 \cdot \sqrt{0.228} = 42 \pm 28.41 \Rightarrow KI_{\hat{y}_3^*} = [13.59;\ 70.41]$$

Konfidenzintervall für die Vorhersage von Einzelwerten für $j = 3$ (mit 5% Irrtumswahrscheinlichkeit)

$$\hat{y}_{i3}^* = (10.51 + (0.47) \cdot 67) \pm 3.18 \cdot 18.55 \cdot \sqrt{\frac{1}{5} + \frac{(67 - 90.4)^2}{5 \cdot 62.23^2} + 1}$$

$$= 42 \pm 58.99 \cdot \sqrt{1.228} = 42 \pm 65.37 \Rightarrow KI_{\hat{y}_{i3}^*} = [23.37, 107.37]$$

9.2.3 SPSS-Beispielrechnung für einfache Regression

Aufgrund der relativ umfangreichen Ausgabe von SPSS für die Berechnung der linearen Regression, soll das Beispiel auf eine Vergleichsrechnung zum obigen Rechenbeispiel beschränkt bleiben.

SPSS-Beispiel: *Vergleichsrechnung zum obigen Rechenbeispiel (Berechnung beider Regressionsgeraden)*

Syntax:

```
REGRESSION
   /MISSING LISTWISE
   /STATISTICS COEFF OUTS CI R ANOVA
   /CRITERIA=PIN(.05) POUT(.10)
   /NOORIGIN
   /DEPENDENT testx
   /METHOD=ENTER testy.
```

Ausgabe:

```
        * * * *   M U L T I P L E   R E G R E S S I O N   * * * *

Equation Number 1    Dependent Variable..   TESTX

Block Number  1.  Method:  Enter      TESTY

Variable(s) Entered on Step Number  1..    TESTY
```

```
Multiple R           ,87571  Analysis of Variance
R Square             ,76687                DF  Sum of Squares    Mean Square
Adjusted R Square    ,68916  Regression    1      11878,22032    11878,22032
Standard Error     34,69380  Residual      3       3610,97968     1203,65989

                             F = 9,86842      Signif F = ,0516

---------------------- Variables in the Equation ----------------------

Variable           B       SE B   95% Confdnce Intrvl B    Beta      T  Sig T

TESTY       1,637472    ,521255    -,021369    3,296313 ,875712 3,141 ,0516
(Constant)  3,613995  31,685258  -97,221171  104,449162           ,114 ,9164


End Block Number 1   All requested variables entered.
```

Syntax:

```
REGRESSION
   /MISSING LISTWISE
   /STATISTICS COEFF OUTS CI R ANOVA
   /CRITERIA=PIN(.05) POUT(.10)
   /NOORIGIN
   /DEPENDENT testy
   /METHOD=ENTER testx.
```

Ausgabe:

```
         * * * *   M U L T I P L E   R E G R E S S I O N   * * * *

Equation Number 1    Dependent Variable..   TESTY

Block Number 1.  Method:  Enter      TESTX


Variable(s) Entered on Step Number  1..    TESTX


Multiple R           ,87571  Analysis of Variance
R Square             ,76687                DF  Sum of Squares    Mean Square
Adjusted R Square    ,68916  Regression    1       3397,23911     3397,23911
Standard Error     18,55407  Residual      3       1032,76089      344,25363

                             F = 9,86842      Signif F = ,0516

---------------------- Variables in the Equation ---------------------

Variable           B       SE B   95% Confdnce Intrvl B    Beta      T Sig T

TESTX        ,468326    ,149082    -,006112     ,942764 ,875712 3,141 ,0516
(Constant)10,663301 15,826567  -39,703167   61,029769           ,674 ,5487

End Block Number 1   All requested variables entered.
```

SPSS führt die Regressionanalyse als Schätzung der linearen Beziehung zwischen einer abhängigen und einer (oder mehrerer) unabhängiger Variablen durch. Dazu sind die im Beispiel verwendeten Meßwerte als unabhängige bzw. abhängige Variable zu deklarieren. Im Beispiel sind beide Varianten (Regression *Y* auf *X* und *X* auf *Y*) durchgerechnet (vgl. SPSS, 1993).

Die SPSS-Ausgabe zeigt zunächst einige Angaben zur Korrelation. Der multiple Korrelationskoeffizient (**Multiple R**) gibt die Korrelation zwischen den beobachteten und geschätzten Werten der abhängigen Variablen an. Er liegt zwischen 0 und 1. Ein kleiner Wert zeigt an, daß nur eine schwache oder keine lineare Beziehung zwischen der abhängigen und den unabhängigen Variablen besteht. Das folgende Quadrat von *R* (**R Squared**) ist ein Maß für die Güte der Anpassung eines linearen Modells. Dieser oft auch Bestimmtheitsmaß genannte Parameter ist gleich dem Quadrat des multiplen *R*. Das *R*-Quadrat gibt den Anteil der Variation der abhängigen Variablen an, der durch das Regressionsmodell erklärt wird. Es liegt ebenfalls zwischen 0 und 1. Kleine Werte zeigen an, daß das Modell nicht gut zu den Daten paßt. Danach folgt das korrigierte *R*-Quadrat (**Adjusted R Square**). Das *R*-Quadrat wird korrigiert, um die Anpassungsgüte (*goodness of fit*) des Modells besser wiederzugeben. Die Überschätzung des Stichproben *R*-Quadrats wird korrigiert, indem der Stichprobenumfang und die Anzahl der unabhängigen Variablen mit einbezogen werden. Schließlich folgt die Angabe des Standardfehlers (**standard error**), d. h. eine Angabe zu den Standardabweichungen der Stichprobenverteilung.

Im gegenüberliegenden Teil der Ausgabe erfolgt die Prüfung der Nullhypothese mittels einer Varianzanalyse (**Analysis of Variance**). Getestet wird die Hypothese, daß keine lineare Beziehung zwischen der abhängigen und den unabhängigen Variablen besteht. Die totale Variation der unabhängigen Variablen wird in zwei Komponenten aufgespalten: den Teil, der sich auf das Wirken der unabhängigen Variablen im speziellen Regressionsmodell zurückführen läßt (bezeichnet als **Regression**), und den Rest (bezeichnet als **Residual**). Wenn der sich ergebende Signifikanzwert (**Signif F**) klein ist (z. B. kleiner als .05), so kann die Hypothese, daß keine lineare Beziehung besteht, abgelehnt werden.

Unter dem Trennungsstrich folgt die Angabe der Variablen, die in die Gleichung eingehen (**Variables in the Equation**). Hier erscheinen die unabhängigen Variablen, die in einem bestimmten Schritt zur Berechnung der Regressionsfunktion verwendet werden. Der Regressionskoeffizient ($\mathbf{B}_{(1)}$) zeigt die Schätzung für die Änderung der abhängigen Variable, die sich ergibt, wenn sich die unabhängige Variable um eine Einheit verändert. $B_{(1)}$ wird auch nichtstandardisierter Regressionskoeffizient genannt. Der Standardfehler für $B_{(1)}$ (**SE B**) ermittelt die geschätzte Standardabweichung für den Regressionskoeffizienten. Dann folgt die Angabe des 95%-igen Konfidenzintervall von *B* (**confidence interval of B**). Diese Angaben charakterisieren ein Intervall, das in 95% aller Wiederholungen den wahren Wert (der Grundgesamtheit) des Regressionskoeffizienten enthält. Der

Beta-Koeffizient (**Beta coefficient**) – auch standardisierter Regressionskoeffizient genannt – stellt den Regressionskoeffizienten dar, wenn (im Falle mehrerer unabhängiger Variablen) alle unabhängigen Variablen standardisiert (z-transformiert) sind. Durch die z-Transformation sind die Koeffizienten besser vergleichbar, da Unterschiede in der Maßeinheit ausgeglichen werden. Trotzdem entspricht der Beta-Koeffizient nicht der Bedeutung der einzelnen unabhängigen Variablen, da dieser auch von den anderen in der Gleichung enthaltenen Variablen abhängt. Die abschließende t-Statistik (**T**) prüft die Nullhypothese, daß kein linearer Zusammenhang zwischen einer abhängigen und einer unabhängigen Variablen besteht ($t = B_{(1)} / s_{B(1)}$), bzw. daß die Steigung des Regressionskoeffizienten gleich 0 ist. In der 2. Spalte (**Constant**) wird die Nullhypothese getestet, daß der Schnittpunkt gleich 0 ist ($t = B_{(0)}/s_{B(0)}$). Eine kleine Abweichung der Höhenlage von Null führt zu einem hohen Signifikanzwert und damit zur Beibehaltung der Nullhypothese. Im Regressionsverfahren ist diese Konstante a der Wert der abhängigen Variablen, wenn alle unabhängigen Variablen den Wert 0 annehmen. Neben der t-Statistik wird das zweiseitige beobachtete Signifikanzniveau (**Sig T**) angegeben.

9.3 Kovarianz und Korrelation

Die einfache Regressionsanalyse zeigt, in welcher linearen Beziehung zwei Variablen stehen. In der Korrelationsanalyse wird der Grad des linearen Zusammenhangs bestimmt. Regression und Korrelation stehen in so enger Beziehung, daß Ergebnisse der Korrelationsanalyse zur Interpretation von regressionsanalytischen Befunden dienen können.

9.3.1 Korrelation in der Stichprobe

Die Korrelation kann als standardisierte Kovarianz zweier Variablen definiert werden:

(9.3.1)
$$\begin{aligned} \text{corr}\,(x,y) = r_{xy} &= \frac{\text{cov}\,(x,y)}{s_x \cdot s_y} = \frac{1}{n} \cdot \frac{\sum(x_i - \bar{x})\cdot(y_i - \bar{y})}{s_x \cdot s_y} \\ &= \frac{1}{n} \cdot \sum z_{x_i} \cdot z_{y_i} \end{aligned}$$

Die Werte $x' = x - \bar{x}$ und $y' = y - \bar{y}$ lassen erkennen, in welcher Richtung und wieweit ein ursprünglicher x- oder y-Wert von dem jeweiligen Mittelwert abweicht. Je zahlreicher und größer die Abweichung in derselben Richtung liegen, umso deutlicher kovariieren X und Y miteinander. Je zahlreicher und größer die Abweichungen in unterschiedlicher Richtung liegen, umso deutlicher kovariieren sie gegeneinander. Die mittlere Produktsumme der x'- und y'-Werte ist demnach ein geeignetes Maß der Richtung und Stärke des Zusammenhangs von X und Y. Allerdings ist es abhängig von der Maßeinheit. Durch Relativierung auf die Standardabweichung von X und Y erhält man ein gegenüber linearen Transformationen invariantes Zusammenhangsmaß: das durchschnittliche Produkt der korrespondierenden z-Werte.

Im Unterschied zum Regressionskoeffizienten ist beim Korrelationskoeffizienten die Unterscheidung von Prädiktor und Kriterium bzw. die Angabe einer Beziehungsrichtung nicht möglich. Aus den bestehenden Zusammenhängen kann aber folgendes Maß abgeleitet werden:

(9.3.2) $$r_{xy}^2 = \frac{s_y^2 - s_{y/x}^2}{s_y^2} = 1 - \frac{s_{y/x}^2}{s_y^2}$$

Der Ausdruck r^2 wird als **Bestimmtheitsmaß** (Determinationskoeffizient) bezeichnet und stellt den Anteil der „erklärten Varianz" $\left(s_y^2 - s_{y/x}^2\right)$ an der Gesamtvarianz $\left(s_y^2\right)$ dar. Das besagt, wenn $s_{y/x}^2 = 0$, wenn also die gesamte Variabilität in Y auf X zurückgeführt werden kann (alle Punkte auf der Regressionsgeraden liegen), gilt $r^2 = 1$ bzw. $r = \pm 1$. Wenn dagegen $s_y^2 - s_{y/x}^2 = 0$, wenn also Unabhängigkeit vorliegt, dann ist auch $r^2 = 0$.

Die dem Determinationskoeffizienten r^2 zugrundeliegende **Zerlegung der Varianzanteile** ist in Abbildung 9-3 dargestellt.

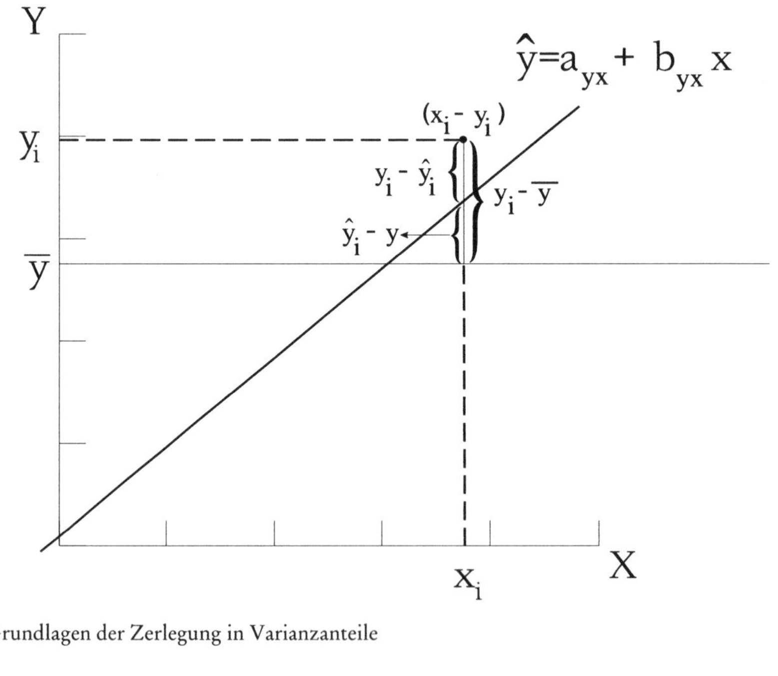

Abb. 9-3: Grundlagen der Zerlegung in Varianzanteile

Der Abstand eines beliebigen Punktes (x_i, y_i) von $\bar{y}$ ist $y_i - \bar{y}$. Dieser Abstand läßt sich in zwei Teile zerlegen: in den Abstand des Punktes (x_i, y_i) zur Regressionsgeraden an der Stelle $(x_i, \hat{y}_i)$ und dem Abstand dieser Stelle auf der Regressionsgeraden von dem Mittelwert $\bar{y}$:

(9.3.3)
$$(y_i - \bar{y}) = (y_i - \hat{y}_i) + (\hat{y}_i - \bar{y})$$
$$\Rightarrow (y_i - \bar{y})^2 = (y_i - \hat{y}_i)^2 + (\hat{y}_i - \bar{y})^2 + 2(y_i - \hat{y}_i)(\hat{y}_i - \bar{y})$$

Bildet man unter Berücksichtigung aller Punkte die entsprechenden Mittelwerte, erhält man:

(9.3.4)
$$\frac{\Sigma(y_i - \bar{y})^2}{n} = \frac{\Sigma(y_i - \hat{y}_i)^2}{n} + \frac{\Sigma(\hat{y}_i - \bar{y})^2}{n} + \frac{2 \cdot \Sigma(y_i - \hat{y}_i)(\hat{y}_i - \bar{y})}{n}$$

Der Kovarianzausdruck $\frac{2 \cdot \Sigma(y_i - \hat{y}_i)(\hat{y}_i - \bar{y})}{n}$ ist voraussetzungsgemäß gleich null, so daß als Varianzanteile verbleiben:

(9.3.5)
$$s_y^2 = s_{y/x}^2 + s_{\hat{y}}^2$$

D. h. die **Gesamtvarianz** setzt sich zusammen aus der **„nicht-erklärten" Varianz** + der **„erklärten" Varianz**.

9.3.2 Statistische Absicherung

Die Korrelationsrechnung kann wie die Regressionsrechnung rein deskriptiv betrieben werden. Im allgemeinen aber dürften Schlüsse auf die Verhältnisse in der Grundgesamtheit intendiert sein. Solche Schlüsse sind an die gleichen Voraussetzungen gebunden wie die inferenzstatistische Verwendung des Regressionsmodells. Die Schätzung der Korrelation ρ in der Grundgesamtheit ist von der Prüfung verschiedener die Korrelation betreffender Hypothesen zu unterscheiden.

1. **Schätzung der Korrelation in der Grundgesamtheit**: Unter den gegebenen Voraussetzungen ist die Stichprobenkorrelation $r(x, y)$ ein konsistenter und erschöpfender Schätzwert für die Korrelation $\rho(x, y)$ in der Grundgesamtheit. Durch das Entnehmen einer Stichprobe treten aber i. d. R. Fehler auf, so daß r lediglich in der Nähe von ρ liegen wird. Entsprechend ist es, wie bei anderen Parameterschätzungen zweckmäßig, ein Vertrauensintervall anzugeben, in dem auf gegebenem Konfidenzniveau der wahre Parameter (hier: ρ) liegt. Dazu wird eine bekannte Prüfverteilung benötigt: Die Verteilung des Korrelationskoeffizienten besitzt aber an jeder Stelle eine andere Form, da sich dieser in den Grenzen von +1 bis –1 bewegt, d. h. sie ist rechtssteil bei $\rho > 0$ und linkssteil bei $\rho < 0$. Durch die spezielle **Fisher Z-Transformation** erreicht man eine Normalisierung der Verteilung der Korrelationskoeffizienten:

(9.3.6) $$Z = \frac{1}{2} \ln \left(\frac{1 + r}{1 - r} \right) = 1.1513 \lg \left(\frac{1 + r}{1 - r} \right)$$

wobei ln = Logarithmus zur Basis e
lg = natürlicher Logarithmus

Diese Variable ist bereits bei relativ kleinen n bei jeder Höhe des Korrelationskoeffizienten asymptotisch normalverteilt mit $\sigma_z = \frac{1}{\sqrt{n-3}}$. Für einen „wahren" Z-Wert kann dann ein Konfidenzintervall bei gegebener Irrtumswahrscheinlichkeit α bestimmt werden:

(9.3.7) $$Z^* = Z \pm z_{\alpha/2} \cdot \sigma_Z = Z \pm z_{\alpha/2} \cdot \frac{1}{\sqrt{n-3}}$$

Die Grenzen dieses Vertrauensintervalls müssen nun in r-Werte rücktransformiert werden nach der Formel:

(9.3.8) $$r = \frac{e^{2Z^*} - 1}{e^{2Z^*} + 1},$$

wobei $e = 2.7183$.

Die Umwandlung läßt sich in beide Richtungen anhand einer Tabelle vornehmen (vgl. Bortz, 1993; Hays, 1994; Sachs, 1992).

Liegen mehrere unabhängige Stichproben aus einer Grundgesamtheit und damit mehrere Schätzungen für ρ vor, kann nach Durchführung der Fisher Z-Transformation zunächst ein mittlerer Z-Wert – unter Berücksichtigung eventuell verschiedener Stichprobenumfänge n_j als Gewichtungsfaktoren – berechnet werden. Die Rücktransformation ergibt den mittleren Korrelationskoeffizienten $\bar{r}$. Wesentlich ist, daß es sich um unabhängige Stichproben aus ein und derselben Grundgesamtheit handelt.

Rechenbeispiel: Bei einer Stichprobe vom Umfang $n = 22$ hat man eine Korrelation von $r = .56$ festgestellt. In welchem Intervall liegt ρ, wenn das Konfidenzniveau $1 - \alpha = .95$ beträgt?

Zunächst ist r in Z zu transformieren:

$$z = \frac{1}{2} \ln \frac{1 + .56}{1 - .56} = \frac{1}{2} \ln 3.545 = .633$$

Danach ist die Standardabweichung zu ermitteln:

$$\sigma_Z = \frac{1}{\sqrt{22 - 3}} = .229$$

Für das Konfidenzintervall von Z^* bei gegebener Irrtumswahrscheinlichkeit gilt dann:

$$Z^* = 0.633 \pm 1.96 \cdot (0.229) = 0.633 \pm 0.45 \Rightarrow KI_{Z^*} = [0.183, 1.083]$$

Diese Grenzen sind dann in r-Werte zu transformieren:

$$g_o = \frac{2.7183^{2 \cdot 1.083} - 1}{2.7183^{2 \cdot 1.083} + 1} = \frac{7.723}{9.723} = .794$$

$$g_u = \frac{2.7183^{2 \cdot (0.183)} - 1}{2.7183^{2 \cdot (0.813)} + 1} = \frac{0.442}{2.442} = .181 \quad \Rightarrow KI_\varrho = [0.181, 0.794]$$

Grundvoraussetzung für die Schätzung von ρ_{xy} auf der Basis von r_{xy} ist die Zufälligkeit der Stichprobe. Hierbei kann es zu systematischen **Selektionsfehlern** kommen:

- Ist in der Stichprobe nicht die gesamte Variationsbreite der Merkmale repräsentiert, wird die Populationskorrelation durch die Stichprobenkorrelation erheblich unterschätzt.
- Werden dagegen in der Stichprobe vor allem Beobachtungseinheiten mit extremen Merkmalsausprägungen aufgenommen, erhält man eine Überschätzung der Populationskorrelation.
- Setzt sich die Stichprobe aus heterogenen Untergruppen zusammen (z. B. aufgrund der Wirksamkeit von Moderatorvariablen), beinhaltet die Stichprobenkorrelation ein unterschiedlich verzerrtes Bild der Populationskorrelation.
- Schließlich können einzelne Extremwerte das Bild vom Zusammenhang der Variablen in der Grundgesamtheit beträchtlich verfälschen.

2. Prüfung von Hypothesen:

Fall *a.* Die unter 1. skizzierte Bestimmung des Konfidenzintervalls eines Korrelationskoeffizienten ist auch verwendbar **als Test auf einen Zusammenhang** überhaupt, d. h. zur Prüfung von statistischen Hypothesen.

Hypothesen:

	H_0	H_1
2-seitig	$\rho(x, y) = 0$	$\rho(x, y) \neq 0$
1-seitig	$\rho(x, y) \leq 0$	$\rho(x, y) > 0$
	$\rho(x, y) \geq 0$	$\rho(x, y) < 0$

Signifikanzniveau: α

Testgröße:

Ist in dem bestimmten Vertrauensintervall $\rho = 0$ enthalten (oder liegt das Vertrauensintervall in anderer Richtung als von H_1 spezifiziert), ist nicht anzunehmen, daß die Populationskorrelation von Null verschieden ist (bzw. in der von H_1 spezifizierten Richtung liegt): H_0 kann noch nicht verworfen werden. Eine Möglichkeit, diese Hypothese unmittelbarer zu prüfen, basiert darauf, daß bei einer Populationskorrelation $\rho = 0$ die Stichprobenkorrelation aus Stichproben des Umfangs n eine Zufallsvariable darstellt, die bei hinreichend großem n angenähert normalverteilt ist (allerdings niemals perfekt, da Korrelationen einen begrenzten Wertebereich haben, während die Normalverteilung nach beiden Seiten unbegrenzt ist). Bei $n \geq 4$ läßt sich folgende Testgröße bilden:

(9.3.9) $$t = \frac{r\sqrt{n-2}}{\sqrt{1-r^2}}$$

Diese Testgröße ist mit $n - 2$ Freiheitsgraden angenähert t-verteilt.

Entscheidung: H_1 zweiseitig: $|t| \geq t_{(\alpha/2, n-2)} \Rightarrow H_0$ verwerfen

$|t| < t_{(\alpha/2, n-2)} \Rightarrow H_0$ beibehalten

H_1 einseitig: $t \geq t_{(\alpha, n-2)} \Rightarrow H_0$ verwerfen

$t < t_{(\alpha, n-2)} \Rightarrow H_0$ beibehalten

bzw. $t \leq -t_{(\alpha, n-2)} \Rightarrow H_0$ verwerfen

Anmerkungen: (näheres siehe Bortz, 1993; Sachs, 1992)

- Die Entscheidungsregeln entsprechen den Regeln bei Verwendung des t-Tests für korrelierte Stichproben.
- Ein negativer Korrelationskoeffizient führt zu einer Testgröße mit negativem Vorzeichen. Dieses Vorzeichen ist bei der Interpretation des Zusammenhangs zu berücksichtigen.

Rechenbeispiel: *Bei einer Stichprobe von n = 10 soll der Zusammenhang zwischen Risikobereitschaft und Extraversion untersucht werden. Mit den gewonnenen Daten, die aus einem Experiment zur Risikobereitschaft und aus einem Testbogen zur Extraversion erhoben wurden, soll die Hypothese eines positiven Zusammenhangs zwischen beiden Variablen geprüft werden. Das besagt für die Nullhypothese:* $\rho \leq 0$ *und für die Alternativhypothse* $\rho > 0$. *Getestet wird mit einer Irrtumswahrscheinlichkeit von 5%.*

Daten zur Risikobereitschaft: X = 2 3 6 7 5 8 3 4 6 7
Daten zur Extraversion: Y = 2 3 4 6 5 7 8 5 4 6

```
 Korrelationskoeffizient (r)
0.4508
 Varianz-Kovarianz (cov)
1.5
```

---

bzw. in die Formel eingesetzt

$$t = \frac{0.45\sqrt{10-2}}{\sqrt{1-(0.45)^2}} = \frac{1.273}{0.893} = 1.43$$

```
 Korrelationstestgröße (CORRTG)
1.4286
 Freiheitsgrade (df)
8
 Wahrscheinlichkeit der t-Verteilung (P)
0.13909
 Fläche der t-Verteilung (F)
0.86091
 Kritischer Wert bei 5%' Niveau (CRIT5)
1.85955
```

Da die Testgröße von 1.43 kleiner als der kritische Wert von 1.86 ist, muß die Nullhypothese beibehalten werden. D.h. bei gegebener Irrtumswahrscheinlichkeit spricht die gefundene Stichprobenkorrelation gegen einen „wahren" positiven Zusammenhang von Risikobereitschaft und Extraversion.

SPSS-Beispiel: *Vergleichsrechnung zum obigen Rechenbeispiel mit einseitiger Signifikanzprüfung (Erläuterung unter Abschnitt* ***9.4.1 Pearsons Korrelationskoeffizient für Intervalldaten****)*

Syntax:

```
CORRELATIONS /VARIABLES=risiko extra
   /PRINT=TWOTAIL SIG
   /MISSING=PAIRWISE.
```

Ausgabe:

```
              - -  Correlation Coefficients  - -
```

```
                RISIKO         EXTRA

RISIKO          1,0000          ,4508
               (   10)       (    10)
               P = ,          P = ,095

EXTRA            ,4508         1,0000
               (   10)       (    10)
               P = ,095       P = ,

(Coefficient / (Cases) / 1-tailed Significance)
" . " is printed if a coefficient cannot be computed
```

Eine Alternative zur Bestimmung der Testgröße und ihrem Vergleich mit dem jeweiligen kritischen t-Wert ergibt sich, wenn die angegebene Gleichung nach r aufgelöst und Zufallshöchstwerte der Korrelationen (bei gegebenem α und bestimmten Freiheitsgraden) berechnet werden, mit denen dann ein empirisch ermittelter Korrelationskoeffizient zu vergleichen ist. Überschreitet er (bei zweiseitiger Fragestellung) den betreffenden Zufallshöchstwert, ist die Korrelation auf dem betreffenden Niveau signifikant.

Fall *b.* Der **Test auf eine von Null abweichende Korrelation** kann nicht nach dem Verfahren unter Fall a. vorgenommen werden, weil in diesem Fall mit einer rechtssteilen (bei $\rho > 0$) oder linkssteilen (bei $\rho < 0$) Stichprobenverteilung des Korrelationskoeffizienten zu rechnen ist. Wie bei der Konfidenzintervallbestimmung muß man auf Fishers Z-Transformation zurückgreifen.

Hypothesen:

	H_0	H_1
2-seitig	$\rho(x, y) = c$	$\rho(x, y) \neq c$
1-seitig	$\rho(x, y) \leq c$	$\rho(x, y) > c$
	$\rho(x, y) \geq c$	$\rho(x, y) < c$

Signifikanzniveau: α

Testgröße:

Unter der Voraussetzung normalverteilter Z-Werte ist als Testgröße der folgende Standardwert zu bilden:

(9.3.10)
$$z = \frac{Z(r) - \mu_Z}{\sigma_Z} = \frac{Z(r) - Z(c)}{\left(1/\sqrt{n-3}\right)}$$

Die Z-Werte für r und c erhält man nach der unter Fall a. angegebenen Formel bzw. aus der entsprechenden Tabelle. Die Testgröße ist annähernd $N(0, 1)$-verteilt.

Entscheidung: H_1 zweiseitig: $|z| \geq z_{\alpha/2} \Rightarrow H_0$ verwerfen
$|z| < z_{\alpha/2} \Rightarrow H_0$ beibehalten
H_1 einseitig: $z \geq z_{\alpha} \Rightarrow H_0$ verwerfen
$z < z_{\alpha} \Rightarrow H_0$ beibehalten
bzw. $z \leq -z_{\alpha} \Rightarrow H_0$ verwerfen

Die Entscheidung kann demgemäß mit Hilfe der z-Verteilung (Standardnormalverteilung) vorgenommen werden.

Rechenbeispiel: Mit den Beispieldaten aus dem obigen Beispiel soll ebenfalls ein Test auf eine von Null abweichende Korrelation durchgeführt werden. Als charakteristische Korrelation wird $c = 0.5$ gesetzt. Die Hypothesen lauten entsprechend für die Nullhypothese $\rho = 0.5$ und die Alternativhypothese $\rho \neq 0.5$ (zweiseitig).

Daten zur Risikobereitschaft: X = 2 3 6 7 5 8 3 4 6 7
Daten zur Extraversion: Y = 2 3 4 6 5 7 8 5 4 6

Korrelationskoeffizient (r)
0.4508
Varianz-Kovarianz (cov)
1.5

Zur Bildung der Testgröße werden die Z-Werte benötigt:

$$Z(r) = \frac{1}{2} \ln \frac{1 + 0.45}{1 - 0.45} = 0.486 \qquad Z(c) = \frac{1}{2} \ln \frac{1 + 0.50}{1 - 0.50} = 0.549$$

Damit ist die Testgröße

$$z = \frac{(0.486 - 0.549)}{1/\sqrt{10 - 3}} = -0.167$$

Fisher-Z-Wert für r (Zr)
0.4857
Fisher-Z-Wert für c (Zc)
0.5493
Korrelationstestgröße (CORRTG)
-0.1681
Freiheitsgrade (df)
8
Kritischer Wert bei 2.5% Niveau (CRIT25)
1.95996

Da die absolute Testgröße von 0.167 kleiner als der kritische z-Wert (bei einer zweiseitigen Irrtumswahrscheinlichkeit von .025) von 1.96 ist, muß die Nullhypothese beibehalten werden, d.h. die erhobenen Daten gehören zur Grundgesamtheit, für die eine Korrelation von .50 charakteristisch ist.

Fall c. Der **Test auf Gleichheit der Korrelation bei zwei unabhängigen Stichproben** vom Umfang n_1 und n_2 verläuft nach den gleichen Prinzipien, d. h. unter Verwendung von Fishers Z-Transformation.

Hypothesen:

	H_0	H_1
2-seitig	$\rho_1(x, y) = \rho_2(x, y)$	$\rho_1(x, y) \neq \rho_2(x, y)$
1-seitig	$\rho_1(x, y) \leq \rho_2(x, y)$	$\rho_1(x, y) > \rho_2(x, y)$
	$\rho_1(x, y) \geq \rho_2(x, y)$	$\rho_1(x, y) < \rho_2(x, y)$

Signifikanzniveau: α

Testgröße:

Als Testgröße ist der Standardwert zu bilden:

(9.3.11) $$z = \frac{Z(r_1) - Z(r_2)}{\sigma_{(Z_1 - Z_2)}} = \frac{Z(r_1) - Z(r_2)}{\sqrt{\frac{1}{n_1 - 3} + \frac{1}{n_2 - 3}}}$$

Die Testgröße ist annähernd $N(0, 1)$-verteilt.

Entscheidung:

H_1 zweiseitig:	$\lvert z\rvert \geq z_{\alpha/2}$	$\Rightarrow$	H_0 verwerfen
	$\lvert z\rvert < z_{\alpha/2}$	$\Rightarrow$	H_0 beibehalten
H_1 einseitig:	$z \geq z_\alpha$	$\Rightarrow$	H_0 verwerfen
	$z < z_\alpha$	$\Rightarrow$	H_0 beibehalten
bzw.	$z \leq -z_\alpha$	$\Rightarrow$	H_0 verwerfen

Die Entscheidung kann mit Hilfe der z-Verteilung (Standardnormalverteilung) vorgenommen werden.

Rechenbespiel: In einer Untersuchung von jeweils 20 Landkindern und Stadtkindern wurden Daten aus einem Test zur allgemeinen Intelligenz und zur verbalen Ausdrucksfähigkeit erhoben. Die Frage ist, ob beide Stichproben in bezug auf den Merkmalszusammenhang (Intelligenz und Ausdrucksfähigkeit) aus der gleichen Grundgesamtheit stammen oder ob der Zusammenhang u.U. bei Landkindern verläßlich geringer ist? Getestet wird einseitig auf dem 5% Niveau bei folgenden Hypothesen:
Nullhypothese: $\rho_1 \geq \rho_2$; Alternativhypothese: $\rho_1 < \rho_2$.

```
----------------------------------------------------------------------
Landkinder (Intelligenztest):              X1 = 3 4 7 6 9 3 4 7 6 9 3 4 7 6 9
                                                3 4 7 6 9
Landkinder (verbaler Audruckstest):        X2 = 2 3 6 5 7 2 3 6 5 7 2 3 6 5 7
                                                2 3 6 5 7
Stadtkinder (Intelligenztest):             Y1 = 2 6 5 4 5 2 6 5 4 5 2 6 5 4 5
                                                2 6 5 4 5
Stadtkinder (verbaler Ausdruckstest): Y2 = 3 6 5 8 7 3 6 5 8 7 3 6 5 8 7
                                                3 6 5 8 7
----------------------------------------------------------------------
 Korrelationskoeffizient 1. Stichprobe (r1)
0.4418945413
 Varianz-Kovarianz 1. Stichprobe (cov1)
1.28
 Korrelationskoeffizient 2. Stichprobe (r2)
0.6016946527
 Varianz-Kovarianz 2. Stichprobe (cov2)
1.92
----------------------------------------------------------------------
Zur Bildung der Testgröße werden die Fisher Z-Werte benötigt:
```

$$Z(r_1) = \frac{1}{2} \ln \frac{1 + 0.442}{1 - 0.602} = 0.475 \qquad Z(r_2) = \frac{1}{2} \ln \frac{1 + 0.602}{1 - 0.602} = 0.696$$

$$z = \frac{0.475 - 0.602}{\sqrt{\frac{1}{20 - 3} + \frac{1}{20 - 3}}} = -0.645$$

```
----------------------------------------------------------------------
 Fisher-Z-Wert der 1. Stichprobe (Zr1)
0.47458
 Fisher-Z-Wert der 2. Stichprobe (Zr2)
0.6958
 Korrelationstestgröße (CORRTG)
-0.64495
 Freiheitsgrade (df)
18 18
 Kritischer Wert bei 95% Niveau (CRIT95)
-1.64485
----------------------------------------------------------------------
Da die Testgröße von -0.64 kleiner als der kritische z-Wert von -1.64,
ist die Nullhypothese bei einer Irrtumswahrscheinlichkeit von 5% beizu-
behalten. D.h. aufgrund der vorliegenden Daten ist nicht anzunehmen, daß
der Zusammenhang von Intelligenz und Ausdrucksfähigkeit bei Landkindern
geringer ist als bei Stadtkindern.
```

Fall *d.* Dem Test auf Gleichheit der Korrelation bei mehr als zwei voneinander unabhängigen Stichproben des Umfangs n_j liegt ebenfalls die Fisher Z-Transformation zugrunde.

Hypothesen:

	H_0	H_1
2-seitig	$\rho_1(x, y) = \ldots \rho_j(x, y) = \ldots = \rho_k(x, y)$	$\rho_1(x, y) \neq \ldots \rho_j(x, y) \neq \ldots \neq \rho_k(x, y)$
1-seitig	–	–
	–	–

Signifikanzniveau: α

Testgröße:

(9.3.12)
$$V = \sum_{j=1}^{k}(n_j - 3)(Z_j - U)^2$$

wobei
$$U = \frac{\sum_{j=1}^{k}(n_j - 3) \cdot Z_j}{\sum_{j=1}^{k}(n_j - 3)}.$$

Die Prüfgröße ist χ^2-verteilt mit $k - 1$ Freiheitsgraden.

Entscheidung: H_1 zweiseitig: $V \geq \chi^2_{(\alpha,k-1)} \Rightarrow H_0$ verwerfen
$V < \chi^2_{(\alpha,k-1)} \Rightarrow H_0$ beibehalten

Rechenbeispiel: Bei drei Personengruppen mit unterschiedlichem Interessenprofil liegen folgende Korrelationen zwischen Testintelligenz und Kreativität vor:

Gruppe 1: Interessensschwerpunkt im technischen Bereich $n = 48$, $r = .16$
Gruppe 2: Interessensschwerpunkt im sozialen Bereich $n = 62$, $r = .38$
Gruppe 3: Interessensschwerpunkt im künstlerischen Bereich $n = 55$, $r = .67$
Frage ist, ob die drei Gruppen aus derselben Grundgesamtheit stammen. Die Hypothesen lauten entsprechend - Nullhypothese: $\rho_1 = \rho_2 = \rho_3$ bzw. die Alternativhypothese: $\rho_1 \neq \rho_2 \vee \rho_1 \neq \rho_3 \vee \rho_2 \neq \rho_3$. Geprüft wird mit einer Irrtumswahrscheinlichkeit von 5%.

Zur Bildung der Testgröße sind die gefundenen Korrelationen in Fisher Z-Werte zu transformieren.

```
Fisher-Z-Wert (Zr)
0.16139 0.4001 0.8107
```

```
Anschließend ist der U-Wert und die Testgröße zu bestimmen:
```

$$U = \frac{45 \cdot (0.16) + 59 \cdot (0.40) + 52 \cdot (0.81)}{45 + 59 + 52} = .467$$

$$V = 45 \cdot (0.16 - 0.467)^2 + 59 \cdot (0.40 - 0.467)^2 + 52 \cdot (0.81 - 0.467)^2 = 10.62$$

```
---------------------------------------------------------------------
 U-Wert (U)
0.4681
 Korrelationstestgröße (CORRTG)
10.611
 Freiheitsgrade (df)
2
 Kritischer Wert bei 5% Niveau (CRIT5)
5.99146
---------------------------------------------------------------------
Da die Testgröße von 10.62 größer als der kritische Chiquadrat-Wert von
5.99 (bei 5% Irrtumswahrscheinlichkeit und 2 Freiheitsgraden), kann
die Nullhypothese verworfen werden. D.h. der Zusammenhang zwischen In-
telligenz und Kreativität ist für Personen mit unterschiedlichen Inter-
essen verschieden. Die Interessenvariable „moderiert" den fraglichen
Zusammenhang.
```

Fall e. Der **Test auf Gleichheit zweier abhängiger Korrelationen** in der Grundgesamtheit ist angebracht, wenn die Korrelationen zwischen den Merkmalen X und Y und zwischen den Merkmalen X und Z (berechnet für die Stichprobe) miteinander verglichen werden sollen. Voraussetzung ist, daß (X, Y), (X, Z) und (Y, Z) jeweils in der Grundgesamtheit bivariat normalverteilt sind.

Hypothesen:

	H_0	H_1
2-seitig	$\rho_1(x, y) = \rho_2(x, z)$	$\rho_1(x, y) \neq \rho_2(x, z)$
1-seitig	$\rho_1(x, y) \leq \rho_2(x, z)$	$\rho_1(x, y) > \rho_2(x, z)$
	$\rho_1(x, y) \geq \rho_2(x, z)$	$\rho_1(x, y) < \rho_2(x, z)$

Signifikanzniveau: α

Testgröße:

(9.3.13)
$$z = \frac{\sqrt{(n-3)} \cdot (z_{ab} - z_{ac})}{\sqrt{(2 - 2\,\text{cov})}}$$

z_{ab} und z_{ac} stellen dabei die Fisher Z-Werte der Korrelationen r_{ab} und r_{ac} dar. cov ist die Kovarianz der Korrelationsverteilungen von r_{ab} und r_{ac}. Diese kann nach folgender Formel geschätzt werden:

$$(9.3.14) \qquad cov = \frac{1}{\left(1 - \left(\frac{r_{ab} + r_{ac}}{2}\right)^2\right)^2} \cdot \left(r_{bc} \cdot \left(1 - 2 \cdot \left(\frac{r_{ab} + r_{ac}}{2}\right)^2\right)\right)$$

$$-0.5 \cdot \left(\frac{r_{ab} + r_{ac}}{2}\right)^2 \cdot \left(1 - 2 \cdot \left(\frac{r_{ab} + r_{ac}}{2}\right)^2 - r_{bc}^2\right)$$

Rechenbeispiel: Bei $n = 100$ Absolventen des Psychologiestudiums wurden die folgenden Korrelationen zwischen der Deutschnote (y), der Mathematiknote (z) und der Examensleistung in Psychologie (x) ermittelt: $r_{xy} = .41$, $r_{xz} = .52$, $r_{yz} = .48$. Die Frage ist, ob die Deutschnote ein vergleichbar guter Prädiktor für die Examensleistung ist. Die Hypothesen lauten entsprechend für die Nullhypothese: $\rho(x,y) = \rho(x,z)$ und die Alternativhypothese: $\rho(x,y) \neq \rho(x,z)$. Getestet wird also zweiseitig mit einer Irrtumswahrscheinlichkeit von 5%.

Als erstes ist die Kovarianz der Korrelationsverteilungen zu berechnen:

$$cov = \frac{1}{\left(1 - 0.465^2\right)^2} \cdot \left(0.48 \cdot \left(1 - 2 \cdot 0.465^2\right)\right)$$

$$-0.5 \cdot 0.465^2 \cdot \left(1 - 2 \cdot 0.465^2 - 0.48^2\right) = 0.3841$$

Zur Bildung der Testgröße sind die Korrelationen r_{ab} und r_{ac} in Fisher Z-Werte zu transformieren.

Fisher-Z-Wert (Zr)
0.436 0.576

Dann kann die Testgröße ermittelt werden:

$$z = \frac{\sqrt{(100 - 3)} \cdot (0.436 - 0.576)}{\sqrt{(2 - 2 \cdot 0.3841)}} = -1.24$$

Da der Absolutbetrag der Testgröße von 1.24 kleiner als der kritische z-Wert von 1.96 ist, kann die Nullhypothese - bei einer Irrtumswahrscheinlichkeit von .05 - nicht verworfen werden. Deutschnote und Mathematiknote unterscheiden sich nicht verläßlich als Prädiktor für die Examensleistung in Psychologie.

9.4 Spezielle Tests auf Korrelation

Unter Kapitel **2.5 Zusammenhangsmaße** sind einleitend die Kovarianz und Korrelation als korrelative (deskriptive) Maße behandelt worden. Im Vordergrund stand dabei die Produkt-Moment-Korrelation, die den linearen Zusammenhang zweier intervallskalierter Merkmale angibt. Im folgenden sollen verschiedene Varianten bivariater Korrelationen auch für andere metrische Niveaus (Ordinal- und Nominalskala) vorgestellt werden.

9.4.1 Pearsons Korrelationskoeffizient für Intervalldaten

Für den Fall intervallskalierter Daten ist bereits an anderer Stelle die Produkt-Moment-Korrelation nach Pearson vorgestellt worden (vgl. Absatz **2.5.2 Korrelation** und **9.3.2 Statistische Absicherung**) und kann dort nachgelesen werden. Entsprechend soll hier (unter der inferenzstatistischen Perspektive) nur eine Erläuterung des Konzeptes in bezug auf die Prüfbarkeit auf Signifikanz erfolgen, so wie es in SPSS dargestellt wird.

SPSS-Beispiel: *Produkt-Moment Korrelation: Das folgende Rechenbeispiel zeigt die „vollständige" Korrelationstabelle aller FPI-Skalen aus dem Demonstrationsdatensatz.*

Syntax:

```
CORRELATIONS
   /VARIABLES=fpi1 fpi2 fpi3 fpi4 fpi5 fpi6 fpi7 fpi8 fpi9
   /PRINT=TWOTAIL SIG
   /MISSING=PAIRWISE.
```

Ausgabe:

```
                   - -  Correlation Coefficients  - -


          FPI1     FPI2      FPI3     FPI4     FPI5      FPI6      FPI7      FPI8      FPI9

FPI1    1,0000    ,2560     ,7560    ,5204   -,4581    -,5734     ,2314     ,7350     ,1530
        (  59)   (  59)   (  59)   (  59)   (  59)    (  59)    (  59)    (  59)    (  59)
        P= ,      P= ,050  P= ,000 P= ,000 P= ,000   P= ,000   P= ,078   P= ,000   P= ,247

FPI2      ,2560  1,0000     ,2488    ,4494    ,0631   -,0925     ,4233     ,0958     ,3802
        (  59)   (  59)   (  59)   (  59)   (  59)    (  59)    (  59)    (  59)    (  59)
      P= ,050    P= ,      P= ,057 P= ,000 P= ,635   P= ,486   P= ,001   P= ,471   P= ,003

FPI3      ,7560    ,2488  1,0000    ,5738   -,6355    -,6549     ,0711     ,7704     ,2100
        (  59)   (  59)   (  59)   (  59)   (  59)    (  59)    (  59)    (  59)    (  59)
      P= ,000    P= ,057   P= ,     P= ,000 P= ,000   P= ,000   P= ,593   P= ,000   P= ,110
```

FPI4	,5204	,4494	,5738	1,0000	-,1677	-,4305	,3408	,3626	,3487
	(59)	(59)	(59)	(59)	(59)	(59)	(59)	(59)	(59)
	P= ,000	P= ,000	P= ,000	P= ,	P= ,204	P= ,001	P= ,008	P= ,005	P= ,007
FPI5	-,4581	,0631	-,6355	-,1677	1,0000	,4700	,0857	-,7338	-,0937
	(59)	(59)	(59)	(59)	(59)	(59)	(59)	(59)	(59)
	P= ,000	P= ,635	P= ,000	P= ,204	P= ,	P= ,000	P= ,519	P= ,000	P= ,480
FPI6	-,5734	-,0925	-,6549	-,4305	,4700	1,0000	,0081	-,4635	,0115
	(59)	(59)	(59)	(59)	(59)	(59)	(59)	(59)	(59)
	P= ,000	P= ,486	P= ,000	P= ,001	P= ,000	P= ,	P= ,951	P= ,000	P= ,931
FPI7	,2314	,4233	,0711	,3408	,0857	,0081	1,0000	,0041	,2697
	(59)	(59)	(59)	(59)	(59)	(59)	(59)	(59)	(59)
	P= ,078	P= ,001	P= ,593	P= ,008	P= ,519	P= ,951	P= ,	P= ,975	P= ,039
FPI8	,7350	,0958	,7704	,3626	-,733	-,4635	,0041	1,0000	,1692
	(59)	(59)	(59)	(59)	(59)	(59)	(59)	(59)	(59)
	P= ,000	P= ,471	P= ,000	P= ,005	P= ,000	P= ,000	P= ,975	P= ,	P= ,200
FPI9	,1530	,3802	,2100	,3487	-,0937	,0115	,2697	,1692	1,0000
	(59)	(59)	(59)	(59)	(59)	(59)	(59)	(59)	(59)
	P= ,247	P=,003	P= ,110	P= ,007	P= ,480	P= ,931	P= ,039	P= ,200	P= ,

(Coefficient / (Cases) / 2-tailed Significance)
" . " is printed if a coefficient cannot be computed

Die SPSS-Ausgabe zeigt die Ergebnisse einer bivariaten Korrelation nach Pearson. Der Korrelationskoeffizient ist ein Maß für den linearen Zusammenhang zwischen zwei Variablen. Der Wert für R liegt zwischen –1 (vollkommener, deterministischer, negativer Zusammenhang, so daß alle Punkte auf einer Geraden mit negativer Steigung liegen) und +1 (vollkommener positiver Zusammenhang, so daß alle Punkte auf einer Geraden mit positiver Steigung liegen). Ein Wert von 0 sagt aus, daß kein linearer Zusammenhang vorliegt. Der Korrelationskoeffizient ist ein symmetrisches Maß.

Für jede Variablenkombination wird ein Korrelationskoeffizient, das n der Meßwertpaare (in Klammern) und das Ergebnis des Signifikanztests ausgegeben. Der Signifikanztest kann entweder einseitig (**1-tailed**) oder zweiseitig (**2-tailed**) durchgeführt werden. Einseitige Signifikanzniveaus testen die Nullhypothese, nach der die Richtung einer (möglichen) Wirkung im voraus angegeben wird, z. B. die Nullhypothese, nach der ein Korrelationskoeffizient nicht größer als Null ist, wobei die Hypothese von Interesse ist (Alternativhypothese), daß der Koeffizient tatsächlich größer als Null ist. Ein zweiseitiges Signifikanzniveau testet hingegen die Nullhypothese, daß die Richtung des Effekts nicht im voraus angegeben werden kann, z. B. die Nullhypothese, nach der ein Korrelationskoeffizient gleich Null ist, wobei die Hypothese von Interesse ist (Alternativhypothese), daß der Koeffizient tatsächlich entweder größer oder kleiner als Null ist.

9.4.2 Spearmans Rangkorrelationskoeffizient für Ordinaldaten

Im Falle zweier ordinalskalierter Merkmale kann die Rangkorrelation nach Spearman (kurz: Spearmans ρ) zur Berechnung herangezogen werden. Sie ist mit der Produkt-Moment-Korrelation identisch, wenn die Daten Werte von 1 bis n annehmen.

Zur Berechnung sind die n_1 Meßwerte $x_{11}, x_{12}, ..., x_{1i}, ... x_{1n}$ der ersten Stichprobe und die n_2 Meßwerte $x_{21}, x_{22}, ..., x_{2i}, ... x_{2n}$ der zweiten Stichprobe in je eine **eigene Rangreihe** zu bringen - wobei der kleinste Wert den Rangplatz 1 erhält, der zweitkleinste den Rangplatz 2 usw. und gleichen Werten (Bindungen oder gebundenen Rängen) der gleiche durchschnittliche Rangplatz zugewiesen wird. Es ist ebenso möglich, in der umgekehrten Reihenfolge zu verfahren.

Voraussetzung: Ordinaldaten.

Hypothesen:

	H_0	H_1
2-seitig	$\rho(x, y) = 0$	$\rho(x, y) \neq 0$
1-seitig	$\rho(x, y) \leq 0$	$\rho(x, y) > 0$
	$\rho(x, y) \geq 0$	$\rho(x, y) < 0$

Signifikanzniveau: α

Testgröße:

(a) Bei weniger als 20% verbundener Ränge kann die Rangkorrelation wie folgt berechnet werden:

(9.4.1)
$$r = 1 - \frac{6 \cdot \sum_{i=1}^{n} \left(R(x_i) - R(y_i)\right)^2}{n \cdot \left(n^2 - 1\right)}$$

$R(x_i) - R(y_i)$ stellt dabei die Differenz der Rangplätze dar, die ein Merkmalspaar i aus den Variablen x und y erhält.

(b) Die Testgröße für die Nullhypothese $\rho = 0$ kann bei einem $n \geq 30$ approximativ durch folgenden t-Test überprüft werden:

(9.4.2)
$$t = \frac{r}{\sqrt{\left(1 - r^2\right)/\left(n - 2\right)}}$$

Übersteigt die Anzahl verbundener Rangplätze in einer oder in beiden Rangreihen 20% aller Rangplätze, muß folgende Korrektur für die Rangkorrelation vorgenommen werden:

(9.4.3)
$$r=\frac{2\cdot\left(\frac{n^3-n}{12}\right)-T-U-\sum_{i=1}^{n}\left(R(x_i)-R(y_i)\right)^2}{2\cdot\sqrt{\left(\frac{n^3-n}{12}-T\right)\cdot\left(\frac{n^3-n}{12}-U\right)}}$$

wobei

$$T=\frac{\sum_{j=1}^{k(x)}\left(t_j^3-t_j\right)}{12};$$

t_j = Anzahl ranggleicher Werte auf Rangplätzen der Variablen x, $k(x)$ = Anzahl der Rangverbindungen in der Variablen x

$$U=\frac{\sum_{j=1}^{k(y)}\left(u_j^3-u_j\right)}{12};$$

u_j = Anzahl ranggleicher Werte auf Rangplätzen der Variablen y, $k(y)$ = Anzahl der Rangverbindungen in der Variablen y

Entscheidung:

(a) Bei kleineren Stichprobenumfängen:

H_1 zweiseitig: $|r| \geq r_{\alpha/2} \Rightarrow H_0$ verwerfen
$|r| < r_{\alpha/2} \Rightarrow H_0$ beibehalten
H_1 einseitig: $r \geq r_{\alpha} \Rightarrow H_0$ verwerfen
$r < r_{\alpha} \Rightarrow H_0$ beibehalten

(b) Bei größeren Stichprobenumfängen:

H_1 zweiseitig: $|t| \geq t_{(\alpha/2,n-2)} \Rightarrow H_0$ verwerfen
$|t| < t_{(\alpha/2,n-2)} \Rightarrow H_0$ beibehalten
H_1 einseitig: $t \geq t_{(\alpha,n-2)} \Rightarrow H_0$ verwerfen
$t < t_{(\alpha,n-2)} \Rightarrow H_0$ beibehalten
bzw. $t \leq -t_{(\alpha,n-2)} \Rightarrow H_0$ verwerfen

Anmerkungen: (näheres siehe Diehl & Arbinger, 1992; Sievers, 1987)

- Zur Signifikanzprüfung des errechneten r-Wertes von kleineren Stichproben liegen Tabellen bis $n \leq 50$ mit entsprechenden kritischen Werten vor (vgl. Diehl & Arbinger, 1992).
- Ein negativer Rangkorrelationskoeffizient führt zu einer Testgröße mit negativem Vorzeichen, das bei der Interpretation des Zusammenhangs zu berücksichtigen ist.

<u>Rechenbeispiel:</u> Ermittelt und geprüft werden soll die Korrelation von Punktzahlen, die 11 Geschwisterpaare in einer Schularbeit im Fach Mathematik erreicht haben. Geprüft werden soll mit einer Irrtumswahrscheinlichkeit von 1% bei zweiseitiger Fragestellung.

```
-----------------------------------------------------------------------
P1 = 7 3 11 8 4 2 1 6 10 9 5
P2 = 5 4 11 7 2 3 1 8 9 10 6
-----------------------------------------------------------------------
```

Da die Daten mit ihren Rangreihen identisch sind, können sofort die Differenzen der Rangreihen berechnet, quadriert und schließlich als Gesamtdifferenz aufaddiert werden.

```
 (Absolute) Abweichungen der Rangreihen (di)
2 1 0 1 2 1 0 2 1 1 1
 Quadrierte Abweichungen der Rangreihen (dq)
4 1 0 1 4 1 0 4 1 1 1
 Summe der quadrierten Abweichungen (ds)
18
-----------------------------------------------------------------------
```

Mit diesen Ergebnissen kann die Berechnung der Rangkorrelation erfolgen:

$$r = 1 - \frac{6 \cdot 18}{11 \cdot \left(11^2 - 1\right)} = 0.918$$

Dieses Ergebnis kann dann zur Bestimmung der approximativen Testgröße benutzt werden:

$$t = \frac{0.918}{\sqrt{\left(1 - 0.918^2\right)/\left(11 - 2\right)}} = 6.95$$

```
-----------------------------------------------------------------------
 Rangkorrelation (rS)
0.91818
 Spearman-Testgröße (SP)
6.95313
 Freiheitsgrade (df)
9
 Wahrscheinlichkeit der t-Verteilung (P)
0.00004
 Fläche der t-Verteilung (F)
0.99996
Kritischer Wert bei 0.5% Niveau (CRIT05)
3.24984
-----------------------------------------------------------------------
```

Demnach liegt die Korrelation bei 0.918. Da die Testgröße mit 6.95 größer als der kritische Wert bei 1% (zweiseitig) von 3.25 ist, kann die Nullhypothese einer Nullkorrelation verworfen werden. Demnach besteht zwischen den Rangreihen ein signifikanter Zusammenhang, allerdings mit der Einschränkung, daß der Stichprobenumfang kleiner als 30 ist.

SPSS-Beispiel: *Vergleichsrechnung zum obigen Beispiel (Syntax siehe Demonstrationsrechnung)*

```
- - S P E A R M A N   C O R R E L A T I O N   C O E F F I C I E N T S - -


P2             ,9182
            N(   11)
            Sig ,000

            P1

(Coefficient / (Cases) / 2-tailed Significance)
" . " is printed if a coefficient cannot be computed
```

SPSS-Beispiel: *Spearman-Rangkorrelation: Das folgende Rechenbeispiel zeigt die „vollständige" nicht-parametrische Korrelationstabelle aller FPI-Skalen aus dem Demonstrationsdatensatz.*

Syntax:

```
NONPAR CORR /VARIABLES=fpi1 fpi2 fpi3 fpi4 fpi5 fpi6 fpi7 fpi8 fpi9
   /PRINT=SPEARMAN TWOTAIL SIG
   /MISSING=PAIRWISE.
```

Ausgabe:

```
- -  S P E A R M A N   C O R R E L A T I O N   C O E F F I C I E N T S - -


FPI2   ,2172
     N(  59)
    Sig ,099

FPI3   ,7410     ,2245
     N(  59)  N(  59)
    Sig ,000 Sig ,087

FPI4   ,5221     ,4066     ,5824
     N(  59)  N(  59)  N(  59)
    Sig ,000 Sig ,001 Sig ,000

FPI5  -,4343     ,0814    -,6359    -,1383
     N(  59)  N(  59)  N(  59)  N(  59)
    Sig ,001 Sig ,540 Sig ,000 Sig ,296

FPI6  -,5595    -,1118    -,6720    -,4533     ,4596
     N(  59)  N(  59)  N(  59)  N(  59)  N(  59)
    Sig ,000 Sig ,399 Sig ,000 Sig ,000 Sig ,000

FPI7   ,2776     ,3729     ,0973     ,3769     ,0625    -,0450
     N(  59)  N(  59)  N(  59)  N(  59)  N(  59)  N(  59)
    Sig ,033 Sig ,004 Sig ,463 Sig ,003 Sig ,638 Sig ,735
```

```
FPI8    ,7337      ,0455      ,7813      ,3525      ,7151     -4,570      ,0290
      N(  59)   N(  59)   N(  59)   N(  59)   N(  59)   N(  59)   N(  59)
      Sig ,000  Sig ,732  Sig ,000  Sig ,006  Sig ,000  Sig ,000   Sig 827

FPI9    ,1748      ,3879      ,1995      ,2981     -,0167      ,696      ,3163      ,1068
      N(  59)   N(  59)   N(  59)   N(  59)   N(  59)   N(  59)   N(  59)   N(  59)
      Sig ,185  Sig ,002  Sig ,130  Sig ,022  Sig ,900  Sig ,601  Sig ,015  Sig ,421

          FPI1      FPI2      FPI3      FPI4      FPI5      FPI6      FPI7      FPI8

(Coefficient / (Cases) / 2-tailed Significance)
" . " is printed if a coefficient cannot be computed
```

Die obige Tabelle zeigt das Kalkulationsergebnis mit den Variablen aus dem Demonstrationsdatensatz anhand Spearmans Rangkorrelationskoeffizienten (**Spearman Correlation Coefficient**), der Produkt-Moment Korrelationskoeffizient für ordinale Daten. Da die Ausgabe und Interpretation analog zur Pearsons Produkt-Moment-Korrelation erfolgt, kann an dieser Stelle auf eine weitere Interpretation der Ergebnisse verzichtet werden (vgl. Abschnitt **9.4.1 Pearsons Korrelationskoeffizient für Intervalldaten**).

9.4.3 Kendalls Korrelationskoeffizient für Ordinaldaten

Die Anwendungsbedingungen für Kendalls Korrelationskoeffizienten Tau (kurz: Kendalls τ) sind dieselben wie bei der Rangkorrelation nach Spearman. Zur Rangplatzvergabe ist als Maßzahl für die Enge des Zusammenhangs die Differenz der gleichen (konkordanten) und der umgekehrten (diskordanten) Folgen in der zweiten Reihe der Rangplätze gegenüber der ersten zu verwenden. Ermittelt wird die Maßzahl durch den **paarweisen Vergleich** aller Rangplätze, d. h. ob sie in derselben Reihenfolge auftreten wie die zugehörigen Rangplätze der ersten Reihe. Dazu bietet es sich an, die Rangplätze der ersten Reihe aufsteigend anzuordnen, um dann auszuzählen, in wie vielen Paaren der zweiten Reihe die Rangplätze ebenfalls aufsteigend (also gleich) und in wie vielen Paaren sie absteigend geordnet sind (also umgekehrt).

Als gesuchte Maßzahl für den Zusammenhang der beiden Rangreihen ist dann die Gesamtrangsumme s (Kendall-Summe) der Teilsummen s_i aus dem Vergleich zu bilden.

Voraussetzung: Ordinaldaten, keine Rangbindungen.

Hypothesen:

	H_0	H_1
2-seitig	$\tau = 0$	$\tau \neq 0$
1-seitig	$\tau \leq 0$	$\tau > 0$
	$\tau \geq 0$	$\tau < 0$

Signifikanzniveau: α

Testgröße:

(a) Für ein $n < 40$ berechnet sich die Testgröße nach folgender Beziehung:

(9.4.4)
$$\tau = \frac{s}{n(n-1)/2}$$

wobei s = die Gesamtrangsumme aus den Teilsummen s_i

(b) Zur Signifikanzprüfung von Tau kann für ein $n \geq 40$ das Testen der Nullhypothese $\tau = 0$ über die Standardnormalverteilung erfolgen. Die dazu notwendige z-Testgröße kann auf zweierlei Art ermittelt werden:

(9.4.5)
$$z_s = \frac{s}{\sqrt{n \cdot (n-1) \cdot (2n+5)/18}}$$

oder

(9.4.6)
$$z_\tau = \frac{\tau}{\sqrt{2 \cdot (2n+5)/9n \cdot (n-1)}}$$

Entscheidung:

(a) Bei kleineren Stichprobenumfängen:

H_1 zweiseitig:	$\lvert s\rvert \geq s_{\alpha/2}$	$\Rightarrow$	H_0 verwerfen
	$\lvert s\rvert < s_{\alpha/2}$	$\Rightarrow$	H_0 beibehalten
H_1 einseitig:	$s \geq s_\alpha$	$\Rightarrow$	H_0 verwerfen
	$s < s_\alpha$	$\Rightarrow$	H_0 beibehalten

(b) Bei größeren Stichprobenumfängen:

H_1 zweiseitig:	$\lvert z\rvert \geq z_{\alpha/2}$	$\Rightarrow$	H_0 verwerfen
	$\lvert z\rvert < z_{\alpha/2}$	$\Rightarrow$	H_0 beibehalten
H_1 einseitig:	$z \geq z_\alpha$	$\Rightarrow$	H_0 verwerfen
	$z < z_\alpha$	$\Rightarrow$	H_0 beibehalten
bzw.	$z \leq -z_\alpha$	$\Rightarrow$	H_0 verwerfen

Anmerkungen: (näheres siehe Diehl & Arbinger, 1992; Sievers, 1987)

- Zur Signifikanzprüfung des errechneten s-Wertes von Stichproben mit $n < 40$ liegen Tabellen mit entsprechenden kritischen Werten vor.
- Die vorliegenden Berechnungen berücksichtigen keine Korrekturen für Rangbindungen und sollten entsprechend bei Auftreten verbundener Ränge nicht eingesetzt werden.

Rechenbeispiel: *2 Punktrichter P1 und P2 sollen die Leistung von 11 Turnern nach der Güte im Bodenturnen beurteilen. Danach bekommt der beste Turner die „Note" 1 und der schlechteste Turner die „Note" 11. Die Frage ist nun, in wieweit die Punktrichter in ihrem Urteil übereinstimmen.*

Turner:	1	2	3	4	5	6	7	8	9	10	11
P1:	7	3	11	8	4	2	1	6	10	9	5
P2:	5	4	11	7	2	3	1	8	9	10	6

Im ersten Schritt werden die Turner in aufsteigender Reihenfolge nach der vergebenen Rangfolge des ersten Punktrichters angeordnet:

Turner:	7	6	2	5	11	8	1	4	10	9	3
P1:	1	2	3	4	5	6	7	8	9	10	11
P2:	1	3	4	2	6	8	5	7	10	9	11
S:	10	7	6	7	4	1	4	3	0	1	0

Für jeden Rangplatz, den P2 vergeben hat, wird nun ermittelt, wie häufig er gegenüber den nach ihm folgenden Rangplätzen die von P1 vorgegebene Rangfolge einhält und wie häufig die Folge umgekehrt wird. Jeder Turner erhält damit einen Summenwert s bestehend aus beiden Vergleichen „höherer Rangplatz" - „niedrigerer Rangplatz". So ergibt sich z.B. der zweite Summenwert 7 aus den von P2 vergebenen 8 nachfolgenden höheren Rängen und einem kleineren Rang (bei Turner 5).

```
 Rangreihen 1. Rangfolge (RP1)
1 2 3 4 5 6 7 8 9 10 11
 Rangreihen 2. Rangfolge (RP2)
1 2 3 4 5 6 7 8 9 10 11
 Anzahl Ränge (N)
11
 Einzelrangsummen (SI)
10 7 6 7 4 1 4 3 0 1 0
 Gesamtrangsumme (S)
43
```

Aus der Basis der Gesamtrangsumme kann dann die Korrelation und die Testgröße berechnet werden:

$$\tau = \frac{43}{11(11-1)/2} = 0.782 \qquad z_s = \frac{43}{\sqrt{11 \cdot (11-1) \cdot (22+5)/18}} = 3.35$$

```
 Tau-Wert (TAU)
0.7818
 z-Wert (z)
3.3475
 Wahrscheinlichkeit der z-Verteilung (P)
0.99959
 Kritischer Wert bei 2.5% Niveau (CRIT25)
1.95996
```

Da die empirische Testgröße von 3.34 größer als der kritische z-Wert von 1.96 (bei einer Irrtumswahrscheinlichkeit von 5% und zweiseitiger Fragestellung) ist, kann die Nullhypothese abgelehnt werden, d.h. die Korrelation deutet auf eine signifikante Übereinstimmung der beiden Punktrichter hin.

SPSS-Beispiel: *Vergleichsrechnung zum obigen Beispiel (Syntax siehe Demonstrationsrechnung)*

```
 - -  K E N D A L L   C O R R E L A T I O N   C O E F F I C I E N T S  - -


P2                ,7818
               N(   11)
               Sig ,001

                      P1

(Coefficient / (Cases) / 2-tailed Significance)
" . " is printed if a coefficient cannot be computed
```

SPSS-Beispiel: *Das folgende Rechenbeispiel zeigt die „vollständige" nicht-parametrische Korrelationstabelle aller FPI-Skalen aus dem Demonstrationsdatensatz.*

Syntax:

```
NONPAR CORR /VARIABLES=fpi1 fpi2 fpi3 fpi4 fpi5 fpi6 fpi7 fpi8 fpi9
   /PRINT=KENDALL TWOTAIL SIG
   /MISSING=PAIRWISE.
```

Ausgabe:

```
  - - K E N D A L L   C O R R E L A T I O N   C O E F F I C I E N T S - -


FPI2   ,1755
     N(  59)
    Sig ,086

FPI3   ,6021      ,1373
     N(  59)   N(  59)
    Sig ,000  Sig ,088

FPI4   ,4096      ,3086      ,4460
     N(  59)   N(  59)   N(  59)
    Sig ,000  Sig ,002  Sig ,000

FPI5  -,3369      ,0677     -,5169     -,1093
     N(  59)   N(  59)   N(  59)   N(  59)
    Sig ,001  Sig ,508  Sig ,000  Sig ,272
```

```
FPI6  -,4585    -,0897    -,5574    -,3531     ,3477
       N( 59)    N( 59)    N( 59)    N( 59)    N( 59)
      Sig ,000  Sig ,389  Sig ,000  Sig ,001  Sig ,001

FPI7   ,2186     ,2958     ,0706     ,2925     ,0479    -,0352
       N( 59)    N( 59)    N( 59)    N( 59)    N( 59)    N( 59)
      Sig ,031  Sig ,004  Sig ,484  Sig ,004  Sig ,636  Sig ,733

FPI8   ,5991     ,0403     ,6420     ,2700    -,5795    -,3717     ,0273
       N( 59)    N( 59)    N( 59)    N( 59)    N( 59)    N( 59)    N( 59)
      Sig ,000  Sig ,693  Sig ,000  Sig ,007  Sig ,000  Sig ,000  Sig ,787

FPI9   ,1418     ,3110     ,1610     ,2286    -,0028    -,0676     ,2568     ,0850
       N( 59)    N( 59)    N( 59)    N( 59)    N( 59)    N( 59)    N( 59)    N( 59)
      Sig ,168  Sig ,003  Sig ,116  Sig ,025  Sig ,978  Sig ,518  Sig ,013  Sig ,407

           FPI1      FPI2      FPI3      FPI4      FPI5      FPI6      FPI7      FPI8

(Coefficient / (Cases) / 2-tailed Significance)
" . " is printed if a coefficient cannot be computed
```

Die Tabelle zeigt das Ergebnis von Kendalls Korrelationskoeffizient (**Kendall Correlation Coefficient**). Es handelt sich um ein Korrelationsmaß für ordinale oder in eine Rangordnung gebrachte Daten. Berechnet wird dabei eine Funktion des Verhältnisses konkordanter Rangpaare. (Wenn Beobachtung A in der ersten Ordnung eine höhere Rangordnung hat als Beobachtung B, dann muß A auch in der zweiten Ordnung eine höhere Rangordnung besitzen als B). Da die Ausgabe und Interpretation analog zur Pearsons Produkt-Moment-Korrelation erfolgt, kann an dieser Stelle auf eine weitere Interpretation der Ergebnisse verzichtet werden (vgl. Abschnitt **9.4.1 Pearsons Korrelationskoeffizient für Intervalldaten**).

9.4.4 Phi-Koeffizient für Nominaldaten

Besitzen zwei Merkmale x und y zwei (dichotome) Abstufungen x_1, x_2 und y_1, y_2, kann ein möglicher Zusammenhang mittels des Phi-Koeffizienten (kurz: Φ) errechnet werden.

Voraussetzung: Nominaldaten, dichotome Variablen mit zwei Merkmalsausprägungen.

Der Zusammenhang wird über die Häufigkeiten, mit denen die Kategorienpaare vorkommen, untersucht. Die Häufigkeiten verteilen sich in eine 2×2-

Kontingenztafel (4-Felder-Tafel) nach dem Schema

	y_1	y_2	
x_1	a	b	$a+b$
x_2	c	d	$c+d$
	$a+c$	$b+d$	n

Hypothesen:

	H_0	H_1
2-seitig	$\Phi = 0$	$\Phi \neq 0$
1-seitig	$\Phi \leq 0$	$\Phi > 0$
	$\Phi \geq 0$	$\Phi < 0$

Nach der zweiseitigen Nullhypothese besteht also kein signifikanter Zusammenhang zwischen den beiden Merkmalsreihen.

Signifikanzniveau: α

Testgröße:

a, *b*, *c* und *d* sind Häufigkeiten, mit denen die in der Kontingenztafel angegebenen Merkmalskombinationen beobachtet werden. Als Berechnungsvorschrift gilt:

(9.4.7)
$$\Phi = \frac{a \cdot d - b \cdot c}{\sqrt{(a+c) \cdot (b+d) \cdot (a+b) \cdot (c+d)}}$$

Die Signifikanzprüfung von Φ erfolgt über den Vierfelder χ^2-Test.

(9.4.8)
$$\chi^2 = n \cdot \Phi^2$$

Die Testgröße ist angenähert χ^2-verteilt mit einem Freiheitsgrad ($df = 1$).

Entscheidung: H_1 zweiseitig: $\chi^2 \geq \chi^2_{(2\alpha,1)} \Rightarrow H_0$ verwerfen

H_1 einseitig: Man berechnet zunächst die Proportionen a/n und c/n. Entsprechen sie der Nullhypothese, kann sie nicht verworfen werden. Widersprechen sie ihr, berechnet man die Testgröße und verwirft H_0 auf dem gewählten α-Niveau, wenn $\chi^2 \geq \chi^2_{(2\alpha,1)}$.

Anmerkungen: (näheres siehe Bortz, Lienert, Boehnke, 1990; Hays, 1994)

- Bei der Interpretation ist zu berücksichtigen, daß Φ-Koeffizienten nur dann innerhalb des gültigen Wertebereiches einer Korrelation von –1 bis +1 liegen, wenn die Aufteilung der Stichprobe in die Alternative von x der Aufteilung in die Alternative von y entspricht.
- Das Vorzeichen des Phi-Koeffizienten hängt von der Anordnung der Merkmalsalternativen in der 4-Felder Tafel ab. Eine inhaltliche Interpretation muß sich deshalb immer auf die beobachteten Häufigkeiten beziehen.

Rechenbeispiel: *Es soll überprüft werden, ob die Bereitschaft von Eltern, ihre Kinder zur Vorschule zu schicken vom Geschlecht des Kindes abhängt. Die Stichprobe besteht aus $n = 100$ Kindern. Getestet wird zweiseitig mit einer Irrtumswahrscheinlichkeit von 5%.*

Die Daten verteilen sich wie folgt:

	männlich	weiblich	
Vorschule	20	10	30
keine Vorschule	30	40	70
	50	50	100

d.h. die Zellenbesetzungen verteilen in die vier Kategorien: A = 20, B = 10, C = 30, D = 40.

Umfang (N)
100

Phi-Korrelationskoeffizient und Chiquadrat-Testgröße berechnen sich wie folgt:

$$\Phi = \frac{20 \cdot 40 - 10 \cdot 30}{\sqrt{(20+30) \cdot (10+40) \cdot (20+10) \cdot (30+40)}} = 0.218$$

$$\chi^2 = 100 \cdot 0.218^2 = 4.76$$

Phi-Korrelationskoeffizient (rit)
0.21822
Chi-Quadrat verteilte Testgröße (tg)
4.7619
Freiheitsgrad (df)
1
Wahrscheinlichkeit der Chiquadrat-Verteilung (P)
0.0291
Fläche der Chiquadrat-Verteilung (F)
0.9709
Kritischer Wert bei 5% Niveau (CRIT5)
3.8415

40% aller befragten Jungen, aber nur 20% aller befragten Mädchen besuchen die Vorschule. Dieser sich andeutende Zusammenhang wird signifikant, da die Testgröße von 4.76 größer als der kritische Wert von 3.84 (zweiseitig, bei 5% Irrtumswahrscheinlichkeit) ist. Es kann also zwischen den Merkmalen „Bereitschaft der Eltern gegenüber dem Vorschulbesuch" und dem Geschlecht des Kindes ein signifikanter Zusammenhang unterstellt werden.

SPSS-Beispiel: *Vergleichsrechnung zum obigen Rechenbeispiel (Erläuterung unter Abschnitt* ***9.4.6 SPSS-Beispielrechnungen für spezielle Korrelationstests****)*

Syntax:

```
WEIGHT BY freq.

CROSSTABS /TABLES=gew1122  BY gew1212
  /FORMAT= AVALUE NOINDEX BOX LABELS TABLES
  /STATISTIC=PHI
  /CELLS= COUNT.
```

Ausgabe:

```
GEW1122   by   GEW1212

                        GEW1212
             Count   |
                     |
                     |                  Row
                     |    1,00|    2,00| Total
GEW1122      --------+--------+--------+
               1,00  |   20   |   10   |    30
                     |        |        |  30,0
                     +--------+--------+
               2,00  |   30   |   40   |    70
                     |        |        |  70,0
                     +--------+--------+
             Column      50       50       100
              Total    50,0     50,0     100,0


                                                                 Approximate
    Statistic                  Value         ASE1      Val/ASE0  Significance
--------------------       ---------     --------    --------    ------------

Phi                          ,21822                                 ,02910 *1
Cramer's V                   ,21822                                 ,02910 *1

*1 Pearson chi-square probability

Number of Missing Observations:  0
```

9.4.5 Kontingenzkoeffizient für Nominaldaten

Die Erweiterung der 2 × 2 Vierfelder-Tafel führt zur $k \times l$ Kontingenztafel für Variablen mit mehr als zwei Merkmalsausprägungen. Das bekannteste Maß für die Charakterisierung dieses Zusammenhangs ist der Kontingenzkoeffizient C.

Voraussetzung: Nominaldaten.

Die Häufigkeiten verteilen sich in der $k \times l$-Kontingenztafel nach dem folgenden Schema:

	y_1	y_2	...	y_l	
x_1	n_{11}	n_{12}	...	n_{1l}	z_1
x_2	n_{21}	n_{22}	...	n_{2l}	z_2
...	...	...	...	...	...
x_k	n_{k1}	n_{k2}	...	n_{kl}	z_k
	s_1	s_2	...	s_l	n

Hypothesen:

	H_0	H_1
2-seitig	$C = 0$	$C \neq 0$
1-seitig	–	–

Nach der Nullhypothese sind zwei nominalskalierte Merkmale stochastisch voneinander unabhängig. Ist dieser Test signifikant, gibt der Kontingenzkoeffizient den Grad der Abhängigkeit beider Merkmale wieder.

Signifikanzniveau: α

Testgröße:

Zur Ermittlung der Testgröße wird zunächst ein χ^2-Wert berechnet (vgl. Abschnitt **8.4.1 Häufigkeitsvergleich bei unabhängigen Stichproben**):

(9.4.9)
$$\chi^2 = \sum_{i=1}^{l} \sum_{j=1}^{k} \frac{\left(o_{ij} - e_{ij}\right)^2}{e_{ij}} = \sum_{i=1}^{l} \sum_{j=1}^{k} \frac{o_{ij}^2}{e_{ij}} - n$$

mit $k \cdot l - 1$ Freiheitsgraden.

Dann kann der Kontingenzkoeffizient C ermittelt werden:

(9.4.10)
$$C = \sqrt{\frac{\chi^2}{\chi^2 + n}}$$

Der maximale Kontingenzkoeffizient C_{max} ergibt sich für eine gegebene $k \times l$-Tafel nach folgender Beziehung:

(9.4.11) $$C_{max} = \sqrt{\frac{R-1}{R}}$$

wobei $R = \min(k, l)$. Für einen Vergleich mit anderen Korrelationsmaßen empfiehlt sich der Koeffizient *CI* (Cramers Index):

(9.4.12) $$CI = \sqrt{\frac{\chi^2}{n \cdot (R-1)}}$$

wobei ebenfalls $R = \min(k, l)$. Der Koeffizient *CI* geht für 4-Felder Tafeln in den Phi-Koeffizienten über.

Anmerkungen: (vgl. Bortz, 1993; Bortz, Lienert, Boehnke, 1990)

- Sowohl die Berechnung der erwarteten Häufigkeiten, als auch die Signifikanzprüfung ist mit dem χ^2-Test identisch (vgl. Abschnitt **8.4 Prüfverfahren für Daten mit Nominalskala-Niveau**).
- Der Kontingenzkoeffizient *C* ist nur bedingt mit der Produkt-Moment Korrelation vergleichbar, da *C* nur positive Werte von 0 bis +1 annehmen kann. Der maximale Kontingenzkoeffzient ist kleiner als 1 und hängt von der Anzahl der Felder der Tafel ab.

Rechenbeispiel: Untersucht werden soll, ob ein Zusammenhang zwischen dem erzielten Schulabschluß und einer eventuellen Vorschulerziehung im Kindergarten oder in einer Vorschule besteht. Die Daten verteilen sich wie folgt:

	Kindergarten	Vorschule	keine Vorbereitung	
Hauptschule	12	29	81	$z_1 = 122$
Realschule	17	51	22	$z_2 = 90$
Abitur	80	25	10	$z_3 = 115$
	$s_1 = 109$	$s_2 = 105$	$s_3 = 113$	$n = 327$

Zur (manuellen) Berechnung der Testgröße sind zunächst die erwarteten Häufigkeiten zu ermitteln und dann in die oben angegebene Formel für den Chiquadrat-Wert einzusetzen. Der ermittelte Chiquadrat-Wert kann dann für die weitere Bestimmung des Kontingenzkoeffizienten eingesetzt werden:

$$\chi^2 = 155.231 \qquad C = \sqrt{\frac{155.231}{155.231 + 327}} = 0.567$$

Die maximalen Kontingenzkoeffizienten lauten:

$$C_{max} = \sqrt{\frac{3-1}{3}} = 0.816 \qquad CI = \sqrt{\frac{155.231}{327 \cdot (3-1)}} = 0.487$$

An den Häufigkeiten zeigt sich bereits, daß sich durch den Kindergarten- und Vorschulbesuch bestimmte Häufungen bei spezifischen Schulabschlüssen ergeben. Demnach ist der entdeckte Zusammenhang relativ hoch.

SPSS-Beispiel: *Vergleichsrechnung zum obigen Rechenbeispiel (Erläuterung unter Abschnitt* ***9.4.6 SPSS-Beispielrechnungen für spezielle Korrelationstests****)*

Syntax:

```
 WEIGHT BY freq.

 CROSSTABS /TABLES=gew1112  BY gew1231
   /FORMAT= AVALUE NOINDEX BOX LABELS TABLES
   /STATISTIC=CC
   /CELLS= COUNT.
```

Ausgabe:

```
GEW1112  by  GEW1231

                           GEW1231
            Count        |
                         |
                         |                                 Row
                         |  1,0000|  2,0000|  3,0000|  Total
GEW1112         --------+--------+--------+--------+
           1,0000        |     12  |     29  |     81  |    122
                         |         |         |         |   37,3
                         +--------+--------+--------+
           2,0000        |     17  |     51  |     22  |     90
                         |         |         |         |   27,5
                         +--------+--------+--------+
           3,0000        |     80  |     25  |     10  |    115
                         |         |         |         |   35,2
                         +--------+--------+--------+
            Column        109       105       113        327
             Total        33,3      32,1      34,6      100,0

                                                                    Approximate
     Statistic                  Value        ASE1      Val/ASE0   Significance
--------------------       ---------    --------    --------   ------------

Contingency Coefficient       ,56736                                 ,00000 *1

*1 Pearson chi-square probability

Number of Missing Observations:  0
```

9.4.6 SPSS-Beispielrechnungen für spezielle Korrelationstests

Neben den bereits ausführlich dargestellten bivariaten Korrelationen (Pearson, Kendalls-Tau und Spearman) können unter SPSS auch sogenannte partielle Korrelationen (**Partial Correlation**) berechnet werden. Hierbei handelt es sich um ein Maß der linearen Beziehung zwischen zwei Variablen, wenn die linearen Effekte der Kontrollvariable(n) entfernt wurden. Eine andere Möglichkeit der Korrelationsberechnung erfolgt über sog. Distanzen (**Distance**). Damit ist ein Grundkonzept gemeint, das verwendet wird, um die Unähnlichkeitsdaten darzustellen. Wenn ein Paar von Stimuli (Objekten) sehr unähnlich ist, dann wird es durch ein Punktepaar dargestellt, das weit voneinander entfernt ist (große Distanz). Wenn das Paar hingegen sehr ähnlich ist, dann liegen die Punkte nahe beieinander. Um die Distanz zwischen Variablen auszudrücken, stehen verschiedene Distanzmaße zur Verfügung. Da beide Formen speziellere Maße darstellen, sollen diese aber nicht ausführlicher dargestellt werden (vgl. Bortz, 1993; SPSS, 1993).

Abschließend soll besonderes Gewicht auf die Signifikanzprüfungen gelegt werden, die aus einer Kontingenztabelle hervorgehen. Eine Rechnung aus dem Demonstrationsdatensatz soll die Möglichkeiten der Koeffizientenberechnung nochmals verdeutlichen.

SPSS-Beispiel: *Zur Demonstration verschiedener Zusammenhangsmaße sollen die Skalen Geschlecht (sex) und die fpi1-Skala (Nervosität) aus dem Demonstrationsdatensatz dienen. Auf eine nähere Interpretation der Ergebnisse soll allerdings verzichtet werden, da die Zellenbesetzungen vielfach <5 sind.*

Syntax:

```
CROSSTABS /TABLES=fpi1 BY sex
  /FORMAT= AVALUE NOINDEX BOX LABELS TABLES
  /STATISTIC= CC PHI LAMBDA UC ETA GAMMA D BTAU CTAU
  /CELLS= COUNT.
```

Ausgabe:

```
FPI1  Nervosität  by  SEX  Geschlecht

                         SEX
             Count     I
                       Imännlich weiblich
                       I                   Row
                       I     1   I     2   I Total
FPI1          --------+--------+--------+
                     1  I     2   I     3   I     5
  psychosomatisch      I         I         I   8,5
                       +--------+--------+
                     3  I     6   I     4   I    10
                       I         I         I  16,9
                       +--------+--------+
```

```
                4  |    4   |    5   |     9
                   |        |        |  15,3
                   +--------+--------+
                5  |    2   |    2   |     4
                   |        |        |   6,8
                   +--------+--------+
                6  |    2   |    2   |     4
                   |        |        |   6,8
                   +--------+--------+
                7  |    7   |    5   |    12
                   |        |        |  20,3
                   +--------+--------+
                8  |    1   |    4   |     5
                   |        |        |   8,5
                   +--------+--------+
                9  |    6   |    4   |    10
  psychosomatisch  |        |        |  16,9
                   +--------+--------+
           Column      30       29        59
            Total    50,8     49,2     100,0

                                                           Approximate
      Statistic             Value       ASE1          Val/ASE0   Significance
--------------------     ---------   --------      --------   -------------

Phi                          ,23392                               ,86310 *1
Cramer's V                   ,23392                               ,86310 *1
Contingency Coefficient      ,22777                               ,86310 *1

Lambda :
   symmetric                 ,06579     ,07965      ,80503
   with FPI1    dependent    ,00000     ,06728      ,00000
   with SEX     dependent    ,17241     ,13674     1,16009
Goodman & Kruskal Tau :
   with FPI1    dependent    ,00739     ,00829                ,88513 *2
   with SEX     dependent    ,05472     ,05360                ,86848 *2
Uncertainty Coefficient :
   symmetric                 ,02120     ,02215      ,95627   ,84946 *3
   with FPI1    dependent    ,01428     ,01491      ,95627   ,84946 *3
   with SEX     dependent    ,04113     ,04301      ,95627   ,84946 *3

Kendall's Tau-b             -,01143     ,11383     -,10041
Kendall's Tau-c             -,01494     ,14877     -,10041
Gamma                       -,01736     ,17284     -,10041
Somers' D :
   symmetric                -,01103     ,10986     -,10041
   with FPI1    dependent   -,01494     ,14882     -,10041
   with SEX     dependent   -,00874     ,08707     -,10041

Eta :
   with FPI1    dependent    ,02329
   with SEX     dependent    ,23392

*1 Pearson chi-square probability
*2 Based on chi-square approximation
*3 Likelihood ratio chi-square probability

Number of Missing Observations:  0
```

Die obige SPSS-Ausgabe zeigt eine umfassende Auswahl der Zusammenhangsmaße, die das Programm aus einer Kontingenztabelle ermitteln kann. Die Kreuztabelle zeigt zunächst die absoluten Häufigkeiten mit den entsprechenden absoluten und prozentualen Randverteilungen. Danach erfolgt eine Übersicht der verschiedenen Koeffizienten. Dies sind im einzelnen zunächst bekannte Koeffizienten im Falle nominalskalierter Daten (vgl. SPSS, 1993):

- Phi-Koeffizient (**Phi**): Der Phi-Koeffizient ist ein auf der Chi-Quadrat Statistik basierendes Zusammenhangsmaß, das die Stichprobengröße explizit einbezieht. Es wird berechnet, indem die Chi-Quadrat-Statistik durch die Stichprobengröße dividiert wird und daraus die Quadratwurzel gezogen wird. In Tabellen, in denen eine Dimension größer als 2 ist, kann Phi auch den Bereich zwischen 0 und 1 überschreiten und größer als 1 werden.
- Koeffizient Cramers *V* (**Cramer's V**): Ein Zusammenhangsmaß, das auf der Chi-Quadrat Statistik basiert. Cramers *V* liegt immer zwischen 0 und 1 und kann den Wert 1 für Tabellen jeder Dimension annehmen.
- Kontingenzkoeffizient (**Contingency Coefficient**): Der Kontingenzkoeffizient ist ein Zusammenhangsmaß, das ebenfalls auf der Chi-Quadrat-Statistik beruht. Dieser Koeffizient liegt immer zwischen 0 und 1, nimmt aber in der Regel nicht den Wert 1 an. Der maximale Wert hängt von der Anzahl der Zeilen und Spalten in der Tabelle ab.

Nach diesen drei bekannten Koeffizienten folgen weitere spezielle Maße für nominalskalierte Daten, die ebenfalls kurz erläutert werden sollen:

- Koeffizient Lambda (**Lambda**): Lambda ist ein Maß für die proportionale Fehlerverringerung des Zusammenhangs, der die Fehlerverringerung widerspiegelt, wenn Werte der unabhängigen Variablen als Vorhersagewerte der abhängigen Variablen verwendet werden (regressionsanalytisches Modell). Ein Wert von 1 bedeutet, daß die unabhängige Variable ein perfekter Prädiktor für die unabhängige Variable ist. Ein Wert von 0 sagt aus, daß die unabhängige Variable bei der Vorhersage der Werte der abhängigen Variablen nicht helfen kann.
- Goodman und Kruskals Lambda (**Lambda**): Ebenfalls ein sogenanntes PRE-Maß (Proportional-Reduction-in-Error), das die Verringerung des Fehlers in der Trefferquote anzeigt, die erzielt wird, wenn die Werte der unabhängigen Variablen benutzt werden, um die Ausprägungen der abhängigen Variablen voherzusagen. Ein Wert von 1 bedeutet, daß die unabhängige Variable ein perfekter Prädiktor für die abhängige Variable ist. Ein Wert von 0 sagt aus, daß die unabhängige Variable bei der Vorhersage der Werte der abhängigen Variablen nicht helfen kann.

- Unsicherheitskoeffizient (**Uncertainty Coefficient**): Der Unsicherheitskoeffizient ist ein Maß für die proportionale Verringerung des Vorhersagefehlers, das auf der Entropie beruht. Das Ergebnis wird sowohl für den symmetrischen als auch für den asymmetrischen Fall berechnet. Je dichter der Unsicherheitskoeffizient an seiner oberen Grenze von 1 liegt, desto mehr Information kann über den Wert der zweiten Variablen durch Kenntnis des beobachteten Wertes der ersten Variablen beschafft werden. Die untere Grenze beträgt Null, wenn keine Informationen über den Wert der zweiten Variablen durch Kenntnis des beobachteten Wertes der ersten Variablen erlangt werden können.

Im dritten Teil der Übersicht erscheinen Koeffizienten, die speziell für ordinalskalierte Daten konzipiert sind:

- Kendalls Tau-*b* (**Kendall's Tau B**): Kendalls Tau-*b* ist ein nichtparametrisches Maß für die Korrelation zwischen ordinalen Variablen, das Bindungen (ties) einbezieht. Es besitzt Werte zwischen +1 und –1. Aber nur in quadratischen Tabellen kann es die Werte +1 und –1 annehmen.
- Kendalls Tau-*c* (**Kendall's Tau C**): Kendall Tau-*c* ist eine Korrelationsvariante der vorherigen *b*-Version, die Bindungen (ties) ignoriert. Es kann Werte zwischen +1 und –1 für jede Art von Tabelle annehmen bzw. fast erreichen.

Wiederum speziellere Maße für ordinalskalierte Daten sind:

- Goodman & Kruskals Gamma (**Gamma**): Gamma ist ebenfalls ein Maß für den Zusammenhang zweier ordinalskalierter Variablen. Es kann interpretiert werden als die Wahrscheinlichkeit, daß ein Paar von Beobachtungen konkordant ist, minus der Wahrscheinlichkeit, daß das Paar diskordant ist, unter der Annahme, daß keine Bindungen (ties) vorliegen. Gamma ist symmetrisch und nimmt Werte zwischen 0 und 1 an. Wenn eine Kreuztabelle mit mehr als zwei Variablen vorliegt, wird für jede Untertabelle ein bedingtes Gamma berechnet.
- Somers *D* (**Somers' D**): Somers *D* ist eine asymmetrische Erweiterung der Gamma-Statistik, die sich dadurch unterscheidet, daß nur ungebundene Wertepaare der unabhängigen Variablen einbezogen werden. Somers *D* zeigt den anteiligen Überschuß von konkordanten Paaren gegenüber diskonkordanten Paaren an, die in bezug auf die unabhängige Variable nicht gebunden sind.

Im letzten Teil der Tabelle erscheinen schließlich die Maße für verschiedene bzw. gemischte Skalenniveaus:

- Pearsonscher Korrelationskoeffizient *R* (**Pearson's R**): Pearsons *R* ist ein Maß für den linearen Zusammenhang zwischen zwei Variablen. Der Wert für *R* liegt zwischen –1 (vollkommener, deterministischer, negativer Zusammenhang, so daß alle Punkte auf einer Geraden mit negativer Steigung liegen) und +1

(vollkommener positiver Zusammenhang, so daß alle Punkte auf einer Geraden mit positiver Steigung liegen). Ein Wert von 0 sagt aus, daß kein linearer Zusammenhang vorliegt. Der Korrelationskoeffizient ist ein symmetrisches Maß.
- Spearmans Rangkorrelationskoeffizient (**Spearman Correlation Coefficient**): Ein Produkt-Moment Korrelationskoeffizient für ordinale Daten. Es ist Pearsons *r* angewendet auf die Ränge zweier Variablen.
- Eta (**Eta**): Eta ist ein Assoziationsmaß, das geeignet ist, um den Zusammenhang zwischen einer intervallskalierten abhängigen Variablen und einer kategorialen unabhängigen Variable mit einer begrenzten Anzahl von Kategorien zu beschreiben. Eta ist unsymmetrisch und setzt keinen linearen Zusammenhang zwischen den Variablen voraus. Das Quadrat von Eta kann als Anteil der Varianz der abhängigen Variablen interpretiert werden, der durch Unterschiede zwischen den Gruppen (Kategorien) erklärt wird.

Prinzipiell wird bei den Koeffizienten zwischen asymmetrischen (**Asymmetric**) und symmetrischen (**Symmetric**) Maßen unterschieden. Bei einem asymmetrischen Koeffizienten hängt der Wert davon abhängt, welche Variable als abhängig und welche als unabhängig angesehen wird. Hingegen führt ein symmetrisches Zusammenhangsmaß zu keiner Ergebnisveränderung, wenn die Variablen vertauscht werden.

Eine weitere Besonderheit der SPSS-Statistik ist die Angabe **VAL/ASE0**. Übersetzt bedeutet dies „Wert einer Statistik dividiert durch ihren asymptotischen Standardfehler“ (**Value divided by asymptotic standard error**). Gemeint ist damit der Wert einer Statistik dividiert durch ihren asymptotischen Standardfehler, unter der Annahme, daß die Nullhypothese wahr ist. Er wird verwendet, um die Nullhypothese zu testen, daß der Populationswert der Statistik Null ist.

9.5 Weitere Testverfahren im Überblick

Für den Fall verschiedener Skalenniveaus bzw. künstlich dichotomisierter Variablen stehen spezielle Korrelationstechniken zur Verfügung, auf die in diesem Zusammenhang nur in einer Übersicht eingegangen werden soll. Sie spielen vor allem im Rahmen der klassischen Testtheorie eine wichtige Rolle (vgl. Lienert, 1969):

- **Punkt-biseriale Korrelation**: Die punkt-biseriale Korrelation erlaubt die Korrelationsberechnung zwischen einem intervallskalierten und einem dichotomen (zwei-wertigen) Merkmal. Als Angaben wird die Anzahl der Untersuchungseinheiten in den Merkmalskategorien n_0 und n_1, die durchschnittliche Ausprägung des intervallskalierten Merkmals y bei den Merkmalskategorien $\bar{y}_0$ und $\bar{y}_1$, der Stichprobenumfang n und die Streuung der y-Variable s_y als Kennwerte benötigt.

Die Korrelationsformel lautet dann:

(9.5.1) $$r_{pb} = \frac{\bar{y}_1 - \bar{y}_0}{s_y} \cdot \sqrt{\frac{n_0 \cdot n_1}{n^2}}$$

Die Signifikanzprüfung (H_0: $\rho = 0$) erfolgt adäquat zur Produkt-Moment-Korrelation durch folgenden Test:

(9.5.2) $$t = \frac{r_{pb}}{\sqrt{\left(1 - r_{pb}^2\right)/(n-2)}}$$

Die Testgröße ist t-verteilt mit $n - 2$ Freiheitsgraden.

• **Biseriale Korrelation**: Soll der Zusammenhang zwischen einem künstlich-dichotomisierten (d. h. ursprünglich intervallskalierten) Merkmal und einem intervallskalierten Merkmal überprüft werden, kann unter der Voraussetzung der Normalverteilung beider Merkmale, die biseriale Korrelation berechnet werden:

(9.5.3) $$r_{\text{bis}} = \frac{\bar{y}_1 - \bar{y}_0}{s_y} \cdot \sqrt{\frac{n_0 \cdot n_1}{\nu \cdot n^2}}$$

Der Parameter ν ist dabei die Ordinate (Dichte) desjenigen z-Wertes der Standardnormalverteilung, der in der Normalverteilungsfläche die Grenze zwischen den Teilflächen n_0/n und n_1/n markiert (vgl. Abschnitt **13.1**).

• **Tetrachorische Korrelation**: Die tetrachorische Korrelation berücksichtigt, daß beide Variablen künstliche Dichotomien normalverteilter Variablen darstellen. Eine Näherungsformel basiert auf einer 4-Felder-Tafel, in der die Häufigkeiten des Auftretens der 4 Kombinationen der beiden Merkmalsalternativen abzutragen sind:

(9.5.4) $$r_{\text{tet}} = \cos \frac{180^\circ}{1 + \sqrt{b \cdot c/(a \cdot d)}}$$

Weitere Testverfahren finden sich in speziellen Statistikbüchern wie Bortz, Lienert, Boehnke (1990) und Lienert (1969).

10. Varianzanalyse

10.1 Vorbemerkungen

Die Varianzanalyse dient zur Prüfung der Auswirkungen einer (oder mehrerer) **mehrfach abgestufter unabhängiger Variablen** auf eine abhängige Variable. Dabei versteht man unter einer **„abhängigen Variablen"** (AV) das beobachtete bzw. gemessene Merkmal, dessen Variabilität (mittels der Varianzanalyse) aufgeklärt werden soll, und unter einer **„unabhängigen Variablen"** (UV) ein gegebenes bzw. hergestelltes Merkmal (Faktor), das potentiell zum Zustandekommen der Variabilität in der abhängigen Variable beiträgt. Wenn beispielsweise untersucht werden soll, welche Farbe am besten – im Sinne der Auslösung einer möglichst schnellen Reaktion – als Lichtreiz für ein Warnsignal auf einem Armaturenbrett geeignet ist, stellt die Farbe (z. B. mit den Abstufungen rot, grün, blau, gelb, violett und orange) die UV in einem entsprechenden Experiment dar, die Reaktionszeit auf das Aufleuchten die AV. Im Falle der experimentellen Realisierung einer UV wird ein solches Merkmal auch als **Treatmentfaktor** (Behandlungsart) bezeichnet. Als Verfahren nutzt man entsprechend eine **unifaktorielle** Varianzanalyse. Wichtig ist, daß entgegen dem Wortsinn die Begriffe UV und AV (zunächst) keine kausale Beziehung implizieren, sondern lediglich einen (potentiellen) statistischen Zusammenhang.

Die Varianzanalyse testet die Nullhypothese, daß sich die durch die verschiedenen Faktorstufen spezifizierten Populationen hinsichtlich der AV nicht unterscheiden. Sie stellt also eine Verallgemeinerung des *t*-Tests dar, sofern **mehr als zwei Stufen** eines Faktors oder mehrere Faktoren gleichzeitig berücksichtigt werden können (allerdings auf Kosten einer gerichteten Fragestellung).

Nach der Anzahl der unabhängigen Variablen (Faktoren), die in ihrer Bedeutung für die abhängige Variable untersucht werden, unterscheidet man **ein-, zwei- und mehrfaktorielle Varianzanalysen**. So könnte in dem oben genannten Beispiel die Position der Lichtreize auf dem Armaturenbrett systematisch berücksichtigt werden – in diesem Falle würde dann ein zweifaktorielles Design entstehen. Die Einführung zusätzlicher Faktoren, von denen angenommen wird, daß sie ebenfalls einen Einfluß auf die AV ausüben, dient einerseits der Kontrolle möglicher **Störfaktoren** und ist andererseits aufgrund **inhaltlich-theoretischer Erwägungen** zu rechtfertigen.

Die Berücksichtigung eines besonderen „Störfaktors" – die individuellen, weitgehend zeit- und treatmentunabhängigen Eigenarten der Versuchspersonen, bzw. das inhaltlich-theoretische Interesse an der Erfassung von Veränderungen über die Zeit – führt zur Unterscheidung von **Versuchsplänen** mit **unabhängiger und abhängi-**

ger Messung. Bei unabhängiger Messung wird die Unterschiedlichkeit in der AV häufig zu einem großen Teil auf die angesprochenen, bereits vor Durchführung der Untersuchung bestehenden individuellen Unterschiede zurückzuführen sein. Werden aber von jeder Versuchsperson wiederholt, unter allen Faktorstufen, Daten erhoben (im Sinne einer Meßwiederholung), ist damit zu rechnen, daß diese a priori-Unterschiede die Messungen durchgehend beeinflussen. Sofern unterstellt werden kann, daß sie sich auf allen Faktorstufen in gleicher Weise auswirken, läßt sich bei Meßwiederholungsplänen die Variabilität zu ihren Lasten eliminieren. So lassen sich Populationsunterschiede infolge des Treatments bei Varianzanalysen mit abhängiger Messung eher entdecken als bei Varianzanalysen mit unabhängiger Messung. Ein Nachteil liegt aber in eventuellen Sequenzeffekten zwischen den Faktorstufen.

Eine dritte wichtige Unterscheidung ist die Trennung von Versuchsplänen nach dem **„Fixed-"** bzw. **„Random-Faktoren"-Modell.** Als „fixed" wird ein Faktor bezeichnet, dessen Stufen erschöpfend im Experiment verwirklicht sind und allein im Hinblick auf einen potentiellen Effekt auf die AV interessieren. Als „random" wird ein Faktor bezeichnet, wenn seine Stufen eine Zufallsauswahl aus der Menge aller möglichen Faktorstufen darstellen und Inferenzen über alle Faktorstufen im Hinblick auf den Einfluß auf die AV intendiert sind. Für das Prozedere und Ergebnis einer Varianzanalyse ist diese Unterscheidung nicht relevant, soweit die Auswertung rein deskriptiv bleibt. Für die inferenzstatistische Folgeauswertung (Bildung von F-Brüchen und Signifikanztest) und Interpretation ist sie dagegen von grundsätzlicher Bedeutung.

Besondere **metrische Voraussetzungen** betreffen nur die AV: Mittelwerte und Varianzen müssen interpretierbar sein, d. h. sie muß intervallskaliert sein. Dagegen können die unabhängigen Variablen ein beliebiges Skalenniveau aufweisen. Jede Versuchsperson muß lediglich eindeutig einer bestimmten Faktorstufe bzw. Faktorstufenkombination (bei unabhängiger Messung) zuzuordnen sein. Ist die metrische Voraussetzung bei der abhängigen Variable nicht gewährleistet, besteht noch die Möglichkeit, auf eine Rangvarianzanalyse zurückzugreifen.

Abschließend noch ein Satz zum Verhältnis von t-Test und Varianzanalyse. Im Falle von zwei Stichproben führen beide Verfahren bei unabhängigen Stichproben zu identischen Ergebnissen. Somit könnte es naheliegend erscheinen, die Varianzanalyse durch mehrere t-Tests für unabhängige Stichproben zu ersetzen. Allerdings erwachsen hieraus wenigstens zwei Nachteile (vgl. Hays, 1994):

- **Ökonomischer Aspekt**: Bei einer unabhängigen Variable mit 10 Abstufungen müßten nach der Kombinationsregel bereits 45 einzelne t-Tests gerechnet werden.
- **Statistischer Aspekt**: Da bei jedem t-Test ein Fehler bzw. ein zufällig signifikantes Ergebnis auftreten kann, würde sich die Anzahl möglicher Fehlentscheidungen (im Sinne der Irrtumswahrscheinlichkeit) erhöhen. D. h. bei einer Irrtumswahrscheinlichkeit von 5% wäre damit zu rechnen, daß von 100 Signifikanztests 5 Tests die Nullhypothese fälschlicherweise verwerfen.

10.2 Einfaktorielle Varianzanalyse

10.2.1 Problemstellung, Daten und Datenmodell

Problemstellung: Ausgangsproblem der (einfaktoriellen) Varianzanalyse ist die Frage: Bestehen (irgendwelche) Wirkungen des Faktors A (Treatment oder UV) auf das Kriterium X (AV)?

Daten: Die Werte x_{ai}, mit $a = 1, ..., A$ und $i = 1, ..., n_a$ stellen die in einem konkreten Experiment ermittelten Ergebnisse unter der Bedingung a bei einer Versuchsperson i dar, so daß man folgende **Datenmatrix** erhält:

	Stufen von Faktor A						
	1	2	...	a	...	A	
	x_{11}	x_{21}	...	x_{a1}	...	x_{A1}	
	x_{12}	x_{22}	...	x_{a2}	...	x_{A2}	
	...	...	...	...	...	...	
	x_{1i}	x_{2i}	...	x_{ai}	...	x_{Ai}	
	...	...	...	...	...	...	
	x_{1n}	x_{2n}	...	x_{an}	...	x_{An}	
Σ	x_1	x_2	...	x_a	...	x_A	x
AM	$\bar{x}_1$	$\bar{x}_2$	...	$\bar{x}_a$	...	$\bar{x}_A$	$\bar{x}$

Der Effekt des Faktors A kommt in den Spaltenmittelwerten

(10.2.1) $$\bar{x}_a = \frac{1}{n_a} \sum x_{ai}$$

bzw. in den Abweichungen dieser Mittelwerte vom Gesamtmittelwert

(10.2.2) $$\bar{x} = \frac{1}{\sum_a n_a} \sum_a \sum_i x_{ai} = \frac{1}{N} \sum_a \sum_i x_{ai}$$

zum Ausdruck. Wenn $n_1 = ... = n_a = ... = n$, d. h. wenn unter jeder Stufe von A die gleiche Anzahl von Versuchspersonen beobachtet wird, ist

(10.2.3) $$\bar{x} = \frac{1}{A \cdot n} \sum_a \sum_i x_{ai}$$

In diesem Fall gilt der Versuchsplan als **balanciert**, andernfalls als **unbalanciert**. Im folgenden wird zur Vereinfachung zunächst die Balanciertheit des Versuchsplans unterstellt.

Datenmodell: Grundlegend für das varianzanalytische Daten- oder Meßwertmodell ist eine Annahme über die Zerlegbarkeit der einzelnen Beobachtungen in folgender Form:

(10.2.4) $$x_{ai} = \mu + \alpha_a + e_{i(a)}$$

Die Terme rechts vom Gleichheitszeichen in dieser Grundgleichung stellen theoretische Größen dar, die den beobachteten Wert auf der linken Seite „erklären" sollen:

μ stellt den Populationsmittelwert dar (gleich für alle Faktorstufen).

α_a ist der Effekt der a-ten Stufe des Faktors A, definiert als Abweichung des Populationsmittelwertes unter der betreffenden Behandlung, μ_a, vom Gesamtpopulationswert: $\alpha_a = (\mu_a - \mu)$.

$e_{i(a)}$ ist die als Versuchsfehler zu interpretierende Zufallskomponente des Meßwertes x_{ai}, definiert als Abweichung dieses Meßwertes vom Populationsmittelwert unter der betreffenden Hypothese: $e_{i(a)} = (x_{ai} - \mu_a)$.

Unter bestimmten Voraussetzungen kann man diese Modellparameter schätzen, und zwar:

(10.2.5) $$\hat{\mu} = \bar{x}$$

(10.2.6) $$\hat{\alpha}_a = (\bar{x}_a - \bar{x})$$

(10.2.7) $$\hat{e}_{i(a)} = (x_{ai} - \bar{x}_a)$$

10.2.2 Statistische Hypothesen und Test-Rationale

Dem Modell „fester Effekte" liegen folgende Hypothesen zugrunde:

H_0	H_1
$\mu_1 = \ldots = \mu_a = \ldots = \mu_A$ bzw. $\alpha_a = 0$	$\mu_1 \neq \ldots \neq \mu_a \neq \ldots \neq \mu_A$ bzw. $\alpha_a \neq 0$

Bei Geltung der Alternativhypothese muß die Variabilität der Meßwerte größer sein als bei Geltung der Nullhypothese. Zu der Zufallsvariabilität, die unter der Nullhypothese die Gesamtvariabilität ausmacht, kommt bei Geltung der Alternativhypothese die Variabilität aufgrund der Effekte von A. Das Ausgangsproblem läßt sich lösen, indem die Gesamtvariabilität in zwei Teile zerlegt wird – einen Teil, der nur den Stichprobenfehler widerspiegelt („Inner-Gruppen-

Abweichung"), und einen Teil, der auch den (eventuellen) experimentellen Effekt reflektiert („Zwischen-Gruppen-Abweichung") – und diese Teile als unabhängige Schätzungen der Fehlervariabilität durch Bildung eines *F*-Bruchs miteinander vergleicht.

10.2.3 Zerlegung der Summe der Abweichungsquadrate und Varianzschätzungen

Zur Zerlegung der **Gesamtvariabilität** zwecks unabhängiger Schätzung der Fehlervariabilität wird von der **Summe der quadrierten Abweichungen der Meßwerte vom Gesamtmittelwert** QS_{tot} ausgegangen. Nach der entsprechend den wiedergegebenen Definitionen und Schätzmöglichkeiten umgeschriebenen Modellgleichung gilt:

(10.2.8)
$$QS_{\text{tot}} = \sum_a \sum_i (x_{ai} - \bar{x})^2 = \sum_a \sum_i [(\bar{x}_a - \bar{x}) + (x_{ai} - \bar{x}_a)]^2$$
$$= \sum_a \sum_i (\bar{x}_a - \bar{x})^2 + \sum_a \sum_i (x_{ai} - \bar{x}_a)^2 + 2\sum_a \sum_i (\bar{x}_a - \bar{x})(x_{ai} - \bar{x}_a)$$

Da $(\bar{x}_a - \bar{x})$ für alle Beobachtungseinheiten in Gruppe *a* konstant ist und die Summierung von $(x_{ai} - \bar{x}_a)$ über alle Einheiten – entsprechend der Definition des Mittelwertes – Null ergibt, gilt für den letzten Summanden der vorausgehenden Summe

(10.2.9)
$$2\sum_a \sum_i (\bar{x}_a - \bar{x})(x_{ai} - \bar{x}_a) = 2\sum_a (\bar{x}_a - \bar{x}) \sum_i (x_{ai} - \bar{x}_a) = 0$$

so daß

(10.2.10)
$$QS_{\text{tot}} = \sum_a \sum_i (\bar{x}_a - \bar{x})^2 + \sum_a \sum_i (x_{ai} - \bar{x}_a)^2$$

Da wiederum $(\bar{x}_a - \bar{x})$ für alle Individuen in *a* gleich ist, gilt weiter:

(10.2.11)
$$QS_{\text{tot}} = n\sum_a (\bar{x}_a - \bar{x})^2 + \sum_a \sum_i (x_{ai} - \bar{x}_a)^2$$

(10.2.12)
$$QS_{\text{tot}} = QS_{\text{zwischen}} + QS_{\text{innerhalb}}$$

Nach dieser Zerlegung der Summe der Abweichungsquadrate der Meßwerte vom Gesamtmittelwert in die „Summe der Abweichungsquadrate zwischen" (den Gruppen) und die „Summe der Abweichungsquadrate innerhalb" (der Gruppen) kann gezeigt werden, daß QS_{zw} die Meßwertvariabilität zu Lasten der Effekte und der Zufallsfehler beinhaltet, QS_{in} dagegen die Variabilität aufgrund der Fehler.

10.2.4 Vergleich der Varianzschätzungen

Eine **„mittlere Quadratsumme zwischen"** (den Gruppen) erhält man durch folgende Beziehung:

(10.2.13) $$MQ_{zw} = \frac{QS_{zw}}{FG_{zw}} = \frac{QS_{zw}}{A-1}$$

Diese Größe stellt eine erwartungstreue Schätzung der Fehlervarianz dar, zuzüglich eines Wertes, der nur Null sein kann, wenn kein Treatment-Effekt vorliegt. Wenn ein Effekt vorliegt, übersteigt MQ_{zw} die Fehlervarianz. Entsprechend kann eine **„mittlere Quadratsumme innerhalb"** (der Gruppen) definiert werden:

(10.2.14) $$MQ_{in} = \frac{QS_{in}}{FG_{in}} = \frac{QS_{in}}{A(n-1)}$$

Diese Größe stellt ebenfalls eine erwartungstreue Schätzung der Fehlervarianz dar, und zwar unabhängig davon, ob (experimentelle) Effekte vorliegen oder nicht.

Zum Vergleich beider Varianzschätzungen wird ein sog. ***F*-Bruch** gebildet:

(10.2.15) $$F = \frac{QS_{zw} / A-1}{QS_{in} / A(n-1)} = \frac{MQ_{zw}}{MQ_{in}}$$

Dieser Quotient ist eine $F_{(A-1,A(n-1))}$-verteilte Zufallsvariable mit dem Erwartungswert 1. Bei Ungültigkeit der Nullhypothese sind grundsätzlich F-Werte über 1 zu erwarten. Die **Entscheidung** bezüglich der statistischen Hypothesen erfolgt in bekannter Weise: Erreicht oder überschreitet ein empirischer F-Wert den bei bestimmter Irrtumswahrscheinlichkeit kritischen Wert $F_{(A-1,A(n-1))}$, wird H_0 verworfen, andernfalls beibehalten.

Zur Prüfung von Hypothesen über die Gleichheit von „Kontrasten", d. h. einzelner Mittelwerte und Mittelwertskombinationen, ist ein multipler Mittelwertsvergleich erforderlich (vgl. Abschnitt **10.7 Prüfung von Kontrasten**).

10.2.5 Rechen- und Bericht-Schema

Das folgende Schema beinhaltet eine Zusammenfassung der definitionsgemäßen Rechenschritte von der Bildung der Quadratsummen bis zur Berechnung des F-Bruchs:

Quelle der Variation	Quadratsummen	*FG*	*MQ*	*F*	*p*
zwischen den Faktorstufen	$QS_{zw} = n\sum_a(\bar{x}_a - \bar{x})^2$	$A - 1$	$\frac{QS_{zw}}{A-1}$	$\frac{MQ_{zw}}{MQ_{in}}$	
innerhalb der Faktorstufen (Fehler)	$QS_{in} = \sum_a \sum_i (x_{ai} - \bar{x}_a)^2$	$A(n-1) = N - A$	$\frac{QS_{in}}{N-A}$		
Gesamtvariation	$QS_{tot} = \sum_a \sum_i (x_{ai} - \bar{x})^2$	$A \cdot n - 1 = N - 1$	$\frac{QS_{tot}}{N-1}$		

Die konkrete Berechnung der Quadratsummen orientiert sich meist an äquivalenten Formeln, die von den ursprünglichen Meßwerten ausgehen.

(a) Dazu sind für den Fall **gleich großer Stichproben pro Faktorstufe** folgende Ausdrücke zu bestimmen:

Quadratsumme QS:

(10.2.16) $$S_1 = \sum_a \sum_i x_{ai}^2$$

Mittlere Quadratsumme MQ:

(10.2.17) $$S_2 = \frac{1}{n} \sum_a \left(\sum_i x_{ai} \right)^2 = \frac{1}{n} \sum_a x_a^2$$

Mittlere Gesamtquadratsumme $\bar{x}^2$:

(10.2.18) $$C = \frac{1}{A \cdot n} \left(\sum_a \sum_i x_{ai} \right)^2 = \frac{x^2}{A \cdot n}$$

Dann ist:

(10.2.19) $$QS_{tot} = \sum_a \sum_i x_{ai}^2 - \frac{1}{A \cdot n} \left(\sum_a \sum_i x_{ai} \right)^2 = S_1 - C$$

(10.2.20) $$QS_{zw} = \frac{1}{n} \sum_a \left(\sum_i x_{ai} \right)^2 - \frac{1}{A \cdot n} \left(\sum_a \sum_i x_{ai} \right)^2 = S_2 - C$$

(10.2.21) $$QS_{in} = \sum_a \sum_i x_{ai}^2 - \frac{1}{n} \sum_a \left(\sum_i x_{ai} \right)^2 = S_1 - S_2$$

Die übrigen erforderlichen Werte sind wie in dem Schema angegeben zu bestimmen.

<u>Rechenbeispiel:</u> Aus einer Grundgesamtheit werden je 7 StudentInnen gezogen und nach Zufall drei verschiedenen Lehrmethoden in Statistik zugeordnet. Die Frage ist, ob sich die verschiedenen Lehrmethoden auf die Leistung in der Statistik-Klausur auswirken. Getestet wird mit einer Irrtumswahrscheinlichkeit von 5%. Die Ergebnisse der abschließenden Statistik-Klausur verteilen sich wie folgt:

	Faktor A (Lehrmethode)			
	1	2	3	Σ
	10	17	20	47
	12	13	25	50
	15	16	14	45
	11	12	17	40
	5	7	12	24
	7	8	18	33
	2	3	7	12
Σ	62	76	113	251

Faktorstufen (A)
3
Probanden pro Bedingung (n)
7
Anzahl Zellen (N)
21
Zeilensummen (r)
47 50 45 40 24 33 12
Spaltensummen (c)
62 76 113
Gesamtsumme (s)
251

Zur Analyse sind die Werte der unmittelbar meßwertbezogenen Ausdrücke zu berechnen:

$$S_1 = 10^2 + 12^2 + \ldots + 18^2 + 7^2 = 3675$$

$$S_2 = \frac{1}{7}\left(62^2 + 76^2 + 113^2\right) = 3198.43$$

$$C = \frac{251^2}{3 \cdot 7} = 3000.05$$

Die weiteren Berechnungen kann man an dem entsprechenden Rechen-Schema orientieren:

Quelle	Quadratsummen	*FG*	*MQ*	*F*	*p*
zwischen (den Faktorstufen)	$QS_{zw} = S_2 - C$ $= 3198.43 - 3000.05 = 198.38$	3-1	$\frac{198.38}{2} = 99.19$	$\frac{99.19}{26.48} = 3.75$	<.05

innerhalb (der Faktorstufen) [Fehler]	$QS_{in} = S_1 - S_2$ $= 3675 - 3198.43 = 476.57$	21-3	$\frac{476.57}{18} = 26.48$		
Gesamtvariation	$QS_{tot} = S_1 - C$ $= 3675 - 3000.05 = 674.95$	21-1	$\frac{674.95}{19} = 35.52$		

```
 Quadratsumme total (QST)
674.9524
 Quadratsumme „zwischen" den Faktorstufen (QSZ)
198.381
 Quadratsumme „zwischen" den Stufen (QSB)
380.9524
 Quadratsumme Rest (QSR)
95.6191
 Quadratsumme „innerhalb" (QSI)
476.5714
 Varianz zwischen Probanden (MQZ)
99.19048
 Fehlervarianz (MQI)
26.4762
 Restvarianz (MQR)
7.9683
 F-Wert (F)
3.7464
 Freiheitsgrade (df)
2 18
 Wahrscheinlichkeit der F-Verteilung (P)
0.0429
 Fläche der F-Verteilung (FL)
0.9571
 Kritischer F-Wert bei 5% Niveau (CRIT5)
3.5546
------------------------------------------------------------------------
```

Da die empirische Testgröße von 3.75 größer als der kritische F-Wert von 3.55 (bei einer Irrtumswahrscheinlichkeit von 5%, 2 Zähler- und 18 Nennerfreiheitsgrade) ist, kann die Nullhypothese auf dem 5% Niveau abgelehnt werden. Das besagt: Die verschiedenen Lehrmethoden wirken sich auf die Leistung in der Statistik-Klausur aus.

SPSS-Beispiel: *Vergleichsrechnung zum obigen Beispiel (Erläuterung unter Abschnitt* ***10.2.7 SPSS-Beispielrechnung der einfaktoriellen Varianzanalyse****)*

Syntax:

```
ONEWAY methode BY grp(1 3)
   /HARMONIC NONE
   /STATISTICS HOMOGENEITY
   /FORMAT NOLABELS
   /MISSING ANALYSIS.
```

Ausgabe:

```
                  - - - - -  O N E W A Y  - - - - -


     Variable  METHODE
  By Variable  GRP

                          Analysis of Variance

                          Sum of        Mean         F        F
        Source     D.F.   Squares       Squares      Ratio    Prob.

Between Groups       2    198,3810      99,1905      3,7464   ,0436
Within Groups       18    476,5714      26,4762
Total               20    674,9524


Levene Test for Homogeneity of Variances

    Statistic    df1    df2     2-tail Sig.
       ,1715      2     18         ,844
```

(b) Für den Fall, daß **jeder Faktorstufe eine Zufallsstichprobe mit ungleich großem Umfang *n*** zugewiesen wird (bei einem nicht-balancierten Versuchsplan) ergibt sich zunächst eine Veränderung zur Berechnung von S_2. Im diesem Falle errechnet sich die mittlere Quadratsumme MQ:

(10.2.22) $$S_2 = \sum_a \frac{1}{n_a}\left(\sum_i x_{ai}\right)^2 = \sum_a \frac{x_a^2}{n_a}$$

Die mittlere Gesamtquadratsumme $\bar{x}^2$ ändert sich in:

(10.2.23) $$C = \frac{1}{N}\left(\sum_a \sum_i x_{ai}\right)^2 = \frac{x^2}{N}$$

wobei N = die Anzahl der besetzten Zellen.

Rechenbeispiel: *Untersucht werden soll die Konzentrationsleistung, in Abhängigkeit vom Schlafentzug. Dazu werden 35 Personen in fünf Gruppen mit unterschiedlich langen Wachzeiten gebildet, von 12, 18, 24, 30 und 36 Stunden. Die Frage ist, ob sich der unterschiedlich lange Schlafentzug auf die Konzentrationsleistung auswirkt. Geprüft wird mit einer Irrtumswahrscheinlichkeit von 1%. Die Ergebnisse des Konzentrationstests verteilen sich wie folgt:*

Gruppe	Faktor A (Schlafentzug) 1	2	3	4	5	
	18	18	16	11	8	
	15	16	13	12	7	
	19	17	14	16	10	
	19	17	14	11	9	
	17	19		12		
		16		11		
				13		
Σ	88	103	57	86	34	368

```
 Gruppen (N)
5
 Anzahl Werte pro Zelle (n)
5 6 4 7 4
 Anzahl (besetzter) Zellen (NC)
26
 Summen (p)
88 103 57 86 34
 Gesamtsumme (G)
368
 Mittelwerte (MEAN)
17.6 17.1667 14.25 12.286 8.5
```

Zur Analyse sind die Werte der unmittelbar meßwertbezogenen Ausdrücke zu berechnen:

$$S_1 = 18^2 + 15^2 + \ldots + 10^2 + 9^2 = 5522$$

$$S_2 = \frac{88^2}{5} + \frac{103^2}{6} + \frac{57^2}{4} + \frac{86^2}{7} + \frac{34^2}{4} = 5474.79$$

$$C = \frac{368^2}{26} = 5208.62$$

Die weiteren Berechnungen kann man an dem entsprechenden Rechen-Schema orientieren:

Quelle	Quadratsummen	*FG*	*MQ*	*F*	*p*
Treatment	$QS_{zw} = S_2 - C = 266.17$	*A*−1 = 5 − 1 = 4	66.54	29.57	< .01
Fehler	$QS_{in} = S_1 - S_2 = 47.21$	*N*−*A* = 26 − 5 = 21	2.25		
Total	$QS_{tot} = S_1 - C = 313.38$	*N*−1 = 26 − 1 = 25	12.54		

```
 Quadratsumme des Treatments (QSN)
266.1727
 Quadratsumme des Fehlers (QSE)
47.21190
 Quadratsumme total (QST)
313.3846
 Freiheitsgrade (df)
4 21
 Varianz des Treatments (VM)
66.5432
 Fehlervarianz (VE)
2.2482
 F-Wert (F)
29.5986
 Wahrscheinlichkeit der F-Verteilung (P)
0.0000
 Fläche der F-Verteilung (FL)
0.9999
 Kritischer F-Wert bei 1% Niveau (CRIT1)
4.3688
-----------------------------------------------------------------------
```

Da die empirische Testgröße von 29.6 wesentlich größer als der kritische F-Wert von 4.37 (bei einer Irrtumswahrscheinlichkeit von 1%, 4 Zähler- und 21 Nennerfreiheitsgraden) ist, kann die Nullhypothese verworfen werden. D.h. der unterschiedlich lange Schlafentzug wirkt auf die Konzentrationsleistung zurück.

SPSS-Beispiel: *Vergleichsrechnung zum obigen Beispiel (Erläuterung unter Abschnitt* ***10.2.7 SPSS-Beispielrechnung der einfaktoriellen Varianzanalyse****)*

Syntax:

```
ONEWAY leistung BY grp(1 5)
   /HARMONIC NONE
   /STATISTICS HOMOGENEITY
   /FORMAT NOLABELS
   /MISSING ANALYSIS.
```

Ausgabe:

```
                       - - - - -  O N E W A Y  - - - - -

      Variable  LEISTUNG
   By Variable  GRP
                                   Analysis of Variance

                                 Sum of         Mean        F         F
        Source         D.F.      Squares        Squares     Ratio     Prob.

Between Groups          4        266,1727       66,5432     29,5986   ,0000
Within Groups          21         47,2119        2,2482
Total                  25        313,3846

Levene Test for Homogeneity of Variances

    Statistic     df1     df2        2-tail Sig.
       ,2798      4       21           ,888
```

10.2.6 Voraussetzungen der Varianzanalyse und deren Prüfung

Abgesehen von der Intervallskaliertheit der Meßwerte und der Anwendbarkeit des „Allgemeinen Linearen Modells“ (Datenmodell) müssen folgende Bedingungen erfüllt sein:

1. Unabhängigkeit der Fehlerkomponenten (innerhalb einer und zwischen den Stichproben);
2. Normalverteiltheit der Fehlerkomponenten in den Grundgesamtheiten, denen die Stichproben entnommen wurden;
3. Gleichheit der Varianzen der Fehlerkomponenten (in den Grundgesamtheiten, denen die Stichproben entstammen);

Zu 1.: Die erste Voraussetzung kann als erfüllt gelten, wenn die Untersuchungseinheiten den Treatmentstufen tatsächlich nach Zufall zugeordnet und unter den verschiedenen Stufen verschiedene Stichproben (unabhängige Messungen) untersucht werden.

Zu 2.: Die Normalverteilungsvoraussetzung, die auch für die Meßwerte gilt, da sie nur durch eine additive Konstante, den jeweiligen Gruppenmittelwerten, mit den Fehlerkomponenten verbunden sind, kann im Prinzip – bei hinreichend vielen Daten – mittels des χ^2-Anpassungstests geprüft werden.

Zu 3.: **(a)** Die Varianzhomogenitätsvoraussetzung, die ebenfalls und aus dem gleichen Grund wie die Normalverteilungsvoraussetzung auch für die Meßwerte gilt, kann u. a. mit dem **Bartlett-Test** überprüft werden:

Hypothesen:

	H_0	H_1
	$\sigma_1^2 = \ldots = \sigma_a^2$	$\sigma_1^2 \neq \ldots \neq \sigma_a^2$

wobei σ_a^2 = die Populationsvarianz der a-ten Faktorstufe.

Testgröße:

$$B = \frac{2.203}{C}\left[(N-A)\log_{10}\frac{\sum_a (n_a-1)\cdot s_a^2}{N-A} - \sum_a (n_a-1)\log_{10}\cdot s_a^2\right] \tag{10.2.24}$$

wobei s_a^2 = die Stichprobenvarianz in der a-ten Faktorstufe

und
$$C = 1 + \frac{1}{3 \cdot (A-1)} \left(\sum_a \frac{1}{n_a - 1} - \frac{1}{N - A} \right)$$

Wenn alle $n_a \geq 5$ ist diese Größe annähernd χ^2-verteilt mit $A - 1$ Freiheitsgraden.

Entscheidung: H_1 zweiseitig: $B \geq \chi^2_{(\alpha, A-1)} \Rightarrow H_0$ verwerfen

Um den β-Fehler indirekt zu verkleinern, ist eine relativ große α-Fehlerwahrscheinlichkeit zu wählen, z. B. $\alpha = .25$.

(b) Im Falle gleichgroßer Stichproben kann die Varianzhomogenitätsprüfung einfacher mittels des **F_{max}-Tests** geprüft werden. Als Testgröße bildet man den Quotienten aus größter und kleinster Fehlervarianzschätzung:

(10.2.25)
$$F = \frac{\max(s_1^2, \ldots, s_a^2, \ldots, s_A^2)}{\min(s_1^2, \ldots, s_a^2, \ldots, s_A^2)}$$

Der auf diese Weise ermittelte F_{max}-Wert kann anhand eigens entwickelter Tabellen, unter Berücksichtigung der Anzahl der Varianzschätzungen (Faktorstufen: A) und der Freiheitsgrade einer einzelnen Schätzung ($n - 1$) auf seine Bedeutsamkeit geprüft werden. Erreicht oder überschreitet ein empirischer F_{max}-Wert den kritischen Wert, ist die Nullhypothese (homogener Varianzen) abzulehnen.

Zu den **Voraussetzungen der Varianzanalyse** ist allgemein festzuhalten: Bei gleichgroßen Stichproben pro Faktorstufe ist der F-Bruch gegenüber Verletzungen der Normalverteilung und Varianzhomogenität relativ robust. Bei kleineren ($n_a < 10$) und ungleich großen Stichproben mit heterogenen Varianzen ist die Gültigkeit des F-Bruchs erheblich gefährdet. Besteht Grund, eine Verletzung der Voraussetzungen zu vermuten, sollte in diesem Fall z. B. ein verteilungsfreies Verfahren herangezogen werden (vgl. Abschnitt **10.6 Varianzanalyse für Daten mit Ordinalskala-Niveau**).

10.2.7 SPSS-Beispielrechnung der einfaktoriellen Varianzanalyse

SPSS-Beispiel: *Einfaktorielle Varianzanalyse zum Vergleich der Depressivitätsskala und der Skala für Dominanzstreben zwischen den drei Untersuchungsgruppen (1 Depressive, 2 Sozial Ängstliche und 3 Normale).*

Syntax:

```
ONEWAY fpi3 fpi7 BY grp(1 3)
  /HARMONIC NONE
  /STATISTICS HOMOGENEITY
  /FORMAT NOLABELS
  /MISSING ANALYSIS.
```

Ausgabe:

```
                      - - - - -  O N E W A Y  - - - - -

        Variable  FPI3          Depressivität
     By Variable  GRP           Klientengruppen

                                    Analysis of Variance

                                Sum of         Mean          F          F
        Source         D.F.     Squares        Squares       Ratio      Prob.

Between Groups           2      213,4409       106,7204       51,0208   ,0000
Within Groups           56      117,1354         2,0917
Total                   58      330,5763


Levene Test for Homogeneity of Variances

    Statistic     df1    df2        2-tail Sig.
      1,9362       2     56            ,154

                     - - - - -  O N E W A Y  - - - - -

        Variable  FPI7          Dominanzstreben
     By Variable  GRP           Klientengruppen

                                    Analysis of Variance

                                 Sum of        Mean          F           F
        Source         D.F.      Squares       Squares       Ratio       Prob.

Between Groups           2         9,5930        4,7965      1,2369      ,2981
Within Groups           56       217,1528        3,8777
Total                   58       226,7458

Levene Test for Homogeneity of Variances

    Statistic     df1    df2        2-tail Sig.
       ,2853       2     56            ,753
```

Erklärung: Bei der Depressivitätsskala zeigt sich ein signifikanter Unterschied zwischen den drei Gruppen, während sich die drei Gruppen bezüglich ihres „Dominanzstrebens" scheinbar nicht voneinander unterscheiden.

Die Ausgabe zeigt das Ergebnis einer einfachen Varianzanalyse (**Analysis of Variance**). Sie wird zum Testen der Hypothese verwendet, ob die Stufen der unabhängigen Variable (des Faktors) einen Einfluß auf eine (oder mehrere) abhängige Variable(n) ausüben. Als Quelle (**Source**) der Variation wird im Ergebnis unterschieden zwischen einer Streuung zwischen den Gruppen (**Between Groups**) – gemeint ist der Anteil der Gesamtvarianz der abhängigen Variablen, der durch Unterschiede in den Gruppenmittelwerten erklärt werden kann – und der Streuung innerhalb der Gruppen (**Within Groups**), als Streuung der Beobachtungen in einer Gruppe um den Gruppenmittelwert (auch Streuung des Fehlers genannt). Diese Variationsanteile werden als Gesamtstreuung (**Total**) zusammengefaßt. In der zweiten Spalte erfolgt eine Angabe zu den Freiheitsgraden (**Degrees of Freedom**), also der Zahl, die in die Teststatistik eingeht, um das beobachtete Signifikanzniveau zu bestimmen. Die Quadratsumme (**Sum of Squares**) gibt die Summe der quadratischen Abweichungen einer Größe wieder, während die mittlere Quadratsumme (**Mean Square**), die Quadratsumme, dividiert durch die Anzahl der Freiheitsgrade angibt. Schließlich folgt das Ergebnis des *F*-Bruches (**F Ratio**), der das Verhältnis der beiden mittleren Quadratsummen, dividiert durch die zugehörige Anzahl an Freiheitsgraden wiedergibt. Die größere mittlere quadratische Abweichung steht normalerweise im Zähler, während die kleinere im Nenner steht. Mit der Wahrscheinlichkeit von *F* (**F Prob.**) kann schließlich das beobachtete Signifikanzniveau von *F* geprüft werden, also die Wahrscheinlichkeit, daß bei Gültigkeit der Nullhypothese ein *F*-Wert mindestens so groß wie der beobachtete auftreten kann.

10.3 Zweifaktorielle Varianzanalyse

10.3.1 Problemstellung, Daten und Datenmodell

<u>Problemstellung:</u> Das analytische Potential der Varianzanalyse kommt erst im mehrfaktoriellen Fall voll zur Geltung: Man kann in diesem Fall nicht nur die Auswirkungen verschiedener (mehrstufiger) unabhängiger Variablen (Faktoren) auf eine abhängige Variable getrennt voneinander untersuchen, sondern auch die sogenannte **Wechselwirkung** (Interaktion) dieser Faktoren im Hinblick auf die abhängige Variable. Beim Vorliegen einer Interaktion ist der Einfluß eines Faktors auf die abhängige Variable nicht gleichförmig, sondern davon abhängig, welche Stufe eines zweiten Faktors bzw. welche Bedingungsstufenkombination mehrerer anderer Faktoren realisiert ist.

Im folgenden wird diese erweiterte Problemstellung am Beispiel der zweifaktoriellen Varianzanalyse (mit unabhängiger Messung und nach dem „Fixed"-Faktoren Modell erläutert).

Daten: Die Werte x_{abi}, mit $a = a_1, ..., a_a, ... a_A$ für die Stufen des ersten Faktors, $b = b_1, ..., b_b, ... b_B$ für die Stufen des zweiten Faktors und $i = 1, ..., n_{ab} = n$ für die Versuchspersonen innerhalb einer Zelle (a, b), stellen die in einem konkreten Experiment unter einer Bedingungskombination (ab) bei einer Versuchsperson i ermittelten Ergebnisse dar.

Man erhält folgende Datentabelle:

		Stufen von Faktor *B*					
		b_1	b_2	...	b_b	...	b_B
	a_1	x_{111}	x_{121}	...	x_{1b1}	...	x_{1B1}
		...	...	...	...	...	...
		x_{11i}	x_{12i}	...	x_{1bi}	...	x_{1Bi}
		...	...	...	...	...	...
		x_{11n}	x_{12n}	...	x_{1bn}	...	x_{1Bn}
	...	...	...	...	...	...	...
Stufen von Faktor *A*	a_a	x_{a11}	x_{a21}	...	x_{ab1}	...	x_{aB1}
		...	...	...	...	...	...
		x_{a1i}	x_{a2i}	...	x_{abi}	...	x_{aBi}
		...	...	...	...	...	...
		x_{a1n}	x_{a2n}	...	x_{abn}	...	x_{aBn}
	...	...	...	...	...	...	...
	a_A	x_{A1n}	x_{A2n}	...	x_{Abn}	...	x_{ABn}

Aus dieser Tabelle geht hervor, daß die beiden experimentellen Faktoren *A* und *B* **„gekreuzt"** (*crossed*), d. h. vollständig miteinander kombiniert werden. In einer anderen Kombinationsart wird nur jeweils eine Stufe eines Faktors mit einigen Stufen eines anderen Faktors kombiniert, so daß die Faktoren **„verschachtelt"** (*nested*) sind. Einen Vergleich beider Verbindungsformen zeigt Abbildung 10-1 (vgl. Abschnitt **10.8 Weitere Testverfahren im Überblick**).

„Cross"-Verbindung: $A \times B$

a_1	b_1	b_2	b_3
a_2	b_1	b_2	b_3

„Nested"-Verbindung: $B(A)$

a_1	b_1	b_2	b_3
a_2	b_4	b_5	b_6

Abb. 10-1: Gekreuzte und verschachtelte Verbindung zweier experimenteller Faktoren *A* und *B*

Die weiteren Ausführungen gelten nur für den „gekreuzten" Fall. Wiederum sei zunächst angenommen, daß es sich um einen balancierten Versuchsplan handelt, die Anzahl der Messungen in jeder Zelle konstant ist, so daß ingesamt $N = A \cdot B \cdot n$ Messungen vorliegen. Die für die Effektschätzung relevanten Mittelwerte sind:

Mittelwert der Zelle (*a*, *b*):

(10.3.1) $$\bar{x}_{ab} = \frac{1}{n}\, x_{ab} = \frac{1}{n} \sum_i x_{abi}$$

Mittelwert der Zeile (Faktorstufe) *a*:

(10.3.2) $$\bar{x}_a = \frac{1}{B \cdot n}\, x_a = \frac{1}{B \cdot n} \sum_b \sum_i x_{abi}$$

Mittelwert der Spalte (Faktorstufe) *b*:

(10.3.3) $$\bar{x}_b = \frac{1}{A \cdot n}\, x_b = \frac{1}{A \cdot n} \sum_a \sum_i x_{abi}$$

Gesamtmittelwert:

(10.3.4) $$\bar{x} = \frac{1}{A \cdot B \cdot n}\, x = \frac{1}{N} \sum_a \sum_b \sum_i x_{abi}$$

Datenmodell:

(10.3.5) $$x_{abi} = \mu + \alpha_a + \beta_b + \alpha\beta_{ab} + e_{i(ab)}$$

Die den empirischen Wert x_{abi} „erklärenden" theoretischen Terme auf der rechten Seite dieser Modellgleichung sind ähnlich wie im einfaktoriellen Fall definiert. Als weiterer Parameter kommt der Interaktionsparameter hinzu. Im einzelnen:

> μ stellt den Populationsparameter dar (konstant für alle Bedingungskombinationen).
>
> α_a ist der Effekt der *a*-ten Stufe des Faktors *A*, definiert als Abweichung des Populationsmittelwertes unter der betreffenden Behandlung μ_a, vom Gesamtpopulationswert: $\alpha_a = (\mu_a - \mu)$.
>
> β_b ist der Effekt der *b*-ten Stufe des Faktors *B*, definiert als Abweichung des Populationsmittelwertes unter der betreffenden Behandlung μ_b, vom Gesamtpopulationswert: $\beta_b = (\mu_b - \mu)$.
>
> $\alpha\beta_{ab}$ ist der Effekt der *a*-ten Stufe des Faktors *A* in Verbindung mit der *b*-ten Stufe von Faktor *B*, definiert als: $\alpha\beta_{ab} = (\mu_{ab} - \mu_a - \mu_b - \mu)$.
>
> $e_{i(ab)}$ ist die als Versuchsfehler zu interpretierende Zufallskomponente des Meßwertes x_{abi}, definiert als Abweichung dieses Meßwertes vom Populationsmittelwert unter der betreffenden Hypothese: $e_{i(ab)} = (x_{abi} - \mu_{ab})$.

Entsprechend diesen Definitionen gelten folgende praktische Bestimmungsgleichungen:

(10.3.6) $$\hat{\mu} = \bar{x}$$

(10.3.7) $$\hat{\alpha}_a = (\bar{x}_a - \bar{x})$$

(10.3.8) $$\hat{\beta}_b = (\bar{x}_b - \bar{x})$$

(10.3.9) $$\hat{\alpha\beta}_{ab} = (\bar{x}_{ab} - \bar{x}_a - \bar{x}_b + \bar{x})$$

(10.3.10) $$\hat{e}_{i(ab)} = (x_{abi} - \bar{x}_{ab})$$

10.3.2 Statistische Hypothesen

Entsprechend den drei „substantiellen" Parametern des Datenmodells sind drei Hypothesen bzw. Hypothesenpaare zu formulieren:

	H_0	H_1
Einfluß von Faktor A	$\mu_1 = ... = \mu_a = ... = \mu_A$	$\mu_1 \neq ... \neq \mu_a \neq ... \neq \mu_A$
	bzw. $\alpha_a = 0$	bzw. $\alpha_a \neq 0$
Einfluß von Faktor B	$\mu_1 = ... = \mu_b = ... = \mu_B$	$\mu_1 \neq ... \neq \mu_b \neq ... \neq \mu_B$
	bzw. $\beta_b = 0$	bzw. $\beta_b \neq 0$
Wechselwirkung von A und B	$\alpha\beta_{ab} = 0$	$\alpha\beta_{ab} \neq 0$

Entsprechend dem Test-Rationale im einfaktoriellen Fall basiert die Prüfung dieser Hypothesen auf der Aufteilung der Gesamtvariation in die Variation zwischen den Gruppen und der Fehlervariation und dem Vergleich der drei Komponenten der Variation zwischen den Gruppen mit der Fehlervariation.

10.3.3 Zerlegung der Summe der Abweichungsquadrate und Varianzschätzungen

Zur Zerlegung der Summe der Abweichungsquadrate wird, wie im einfaktoriellen Fall, von der Modellgleichung in Termini der praktischen Bestimmungsgleichungen ausgegangen:

(10.3.11) $$x_{abi} = \bar{x} + (\bar{x}_a - \bar{x}) + (\bar{x}_b - \bar{x}) + (\bar{x}_{ab} - \bar{x}_a - \bar{x}_b + \bar{x}) + (x_{abi} - \bar{x}_{ab})$$

(10.3.12) $$x_{abi} - \bar{x} = (\bar{x}_a - \bar{x}) + (\bar{x}_b - \bar{x}) + (\bar{x}_{ab} - \bar{x}_a - \bar{x}_b + \bar{x}) + (x_{abi} - \bar{x}_{ab})$$

Werden diese Abweichungswerte quadriert und anschließend summiert, lassen sich die einzelnen **Quadratsummen** ermitteln:

(10.3.13) $$QS_{\text{tot}} = QS_A + QS_B + QS_{AB} + QS_{in}$$

wobei

(10.3.14) $$QS_{\text{tot}} = \sum_a \sum_b \sum_i (x_{abi} - \bar{x})^2$$

(10.3.15) $$QS_A = Bn \sum_a (\bar{x}_a - \bar{x})^2$$

(10.3.16) $$QS_B = An \sum_b (\bar{x}_b - \bar{x})^2$$

(10.3.17) $$QS_{AB} = n \sum_a \sum_b (\bar{x}_{ab} - \bar{x}_a - \bar{x}_b + \bar{x})^2$$

(10.3.18) $$QS_{\text{in}} = \sum_a \sum_b \sum_i (x_{abi} - \bar{x}_{ab})^2$$

Durch Division dieser Quadratsummen mit den entsprechenden Freiheitsgraden ergeben sich die **mittleren Quadratsummen**, die alle eine erwartungstreue Schätzung der Fehlervarianz ermöglichen – eventuell zuzüglich einer Komponente, die durch die Wirkung des betreffenden Faktors bedingt ist:

Eine **„mittlere Quadratsumme für den Faktor *A*, *B* und *AB*"** (zwischen den Gruppen) erhält man durch folgende Beziehungen:

(10.3.19) $$MQ_A = \frac{QS_A}{FG_A} = \frac{QS_A}{A - 1}$$

(10.3.20) $$MQ_B = \frac{QS_B}{FG_B} = \frac{QS_B}{B - 1}$$

(10.3.21) $$MQ_{AB} = \frac{QS_{AB}}{FG_{AB}} = \frac{QS_{AB}}{(A - 1)(B - 1)}$$

Ebenso kann eine **„mittlere Quadratsumme innerhalb"** (der Gruppen) definiert werden:

(10.3.22) $$MQ_{\text{in}} = \frac{QS_{\text{in}}}{FG_{\text{in}}} = \frac{QS_{\text{in}}}{A \cdot B(n - 1)}$$

10.3.4 Vergleich der Varianzschätzungen

Aus den vorausgehenden Varianzkomponentengleichungen werden nach folgendem Prinzip die ***F*-Brüche** für die Signifikanzprüfung der einzelnen Varianzquellen gebildet. Die Varianzkomponente für den zu testenden Faktor oder die Faktorkombination wird von der Fehlervarianzkomponente der betreffenden Varianzquelle isoliert und unter Annahme von H_0 gleich Null gesetzt. Damit stehen für Zähler und Nenner eines *F*-Bruchs zwei unabhängige, exakt identische (ohne die isolierte Komponente) Varianzausdrücke zur Verfügung, so daß dieser Quotient anhand der *F*-Tabelle auf Signifikanz zu prüfen ist. Im vorliegenden Fixed-Modell ist die Fehlervarianz immer die entsprechende Bezugsvarianz für den Nenner des *F*-Bruchs:

$$(10.3.23)\quad F_A = \frac{MQ_A}{MQ_{\text{in}}} \qquad (10.3.24)\quad F_B = \frac{MQ_B}{MQ_{\text{in}}} \qquad (10.3.25)\quad F_{AB} = \frac{MQ_{AB}}{MQ_{\text{in}}}$$

Die Entscheidung über Beibehaltung/Verwerfung der Nullhypothese erfolgt wiederum durch Vergleich mit einem kritischen *F*-Wert, der seinerseits unter Berücksichtigung von Zähler- und Nennerfreiheitsgraden zu bestimmen ist. Um den prozentualen Anteil der Variation in der abhängigen Variable der drei Effektgrößen zu bestimmen, kann zusätzlich ein deskriptives Maß der **Varianzaufklärung** berechnet werden:

$$(10.3.26)\quad V_A = \frac{QS_A}{QS_{\text{tot}}} \cdot 100 \qquad (10.3.27)\quad V_B = \frac{QS_B}{QS_{\text{tot}}} \cdot 100$$

$$(10.3.28)\quad V_{AB} = \frac{QS_{AB}}{QS_{\text{tot}}} \cdot 100$$

10.3.5 Rechen- und Bericht-Schema

Wie im einfaktoriellen Fall empfiehlt sich eine Systematisierung der Rechenarbeit anhand des folgenden Schemas, das gleichzeitig einen konventionellen Rahmen für den Varianzanalyse-Bericht darstellt:

Quelle der Variation	Quadratsummen	*FG*	*MQ*	*F*	*p*
zwischen A	$QS_A = Bn\sum_a(\bar{x}_a - \bar{x})^2$	$A-1$	$\frac{QS_A}{A-1}$	$\frac{MQ_A}{MQ_{in}}$	
B	$QS_B = An\sum_b(\bar{x}_b - \bar{x})^2$	$B-1$	$\frac{QS_B}{B-1}$	$\frac{MQ_B}{MQ_{in}}$	

Quelle der Variation	Quadratsummen	FG	MQ	F	p
AB	$QS_{AB} = n\sum_a \sum_b \times (\bar{x}_{ab} - \bar{x}_a - \bar{x}_b + \bar{x})^2$	$(A-1)(B-1)$	$\frac{QS_{AB}}{(A-1)(B-1)}$	$\frac{MQ_{AB}}{MQ_{in}}$	
innerhalb (Fehler)	$QS_{in} = \sum_a \sum_b \sum_i (x_{abi} - \bar{x}_{ab})^2$	$AB(n-1)$	$\frac{QS_{in}}{AB(n-1)}$		
Gesamt-variation	$QS_{tot} = \sum_a \sum_b \sum_i (x_{abi} - \bar{x})^2$	$AB \cdot n - 1 = N - 1$	$\frac{QS_{tot}}{N-1}$		

(a) Die konkrete Berechnung der Quadratsummen orientiert sich an den ursprünglichen Meßwerten. Entsprechend gibt es äquivalente Formeln, bei deren Anwendung man sich die Wiederholung bestimmter Rechenwege zunutze machen kann. Für den Fall **gleich großer Zellenfrequenzen** ergibt sich:

Quadratsumme QS:

(10.3.29) $$S_1 = \sum_a \sum_b \sum_i x_{abi}^2$$

Mittlere Quadratsumme für Faktor $A - MQ_A$:

(10.3.30) $$S_2 = \frac{1}{Bn} \sum_a \left(\sum_b \sum_i x_{abi} \right)^2 = \frac{1}{Bn} \sum_a x_a^2$$

Mittlere Quadratsumme für Faktor $B - MQ_B$:

(10.3.31) $$S_3 = \frac{1}{An} \sum_b \left(\sum_a \sum_i x_{abi} \right)^2 = \frac{1}{An} \sum_b x_b^2$$

Mittlere Quadratsumme für Faktoren $AB - MQ_{AB}$:

(10.3.32) $$S_4 = \frac{1}{n} \sum_a \sum_b \left(\sum_i x_{abi} \right)^2 = \frac{1}{n} \sum_a \sum_b x_{ab}^2$$

Mittlere Gesamtquadratsumme $\bar{x}^2$:

(10.3.33) $$C = \frac{1}{AB \cdot n} \left(\sum_a \sum_b \sum_i x_{abi} \right)^2 = \frac{1}{N} x^2$$

Mit Hilfe dieser Ausdrücke bestimmen sich dann die Quadratsummen nach den angesprochenen Formeln wie folgt:

(10.3.34) $$QS_{tot} = \sum_a \sum_b \sum_i x_{abi}^2 - \frac{1}{N} \left(\sum_a \sum_b \sum_i x_{abi} \right)^2 = S_1 - C$$

(10.3.35)
$$QS_A = \frac{1}{Bn}\sum_a\left(\sum_b\sum_i x_{abi}\right)^2 - \frac{1}{N}\left(\sum_a\sum_b\sum_i x_{abi}\right)^2 = S_2 - C$$

(10.3.36)
$$QS_B = \frac{1}{An}\sum_b\left(\sum_a\sum_i x_{abi}\right)^2 - \frac{1}{N}\left(\sum_a\sum_b\sum_i x_{abi}\right)^2 = S_3 - C$$

(10.3.37)
$$QS_{AB} = \frac{1}{N}\left(\sum_a\sum_b\sum_i x_{abi}\right)^2 - \frac{1}{Bn}\sum_a\left(\sum_b\sum_i x_{abi}\right)^2 - \frac{1}{An}\sum_b\left(\sum_a\sum_i x_{abi}\right)^2 + \frac{1}{N}\left(\sum_a\sum_b\sum_i x_{abi}\right) = S_4 - S_2 - S_3 + C$$

(10.3.38)
$$QS_{\text{in}} = \sum_a\sum_b\sum_i x_{abi}^2 - \frac{1}{n}\sum_a\sum_b\left(\sum_i x_{abi}\right)^2 = S_1 - S_4$$

Die übrigen Berechnungsschritte ergeben sich aus dem o. a. Schema.

Rechenbeispiel: In einer Untersuchung zur Effektivität von vier verschiedenen Lehrmethoden im Hinblick auf einen Wissenstest (AV) sei auch das Geschlecht der Kinder von Interesse, zumal es möglicherweise in Wechselwirkung mit dem Treatment tritt. Jeder Treatmentstufe werden nach Zufall je 5 Jungen und 5 Mädchen zugewiesen. Die Aufteilung ist Faktor A für Geschlecht (a_1 = Jungen, a_2 = Mädchen) und Faktor B für Lehrmethode (b_1 = traditionell, b_2 = programmiert, b_3 = eklektisch und b_4 = „chaotisch"). Für alle statistischen Hypothesen gilt eine Irrtumswahrscheinlichkeit von 5%.
Drei Hypothesen können geprüft werden: die Wirkung des Geschlechts, die Wirkung der Methode und die Interaktion beider Faktoren. Die Daten lassen sich in folgender Tabelle darstellen:

Faktor A (Geschlecht)		Faktor B (Lehrmethode) b_1	b_2	b_3	b_4
	a_1	5	7	9	9
		4	8	7	10
		3	5	8	7
		2	6	5	8
		1	4	6	6
	a_2	6	5	7	7
		5	6	5	5
		4	3	6	6
		3	4	3	8
		2	2	4	9

```
 Stufen Faktor A (A)
2
 Stufen Faktor B (B)
4
 Werte pro Zelle (n)
5
 Anzahl gestufter Zellen (AB)
8
 Gesamtzahl Zellen (N)
40
 Summen Faktor A (xa)
100 120
 Summen Faktor B (xb)
35 50 60 75
 Zellensummen AB (xab)
 20 15
 20 30
 25 35
 35 40
 Gesamtsumme (x)
220
-----------------------------------------------------------------------
```

Im Hinblick auf die Berechnung der Quadratsummen empfiehlt sich zunächst die Zusammenfassung der Daten in eine Summentabelle:

x_{ab}		b_1	b_2	b_3	b_4	x_a
	a_1	15	30	35	40	120
A	a_2	20	20	25	35	100
x_b		35	50	60	75	220 = x

Aus beiden Tabellen lassen sich die Hilfsgrößen bestimmen:

$$S_1 = 5^2 + 4^2 + \ldots + 8^2 + 9^2 = 1400$$

$$S_2 = \frac{1}{4 \cdot 5}\left(120^2 + 100^2\right) = 1220$$

$$S_3 = \frac{1}{2 \cdot 5}\left(35^2 + 50^2 + 60^2 + 75^2\right) = 1295$$

$$S_4 = \frac{1}{5}\left(15^2 + 30^2 + 35^2 + 40^2 + 20^2 + 20^2 + 25^2 + 35^2\right) = 1320$$

$$C = \frac{1}{2 \cdot 4 \cdot 5}\left(220^2\right) = 1210$$

Die weiteren Berechnungen folgen dem o.a. Schema:

Quelle	Quadratsummen	*FG*	*MQ*	*F*	*p*
zwischen					
A	$QS_A = S_2 - C = 1220 - 1210 = 10$	2 - 1	$\frac{10}{1} = 10$	$\frac{10}{2.5} = 4$	>.05
B	$QS_B = S_3 - C = 1295 - 1210 = 85$	4 - 1	$\frac{85}{3} = 28.33$	$\frac{28.33}{2.5} = 11.33$	<.05
AB	$QS_{AB} = S_4 - S_2 - S_3 + C$ $= 1320 - 1220 - 1295 + 1210 = 15$	(2 - 1)(4 - 1)	$\frac{15}{3} = 5$	$\frac{5}{2.5} = 2$	<.05
innerhalb	$QS_{in} = S_1 - S_4 = 1400 - 1320 = 80$	2 · 4(5 - 1)	$\frac{80}{32} = 2.5$		
Gesamt	$QS_{tot} = S_1 - C = 1400 - 1210 = 190$	2 · 4 · 5 - 1 = 40 - 1	$\frac{190}{39} = 4.87$		

	QS	df	VAR	F
A	10.0000	1	10.0000	**4.0000**
B	85.0000	3	28.3333	**11.3333**
AxB	15.0000	3	5.0000	**2.0000**
ERROR	80.0000	32	2.5000	
TOTAL	190.0000	39		

	P	FL	CRIT1	CRIT5	V
A	**0.051436**	0.948564	7.499281	**4.149098**	5.263158
B	**0.000039**	0.999961	4.459429	**2.901120**	44.736842
AxB	**0.132437**	0.867563	4.459429	**2.901120**	7.894737

Da der F-Bruch für Faktor A mit 4.0 kleiner als der kritische F-Wert von 4.15 ist (bei 5% Irrtumswahrscheinlichkeit und 1 Zähler- und 32 Nennerfreiheitsgraden), kann die den Faktor „Geschlecht" betreffende Nullhypothese nicht verworfen werden. Da andererseits der F-Bruch für Faktor B mit 11.33 größer als der kritische Wert von 2.9 (bei 5% Irrtumswahrscheinlichkeit und 3 Zähler- und 32 Nennerfreiheitsgraden) ist, ist die den Faktor „Methode" betreffende Nullhypothese zurückzuweisen. Das Ergebnis spricht für einen Effekt der Lehrmethode auf die Leistung bei der Wissensprüfung. Da schließlich der F-Bruch für den Interaktionseffekt von A und B mit 2.0 kleiner als der kritische F-Wert von 2.9 ist, kann auch die die Wechselwirkung der beiden Faktoren betreffende Nullhypothese nicht zurückgewiesen werden. (Die Angabe V gibt den Anteil erklärter Varianz für die einzelnen Faktoren bzw. Faktorkombinationen an.)

Die Voraussetzungen entsprechen denen im einfaktoriellen Fall (vgl. Abschnitt **10.2.6 Voraussetzungen der Varianzanalyse und deren Prüfung**).

SPSS-Beispiel: *Vergleichsrechnung zum obigen Beispiel (Erläuterung unter Abschnitt* ***10.3.6 SPSS-Beispielrechnung der mehrfaktoriellen und multivariaten Varianzanalyse****)*

Syntax:

```
ANOVA VARIABLES=messung
  BY sex(1 2) methode(1 4)
  /MAXORDERS ALL
  /METHOD UNIQUE
  /FORMAT LABELS.
```

Ausgabe:

```
            * * *  A N A L Y S I S   O F   V A R I A N C E  * * *

                MESSUNG
            by  SEX
                METHODE

                UNIQUE sums of squares
                All effects entered simultaneously

                          Sum of             Mean                  Sig
Source of Variation      Squares    DF     Square          F      of F

Main Effects              95,000     4     23,750      9,500      ,000
   SEX                    10,000     1     10,000      4,000      ,054
   METHODE                85,000     3     28,333     11,333      ,000

2-Way Interactions        15,000     3      5,000      2,000      ,134
   SEX       METHODE      15,000     3      5,000      2,000      ,134

Explained                110,000     7     15,714      6,286      ,000

Residual                  80,000    32      2,500

Total                    190,000    39      4,872


40 cases were processed.
0 cases (,0 pct) were missing.
```

(b) Für den Fall **ungleich großer Zellfrequenzen** und fehlender Proportionalität (der Stichprobenumfänge in den Zeilen und Spalten) muß ein anderer Berechnungsweg eingeschlagen werden. Die fehlenden Stichprobenumfänge lassen sich dann (als approximative Lösung) durch das **harmonische Mittel** ersetzen. Das Verhältnis vom größten zum kleinsten Stichprobenumfang sollte allerdings <5 sein. Die Berechnung des harmonischen Mittels erfolgt nach folgender Formel:

(10.3.39)
$$HM = \frac{A \cdot B}{\sum_a \sum_b \frac{1}{n}}$$

Weiterhin für die Berechnung notwendig sind die Mittelwerte der Meßwerte für die Faktorstufenkombinationen:

(10.3.40) $$AM_{ab} = \sum_i \frac{x_{abi}}{n}$$

Die resultierenden Mittelwerte werden dann zeilen- und spaltenweise (über Faktor A und B) und schließlich zu einer Gesamtsumme aufsummiert:

(10.3.41) $$A_a = \sum_a AM_{ab}$$

(10.3.42) $$B_b = \sum_b AM_{ab}$$

(10.3.43) $$S = \sum_a A_a = \sum_b B_b$$

Für die Berechnung der Quadratsummen stehen dann spezielle Formeln zur Verfügung:

Summe der Quadratsummen pro Zelle:

(10.3.44) $$S_1 = \sum_a \sum_b \left(\sum_i x_{abi}^2 - \frac{\left(\sum_i x_{abi}^2 \right)^2}{n} \right)$$

Mittlere Quadratsumme für Faktor A:

(10.3.45) $$S_2 = \frac{\sum_a A_a^2}{B}$$

Mittlere Quadratsumme für Faktor B:

(10.3.46) $$S_3 = \frac{\sum_b B_a^2}{A}$$

Mittlere Quadratsumme für Faktoren AB:

(10.3.47) $$S_4 = \sum_a \sum_b AM_{ab}^2$$

Mittlere Gesamtquadratsumme $\bar{x}^2$:

(10.3.48) $$C = \frac{1}{AB} \left(\sum_a \sum_b \sum_i x_{abi} \right)^2 = \frac{1}{A \cdot B} \cdot x^2$$

Bei den verbleibenden Berechnungsschritten ändert sich lediglich die Bestimmung der „Quadratsumme innerhalb“, da diese direkt aus den Quadratsummen innerhalb der einzelnen Zellen ermittelt werden muß (mit $df = N - A \cdot B$):

(10.3.49) $$QS_{\text{in}} = S_1$$

(10.3.50) $$QS_{\text{tot}} = S_1 - C$$

(10.3.51) $$QS_A = S_2 - C$$

(10.3.52) $$QS_B = S_3 - C$$

(10.3.53) $$QS_{AB} = S_4 - S_2 - S_3 + C$$

```
Rechenbeispiel: Folgender Datensatz wird für die Berechnung herangezogen
(ein Unterstrich markiert die fehlenden Werte):

Faktor A (3 Stufen)
 5 6 7
 4 6 6
 4 6 7
 5 5 6
 6 6 7
 5 6 6
 5 5 6
 6 6 7
 5 7 8
 5 7 8

 6 5 8
 6 5 8
 4 5 7
 4 7 7
 6 7 7
 7 6 7
 6 6 6
 6 6 8
 7 5 6
 6 7 8
Faktor B (4 Stufen)
 6 5 8
 5 5 8
 7 4 8
 6 6 7
 5 5 6
 6 7 7
 6 4 8
 5 5 8
 7 7 6
```

```
 5 5 7
 5 5 7
 6 5 5
 6 6 -
 - 6 6
 7 - 7
 5 4 8
 - 5 -
 - - -
 - - -
 7 - 8
-----------------------------------------------------------------------
```

Zunächst sind pro Zelle die Zellensummen zu bestimmen; dies erleichtert die Mittelwertsbildung:

```
 Stufen Faktor A (A)
3
 Stufen Faktor B (B)
4
 Werte pro Zelle (n)
10
 Anzahl Zellen (N)
12
 Zellensummen (ZS)
50 60 68
58 59 72
58 53 73
36 31 41
-----------------------------------------------------------------------
```

Nach Division mit dem jeweiligen n pro Zelle lassen sich die Mittelwerte pro Zelle berechnen.

```
 Mittelwertstabelle (MEAN)
5           6           6.8
5.8         5.9         7.2
5.8         5.3         7.3
6           5.1667      6.8333
-----------------------------------------------------------------------
```

Diese sind pro Faktor (Zeile und Spalte) aufzusummieren. Im zweiten Schritt werden die zu einem Wert aufsummierten Mittelwerte quadriert und durch die Anzahl der jeweiligen Faktorstufe dividiert (Berechnung von S2 und S3).

$$S_2 = \frac{1802.51}{4} = 450.628 \qquad S_3 = \frac{1336.61}{3} = 445.537$$

```
 Summen der Mittelwerte Faktor A (AMEAN)
22.6 22.3667 28.1333
 Quadrierte Gesamtsumme von Faktor A dividiert durch Stufen von B (S2)
450.6281
 Summen der Mittelwerte Faktor B (qMEAN)
17.8 18.9 18.4 18
```

```
 Quadrierte Gesamtsumme von Faktor B dividiert durch Stufen von A (S3)
445.5467
 Gesamtsumme der Mittelwerte (G)
73.1
-----------------------------------------------------------------------
```

Weiter benötigt wird die quadrierte Gesamtsumme G dividiert durch AxB (entspricht C):

$$C = \frac{73.1^2}{12} = 445.3008$$

```
 Mittlere Gesamtsumme der quadrierten Werte (C)
445.3008333
-----------------------------------------------------------------------
```

Werden die Mittelwerte quadriert und dann aufsummiert ergibt sich S4:

$$S_4 = 5^2 + 6^2 + ... + 5.167^2 + 6.833^2 = 451.9389$$

```
 Summe der quadrierten Mittelwerte (S4)
451.9388889
-----------------------------------------------------------------------
```

Aus allen Daten ist schließlich das Harmonische Mittel zu bestimmen:

$$HM = \frac{12}{1.4} = 8.57$$

```
 Harmonisches Mittel (HARM)
8.5714
-----------------------------------------------------------------------
```

Für die Berechnung der Quadratsumme innerhalb (Fehlerquadratsumme) müssen zunächst die Quadratsummen pro Zelle ermittelt werden. Werden diese über alle Zellen zu einem Wert aufsummiert, resultiert die gesuchte Quadratsumme (S1).

$$S_1 = 4 + 4 + ... + 2.833 + 6.833 = 71.167$$

```
 Quadratsummen pro Zelle (QSZ)
4            4            5.6
9.6          6.9          5.6
5.6         10.1          6.1
4            2.8333       6.8333

 Quadratsumme innerhalb (QSE)
71.1667
-----------------------------------------------------------------------
```

Dann lassen sich sämtliche Quadratsummen und zugehörigen F-Brüche ermitteln:

	QS	df	VAR	F
A	45.6619	2	22.8310	30.7977
B	2.0214	3	0.6738	0.9089
AxB	9.2143	6	1.5357	2.0716
ERROR	71.1667	96	0.7413	
TOTAL	128.0643	107		

	P	FL	CRIT1	CRIT5	V
A	0.000000	1.000000	4.833320	3.091191	35.655456
B	0.441689	0.558311	3.992403	2.699393	1.578448
AxB	0.063115	0.936885	2.995699	2.194516	7.195047

10.3.6 SPSS-Beispielrechnung der zweifaktoriellen Varianzanalyse

SPSS-Beispiel: Zweifaktorielle Varianzanalyse zum Vergleich der Offenheitsskala zwischen den drei Untersuchungsgruppen (1 Depressive, 2 Sozial Ängstliche und 3 Normale) und dem Geschlecht (1=männlich, 2=weiblich).

Syntax:

```
ANOVA VARIABLES=fpi9
   BY grp(1 3) sex(1 2)
   /MAXORDERS ALL
   /METHOD UNIQUE
   /FORMAT LABELS.
```

Ausgabe:

```
                        * * * A N A L Y S I S   O F   V A R I A N C E * * *

                             FPI9       Offenheit
                        by   GRP        Klientengruppen
                             SEX        Geschlecht

                             UNIQUE sums of squares
                             All effects entered simultaneously
```

Source of Variation	Sum of Squares	DF	Mean Square	F	Sig of F
Main Effects	11,909	3	3,970	1,949	,133
GRP	,387	2	,193	,095	,910
SEX	8,866	1	8,866	4,352	,042
2-Way Interactions	6,305	2	3,152	1,547	,222
GRP SEX	6,305	2	3,152	1,547	,222
Explained	13,824	5	2,765	1,357	,255
Residual	107,973	53	2,037		
Total	121,797	58	2,100		

```
59 cases were processed.
0 cases (,0 pct) were missing.
```

Erklärung: Bei der Skala zur Offenheit zeigt sich kein signifikanter Unterschied zwischen den drei Untersuchungsgruppen, während es scheinbar einen Effekt zwischen den Geschlechtern gibt. Eine Wechselwirkung zwischen den beiden Variablen läßt sich wiederum nicht bestätigen.

Die Ausgabe zeigt das Ergebnis einer zweifaktoriellen Varianzanalyse (**Analysis of Variance**). Die Anordnung der Ergebnisse ist mit dem einfaktoriellen Fall identisch, so daß hier lediglich die Besonderheiten für den mehrfaktoriellen Fall erklärungsbedürftig sind. Als erste Quelle der Variation (**Source of Variation**) werden

Angaben zu den sog. Haupteffekten (**Main Effects**) gemacht. Gemeint ist der Anteil der gesamten Variation der abhängigen Variablen, der einer einzelnen unabhängigen Variablen oder einem Faktor zugeordnet werden kann. Im allgemeinen ist ein Haupteffekt um so größer, je größer die Unterschiede zwischen den Gruppenmittelwerten für den Faktor und dem Gesamtmittelwert sind. Die Zweckmäßigkeit für einen Signifikanztest eines Haupteffekts hängt davon ab, ob er sich in signifikanter Interaktion mit anderen Variablen befindet. Liegt keine signifikante Interaktion vor, sind die Haupteffekte von Interesse. Die Interaktion kann als 2-Weg-Wechselwirkungseffekt (**2-way interaction**) abgelesen werden. Hiermit läßt sich prüfen, ob ein Interaktions- oder Wechselwirkungseffekt zwischen zwei Variablen besteht.

Danach folgen Angaben zur erklärten Varianz (**Explained**), also dem Anteil der Gesamtvarianz der abhängigen Variablen, der den Summen der Haupteffekte der unabhängigen Variablen sowie allen Interaktionseffekten höherer Ordnung (die in der Analyse enthalten sind) zugeordnet werden kann und zur Restvarianz (**Residual**), also dem Anteil der Variation der abhängigen Variablen, der nicht zugeordnet bzw. erklärt werden kann. Wie im einfaktoriellen Fall werden alle Variationsanteile als Gesamtstreuung (**Total**) zusammengefaßt.

10.4 Drei- und mehrfaktorielle Varianzanalyse

10.4.1 Problemstellung, Daten und Datenmodell

Problemstellung: Die dreifaktorielle Varianzanalyse soll den Einfluß dreier unabhängiger Variablen auf eine abhängige Variable klären. Wie im zweifaktoriellen Fall können die Effekte der Haupt- und Interaktionseffekte getrennt untersucht werden, so daß sich folgende Effektgrößen ergeben: **Drei Haupteffekte** (A, B, C), **drei Zweifach-Interaktionen** ($A \times B$, $A \times C$, $B \times C$) und eine **Dreifach- bzw. Tripel-Interaktion** ($A \times B \times C$). Sie beinhaltet den Varianzanteil, der auf Effekte aus der Kombination aller drei Faktoren zurückzuführen ist. Zusätzlich sind wie bei allen bisher gesprochenen Varianzanalysen **Fehlereffekte** zu differenzieren, die auf die Wirkung von Störvariablen zurückgehen.

Daten: Die Werte x_{abci}, mit $a = a_1, ..., a_a, ... a_A$ für die Stufen des ersten Faktors, $b = b_1, ..., b_b, ... b_B$ für die Stufen des zweiten Faktors, $c = c_1, ..., c_c, ... c_C$ für den dritten Faktor und $i = 1, ..., n_{abc} = n$ für die Versuchspersonen innerhalb einer Zelle (a,b,c), stellen die in einem konkreten Experiment unter einer Bedingungskombination (abc) bei einer Versuchsperson i ermittelten Ergebnisse dar. Werden die Faktoren A, B und C vollständig miteinander kombiniert, liegen insgesamt $N = A \cdot B \cdot C \cdot n$ Messungen vor.

Datenmodell:

Das Datenmodell erweitert sich für den empirischen Wert x_{abci} um weitere „erklärende" theoretische Terme, die wie im zweifaktoriellen Fall definiert sind. Eine Interpretation kann dem zweifaktoriellen Fall entnommen werden.

$$(10.4.1)\quad x_{abci} = \mu + \alpha_a + \beta_b + \chi_c + \alpha\beta_{ab} + \alpha\chi_{ac} + \beta\chi_{bc} + \alpha\beta\chi_{abc} + e_{i(abc)}$$

10.4.2 Statistische Hypothesen

Aus der Kombination der drei Faktoren lassen sich insgesamt sieben Hypothesen bzw. Hypothesenpaare formulieren:

	H_0	H_1
Einfluß von Faktor *A*	$\mu_1 = ... = \mu_a = ... = \mu_A$ bzw. $\alpha_a = 0$	$\mu_1 \neq ... \neq \mu_a \neq ... \neq \mu_A$ bzw. $\alpha_a \neq 0$
Einfluß von Faktor *B*	$\mu_1 = ... = \mu_b = ... = \mu_B$ bzw. $\beta_b = 0$	$\mu_1 \neq ... \neq \mu_b \neq ... \neq \mu_B$ bzw. $\beta_b \neq 0$
Einfluß von Faktor *C*	$\mu_1 = ... = \mu_c = ... = \mu_C$ bzw. $\chi_c = 0$	$\mu_1 \neq ... \neq \mu_c \neq ... \neq \mu_C$ bzw. $\chi_c \neq 0$
Wechselwirkung von *A* und *B*	$\alpha\beta_{ab} = 0$	$\alpha\beta_{ab} \neq 0$
Wechselwirkung von *A* und *C*	$\alpha\chi_{ac} = 0$	$\alpha\chi_{ac} \neq 0$
Wechselwirkung von *B* und *C*	$\beta\chi_{ac} = 0$	$\beta\chi_{ac} \neq 0$
Wechselwirkung von *A*, *B* und *C*	$\alpha\beta\chi_{abc} = 0$	$\alpha\beta\chi_{abc} \neq 0$

10.4.3 Zerlegung der Summe der Abweichungsquadrate und Varianzschätzungen

Ebenfalls äquivalent zum zweifaktoriellen Fall setzt sich die „totale" **Quadratsumme**, die **„mittleren Quadratsummen für den Faktor A, B, C, A × B, A × C, B × C und A × B × C"** (zwischen den Gruppen) und die **„mittlere Quadratsumme innerhalb"** aus den Einzelquadratsummen und der Division mit den entsprechenden Freiheitsgraden zusammen (zuzüglich Faktor *C* und der neu entstehenden Interaktionen):

$$(10.4.2)\quad QS_{tot} = QS_A + QS_B + QS_C + QS_{AB} + QS_{AC} + QS_{BC} + QS_{ABC} + QS_{in}$$

10.4.4 Vergleich der Varianzschätzungen

Die Anzahl der ***F*-Brüche** entspricht auch in diesem Fall der Anzahl möglicher Signifikanzprüfungen der einzelnen Varianzquellen. Ebenso ist hier die Fehlervarianz immer die entsprechende Bezugsvarianz für den Nenner des

F-Bruchs:

(10.4.3) $F_A = \frac{MQ_A}{MQ_{\text{in}}}$ (10.4.4) $F_B = \frac{MQ_B}{MQ_{\text{in}}}$ (10.4.5) $F_C = \frac{MQ_C}{MQ_{\text{in}}}$

(10.4.6) $F_{AB} = \frac{MQ_{AB}}{MQ_{\text{in}}}$ (10.4.7) $F_{AC} = \frac{MQ_{AC}}{MQ_{\text{in}}}$ (10.4.8) $F_{BC} = \frac{MQ_{BC}}{MQ_{\text{in}}}$

(10.4.9) $F_{ABC} = \frac{MQ_{ABC}}{MQ_{\text{in}}}$

Die Entscheidung über Beibehaltung/Verwerfung der Nullhypothese erfolgt wiederum durch Vergleich mit einem kritischen F-Wert, der seinerseits unter Berücksichtigung von Zähler- und Nennerfreiheitsgraden zu bestimmen ist.

10.4.5 Rechen- und Bericht-Schema

Wie im zweifaktoriellen Fall sind die Rechenergebnisse in folgendes Schema einzuordnen, wobei sich die Quadratsummen aus den nachfolgenden Berechnungsgrößen ergeben:

Quelle	Quadratsummen	*FG*	*MQ*	*F*	*p*
zwischen A	QS_A	$A-1$	$\frac{QS_A}{A-1}$	$\frac{MQ_A}{MQ_{\text{in}}}$	
B	QS_B	$B-1$	$\frac{QS_B}{B-1}$	$\frac{MQ_B}{MQ_{\text{in}}}$	
C	QS_C	$C-1$	$\frac{QS_C}{C-1}$	$\frac{MQ_C}{MQ_{\text{in}}}$	
AB	QS_{AB}	$(A-1)(B-1)$	$\frac{QS_{AB}}{(A-1)(B-1)}$	$\frac{MQ_{AB}}{MQ_{\text{in}}}$	
AC	QS_{AC}	$(A-1)(C-1)$	$\frac{QS_{AC}}{(A-1)(C-1)}$	$\frac{MQ_{AC}}{MQ_{in}}$	
BC	QS_{BC}	$(B-1)(C-1)$	$\frac{QS_{BC}}{(B-1)(C-1)}$	$\frac{MQ_{BC}}{MQ_{in}}$	
ABC	QS_{ABC}	$(A-1)(B-1)(C-1)$	$\frac{QS_{ABC}}{(A-1)(B-1)(C-1)}$	$\frac{MQ_{ABC}}{MQ_{\text{in}}}$	

Quelle	Quadratsummen	FG	MQ	F	p
innerhalb		$ABC\,(n-1)$	$\frac{QS_{\text{in}}}{ABC(n-1)}$		
Gesamt		$ABC \cdot n - 1 = N - 1$	$\frac{QS_{\text{tot}}}{ABC(N-1)}$		

Die konkrete Berechnung der Quadratsummen orientiert sich an den ursprünglichen Meßwerten. Die entsprechenden Formeln sind hier:

Quadratsumme QS:

(10.4.10) $$S_1 = \sum_a \sum_b \sum_c \sum_i x_{abci}^2$$

Mittlere Quadratsumme für Faktor $A - MQ_A$:

(10.4.11) $$S_2 = \frac{1}{BCn} \sum_a x_a^2$$

Mittlere Quadratsumme für Faktor $B - MQ_B$:

(10.4.12) $$S_3 = \frac{1}{ACn} \sum_b x_b^2$$

Mittlere Quadratsumme für Faktor $C - MQ_c$:

(10.4.13) $$S_4 = \frac{1}{ABn} \sum_c x_c^2$$

Mittlere Quadratsumme für Faktoren $AB - MQ_{AB}$:

(10.4.14) $$S_5 = \frac{1}{Cn} \sum_a \sum_b x_{ab}^2$$

Mittlere Quadratsumme für Faktoren $AC - MQ_{AC}$:

(10.4.15) $$S_6 = \frac{1}{Bn} \sum_a \sum_c x_{ac}^2$$

Mittlere Quadratsumme für Faktoren $BC - MQ_{BC}$:

(10.4.16) $$S_7 = \frac{1}{An} \sum_b \sum_c x_{bc}^2$$

Mittlere Quadratsumme für Faktoren $ABC - MQ_{ABC}$:

(10.4.17) $$S_8 = \frac{1}{n} \sum_a \sum_b \sum_c x_{abc}^2$$

Mittlere Gesamtquadratsumme $\bar{x}^2$:

(10.4.18) $$C = \frac{1}{ABCn} \cdot x^2$$

Die verbleibenden Berechnungsschritte lassen sich aus dem zweifaktoriellen Fall ableiten:

(10.4.19) $QS_{tot} = S_1 - C$ (10.4.20) $QS_A = S_2 - C$

(10.4.21) $QS_B = S_3 - C$ (10.4.22) $QS_c = S_4 - C$

(10.4.23) $$QS_{AB} = S_5 - S_2 - S_3 + C$$

(10.4.24) $$QS_{AC} = S_6 - S_2 - S_4 + C$$

(10.4.25) $$QS_{BC} = S_7 - S_3 - S_4 + C$$

(10.4.26) $$QS_{ABC} = S_8 - S_5 - S_6 - S_7 + S_2 + S_3 + S_4 + C$$

Rechenbeispiel: *In einer Studie soll die Einstellung zu Politik und Regierung erfragt werden. Die abhängige Variable läßt eine negative (0), neutrale (1) und positive (2) Beurteilung zu. Als unabhängige Variablen werden unterschieden das Geschlecht als Faktor A (weiblich, männlich), das Alter der Personen als Faktor B (Jung[20-34], Mittel[35-49], Alt[50-64]) und als Faktor C die soziale Schicht (Oberschicht, Mittelschicht, Unterschicht). Für jede Faktorstufenkombination werden (als Beispiel) drei Personen angenommen, so daß 2x3x3x3=54 Versuchspersonen benötigt werden. Für alle Hypothesen wird eine Irrtumswahrscheinlichkeit von 1% angenommen.*

```
-------------------------------------------------------------------------
Faktor A (Ober-, Mittel, Unterschicht)

 1 1 1
 1 1 0                jung
 2 1 0

 1 2 0
 2 1 0                mittel  Faktor B        männlich
 2 1 0

 2 2 1
 1 2 1                alt
 0 1 0

                                                Faktor A

 1 2 1
 2 2 1                jung
 2 1 0
```

```
 2 2 1
 2 2 0              mittel  Faktor B        weiblich
 2 1 0

 2 2 1
 0 2 1              alt
 0 2 1
```

Wie im zweifaktoriellen Fall sind zunächst verschiedene Aufsummierungen über die einzelnen Faktoren bzw. Faktorkombinationen vorzunehmen:

```
 Stufen Faktor A (A)
2
 Stufen Faktor B (B)
3
 Stufen Faktor C (C)
3
 Werte pro Zelle (n)
3
 Anzahl Zellen (N)
18
 Summen Faktor A (xa)
27 35
 Summen Faktor B (xb)
25 28 9
 Summen Faktor C (xc)
20 21 21
 Zellensummen AB (xab)
 12 12  3
 13 16  6
 Zellensummen AC (xac)
  8  9 10
 12 12 11
 Zellensummen BC (xbc)
  9  8  3
 11  9  1
  5 11  5
 Zellensummen ABC (xabc)
 4 3 1
 5 4 0
 3 5 2

 5 5 2
 6 5 1
 2 6 3
 Gesamtsumme (G)
62
```

Aus diesen Summierungen lassen sich die Hilfsgrößen ermitteln:

$$S_1 = 1^2 + 1^2 + 2^2 + \ldots + 1^2 + 1^2 + 1^2 = 102$$

$$S_2 = \frac{1}{3 \cdot 3 \cdot 3} \cdot 27^2 + 35^2 = 72.37$$

$$S_3 = \frac{1}{2 \cdot 3 \cdot 3} \cdot 25^2 + 28^2 + 9^2 = 82.778$$

$$S_4 = \frac{1}{2 \cdot 3 \cdot 3} \cdot 20^2 + 21^2 + 21^2 = 71.222$$

$$S_5 = \frac{1}{3 \cdot 3} \cdot 12^2 + 12^2 + 3^2 + 13^2 + 16^2 + 6^2 = 84.222$$

$$S_6 = \frac{1}{3 \cdot 3} \cdot 8^2 + 9^2 + 10^2 + 12^2 + 12^2 + 11^2 = 72.667$$

$$S_7 = \frac{1}{2 \cdot 3} \cdot 9^2 + 8^2 + 3^2 + 11^2 + 9^2 + 1^2 + 5^2 + 11^2 + 5^2 = 88$$

$$S_8 = \frac{1}{3}\, 4^2 + 3^2 + 1^2 + 5^2 + 4^2 + 0^2 + 3^2 + 5^2 + 2^2 + 5^2 + 5^2 + 2^2 + 6^2 + 5^2 + 1^2 + 2^2 + 6^2 + 3^2 = 90$$

$$C = \frac{1}{2 \cdot 3 \cdot 3 \cdot 3} \cdot 62^2 = 71.185$$

Dann lassen sich sämtliche Quadratsummen ermitteln:

	QS	df	VAR	F
A	1.1852	1	1.1852	3.5556
B	11.5926	2	5.7963	**17.3889**
C	0.0370	2	0.0185	0.0556
AxB	0.2593	2	0.1296	0.3889
AxC	0.2593	2	0.1296	0.3889
BxC	5.1852	4	1.2963	**3.8889**
AxBxC	0.2963	4	0.0741	0.2222
ERROR	12.0000	36	0.3333	
TOTAL	30.8148	53		

	P	FL	CRIT1	CRIT5	V
A	0.064325	0.935675	7.395597	4.113165	3.846154
B	**0.000008**	0.999992	**5.247894**	3.259446	37.620192
C	0.936105	0.063895	5.247894	3.259446	0.120192
AxB	0.685567	0.314433	5.247894	3.259446	0.841346
AxC	0.685567	0.314433	5.247894	3.259446	0.841346
BxC	**0.010068**	0.989932	**3.890308**	2.633532	16.826923
AxBxC	0.922815	0.077185	3.890308	2.633532	0.961538

Das Ergebnis zeigt zunächst eine Signifikanz für den Faktor B (Alter) und für die Interaktion der Faktoren B und C (Alter mit Schicht). Da für den Faktor B eine Interaktion vorliegt, ist die Wirkung als Haupteffekt zu relativieren. Die Interaktion macht deutlich, daß die Einstellung zur Politik von einer Wechselwirkung zwischen Alter und Schicht bestimmt wird, während Geschlecht und Schicht alleine als Faktor keine Wirkung zeigen.

Die Interpretation von Zweifach-Interaktionen ist bei der Varianzanalyse besonders aufwendig und kann meistens nur aus sog. **Interaktionsdiagrammen** ersehen werden. Dabei werden die interagierenden Faktoren (auf der Abszisse) gegenüber der abhängigen Variable (auf der Ordinate) abgetragen. Aus den Mittelwerten der Faktorstufenkombinationen ergeben sich spezielle Linienzüge, die auf unterschiedliche Interaktionen hindeuten. Verlaufen die Linienzüge in der gleichen Richtung (d. h. monoton steigend oder fallend) kann eine **ordinale Interaktion** angenommen werden. Beide Haupteffekte sind in diesem Falle eindeutig interpretierbar. Verlaufen die Linienzüge allerdings gegenläufig im Sinne einer Überschneidung beider Linien, deutet diese Interaktion an, daß die Haupteffekte für sich genommen bedeutungslos sind. Eine sinnvolle Interpretation der Ergebnisse kann dann nur auf der Basis der Interaktion vorgenommen werden (vgl. Bortz, 1993).

10.4.6 SPSS-Beispielrechnung der dreifaktoriellen Varianzanalyse

SPSS-Beispiel: *Vergleichsrechnung zum obigen Rechenbeispiel*

```
ANOVA VARIABLES=einstell
   BY sex(1 2) alter(1 3) schicht(1 3)
   /MAXORDERS ALL
   /METHOD UNIQUE
   /FORMAT LABELS.
```

Ausgabe:

```
            * * * A N A L Y S I S   O F   V A R I A N C E * * *


                 EINSTELL Einstellung zur Politik
            by   SEX      Geschlecht
                 ALTER    Alter
                 SCHICHT  Soziale Schicht

                 UNIQUE sums of squares
                 All effects entered simultaneously
```

Source of Variation	Sum of Squares	DF	Mean Square	F	Sig of F
Main Effects	12,815	5	2,563	7,689	,000
SEX	1,185	1	1,185	3,556	,067
ALTER	11,593	2	5,796	17,389	,000
SCHICHT	,037	2	,019	,056	,946
2-Way Interactions	5,704	8	,713	2,139	,057
SEX ALTER	,259	2	,130	,389	,681
SEX SCHICHT	,259	2	,130	,389	,681
ALTER SCHICHT	5,185	4	1,296	3,889	,010
3-Way Interactions	,296	4	,074	,222	,924
SEX ALTER SCHICHT	,296	4	,074	,222	,924
Explained	18,815	17	1,107	3,320	,001
Residual	12,000	36	,333		
Total	30,815	53	,581		

54 cases were processed.
0 cases (,0 pct) were missing.

Die Ergebnisdarstellung von SPSS bei einer dreifaktoriellen Varianzanalyse entspricht dem zweifaktoriellen Fall (vgl. Abschnitt **10.3.6 SPSS-Beispielrechnung der zweifaktoriellen Varianzanalyse**). Zusätzlich erscheint eine Angabe zur 3-Weg-Wechselwirkung (**3-way interaction**), d.h. dem Interaktions- oder Wechselwirkungseffekt, der zwischen den 3 Variablen besteht. Auch hierfür erfolgt eine Signifikanzprüfung.

10.5 Varianzanalysen mit Meßwiederholungen

Meßwiederholungsdesigns sind vor allem dann indiziert, wenn es allgemein um die Erfassung von Veränderungen (über die Zeit) geht. In der Lern- und Wahrnehmungspsychologie lassen sich so in ökonomischer Weise Lernverläufe und Wahrnehmungsveränderungen untersuchen, bei gleichzeitiger Reduktion der Fehlervarianz. Bei einer Meßwiederholung wird dabei pro Faktorstufe eine Messung an der gleichen Versuchsperson vorgenommen. Kontrolliert werden müssen aber u. U. **Sequenzeffekte** (die z. B. als Übungseffekt auftreten können) und **Carry-over Effekte** (z. B. durch Ermüdung), da diese das Meßergebnis verfälschen können. Ggf. muß versucht werden, dies im Versuchsdesign zu berücksichtigen.

10.5.1 Einfaktorielle Varianzanalyse mit Meßwiederholungen

Problemstellung: Ausgangsproblem der (einfaktoriellen) Varianzanalyse mit Meßwiederholung ist die Frage: Bestehen (irgendwelche) Wirkungen des Faktors A (Treatment oder UV) auf das Kriterium X (AV), wobei n Versuchspersonen unter den A Faktorstufen wiederholt beobachtet werden.

Daten: Die Werte x_{am} sind durch den a-ten Meßwert der Versuchsperson m gekennzeichnet. Das Design umfaßt $a = 1, ..., A$ Faktorstufen (Bedingungen) und $m = 1, ..., n$ Versuchspersonen. Man erhält dann folgende Datenmatrix:

	Stufen von Faktor A						
Vpn	1	2	...	a	...	A	Σ
1	x_{11}	x_{21}	...	x_{a1}	...	x_{A1}	p_1
2	x_{12}	x_{22}	...	x_{a2}	...	x_{A2}	p_2
...	...	...	...	...	...	...	...
m	x_{1m}	x_{2m}	...	x_{am}	...	x_{Am}	p_m
...	...	...	...	...	...	...	...
n	x_{1n}	x_{2n}	...	x_{an}	...	x_{An}	p_n
Σ	x_1	x_2	...	x_a	...	x_A	x

Datenmodell: Für das varianzanalytische Daten- oder Meßwertmodell mit Meßwiederholung kommt lediglich eine Konstante π_m hinzu, die für die m-te Versuchsperson charakteristisch ist:

(10.5.1) $$x_{am} = \mu + \alpha_a + \pi_m + e_{m(a)}$$

Hypothesen: Die Hypothesen bleiben im ersten Fall identisch zur einfaktoriellen Varianzanalyse ohne Meßwiederholung. Zusätzlich kann allerdings eine zweite Hypothese getestet werden, die die Versuchspersonenunterschiede untersucht:

H_0	H_1
$\mu_1 = ... = \mu_a = ... = \mu_A$ bzw. $\alpha_a = 0$	$\mu_1 \neq ... \neq \mu_a \neq ... \neq \mu_A$ bzw. $\alpha_a \neq 0$
$\pi_m = 0$	$\pi_m \neq 0$

Quadratsummenzerlegung: Die totale Quadratsumme wird in einen Teil zerlegt, der die Unterschiedlichkeit zwischen den Vpn (QS_{zwVpn}) und einen Anteil, der Veränderungen innerhalb der Werte der einzelnen Vpn beschreibt (QS_{inVpn}):

(10.5.2) $$QS_{\text{tot}} = QS_{\text{zwVpn}} + QS_{\text{inVpn}}$$

Die Quadratsumme QS_{inVpn} kann dabei weiter zerlegt werden in einen Teil, der auf den Behandlungseffekt zurückgeht (QS_{treat}) und einen Anteil, der Interaktionseffekte (zwischen Vpn und Behandlung) und Fehlereffekte als Residualquadratsumme beinhaltet (QS_{res}). Damit setzt sich die totale Quadratsumme aller Meßwerte aus folgenden Teilen zusammen: aus einem Teil, der die Unterschiede der einzelnen Vpn charakterisiert (QS_{inVpn}) und aus einem Teil, der die Unterschiede zwischen den Vpn erfaßt (QS_{zwVpn}). Relevant für die Analyse ist hier (im Gegensatz zur Varianzanalyse ohne Meßwiederholung), wie die **Unterschiede der einzelnen Vpn** aufgrund des Behandlungseffektes QS_{treat} zustande kommen und ob spezifische Effekte zwischen den Behandlungsstufen und den Vpn vorliegen (QS_{res}). Weitere Anteile der intraindividuellen Unterschiede sind auf Fehler zurückzuführen. Es interessieren hier also (im allgemeinen) nicht die Unterschiede zwischen den Vpn.

Varianzschätzung: Die Varianzen werden (wie bekannt) durch Division der Quadratsummen mit ihren Freiheitsgraden ermittelt. Damit ergibt sich folgender F-Bruch:

(10.5.3)
$$F = \frac{QS_{\text{treat}} / A - 1}{QS_{\text{res}} / (n-1)(A-1)} = \frac{MQ_{\text{treat}}}{MQ_{\text{res}}}$$

Zusätzlich kann getestet werden, ob ein Unterschied zwischen den Vpn besteht. Dazu ist folgender F-Bruch zu bilden:

(10.5.4)
$$F = \frac{QS_{\text{zwVpn}} / n - 1}{QS_{\text{res}} / (n-1)(A-1)} = \frac{MQ_{\text{zwVpn}}}{MQ_{\text{res}}}$$

Rechenschema: Das folgende Schema beinhaltet eine Zusammenfassung der definitionsgemäßen Rechenschritte von der Bildung der Quadratsummen bis zur Berechnung der F-Brüche (bei den Quadratsummen ist QS_{treat} identisch mit QS_{zw} bei der Varianzanalyse ohne Meßwiederholung):

Quelle	Quadratsummen	FG	MQ	F	p
zwischen Vpn	$QS_{\text{zwVpn}} = A \sum_m (\bar{p}_m - \bar{x})^2$	$n-1$	$\frac{QS_{\text{zwVpn}}}{n-1}$	$\frac{MQ_{\text{zwVpn}}}{MQ_{\text{res}}}$	
innerhalb Vpn	$QS_{\text{inVpn}} = \sum_a \sum_m (x_{am} - \bar{p}_m)^2$	$n(A-1)$	$\frac{QS_{\text{inVpn}}}{n(A-1)}$		
Faktor	$QS_{\text{treat}} = n \cdot \sum_a (\bar{x}_a - \bar{x})^2$	$A-1$	$\frac{QS_{\text{treat}}}{A-1}$	$\frac{MQ_{\text{treat}}}{MQ_{\text{res}}}$	
Fehler	$QS_{\text{res}} = \sum_a \sum_m (x_{am} - \bar{x}_a - \bar{p}_m + \bar{x})$	$(n-1)(A-1)$	$\frac{QS_{\text{res}}}{(n-1)(A-1)}$		
Gesamt	$QS_{\text{tot}} = \sum_a \sum_m (x_{am} - \bar{x})^2$	$A \cdot n - 1$	$\frac{QS_{\text{tot}}}{A \cdot n - 1}$		

Die Berechnung übernimmt die Rechenformeln für S_1, S_2 und C aus der einfaktoriellen Varianzanalyse ohne Meßwiederholung und berechnet ferner S_3:

Quadratsumme QS:

(10.5.5) $$S_1 = \sum_a \sum_m x_{am}^2$$

Mittlere Quadratsumme MQ (Faktorstufe):

(10.5.6) $$S_2 = \frac{1}{n} \sum_a \left(\sum_m x_{am} \right)^2 = \frac{1}{n} \sum_a x_a^2$$

Mittlere Quadratsumme MQ (Vpn):

(10.5.7) $$S_3 = \frac{1}{A} \sum_m \left(\sum_a x_{am} \right)^2 = \frac{1}{A} \sum_m p_m^2$$

Mittlere Gesamtquadratsumme $\bar{x}^2$:

(10.5.8) $$C = \frac{1}{A \cdot n} \left(\sum_a \sum_m x_{am} \right)^2 = \frac{x^2}{A \cdot n}$$

Dann ist:

(10.5.9) $QS_{\text{tot}} = S_1 - C$

(10.5.10) $QS_{\text{zwVpn}} = S_3 - C$

(10.5.11) $QS_{\text{inVpn}} = S_1 - S_3$

(10.5.12) $QS_{\text{treat}} = S_2 - C$

(10.5.13) $QS_{\text{res}} = S_1 - S_2 - S_3 + C$

Die übrigen erforderlichen Werte sind wie in dem Rechenschema angegeben zu bestimmen.

<u>Rechenbeispiel:</u> *An einer Stichprobe von 10 Versuchspersonen wird zu drei Tageszeitpunkten (morgens, mittags und abends) eine Hautwiderstandmessung vorgenommen. Es soll überprüft werden, ob der Faktor (Treatment) Tageszeit entsprechenden Schwankungen unterliegt. Getestet wird mit einer Irrtumswahrscheinlichkeit von 1%. Gleichzeitig kann getestet werden, ob Schwankungen zwischen den Versuchspersonen vorliegen.*

Vpn	Faktor A (Tageszeit) morgens	mittags	abends	Σ
1	7	7	6	20
2	5	6	8	19
3	8	9	5	22
4	6	8	6	20
5	7	7	5	19
6	7	9	7	23
7	5	10	6	21
8	6	7	4	17
9	7	8	6	21
10	5	7	5	17
Σ	63	78	58	x=199

```
 Faktorstufen (A)
3
 Anzahl Vpn pro Zelle (n)
10
 Anzahl Zellen (N)
30
 Zeilensummen (r)
20 19 22 20 19 23 21 17 21 17
 Spaltensummen (c)
63 78 58
 Gesamtsumme (s)
199
------------------------------------------------------------------------
```

$$S_1 = 7^2 + 5^2 + \ldots + 6^5 + 5^5 = 1377$$

$$S_2 = \frac{1}{10} \cdot 63^2 + 78^2 + 58^2 = 1341.7$$

$$S_3 = \frac{1}{3} \cdot 20^2 + 19^2 + \ldots + 21^2 + 17^2 = 1331.67$$

$$C = \frac{199^2}{3 \cdot 10} = 1320.03$$

Alle weiteren Berechnungen orientieren sich am entsprechenden Rechenschema:

Quelle	Quadratsummen	*FG*	*MQ*	*F*	*p*
zwischen Vpn	$QS_{zwVpn} = S_3 - C$ $= 1331.67 - 1320.03 = 11.64$	10 - 1	$\frac{11.64}{9} = 1.29$	$\frac{1.29}{1.31} = 0.98$	>.01
innerhalb Vpn	$QS_{inVpn} = S_1 - S_3$ $= 1377 - 1331.67 = 45.33$	10 · 2	$\frac{45.33}{20} = 2.27$		
Faktor	$QS_{treat} = S_2 - C$ $= 1341.7 - 1320.03 = 21.67$	3 - 1	$\frac{21.67}{2} = 10.84$	$\frac{10.84}{1.31} = 8.27$	<.01

Quelle	Quadratsummen	*FG*	*MQ*	*F*	*p*
Fehler	$QS_{res} = S_1 - S_2 - S_3 + C$ $= 1377 - 1341.7 - 1331.67$ $+ 1320.03 = 23.66$	$9 \cdot 2$	$\frac{23.66}{18} = 1.31$		
Gesamt	$QS_{tot} = S_1 - C$ $= 1377 - 1320.03 = 56.97$	$3 \cdot 9$	$\frac{56.97}{29} = 1.96$		

```
 Quadratsumme der Gruppen (QSA)
11.6333
 Quadratsumme des Treatments (QSN)
21.6667
 Quadratsumme total (QST)
56.9667
 Quadratsumme des Fehlers (QSE)
23.6667
 Varianz des Treatments (VM)
10.8333
 Fehlervarianz (VE)
1.31481
 F-Wert (F)
8.2394
 Freiheitsgrade (df)
2 18
 Wahrscheinlichkeit der F-Verteilung (P)
0.00296
 Fläche der F-Verteilung (FL)
0.99704
 Kritischer F-Wert bei 1% Niveau (CRIT1)
6.0129
------------------------------------------------------------------------
```

Der kritische F-Wert (bei 1% Irrtumswahrscheinlichkeit und 2 Zähler- und 18 Nennerfreiheitsgraden) lautet 6.01. Für die erste Hypothese (Wirkung des Treatments) kann die Nullhypothese abgelehnt werden, da der empirische F-Wert von 8.27 größer als der kritische Wert ist. Die zweite Hypothese (Unterschiede zwischen den Vpn) muß hingegen zugunsten der Nullhypothese entschieden werden.

SPSS-Beispiel: *Vergleichsrechnung zum obigen Beispiel*

Syntax:

```
MANOVA morgens  mittags  abends
   /WSFACTORS faktor1(3)
   /METHOD UNIQUE
   /ERROR WITHIN+RESIDUAL
   /PRINT
     SIGNIF( MULT AVERF )
   /NOPRINT PARAM(ESTIM).
```

```
Ausgabe:

* * * * * * * * A n a l y s i s   o f   V a r i a n c e * * * * * * * *

Tests of Between-Subjects Effects.

 Tests of Significance for T1 using UNIQUE sums of squares

 Source of Variation          SS      DF        MS          F  Sig of F

 WITHIN+RESIDUAL           11,63       9      1,29
 CONSTANT                1320,03       1   1320,03    1021,23      ,000
- - - - - - - - - - - - - - - - - - - - - - - - - - - - - - - - - - - -

Tests involving 'FAKTOR1' Within-Subject Effect.


 Mauchly sphericity test, W =       ,95219
 Chi-square approx. =               ,39191 with 2 D. F.
 Significance =                       ,822

 Greenhouse-Geisser Epsilon =       ,95437
 Huynh-Feldt Epsilon =             1,00000
 Lower-bound Epsilon =              ,50000

AVERAGED Tests of Significance that follow multivariate tests are
equivalent to univariate or split-plot or mixed-model approach to repea-
ted measures. Epsilons may be used to adjust d.f. for the AVERAGED
results.
- - - - - - - - - - - - - - - - - - - - - - - - - - - - - - - - - - - -

 EFFECT .. FAKTOR1
 Multivariate Tests of Significance (S = 1, M = 0, N = 3 )

 Test Name       Value     Exact F   Hypoth. DF    Error DF    Sig. of F

 Pillais       ,66245     7,85000         2,00        8,00         ,013
 Hotellings   1,96250     7,85000         2,00        8,00         ,013
 Wilks         ,33755     7,85000         2,00        8,00         ,013
 Roys          ,66245
 Note.. F statistics are exact.
- - - - - - - - - - - - - - - - - - - - - - - - - - - - - - - - - - - -

Tests involving 'FAKTOR1' Within-Subject Effect.

 AVERAGED Tests of Significance for MEAS.1 using UNIQUE sums of squares

 Source of Variation          SS      DF        MS          F  Sig of F

 WITHIN+RESIDUAL           23,67      18      1,31
 FAKTOR1                   21,67       2     10,83       8,24      ,003
```

Die gerechnete SPSS-Prozedur behandelt Meßwiederholungsanalysen und multivariate Varianzanalysen gleich. D. h. die Meßwiederholungen einer Versuchsperson stellen Messungen auf mehreren AV dar und nicht Messungen einer AV unter verschiedenen Faktorstufen (vgl. SPSS, 1993).

Im wesentlichen werden von SPSS zwei Varianzanalysen durchgeführt. Die Ergebnisse für die Effekte zwischen den Personen (**Tests of Between-Subject Effects**) finden sich am Anfang der Ausgabe, während die Prüfung der Effekte innerhalb der Personen (**Tests involving ‚FAKTOR 1' Within-Subject Effect**) in drei Teile untergliedert wird. Für die Varianzanalysen finden sich die üblichen Angaben zu Quadratsummen (**SS**), Freiheitsgrade (**DF**), Varianzen (**MS**), F-Wert (**F**) und schließlich deren Prüfung auf Signifikanz (**Sig of F**).

SPSS verwendet für die Varianzanalyse der Effekte zwischen den Personen als Berechnungsgrundlage sog. ipsativierte Werte (**T1**), also transformierte Meßwerte, bei denen von jedem Meßwert ein personenbezogener Durchschnittswert subtrahiert wird. Dabei wird die Unterschiedlichkeit zwischen den Personen herausgerechnet. Als Quelle der Variation (**Source of Variation**) wird die Varianz „innerhalb" zuzüglich der Restvarianz berücksichtigt (**WITHIN+RESIDUAL**) und eine Konstante (**CONSTANT**). Die Konstante stellt den Gesamtmittelwert aller abhängigen Variablen dar und testet die Nullhypothese, daß dieser Gesamtmittelwert den Betrag 0 annimmt.

Für die Effektprüfung innerhalb der Personen werden im ersten Teil verschiedene Voraussetzungsprüfungen durchgeführt. Der Mauchly-Test auf Sphärizität (**Mauchly Shericity-Test W**) testet die Hypothese, daß die Kovarianzmatrix der transformierten Variablen eine konstante Varianz auf der Diagonalen und sonst Nullen besitzt. Für hinreichend große Stichprobenumfänge bedeutet ein nichtsignifikanter P-Wert, daß die Annahme der Sphärizität nicht mit ausreichender Sicherheit verworfen werden kann. Für kleine Stichprobenumfänge ist dieser Test nicht sehr mächtig. Für große Stichprobenumfänge kann der Test ein signifikantes Ergebnis haben, ohne daß ein deutlicher Einfluß auf die Ergebnisse der Varianzanalyse vorliegt. Wird die Sphärizitätshypothese signifikant abgelehnt, läßt sich eine Korrektur der Freiheitsgrade der F-Statistik vornehmen. Die Prüfgröße W testet damit zusammengefaßt die Voraussetzungen der Unabhängigkeit und Varianzhomogenität der transformierten Variablen. Das Greenhouse-Geisser Epsilon (**Greenhouse-Geisser Epsilon**) stellt eine Korrektur bei wiederholten Messungen dar, die angebracht ist, wenn die Sphärizitätsannahme verletzt ist. Sowohl die für den Zähler als auch die für den Nenner gültigen Freiheitsgrade werden mit Epsilon multipliziert, und die Signifikanz der F-Statistik wird aufgrund der neuen Anzahl an Freiheitsgraden berechnet. Für kleine Stichprobenumfänge verhält sich diese Korrektur extrem konservativ. Das Huynh-Feldt Epsilon (**Huynh-Feldt Epsilon**) korrigiert das extreme konservative Verhalten des Greenhouse-Geisser Epsilons. Der untere Grenzwert für Epsilon (**Lower-bound Epsilon**) stellt den kleinsten möglichen

Wert für Epsilon dar. Insgesamt erlaubt Epsilon eine Korrektur der Anzahl an Freiheitsgraden im Nenner und im Zähler bei der Verletzung der Prämisse der Sphärizität.

In der zweiten Tabelle werden verschiedene multivariate Signifikanztests (**Multivariate Tests of Significance**) durchgeführt. Für den Meßwiederholungsfaktor werden 4 multivariate Prüfgrößen berechnet, bei denen die als AV behandelten Meßwiederholungen simultan berücksichtigt werden. Überprüft wird hier, ob die Faktoren einen signifikanten Einfluß auf mehrere abhängige Variablen besitzen. Sie sind für das Rechenbeispiel uninteressant.

Im dritten Teil der Ausgabe werden gemittelte univariate Varianztests (**AVERAGED Tests of Significance for MEAS.1 using UNIQUE sums of squares**) durchgeführt. Dazu wird ein univariates Testverfahren, auch gemittelter *F*-Test (**AVERAGED F Test**) genannt, für das gemischte Modell bei wiederholten Messungen angewendet. Die univariaten Tests für die einzelnen Effekte werden zu einem gemittelten Test zusammengeführt. Der Test beruht auf Annahmen über die Varianz-Kovarianz-Matrix der transformierten Variablen.

10.5.2 Mehrfaktorielle Varianzanalyse mit Meßwiederholungen

Problemstellung: Bei einem zweifaktoriellen Design muß unterschieden werden, ob auf einem der beiden Faktoren (*split-plot design*) oder auf beiden mit Meßwiederholungen gearbeitet wurde.

Daten: Als vereinfachtes Schema kann folgende Datentabelle dienen:

		Stufen von Faktor B						
		b_1	b_2	...	b_b	...	b_B	
	a_1	S_1	S_1	...	S_1	...	S_1	A_1
	a_2	S_2	S_2	...	S_2	...	S_2	A_2
	...	...	...	...	...	...	...	...
Stufen von Faktor A	a_a	S_i	S_i	...	S_i	...	S_i	A_i
	...	...	...	...	...	...	...	...
	a_A	S_A	S_A	...	S_A	...	S_A	A_A
		B_1	B_2	...	B_b	...	B_B	x

Für ein split-plot Design beinhaltet das Schema einen a-fach gestuften Faktor A (Gruppierungsfaktor), dem jeweils eine Stichprobe S_i zugeordnet wird, die unter allen b Stufen des Faktors B (Meßwiederholungsfaktor) beobachtet werden.

Quadratsummenzerlegung: Die totale Quadratsumme wird – wie bei der einfaktoriellen Varianzanalyse mit Meßwiederholungen – in einen Teil zerlegt, der die Unterschiedlichkeit zwischen den Vpn (QS_{zwVpn}) und einen Anteil, der Veränderungen innerhalb der Werte der einzelnen Vpn beschreibt (QS_{inVpn}):

(10.5.14) $$QS_{\text{tot}} = QS_{\text{zwVpn}} + QS_{\text{inVpn}}$$

Die Quadratsumme QS_{zwVpn} kann dabei weiter zerlegt werden in einen Teil, der aus Unterschieden zwischen den Stichproben bzw. den Stufen des Faktors A resultiert und aus Unterschieden zwischen den Vpn innerhalb der einzelnen Stichproben:

(10.5.15) $$QS_{\text{zwVpn}} = QS_{\text{A}} + QS_{\text{inS}}$$

Weiter kann die Unterschiedlichkeit der Meßwerte einer einzelnen Versuchsperson aus der Wirkungsweise des Faktors B, der Interaktion von A und B, sowie spezifischen Reaktionen der Versuchsperson auf die Stufen von B differenziert werden:

(10.5.16) $$QS_{\text{inVpn}} = QS_{\text{B}} + QS_{\text{AB}} + QS_{\text{B×Vpn}}$$

<u>Rechenschema:</u> Für die Berechnung der Quadratsummen können alle Formeln aus der zweifaktoriellen Varianzanalyse (ohne Meßwiederholung) übernommen werden: S_1, S_2, S_3, S_4 und C. Zusätzlich wird benötigt:

(10.5.17) $$S_5 = \frac{1}{B} \sum_a \sum_i \left(\sum_b x_{abi} \right)^2$$

Die Quadratsummen ergeben sich dann nach folgenden Beziehungen:

(10.5.18) $QS_{\text{tot}} = S_1 - C$ (10.5.19) $QS_A = S_2 - C$

(10.5.20) $QS_B = S_3 - C$ (10.5.21) $QS_{AB} = S_4 - S_2 - S_3 + C$

(10.5.22) $QS_{\text{zwVpn}} = S_5 - C$ (10.5.23) $QS_{\text{inVpn}} = S_1 - S_5$

(10.5.24) $QS_{\text{inS}} = S_5 - S_2$ (10.5.25) $QS_{B\times\text{Vpn}} = S_1 - S_4 - S_5 + S_2$

<u>Rechenbeispiel:</u> *Drei verschiedene Formen von Kreativitätstraining (Faktor A) sollen in ihrer Wirkung überprüft werden. Dazu werden 3 Zufallsstichproben mit je 5 Vpn nach Zufall gezogen. Eine Veränderung an Kreativität bei den Vpn wird zu drei verschiedenen Meßzeitpunkten erhoben (Faktor B): vor dem Training, während des Trainings und nach dem Training. Getestet werden soll mit einer Irrtumswahrscheinlichkeit von 1%.*

```
Faktor B (3 Stufen)
 56 52 48
 57 54 46
 55 51 51
 58 51 50
 54 53 46
```

```
 54 50 49
 53 49 48
 56 48 52    Faktor A (3 Stufen)
 52 52 50
 55 51 46

 57 49 50
 55 51 47
 56 48 51
 58 50 48
 58 46 52

------------------------------------------------------------------------

Zunächst sind aus der Datentabelle verschiedene Summen zu bilden:

 Stufen Faktor A (A)
3
 Stufen Faktor B (B)
3
 Werte pro Zelle (n)
5
 Anzahl Zellen (N)
9
 Summen Faktor A (As)
782 765 776
 Summen Faktor B (Bs)
834 755 734
 Zellensummen AB (ABs)
 280 261 241
 270 250 245
 284 244 248
 Einzelmeßwerte pro Pbn (P)
 156 157 157 159 153
 153 150 156 154 152
 156 153 155 156 156
 Gesamtsumme (x)
2323

------------------------------------------------------------------------
```

$$S_1 = 56^2 + 52^2 + \ldots + 46^2 + 52^2 = 120461$$

$$S_2 = \frac{1}{3 \cdot 5}\left(782^2 + 765^2 + 776^2\right) = 119928.3333$$

$$S_3 = \frac{1}{3 \cdot 5}\left(834^2 + 755^2 + 734^2\right) = 120289.1333$$

$$S_4 = \frac{1}{5}\left(280^2 + 261^2 + 241^2 + 270^2 + 250^2 + 245^2 + 284^2 + 244^2 + 248^2\right)$$
$$= 120344.6$$

$$S_5 = \frac{1}{3}\left(156^2 + 157^2 + \ldots + 156^2 + 156^2\right) = 119943.6667$$

$$C = \frac{1}{3 \cdot 3 \cdot 5}\left(2323^2\right) = 119918.4222$$

Danach lassen sich die Quadratsummen bestimmen und in einer Tabelle zusammenfassen:

	QS	df	VAR	F
A	9.9111	2	4.9556	3.8783
B	370.7111	2	185.3556	44.0158
AxB	45.5556	4	11.3889	2.7045
BxPbn	101.0667	24	4.2111	
CELLS	15.3333	12	1.2778	
WITHIN	517.3333	30		
BETWEEN	25.2444	14		
TOTAL	542.5778	44		

	P	FL	CRIT1	CRIT5	V
A	0.049541	0.950459	6.926608	3.885294	1.826671
B	0.000000	1.000000	5.613591	3.402826	68.324050
AxB	0.053969	0.946031	4.218445	2.776288	8.396134

EIGEN	0.0488
ETA	0.2157
WILKS	0.9535

Das Ergebnis zeigt einen signifikanten Effekt für Faktor B, d.h. die Kreativität der Vpn ändert sich durch das Training. Die drei verschiedenen Trainingsarten (Faktor A) unterscheiden sich auf dem 1% Niveau allerdings nicht signifikant voneinander.

SPSS-Beispiel: *Vergleichsrechnung zum obigen Beispiel*

Syntax:

```
MANOVA vortr  waehtr  nachtr  BY training(1 3)
   /WSFACTORS faktor1(3)
   /METHOD UNIQUE
   /ERROR WITHIN+RESIDUAL
   /PRINT SIGNIF( MULT AVERF )
   /NOPRINT PARAM(ESTIM).
```

Ausgabe:

```
   * * * * * * * A n a l y s i s   o f   V a r i a n c e * * * * * * *
```

```
Tests of Between-Subjects Effects.

Tests of Significance for T1 using UNIQUE sums of squares

 Source of Variation          SS      DF        MS         F   Sig of F

 WITHIN+RESIDUAL           15,33      12      1,28
 TRAINING                   9,91       2      4,96      3,88       ,050

- - - - - - - - - - - - - - - - - - - - - - - - - - - - - - - - - - - -

Tests involving 'FAKTOR1' Within-Subject Effect.

 Mauchly sphericity test, W =      ,70768
 Chi-square approx. =             3,80338 with 2 D. F.
 Significance =                      ,149

 Greenhouse-Geisser Epsilon =      ,77380
 Huynh-Feldt Epsilon =            1,00000
 Lower-bound Epsilon =             ,50000

AVERAGED Tests of Significance that follow multivariate tests are equi-
valent to univariate or split-plot or mixed-model approach to repeated
measures. Epsilons may be used to adjust d.f. for the AVERAGED results.

- - - - - - - - - - - - - - - - - - - - - - - - - - - - - - - - - - - -

EFFECT .. TRAINING BY FAKTOR1
 Multivariate Tests of Significance (S = 2, M = -1/2, N = 4 1/2)

 Test Name       Value    Approx. F   Hypoth. DF     Error DF   Sig. of F

 Pillais       ,64507      2,85652         4,00        24,00        ,046
 Hotellings   1,02240      2,55600         4,00        20,00        ,071
 Wilks         ,44830      2,71447         4,00        22,00        ,056
 Roys          ,42580
 Note.. F statistic for WILKS' Lambda is exact.
- - - - - - - - - - - - - - - - - - - - - - - - - - - - - - - - - - - -
 EFFECT .. FAKTOR1
 Multivariate Tests of Significance (S = 1, M = 0, N = 4 1/2)

 Test Name       Value     Exact F    Hypoth. DF     Error DF   Sig. of F

 Pillais        ,94061   87,10887         2,00        11,00        ,000
 Hotellings   15,83798   87,10887         2,00        11,00        ,000
 Wilks          ,05939   87,10887         2,00        11,00        ,000
 Roys           ,94061

Note.. F statistics are exact.
- - - - - - - - - - - - - - - - - - - - - - - - - - - - - - - - - - - -

Tests involving 'FAKTOR1' Within-Subject Effect.
```

```
AVERAGED Tests of Significance for MEAS.1 using UNIQUE sums of squares

Source of Variation            SS      DF        MS         F  Sig of F

WITHIN+RESIDUAL             101,07     24      4,21
FAKTOR1                     370,71      2    185,36     44,02      ,000
TRAINING BY FAKTOR1          45,56      4     11,39      2,70      ,054
```

Die SPSS-Ausgabe für die zweifaktorielle Varianzananlyse mit Meßwiederholung (vgl. Abschnitt **10.5.1 Einfaktorielle Varianzanalyse mit Meßwiederholungen**) ist mit dem einfaktoriellen Fall weitgehend identisch. Neben der Prüfung von Haupteffekten erscheinen zusätzlich die Interaktionseffekte (TRAINING BY FAKTOR1) in der Ausgabe.

Für die dreifaktorielle Varianzanalyse mit Meßwiederholung soll der ergebnistechnische Unterschied zwischen einer Meßwiederholung auf einem Faktor und einer Meßwiederholung auf 2 Faktoren am Beispiel aufgezeigt werden. Auf den näheren Rechenweg soll hingegen verzichtet werden (vgl. Bortz, 1993).

Rechenbeispiel: *Um die Effektivität von Nachhilfeunterricht zu untersuchen, werden 5 Schüler der (geförderten) Experimentalgruppe einer (nicht-geförderten) Kontrollgruppe von 6 Schülern gegenüber gestellt (Faktor A). Um auch geschlechtsspezifische Unterschiede zu untersuchen, werden Experimentalgruppe (mit 3 Jungen, 2 Mädchen) und Kontrollgruppe (3 Jungen, 3 Mädchen) entsprechend differenziert. Für die Effektmessung werden zu drei Meßzeitpunkten die Noten erhoben (vor Beginn, nach Abschluß des Nachhilfeunterrichts und ein halbes Jahr später) (Faktor C). Getestet werden soll mit einer Irrtumswahrscheinlichkeit von 1%.*

```
------------------------------------------------------------------------

 Faktor C (3 Stufen)
 4 2 3
 5 3 4

 Faktor B (2 Stufen)
 4 4 4
 5 3 3
 - - -

Faktor A (2 Stufen)
 4 3 3
 4 4 4
 5 5 5

 5 4 4
 4 5 4
 5 4 4
------------------------------------------------------------------------
```

Die Ergebnistabelle zeigt die Ausgabe einer dreifaktoriellen Varianzanalyse mit Meßwiederholung über einen Faktor bei ungleicher Stichprobengröße.

	QS	df	VAR	F
A	1.3889	1	1.3889	1.3359
B	0.1543	1	0.1543	0.1484
C	4.4938	2	2.2469	8.8472
AxB	0.0556	1	0.0556	0.0534
AxC	1.3333	2	0.6667	2.6250
BxC	0.3457	2	0.1728	0.6806
AxBxC	0.1481	2	0.0741	0.2917
CxPbn	3.5556	14	0.2540	
CELLS	7.2778	7	1.0397	
TOTAL	10.8333			

	P	FL	CRIT1	CRIT5	V
A	0.285968	0.714032	12.246383	5.591448	12.820513
B	0.709342	0.290658	12.246383	5.591448	1.424501
C	0.003366	0.996634	6.514884	3.738891	41.481481
AxB	0.807174	0.192826	12.246383	5.591448	0.512821
AxC	0.106246	0.893754	6.514884	3.738891	12.307692
BxC	0.526381	0.473619	6.514884	3.738891	3.190883
AxBxC	0.754101	0.245899	6.514884	3.738891	1.367521

Die Ergebnistabelle zeigt, daß lediglich der Faktor C auf dem 1% Niveau zu einem signifikanten Resultat führt. Die Leistungen (gemessen an den Noten) haben sich also insgesamt verbessert. Die Interaktion zwischen A und C bleibt hingegen deutlich unterhalb der Signifikanzgrenze, d.h. die Noten der Schüler mit Nachhilfeunterricht haben sich gegenüber den Noten der Schüler ohne Nachhilfeunterricht nicht überzufällig verändert.

Rechenbeispiel: *Untersucht werden soll die Auswirkung von hoher und niedriger Testangst (Faktor A) auf die verbale und praktische Intelligenz (Faktor C). Gleichzeitig soll geklärt werden, ob Testangst die Leistungen mehr in einem Gruppentest oder in einem Einzeltest beeinflußt (Faktor B). Gemessen werden die Ergebnisse in Tests zur verbalen und praktischen Intelligenz. Geprüft werden soll mit einer Irrtumswahrscheinlichkeit von 5%.*

```
Faktor C (2 Stufen)
 99 104
102 103
 97 101
104 106
103 106
 97  99

Faktor B (2 Stufen)
102 106
101 104
103 104
107 112
104 109
104 103
```

```
Faktor A (2 Stufen)

107 103
109 104
104 105
110 105
102  99
105 102

104  98
104 106
106 102
104 103
102  96
102  99
```

Die Ergebnistabelle zeigt die Ausgabe einer dreifaktoriellen Varianzanalyse mit Meßwiederholung über zwei Faktoren bei gleicher Stichprobengröße.

	QS	df	VAR	F
A	0.0208	1	0.0208	0.0009
B	0.1875	1	0.1875	0.0870
C	1.6875	1	1.6875	0.5350
AxB	105.0208	1	105.0208	48.7524
AxC	93.5208	1	93.5208	29.6499
BxC	0.0208	1	0.0208	0.0060
AxBxC	0.0208	1	0.0208	0.0060
BxPbn	21.5417	10	2.1542	
CxPbn	31.5417	10	3.1542	
BxCxPbn	34.7083	10	3.4708	
CELLS	232.7083	10	23.2708	
WITHIN	288.2500	36		
BETWEEN	232.7292	11		
TOTAL	520.9792	47		

	P	FL	CRIT1	CRIT5	V
A	0.926378	0.073622	10.044289	4.964602	0.003999
B	0.765351	0.234649	10.044289	4.964602	0.035990
C	0.486896	0.513104	10.044289	4.964602	0.323909
AxB	0.000052	0.999948	10.044289	4.964602	20.158356
AxC	0.000326	0.999674	10.044289	4.964602	17.950974
BxC	0.898112	0.101888	10.044289	4.964602	0.003999
AxBxC	0.898112	0.101888	10.044289	4.964602	0.003999

In der Ergebnistabelle werden zwei Interaktionen signifikant: AB und AC. Die Leistungen der Vpn mit hoher und niedriger Testangst zeigen also eine differenzierte Abhängigkeit von der Art der verbalen und praktischen Aufgaben und von der Einzel- bzw. Gruppentestsituation.

10.6 Varianzanalyse für Daten mit Ordinalskala-Niveau

Bestehen berechtigte Zweifel an den metrischen Voraussetzungen der Daten kann für den Fall von mehr als 2 Stichproben auf varianzanalytische Verfahren für Ordinaldaten zurückgegriffen werden. Exemplarisch sollen hier der Kruskal-Wallis Test für unabhängige Stichproben und der Friedman-Test für Meßwiederholungen vorgestellt werden (vgl. Bortz, Lienert, Boehnke, 1991; Diehl & Arbinger, 1992; Sievers, 1987).

10.6.1 Kruskal-Wallis Test

Definition: Der Kruskal-Wallis Test entspricht einer einfaktoriellen Varianzanalyse ohne Meßwiederholung (Verallgemeinerung des U-Tests). Dazu werden aus k Verteilungen $F_1(x)$, $F_2(x)$, ..., $F_k(x)$ Stichproben entnommen und daraufhin geprüft, ob eine der Verteilungen gegenüber den anderen verschoben ist.

Voraussetzung: Ordinaldaten, unabhängige Stichproben, Stetigkeit der Verteilungsfunktion.

Hypothesen:

	H_0	H_1
2-seitig	$F_1(x) = F_2(x) = ... = F_k(x) = F(x)$	$F_i(x) = F(x - \theta_i)$ für wenigstens ein i

Die Alternativhypothese behauptet, daß wenigstens eine der i Gruppen gegenüber einer anderen um den Betrag θ verschoben ist.

Signifikanzniveau: α

Testgröße: Für die Berechnung sind die n Meßwerte x_{ij} (i-ter Meßwert der j-ten Gruppe) in eine **gemeinsame Rangreihe** zu bringen – wobei der kleinste Wert den Rangplatz 1 erhält, der zweitkleinste den Rangplatz 2 usw. und gleichen Werten (Bindungen oder gebundene Ränge) der gleiche durchschnittliche Rangplatz zugewiesen wird. n kennzeichnet die Anzahl aller Meßwerte, n_i die Anzahl der Messungen in der i-ten Gruppe und k die Anzahl der Gruppen.

(10.6.1)
$$H = \frac{12}{n(n+1)} \left[\sum_{i=1}^{k} \frac{1}{n_i} T_i^2 \right] - 3 \cdot (n+1)$$

wobei $T_i = \sum_k R(x_{ij})$ (Rangsumme der k Gruppen)

Bei Vorliegen von Rangbindungen ist folgende Korrektur durchzuführen:

(10.6.2)
$$H' = \frac{H}{1 - \left(1/n^3 - n\right) \cdot \sum_{j=1}^{l} \left(t_j^3 - t_j\right)}$$

wobei l = Anzahl der verschiedenen Meßwerte
t_j = Anzahl der Messungen, die den j-ten Meßwert (unter l verschiedenen Meßwerten) ergeben haben

H' ist χ^2-verteilt mit $k - 1$ Freiheitsgraden.

Entscheidung: H_1 zweiseitig: $H' \geq \chi^2_{(\alpha, k-1)} \Rightarrow H_0$ verwerfen

Rechenbeispiel: *Untersucht werden soll die Behaltensleistung eines Textes in Abhängigkeit von der Modalität der Präsentation (auditiv, visuell, audiovisuell). Dazu werden 18 Vpn nach Zufall in drei Gruppen aufgeteilt. Als Meßkriterium (AV) wird die Anzahl der richtig erinnerten Sätze des Textes erhoben. Geprüft werden soll mit einer Irrtumswahrscheinlichkeit von 5%.*

```
-----------------------------------------------------------------------
auditiv      : 5 11 7 10 9 12
visuell      : 7 3 2 6 9 1 4
audiovisuell : 8 2 2 6 3
-----------------------------------------------------------------------
 Einzel-Stichprobenumfänge (N)
6 7 5
 Datenumfang (Nj)
18
 Aufsteigend sortierte Daten (Xr)
1 2 2 2 3 3 4 5 6 6 7 7 8 9 9 10 11 12
 Rangplätze für sortierte Daten (Tr)
1 3 3 3 5.5 5.5 7 8 9.5 9.5 11.5 11.5 13 14.5 14.5 16 17 18
-----------------------------------------------------------------------
```

oder als Tabelle dargestellt:

X_1	5	11	7	10	9	12		
R_1	8	17	11.5	16	14.5	18		R_1 = 85
X_2	7	3	2	6	9	1	4	
R_2	11.5	5.5	3	9.5	14.5	1	7	R_2 = 52
X_3	8	2	2	6	3			
R_3	13	3	3	9.5	5.5			R_3 = 34

Gemäß der Rangsummen resultiert für die Kenngröße H:

$$H = \frac{12}{18(18+1)} \cdot \left[\left(\frac{1}{7} \cdot 85^2\right) + \left(\frac{1}{6} \cdot 52^2\right) + \left(\frac{1}{5} \cdot 34^2\right)\right] - 3 \cdot (18+1) = 6.92$$

```
 Rangsummen (Rj)
85 52 34
 H-Testwert (H)
6.9176
--------------------------------------------------------------------
```

Für die Berechnung von C sind alle auftretenden Meßwerte zu notieren und in ihrer Häufigkeit t_j anzugeben. Diese können aus den aufsteigend sortierten Daten ausgezählt werden:

```
 Meßwerte (R)
1 2 3 4 5 6 7 8 9 10 11 12
 Häufigkeiten (tk)
1 3 2 1 1 2 2 1 2 1 1 1
--------------------------------------------------------------------
```

Die Meßwerte, bei denen die Häufigkeit gleich eins ist ($t_k = 1$), fallen aus der Analyse heraus.

$$H' = \frac{6.92}{1-\left(1/18^3-18\right)\cdot\left[\left(3^3-3\right)+\left(2^2-2\right)+\left(2^2-2\right)+\left(2^2-2\right)\right]}$$

$$= \frac{6.92}{0.994} = 6.96$$

```
 H'-Testgröße (HTEST)
6.9595
 Freiheitsgrade (df)
2
 Wahrscheinlichkeit der Chiquadrat-Verteilung (P)
0.03032
 Fläche der Chiquadrat-Verteilung (F)
0.96918
 Kritischer Wert bei 5% Niveau (CRIT5)
5.99146
--------------------------------------------------------------------
```

Da die empirische Testgröße mit 6.96 größer als der kritische Wert von 5.99 ist, kann zwischen den drei Gruppen ein signifikanter Unterschied festgestellt werden, d.h. in Abhängigkeit von der Modalität der Präsentation verändert sich die Anzahl der richtig erinnerten Sätze.

SPSS-Beispiel: *Vergleichsrechnung zum obigen Beispiel*

Syntax:

```
 NPAR TESTS /K-W=messung BY grp(1 3)
   /MISSING ANALYSIS.
```

Ausgabe:

```
- - - - - Kruskal-Wallis 1-Way Anova

MESSUNG
by GRP        Modalität
```

```
Mean Rank    Cases

  14,17        6   GRP = 1 auditiv
   7,43        7   GRP = 2 visuell
   6,80        5   GRP = 3 audiovisuell

                   --

              18   Total

                              Corrected for ties
 Chi-Square    D.F.  Significance  Chi-Square    D.F.        Significance
   6,9176       2        ,0315       6,9752       2                ,0306
```

Die Interpretation des SPSS-Ausdrucks zum Kruskal-Wallis Test bzw. zur einfaktoriellen Varianzanalyse für Ordinaldaten (**Kruskal-Wallis 1-way ANOVA**) erfolgt adäquat zum *U*-Test (vgl. Abschnitt **8.3.2 Beispielrechnung für *U*-Test**) und bedarf von daher keiner weiteren Interpretation. Nach der Definition des Tests wird ohne eine Normalverteilungsannahme (d. h. nicht-parametrisch) geprüft, ob unabhängige Stichproben aus der gleichen Grundgesamtheit stammen. Zur statistischen Prüfung wird dabei auf die Chi-Quadrat-Verteilung (**Chi-Square**) zurückgegriffen.

10.6.2 Friedman-Test

Definition: Der Friedman-Test entspricht einer einfaktoriellen Varianzanalyse mit Meßwiederholung (Verallgemeinerung des Wilcoxon-Tests). Die Definition und Hypothesen entsprechen dem Kruskal-Wallis Test.

Voraussetzung: Ordinaldaten, abhängige Stichproben, Stetigkeit der Verteilungsfunktion.

Signifikanzniveau: α

Testgröße: Für die Berechnung sind die n Meßwerte x_{ij} (i-ter Meßwert der j-ten Vpn) pro Vpn in **je eine Rangreihe** zu bringen – wobei der kleinste Wert den Rangplatz 1 erhält, der zweitkleinste den Rangplatz 2 usw. und gleichen Werten (Bindungen oder gebundene Ränge) der gleiche durchschnittliche Rangplatz zugewiesen wird. n kennzeichnet hier die Anzahl der Vpn und k die Anzahl der Kategorien.

(10.6.3) $$\chi_r^2 = \frac{12}{nk(k+1)}\left[\sum_{i=1}^{k} T_i^2\right] - 3n \cdot (k+1)$$

wobei $T_i = \sum_k R(x_{ij})$ (Rangsumme der k Gruppen)

Die Testgröße ist annähernd χ^2-verteilt mit $k-1$ Freiheitsgeraden.

Rechenbeispiel: *Um den Erfolg verschiedener gruppentherapeutischer Methoden zu untersuchen, werden n=8 Vpn über k=6 verschiedene Behandlungsvarianten untersucht. Als ein Kriterium für die Unterschiedlichkeit der Behandlungswirkungen werden die Vpn im Anschluß an jede Behandlung auf ihre jeweilige Stimmungslage hin befragt. Der resultierende Stimmungsindex deutet bei hohem Wert auf eine aktive, wohlbefindliche Stimmungslage hin, bei einem geringen Wert auf eine passive, unwohlige Stimmungslage. Geprüft werden soll mit einer Irrtumswahrscheinlichkeit von 5%.*

Die Tabelle zeigt die „Meßdaten" der 6 Behandlungsvarianten und die entsprechenden Rangreihen pro Behandlung:

Behandlung	1	R_1	2	R_2	3	R_3	4	R_4	5	R_5	6	R_6
Vp_1	25	6	0	1	13	3	2	2	21	5	16	5
Vp_2	2	2.5	3	4	12	6	2	2.5	0	1	10	5
Vp_3	17	6	3	3	11	5	5	4	2	2	1	1
Vp_4	9	2.5	9	2.5	21	6	3	1	11	4	17	5
Vp_5	20	5.5	7	2	19	3.5	20	5.5	3	1	19	3.5
Vp_6	20	6	1	1	11	3	4	2	16	4	18	5
Vp_7	23	4	26	5	21	3	7	1	9	2	27	6
Vp_8	15	1.5	18	4.5	18	4.5	16	3	15	1.5	26	6

Die Rangsummen pro Tabellenspalte sind entsprechend:

```
 Rangsummen der Gruppen (Rs)
34 23 34 21 20.5 35.5
 Gesamtsumme der Rangsummen (G)
168
 Quadrierte Rangsummen (Qrs)
1156 529 1156 441 420.25 1260.25
 Gesamtsumme der quadrierten Rangsummen (QG)
4962.5
```

Durch Einsetzen in die Formel ergibt sich:

$$\chi_r^2 = \frac{12}{8 \cdot 6(6+1)} 4962.5 - 3 \cdot 8 \cdot (6+1) = 9.2321$$

```
 Testgröße (T)
9.23211
 Freiheitsgrade (df)
5
 Wahrscheinlichkeit der Chiquadrat-Verteilung (P)
0.10016
 Fläche der Chiquadrat-Verteilung (F)
0.89984
 Kritischer Wert bei 5% Niveau (CRIT5)
11.0707
```

Da die empirische Testgröße von 9.23 kleiner als der kritische Wert von 11.07 ist, muß die Nullhypothese beibehalten werden. Die gefundenen Unterschiede zwischen den Rangsummen (stellvertretend für das Wirken der Behandlungen) können also vorerst als zufällig angesehen werden.

SPSS-Beispiel: *Vergleichsrechnung zum obigen Beispiel*

Syntax:

```
NPAR TESTS /FRIEDMAN = b1 b2 b3 b4 b5 b6
   /MISSING LISTWISE.
```

Ausgabe:

```
- - - - - Friedman Two-Way Anova

     Mean Rank   Variable

          4,25   B1
          2,88   B2
          4,25   B3
          2,63   B4
          2,56   B5
          4,44   B6

          Cases         Chi-Square          D.F.   Significance
              8             9,2321             5          ,1002
```

10.7 Prüfung von Kontrasten

Die Varianzanalyse erlaubt die Prüfung, ob sich *i* Mittelwerte voneinander unterscheiden. Der Nachteil dieser Methode ist aber, daß nicht angegeben werden kann, welche Treatmentstufen den oder die Effekte bewirken. Für eine differenzierte Interpretation der **Gesamtsignifikanz** (*overall significance*) müssen entsprechend sog. Kontrastverfahren (Einzelvergleichsverfahren) herangezogen werden, um entscheiden zu können, zwischen welchen Stufen des bzw. der Treatments signifikante Unterschiede bestehen. Diese Anschlußtests werden auch **a posteriori Vergleiche** genannt, da sie im Anschluß an eine Varianzanalyse (bei signifikantem Ergebnis) durchgeführt werden. Die prinzipielle Vorgehensweise läuft dabei auf einen paarweisen Vergleich sämtlicher Mittelwerte hinaus. Die Anzahl möglicher Paare (Vergleiche) ist entsprechend $k = \frac{i \cdot (i-2)}{2}$. So ergeben sich beispielsweise bei 4 Mittelwerten insgesamt 6 Vergleiche (vgl. Diehl & Arbinger, 1992).

Für die Prüfung multipler Mittelwerte existieren inzwischen eine Vielzahl von Verfahren, von denen hier nur exemplarisch zwei Tests herausgegriffen werden sollen. Beide Tests setzen Stichproben aus normalverteilten Populationen voraus. Weitere Tests werden in der SPSS-Beispielrechnung zu Kontrasten vorgestellt.

10.7.1 Tukey-Test

Definition: Der Tukey-Test ermöglicht den paarweisen Vergleich von *i* Mittelwerten. Das Verfahren wird gelegentlich auch als WSD (wholly significant difference) oder HSD-Test (honestely significant difference) bezeichnet.

Voraussetzung: Stichproben müssen gleichen Umfang besitzen und varianzhomogenen, normalverteilten Populationen entstammen.

Hypothesen:

	H_0	H_1
2-seitig	$\mu_i = \mu_{i'}$	$\mu_i \neq \mu_{i'}$

Signifikanzniveau: α

Testgröße: Zum Testen der *k* Nullhypothesen wird bei jedem Kontrast folgende Testgröße bestimmt:

(10.7.1) $$Q = \frac{|\bar{x}_i - \bar{x}_{i'}|}{\sqrt{MQ_{\text{in}} / n}}$$

Dabei stellen $\bar{x}_i$ und $\bar{x}_{i'}$ die den Kontrast bildenden Mittelwerte der Gruppen *i* und *i´* dar und MQ_{in} die mittlere Quadratsumme aus der Varianzanalyse. Die Prüfgröße *Q* wird über die Verteilung der „studentisierten *Range*" geprüft mit $i \cdot (n-1)$ Freiheitsgraden, wobei *n* die Anzahl der Fälle pro Gruppe darstellt. Entsprechende Tabellen finden sich in den Statistikbüchern (vgl. Diehl & Arbinger, 1992).

Anmerkungen: (näheres siehe Diehl & Arbinger, 1992)

- Im Falle von zwei Gruppen sind der *t*-Test und der Tukey-Test hinsichtlich der Prüfung der Nullhypothese identisch. Bei mehr als zwei Gruppen ergeben sich aber Unterschiede in den kritischen Werten, die zur Prüfung der *k* Vergleiche herangezogen werden.
- Sinnvoll kann der Tukey-Test nur dann eingesetzt werden, wenn das (vorab ermittelte) Ergebnis einer Varianzanalyse zu signifikanten Effekten geführt hat.

Rechenbeispiel: *Nach Prüfung mit einer Varianzanalyse hat sich ein signifikanter Effekt zwischen der Belohnungshöhe (mit vier verschiedenen Bedingungen - 0 DM, 10 DM, 20 DM und 30 DM) und der Lösungsgeschwindigkeit bei Aufgaben ergeben (vgl. Abschnitt* ***10.7.3 SPSS-Beispielrechnung von Kontrasten****). Die Stichprobenumfänge sind gleich (pro Gruppe 12 Personen). Als Messung ergeben sich folgende Lösungszeiten (in Minuten):*

00 DM:	23	14	16	18	12	13	16	17	19	14	16	17
10 DM:	19	12	16	14	7	8	13	10	19	9	15	14
20 DM:	10	7	9	8	15	3	8	9	11	9	5	17
30 DM:	3	8	7	5	6	10	12	4	7	6	5	15

Als mittlere Lösungszeit resultieren aus den vier Bedingungen folgende Werte: 00 DM: 16.25, 10 DM: 13.00, 20 DM: 9.25 und 30 DM: 7.33. Als „Mittleres Quadrat innerhalb" errechnet sich ein Wert von 12.845. Geprüft werden soll, zwischen welchen dieser vier Mittelwerte ein statistisch signifikanter Unterschied besteht. Dabei wird eine Irrtumswahrscheinlichkeit von 5% zugrundegelegt.

Zunächst können die Mittelwertsdifferenzen tabellarisch abgetragen werden:

	00 DM	10 DM	20 DM	30 DM
00 DM				
10 DM	3.250			
20 DM	7.000*	3.750		
30 DM	8.917*	5.667*	1.917	

In die Formel eingesetzt, ergibt sich dann:

$$Q_1 = \frac{3.25}{\sqrt{12.845/12}} = 3.14 \qquad Q_2 = \frac{3.75}{\sqrt{12.845/12}} = 3.623$$

$$Q_3 = \frac{1.917}{\sqrt{12.845/12}} = 1.852 \qquad Q_4 = \frac{7}{\sqrt{12.845/12}} = 6.763$$

$$Q_5 = \frac{5.667}{\sqrt{12.845/12}} = 5.475 \qquad Q_6 = \frac{8.917}{\sqrt{12.845/12}} = 8.615$$

Als kritischer Wert bei einer Irrtumswahrscheinlichkeit von 5%, $i = 4$ und df=44 findet sich ein kritischer Wert von 3.791 (df = 40). In der obigen Tabelle sind diejenigen Kontraste mit einem Stern (*) markiert, die oberhalb des kritischen Wertes liegen, also Q_4, Q_5 und Q_6, d. h. die Mittelwertsdifferenzen zwischen 00 DM und 20 DM, zwischen 00 DM und 30 DM und zwischen 10 DM und 30 DM sind statistisch signifikant.

10.7.2 Tukey-Kramer Test

Definition: Der Tukey-Kramer Test ermöglicht den paarweisen Vergleich von i Mittelwerten. Im Unterschied zum Tukey-Test wird bei der Prüfgröße der Stichprobenumfang n bei den einzelnen Kontrasten jeweils durch das harmonische

Mittel der beiden zu vergleichenden Stichproben n_i und $n_{i'}$ ersetzt. Die Hypothesen entsprechen dem Tukey-Test.

Voraussetzung: Stichproben können ungleichen Umfang besitzen, ansonsten wie Tukey-Test.

Signifikanzniveau: α

Testgröße: Das harmonische Mittel der Stichprobenumfänge n_i und $n_{i'}$, errechnet sich wie folgt:

(10.7.2) $$HM = \frac{2}{1/n_i + 1/n_{i'}}$$

Durch Einsetzen des harmonischen Mittels ergibt sich dann folgende Testgröße:

(10.7.3) $$Q = \frac{|\bar{x}_i - \bar{x}_{i'}|}{\sqrt{MQ_{\text{in}} / HM}}$$

Die Prüfgröße Q wird wieder über die Verteilung der „studentisierten *Range*" geprüft mit $N - i$ Freiheitsgraden, wobei N die Gesamtzahl der Fälle (Werte) aller Gruppen darstellt.

Anmerkungen: (näheres siehe Diehl & Arbinger, 1992)

- Im Falle gleicher Stichprobenumfänge sind die Prüfgrößen des Tukey-Kramer Tests und des Tukey-Tests identisch.

10.7.3 SPSS-Beispielrechnung zu Kontrasten

Als Daten sollen die Angaben aus dem Rechenbeispiel unter Abschnitt **10.7.1 Tukey-Test** dienen. Die SPSS-Ausgabe zeigt das Ergebnis der einfaktoriellen Varianzanalyse (ohne Meßwiederholung) und alle verfügbaren Kontrast-Tests (vgl. SPSS, 1993).

SPSS-Beispiel: *Beispielrechnung für multiple Mittelwertsvergleiche*

Syntax:

```
ONEWAY belohnun BY beding(1 4)
   /RANGES=LSD
   /RANGES=LSDMOD
   /RANGES=DUNCAN
   /RANGES=SNK
   /RANGES=TUKEY
   /RANGES=BTUKEY
   /RANGES=SCHEFFE
```

```
   /HARMONIC NONE
   /STATISTICS HOMOGENEITY
   /FORMAT NOLABELS
   /MISSING ANALYSIS.
```

Ausgabe:

```
                         - - - - -  O N E W A Y  - - - - -


      Variable  BELOHNUN
   By Variable  BEDING

                              Analysis of Variance


                              Sum of         Mean           F          F
        Source        D.F.    Squares        Squares        Ratio      Prob.

Between Groups          3      566,7500      188,9167       14,7078    ,0000
Within Groups          44      565,1667       12,8447
Total                  47     1131,9167


Levene Test for Homogeneity of Variances

    Statistic     df1     df2        2-tail Sig.
       ,4285       3      44           ,734
                         - - - - -  O N E W A Y  - - - - -

      Variable  BELOHNUN
   By Variable  BEDING

Multiple Range Tests:  LSD test with significance level ,05

The difference between two means is significant if
  MEAN(J)-MEAN(I)  >= 2,5342 * RANGE * SQRT(1/N(I) + 1/N(J))
  with the following value(s) for RANGE: 2,85

   (*) Indicates significant differences which are shown in the lower
triangle

                             G G G G
                             r r r r
                             p p p p

                             4 3 2 1
     Mean       BEDING

     7,3333     Grp 4
     9,2500     Grp 3
    13,0000     Grp 2        * *
    16,2500     Grp 1        * * *
```

```
 Homogeneous Subsets (highest and lowest means are not significantly
different)

Subset 1

Group       Grp 4        Grp 3

Mean        7,3333       9,2500
- - - - - - - - - - - - - - - - -

Subset 2

Group       Grp 2

Mean       13,0000
- - - - - - - - - -

Subset 3

Group       Grp 1

Mean       16,2500
- - - - - - - - - -


                    - - - - -  O N E W A Y  - - - - -


      Variable  BELOHNUN
   By Variable  BEDING

Multiple Range Tests:  Modified LSD (Bonferroni) test with significance
                       level ,05

The difference between two means is significant if
  MEAN(J)-MEAN(I) >= 2,5342 * RANGE * SQRT(1/N(I) + 1/N(J))
  with the following value(s) for RANGE: 3,91

    (*) Indicates significant differences which are shown in the lower
triangle

                            G G G G
                            r r r r
                            p p p p

                            4 3 2 1
     Mean       BEDING

     7,3333     Grp 4
     9,2500     Grp 3
    13,0000     Grp 2       *
    16,2500     Grp 1       * *

 Homogeneous Subsets (highest and lowest means are not significantly
different)
```

```
Subset 1

Group        Grp 4         Grp 3

Mean         7,3333        9,2500
- - - - - - - - - - - - - - - - -

Subset 2

Group        Grp 3         Grp 2

Mean         9,2500       13,0000
- - - - - - - - - - - - - - - - -

Subset 3

Group        Grp 2         Grp 1

Mean        13,0000       16,2500
- - - - - - - - - - - - - - - - -


                  - - - - -  O N E W A Y  - - - - -


      Variable  BELOHNUN
   By Variable  BEDING

Multiple Range Tests:  Duncan test with significance level ,05

The difference between two means is significant if
  MEAN(J)-MEAN(I)  >= 2,5342 * RANGE * SQRT(1/N(I) + 1/N(J))
  with the following value(s) for RANGE:

 Step       2      3      4
 RANGE    2,85   3,00   3,10

    (*) Indicates significant differences which are shown in the lower
triangle

                              G G G G
                              r r r r
                              p p p p

                              4 3 2 1
     Mean       BEDING

     7,3333     Grp 4
     9,2500     Grp 3
    13,0000     Grp 2         * *
    16,2500     Grp 1         * * *

 Homogeneous Subsets (highest and lowest means are not significantly
different)
```

```
Subset 1

Group        Grp 4         Grp 3

Mean         7,3333        9,2500
- - - - - - - - - - - - - - - - -

Subset 2

Group        Grp 2

Mean        13,0000
- - - - - - - - - -

Subset 3

Group        Grp 1

Mean        16,2500
- - - - - - - - - -


                        - - - - -  O N E W A Y  - - - - -


      Variable  BELOHNUN
   By Variable  BEDING

Multiple Range Tests:  Student-Newman-Keuls test with significance level
,050

The difference between two means is significant if
  MEAN(J)-MEAN(I)  >= 2,5342 * RANGE * SQRT(1/N(I) + 1/N(J))
  with the following value(s) for RANGE:

 Step       2      3      4
 RANGE    2,86   3,43   3,77

    (*) Indicates significant differences which are shown in the lower
triangle

                           G G G G
                           r r r r
                           p p p p

                           4 3 2 1
     Mean       BEDING

     7,3333     Grp 4
     9,2500     Grp 3
    13,0000     Grp 2      * *
    16,2500     Grp 1      * * *

 Homogeneous Subsets (highest and lowest means are not significantly
different)
```

```
Subset 1

Group        Grp 4         Grp 3

Mean         7,3333        9,2500
- - - - - - - - - - - - - - - - -

Subset 2

Group        Grp 2

Mean        13,0000
- - - - - - - - - -

Subset 3

Group        Grp 1

Mean        16,2500
- - - - - - - - - -

                         - - - - -  O N E W A Y  - - - - -

      Variable  BELOHNUN
   By Variable  BEDING

Multiple Range Tests:  Tukey-HSD test with significance level ,050

The difference between two means is significant if
  MEAN(J)-MEAN(I)  >= 2,5342 * RANGE * SQRT(1/N(I) + 1/N(J))
  with the following value(s) for RANGE: 3,77

    (*) Indicates significant differences which are shown in the lower
triangle

                         G G G G
                         r r r r
                         p p p p

                         4 3 2 1
     Mean       BEDING

     7,3333     Grp 4
     9,2500     Grp 3
    13,0000     Grp 2    *
    16,2500     Grp 1    * *

 Homogeneous Subsets (highest and lowest means are not significantly
different)

Subset 1

Group        Grp 4         Grp 3

Mean         7,3333        9,2500
- - - - - - - - - - - - - - - - -
```

```
Subset 2

Group        Grp 3          Grp 2

Mean         9,2500        13,0000
- - - - - - - - - - - - - - - - - -

Subset 3

Group        Grp 2          Grp 1

Mean       13,0000        16,2500

                    - - - - -  O N E W A Y  - - - - -


      Variable  BELOHNUN
   By Variable  BEDING

Multiple Range Tests:  Tukey-B test with significance level ,050

The difference between two means is significant if
  MEAN(J)-MEAN(I)  >= 2,5342 * RANGE * SQRT(1/N(I) + 1/N(J))
  with the following value(s) for RANGE:

 Step       2      3      4
 RANGE    3,31   3,60   3,77

    (*) Indicates significant differences which are shown in the lower
triangle

                           G G G G
                           r r r r
                           p p p p


                           4 3 2 1
     Mean      BEDING

     7,3333    Grp 4
     9,2500    Grp 3
    13,0000    Grp 2       * *
    16,2500    Grp 1       * *

 Homogeneous Subsets (highest and lowest means are not significantly
different)

Subset 1

Group        Grp 4          Grp 3

Mean         7,3333         9,2500

- - - - - - - - - - - - - - - - - -
```

```
Subset 2

Group         Grp 2         Grp 1

Mean        13,0000       16,2500
- - - - - - - - - - - - - - - - -

                    - - - - -  O N E W A Y  - - - - -

      Variable  BELOHNUN
   By Variable  BEDING

Multiple Range Tests:  Scheffe test with significance level ,05

The difference between two means is significant if
  MEAN(J)-MEAN(I)  >= 2,5342 * RANGE * SQRT(1/N(I) + 1/N(J))
  with the following value(s) for RANGE: 4,11

    (*) Indicates significant differences which are shown in the lower
triangle

                             G G G G
                             r r r r
                             p p p p

                             4 3 2 1
     Mean      BEDING

     7,3333    Grp 4
     9,2500    Grp 3
    13,0000    Grp 2         *
    16,2500    Grp 1         * *

 Homogeneous Subsets (highest and lowest means are not significantly
different)

Subset 1

Group         Grp 4         Grp 3

Mean         7,3333        9,2500
- - - - - - - - - - - - - - - - -

Subset 2

Group         Grp 3         Grp 2

Mean         9,2500       13,0000
- - - - - - - - - - - - - - - - -

Subset 3

Group         Grp 2         Grp 1

Mean        13,0000       16,2500
- - - - - - - - - - - - - - - - -
```

Nach Berechnung der Varianzanalyse (**Analysis of Variance**) und eines Voraussetzungstests auf Varianzhomogenität (**Levene Test for Homogeneity of Variances**) führt SPSS verschiedene Tests für multiple Mittelwertvergleiche (**Multiple Range Test**) durch. Allen Tests gemeinsam ist, daß sie Verfahren zum Vergleich aller möglichen Paare von Gruppenmitteln darstellen. Jeder Test besitzt eine spezifische Adjustierung aufgrund der Tatsache, daß mehrere voneinander nicht-unabhängiger Tests durchzuführen sind. Wenn viele nicht-unabhängige Vergleiche durchgeführt werden, wächst mit der Zahl der Vergleiche die Möglichkeit, „signifikante" Unterschiede rein zufällig zu finden. Die Verfahren für multiple Vergleiche versuchen, die Fehlerrate zu kontrollieren, indem strengere Kriterien angewendet werden, eine beobachtete Differenz als signifikant zu bezeichnen. In der Art der verwendeten Korrektur unterscheiden sich die verschiedenen Verfahren für multiple Vergleiche.

Das erste gerechnete Verfahren ist eine Prozedur der geringsten signifikanten Differenz (**LSD – least-significant difference**). Alle möglichen *t*-Tests zwischen Gruppen-Mittelwerten werden dabei ermittelt. Es erfolgt keine Korrektur des beobachteten Signifikanzniveaus (keine α-Fehler-Adjustierung) für mehrfache, nicht unabhängige Vergleiche.

Der nachfolgende Test stellt eine modifizierte LSD-Prozedur dar (**Modified LSD**). Dieses Verfahren basiert auf der Students *t*-Statistik. Das beobachtete Signifikanzniveau wird im Hinblick auf die mehrfachen Vergleiche korrigiert. Die Prozedur wird auch Bonferroni-korrigierter *t*-Test genannt.

Die Duncan-Prozedur (**Duncan**) ist ein Verfahren für multiple Vergleiche, das die Gruppenmittelwerte vom kleinsten bis zum größten aufreiht. Der Abstand der Mittelwerte in der Rangreihe wird herangezogen, um den Differenzbereich zu berechnen. Der Test basiert auf der Annahme, daß, je größer die Anzahl der zu vergleichenden Mittelwerte ist, desto eher können signifikante Unterschiede auftreten. Mit dieser Prozedur ist die Wahrscheinlichkeit, signifikante Unterschiede zu finden (wenn die beiden Gruppen tatsächlich gleich sind), oft kleiner, aber nie größer als das angegebene Signifikanzniveau.

Die Student-Newman-Keuls Prozedur (**Student-Newman-Keuls**) ist ein Mehrfachvergleichstests, der die Gruppenmittelwerte vom kleinsten zum größten sortiert und den Grenzbereich für den Test auf signifikanten Unterschied nach der Zahl der Schritte zwischen zwei zu testenden Mittelwerten bestimmt. In SPSS wird jedes Paar von Mittelwerten mit einem Signifikanzniveau von .05 verglichen.

Die Tukey- und Tukey-*B* Prozedur (**Tukey-B**) ordnet die Mittelwerte vom kleinsten zum größten und berechnet für jeden Vergleich einen Bereich, der auf dem Abstand (oder der Anzahl an Schritten) zwischen zwei Mittelwerten in der Rangordnung beruht. Die Tukey-*B* Prozedur benutzt den Durchschnitt der Tukey HSD (honestly significant difference) und SNK-Prozedur (Student-Newman-Keuls), um die Bereichswerte für jeden Schritt (Abstand in der Rangordnung) zu berechnen.

Die abschließende Scheffe-Prozedur (**Scheffe**) untersucht alle möglichen linearen Kombinationen von Gruppenmittelwerten, und nicht nur paarweise Vergleiche. Er ist konservativ bezüglich des paarweisen Vergleichs von Mittelwerten, d. h. er benötigt größere Differenzen zwischen den Mittelwerten, um diese als signifikant zu betrachten, als andere Methoden.

10.8 Weitere Testverfahren im Überblick

(a) Zunächst soll ein Überblick über speziellere varianzanalytische Designs gegeben werden, die vor allem dem Umstand Rechnung tragen, die Anzahl benötigter Versuchspersonen bei steigender Faktoren- und Faktorstufenzahl zu begrenzen. Neben der vorgestellten Möglichkeit der Meßwiederholung sind weitere zu unterscheiden (vgl. Myers & Well, 1991):

- **Kovarianzanalyse**: Mit dieser fehlervarianzreduzierenden Technik kann geprüft werden, welche Bedeutung sog. **Kontrollvariablen** besitzen, die im Verdacht stehen, die AV potientiell zu beeinflussen. Kontrollvariablen lassen sich entsprechend als **Störvariablen** definieren, die gemessen werden können. Voraussetzung ist, daß diese Kontrollvariablen ebenfalls intervallskaliert sind. Verfahrenstechnisch werden dazu varianzanalystische und regressionsanalytische Techniken mit dem Ziel kombiniert, aus einer Regressionsgleichung die AV aus der Kontrollvariable vorherzusagen. Aus der Differenz der empirischen Werte der AV und der (durch die Regressionsgleichung) vorhergesagten Werte resultieren dann sog. **Regressionsresiduen**, die von der Kontrollvariable nicht determiniert sind.
- **Hierarchische Versuchspläne**: Bei einem hierarchischen Versuchsplan werden nicht (wie bei der vollständigen Kreuzklassifikation) alle Faktorstufen der Faktoren miteinander kombiniert. Stattdessen erfolgt die Kombination z. B. zweier Faktoren derart, daß jede Faktorstufe des einen Faktors nur mit bestimmten Faktorstufen des anderen Faktors auftritt. Durch diese Schachtelung des einen Faktors unter den andern, entsteht ein hierarchischer Versuchsplan. Der wesentliche Vorteil liegt in einer Ersparnis an Versuchspersonen, allerdings mit dem Nachteil, daß keine Interaktionen zwischen ineinander geschachtelten Faktoren geprüft werden können. Entsprechend lassen sich nur Haupteffekte prüfen. Bei der Schachtelung ist darauf zu achten, daß jede Stufe des einen Faktors mit der gleichen Anzahl von Stufen des zweiten Faktors kombiniert wird. Folgende Abbildung zeigt ein hierarchisches Design für zwei Faktoren (ein ☒ kennzeichnet die berücksichtigten Versuchsplanzellen):

	b_1	b_2	b_3	b_4	b_5	b_6
a_1	☒	☒				
a_2			☒	☒		
a_3					☒	☒

- **Lateinische Quadrate**: Eine besondere Variante unvollständiger Versuchspläne stellt das lateinische Quadrat dar. Auch hier besteht der besondere Vorteil in einer Reduktion des Versuchspersonenaufkommens, unter Einbuße nicht prüfbarer Interaktionen. Werden diese Interaktionen allerdings vernachlässigt, kann dies zu erheblichen Fehlinterpretationen der Haupteffekte führen. Demnach sollte in einer Voruntersuchung das Auftreten von Interaktionen ausgeschlossen werden. Die Anwendung des lateinisches Quadrats erfolgt bei dreifaktoriellen Versuchsplänen, wobei alle drei Faktoren die gleiche Anzahl an Faktorstufen aufweisen müssen. Dabei wird jede Stufe des dritten Faktors einmal mit jeder Stufe des ersten und einmal mit jeder Stufe des zweiten Faktors kombiniert. Folgende Abbildung zeigt ein lateinisches Quadrat mit drei Faktoren für je 4 Stufen:

	a_1	a_2	a_3	a_4
b_1	c_1	c_2	c_3	c_4
b_2	c_2	c_1	c_4	c_3
b_3	c_3	c_4	c_1	c_2
b_4	c_4	c_3	c_2	c_1

- **Griechisch-lateinisches Quadrat**: Eine besondere Variante lateinischer Quadrate, die die Überprüfung von 4 Faktoren ermöglicht, stellt das griechisch-lateinische Quadrat dar. Die Anwendung ist allerdings auf Fälle begrenzt, bei denen die Interaktionen 1. und 2. Ordnung vernachlässigt werden können. Die Konstruktion erfolgt auf der Basis zweier orthogonaler lateinischer Quadrate, bei denen jedes Faktorstufenpaar einmal vorkommt. Die folgende Abbildung zeigt ein Datenschema für vier Faktoren mit je 3 Stufen:

	a_1	a_2	a_3
b_1	$c_2 d_1$	$c_3 d_2$	$c_1 d_3$
b_2	$c_3 d_3$	$c_1 d_1$	$c_2 d_2$
b_3	$c_1 d_2$	$c_2 d_3$	$c_3 d_1$

(b) Eine Voraussetzung der (einfaktoriellen) Varianzanalyse ist, wie bereits angesprochen, die Annahme, daß die Populationen, denen die Stichproben entstammen, die gleiche Varianz besitzen. Ist diese Voraussetzung nicht erfüllt, muß ggf. auf andere Verfahren ausgewichen werden, die varianzheterogene Populationen zulassen (vgl. Diehl & Arbinger, 1992):

- **Welch-Test**: Dieser Test prüft, ob zwischen den Mittelwerten von drei oder mehr unabhängigen Stichproben statistisch signifikante Unterschiede bestehen. Die Stichproben müssen dazu normalverteilten Populationen entstammen. Notwendig für die Berechnung sind Angaben zum Mittelwert, zur Varianz, zur Standardabweichung und zur Anzahl der Werte. Die Prüfgröße ist *F*-verteilt. Gleiche und ungleiche Stichprobengrößen können berücksichtigt werden.

- **Brown-Forsythe Test**: Geprüft wird hier ebenfalls die Hypothese, ob zwischen den Mittelwerten von drei oder mehr unabhängigen Stichproben statistisch signifikante Unterschiede bestehen. Die Stichproben müssen dazu normalverteilten Populationen entstammen. Für die Berechnung werden folgende Angaben benötigt: Summe der Werte, Mittelwert, Varianz, Standardabweichung und die Anzahl der Werte. Die Prüfgröße ist F-verteilt. Gleiche und ungleiche Stichprobengrößen können berücksichtigt werden.

(c) Für Ordinaldaten existieren zu den vorgestellten Tests weitere Varianten, die den Umstand k unabhängiger und k abhängiger Stichproben berücksichtigen (vgl. SPSS, 1993):

- **Median-Test**: Dieser Test prüft, ob zwei oder mehr als zwei unabhängige Stichproben aus Grundgesamtheiten mit gleichem Median gezogen wurden. Es wird der Median über alle Gruppen berechnet und eine Kontingenztafel ausgegeben, die die Häufigkeit der Fälle in jeder Gruppe angibt, die größer als oder kleiner gleich dem Median für die Beobachtungen aller Gruppen ist.
- **Kendall's W**: Dieser Test prüft, ob mehrere miteinander in Beziehung stehende (abhängige) Stichproben aus der gleichen Grundgesamtheit stammen. Überprüft werden dabei die Rangordnungen mehrerer Variablen auf Übereinstimmung zwischen befragten oder beurteilenden Personen.
- **Cochran's Q**: Der Cochran's Q Test testet die Nullhypothese, daß mehrere verbundene dichotome Variablen denselben Mittelwert besitzen. Die Variablen werden am selben Individuum (Fall) oder an zusammengehörenden Individuen oder Objekten gemessen. Dieser Test ist eine Erweiterung des McNemar-Tests auf mehr als 2 verbundene Stichproben.

11. Entscheidungshilfe zur angemessenen Testwahl

Die Ordnung der bisher dargestellten Testverfahren, die Unterschiede oder Zusammenhänge zwischen Populationen feststellen, richtet sich nach verschiedenen Strukturierungskriterien (vgl. auch Kapitel **8.1**).

1. Im ersten Schritt ist zu entscheiden, **wieviele Stichproben** in die Berechnung eingehen. Im einfachsten Falle sind dies zwei Stichproben. Dann kommen zunächst prinzipiell alle **Zweistichprobentests** infrage, die entweder Unterschieds- oder Zusammenhangshypothesen prüfen. Gehen mehr als zwei Stichproben in die Analyse ein, muß ein **Mehrstichprobenverfahren**, z. B. eine Variante der Varianzanalyse gewählt werden.
2. Im zweiten Schritt der Entscheidung ist zu klären, ob die gestellte Forschungshypothese günstiger als **Unterschieds-** oder als **Zusammenhangshypothese** überprüft werden kann.
3. Danach ist im dritten Schritt zu klären, welches **Skalenniveau** den Daten zugrundeliegt. Mit dieser Entscheidung kann differenziert werden, ob ein **parametrisches** oder ein **nicht-parametrisches Verfahren** für die Datenanalyse herangezogen wird.
4. Abschließend ist eine Entscheidung darüber zu treffen, wie die Art der Beziehung zwischen den Stichproben charakterisiert ist, d. h. ob die erhobenen Stichproben **unabhängig** oder **abhängig** voneinander sind.

Jeder der Tests besitzt spezifische **Voraussetzungen**. Werden diese Voraussetzungen von den Daten erfüllt, sollte der Test angewendet werden, der die weitestgehensten Voraussetzungen erfordert, da nur so die Informationen, die in den Daten stecken, am besten ausgeschöpft werden können. Werden diese Voraussetzungen allerdings verletzt, so muß ggf. auf ein niedrigeres Skalenniveau ausgewichen werden. Allerdings sollte diese Strategie nicht dahingehend mißbraucht werden, so lange verschiedene Tests auszuprobieren, bis irgendein hypothesenkonformes Ergebnis resultiert.

Mit diesen Entscheidungskritieren können statistische Testverfahren in ein Diagramm eingebunden werden, daß die Suche nach dem geeigneten Test erleichtert. Ausgenommen in der Darstellung sind Tests, deren Funktion **ausschließlich** in der Prüfung von Voraussetzungen besteht (z.B. Sphärizitätstests bei der Varianzanalyse mit Meßwiederholungen).

Anzahl Stichproben	Art der Hypothese	Verwendete Metrik	Un-/ Abhängigkeit	Testverfahren	
Eine Stichprobe	Unterschied	Intervallskala (Vergleich eines empirischen Mittelwertes mit theoretischem Mittelwert)	–	*t*-Test	
Eine Stichprobe	Unterschied	Ordinalskala (Vergleich der zentralen Tendenz)	–	Vorzeichen-Test	
Eine Stichprobe	Unterschied	Ordinalskala (Vergleich empirischer gegen theoretische Verteilung)	–	Kolmogoroff-Smirnov Test	Lilliefors-Test
Eine Stichprobe	Unterschied	Nominalskala (Vergleich der Häufigkeit)	–	Binomial-Test	Pearsons χ^2-Test
Eine Stichprobe	Unterschied	Nominalskala (Vergleich empirischer gegen theoretische Verteilung)	–	χ^2-Anpassungstest	
Eine Stichprobe	Zusammenhang	Nominalskala (Reihenfolge von Werten)	–	Sequenztest	
Zwei Stichproben	Unterschied	Intervallskala (Vergleich des Mittelwertes)	Unabhängigkeit	*t*-Test für unabhängige Stichproben	z-Test
Zwei Stichproben	Unterschied	Intervallskala (Vergleich des Mittelwertes)	Abhängigkeit	*t*-Test für abhängige Stichproben	
Zwei Stichproben	Unterschied	Intervallskala (Vergleich der Varianz)	Unabhängigkeit	*F*-Test	Levene Test
Zwei Stichproben	Unterschied	Intervallskala (Vergleich der Varianz)	Abhängigkeit	*t*-Test für korrelierte Stichproben	
Zwei Stichproben	Unterschied	Ordinalskala (Vergleich zentrale Tendenz)	Unabhängigkeit	*U*-Test (Mann & Whitney)	
Zwei Stichproben	Unterschied	Ordinalskala (Vergleich der Mediane)	Unabhängigkeit	Median-Test	
Zwei Stichproben	Unterschied	Ordinalskala (Vergleich der zentralen Tendenz)	Abhängigkeit	Wilcoxon-Test	Vorzeichen-Test
Zwei Stichproben	Unterschied	Ordinalskala (Vergleich zweier Spannweiten)	Unabhängigkeit	Moses-Test	
Zwei Stichproben	Unterschied	Ordinalskala (Vergleich zweier empirischer Verteilungen)	Unabhängigkeit	Wald-Wolfowitz Test	Kolomogoroff-Smirnov Test
Zwei Stichproben	Unterschied	Nominalskala (Vergleich der Häufigkeit)	Unabhängigkeit	χ^2-2 × *k* Test χ^2-*k* × *l*-Test	4-Felder χ^2-Test

Anzahl Stichproben	Art der Hypothese	Verwendete Metrik	Un-/ Abhängigkeit	Testverfahren	
Zwei Stichproben	Unterschied	Nominalskala (Vergleich der Häufigkeit)	Abhängigkeit	McNemar-Test	
Zwei Stichproben	Zusammenhang	Intervallskala (Test auf Korrelation)	–	Pearsons Produkt-Moment-Korrelation	
Zwei Stichproben	Zusammenhang	Intervall- & Nominalskala-Niveau (Zusammenhang zwischen intervallskalierter (AV) und kategorialer (UV) Variable)	–	Eta	
Zwei Stichproben	Zusammenhang	Intervall- & Nominalskala-Niveau (Zusammenhang zwischen intervallskalierter und dichotomer Variable)	–	Punktbiseriale Korrelation	Biseriale Korrelation
Zwei Stichproben	Zusammenhang	Intervallskala (Vergleich zweier künstlich dichotomisierter normalverteilter Variablen)	–	Tetrachorische Korrelation	
Zwei Stichproben	Zusammenhang	Ordinalskala (Test auf Rang-Korrelation)	–	Spearmans ρ - Test	Kendalls $\tau - b$ Test
Zwei Stichproben	Zusammenhang	Ordinalskala (Test auf Rang-Korrelation ohne Rangbindungen)	–	Goodman & Kruskals Gamma	Somers *D*
Zwei Stichproben	Zusammenhang	Ordinalskala (Test auf linearen Zusammenhang zwischen Zeilen- und Spaltenvariable in einer Kreuztabelle)	–	Mantel-Haenszel χ^2-Test	
Zwei Stichproben	Zusammenhang	Nominalskala (Vergleich zweier dichotomerer Merkmale)	–	4-Felder Phi-Koeffizient	Cramers Index
Zwei Stichproben	Zusammenhang	Nominalskala (fehlerreduzierendes Maß für Vorhersagewerte)	–	Lambda	Goodman und Kruskal λ
Zwei Stichproben oder mehr	Zusammenhang	Nominalskala (Vergleich einer $k \times l$-Kontingenztafel)	–	Kontingenzkoeffizient	Cramers *V*
Mehr als zwei Stichproben	Unterschied – gesamt	Intervallskala (Auswirkung von UV auf AV, Varianzen homogen)	Unabhängigkeit	Varianzanalyse für unabhängige Stichproben (ohne Meßwiederholungen)	

Anzahl Stichproben	Art der Hypothese	Verwendete Metrik	Un-/ Abhängigkeit	Testverfahren	
Mehr als zwei Stichproben	Unterschied – gesamt	Intervallskala (Auswirkung von UV auf AV, Varianzen homogen)	Abhängigkeit	Varianzanalyse für abhängige Stichproben (mit Meßwiederholungen)	
Mehr als zwei Stichproben	Unterschied – gesamt	Intervallskala (Auswirkung von Kontrollvariablen auf AV, Varianzen homogen)	Unabhängigkeit	Kovarianzanalyse für unabhängige Stichproben (ohne Meßwiederholungen)	
Mehr als zwei Stichproben	Unterschied – gesamt	Intervallskala (Auswirkung von Kontrollvariablen auf AV, Varianzen homogen)	Abhängigkeit	Kovarianzanalyse für abhängige Stichproben (mit Meßwiederholungen)	
Mehr als zwei Stichproben	Unterschied – gesamt	Intervallskala (Auswirkung von UV auf AV, Varianzen heterogen)	–	Welch Test	Brown-Forsythe Test
Mehr als zwei Stichproben	Unterschied – differenziert	Intervallskala (Einzelvergleiche von Mittelwerten bei gleichgroßen *n*)	–	Tukey-Test	
Mehr als zwei Stichproben	Unterschied – differenziert	Intervallskala (Einzelvergleiche von Mittelwerten bei ungleichgroßen *n*)	–	Tukey-Kramer Test	
Mehr als zwei Stichproben	Unterschied – differenziert	Intervallskala (*t*-Tests zwischen Gruppenmittelwerten)	–	LSD	Modifizierter LSD
Mehr als zwei Stichproben	Unterschied – differenziert	Intervallskala (lineare Kombinationen zwischen Mittelwerten)	–	Scheffe-Test	
Mehr als zwei Stichproben	Unterschied – differenziert	Intervallskala (Abstand zwischen größengeordenten Mittelwerten)	–	Ducan-Test	Student-Newman Test
Mehr als zwei Stichproben	Unterschied	Ordinalskala (Vergleich von mehr als zwei Rangreihen)	Unabhängigkeit	Kruskal-Wallis-Rangvarianzanalyse	
Mehr als zwei Stichproben	Unterschied	Ordinalskala (Vergleich von mehr als zwei Medianen)	Unabhängigkeit	Median-Test	
Mehr als zwei Stichproben	Unterschied	Ordinalskala (Vergleich von mehr als zwei Rangreihen)	Abhängigkeit	Friedman-Test	Kendalls *W*
Mehr als zwei Stichproben	Unterschied	Ordinalskala (Vergleich zweier dichotomer Variablen in bezug auf Mittelwert)	Abhängigkeit	Cochrans *Q*-Test	

12. Literatur

12.1 Einführende Statistikliteratur

Armitage, P. & Berry, G. (1994). *Statistical methods in medical research.* Oxford: Blackwell Scientific Publications.

Bortz, J. (1984). *Lehrbuch der empirischen Forschung.* Heidelberg: Springer.

Bortz, J. (1993). *Statistik. Für Sozialwissenschaftler* (4. Auflage). Heidelberg: Springer.

Bortz, J., Lienert, G.A. & Boehnke, K. (1990). *Verteilungsfreie Methoden der Biostatistik.* Heidelberg: Springer.

Diehl, J.M. & Arbinger, R. (1992). *Einführung in die Inferenzstatistik.* Eschborn bei Frankfurt am Main: Klotz.

Diehl, J.M. & Kohr, H.U. (1991). *Deskriptive Statistik.* Eschborn bei Frankfurt am Main: Klotz.

Fischer, L.D. & van Belle, G. (1993). *Biostatistics: a methodology for the health sciences.* New York: John Wiley & Sons Inc.

Hays, W.L. (1994). *Statistics* (5nd). Fort Worth: Harcout Brace College Publishers.

Lienert, G.A. (1969). *Testaufbau und Testanalyse.* Weinheim: Beltz.

Myers, J.L. & Well, A.d. (1991). *Research design and statistical analysis.* New York: HarperCollins.

Orth, B. (1974). *Einführung in die Theorie des Messens.* Stuttgart: Kohlhammer.

Sachs, L. (1992). *Angewandte Statistik.* Berlin: Springer.

Siegel, S, (1956). *Non-parametric statistics for the behavioral sciences.* New York: McGraw Hill.

Sievers, W. (1987). *Elemente der Statistik.* Göttingen: Universität Göttingen.

Snodgrass, J. (1986). *Human experimental psychology.* Oxford: University of Oxford Press.

Stelzl, I. (1982). *Fehler und Fallen der Statistik.* Bern: Huber.

Weber, E. (1972). *Grundriß der biologischen Statistik für Naturwissenschaftler und Mediziner.* Jena: Fischer.

Wickens, T.D. (1989). *Multiway consistency tables analysis in the social sciences.* Hillsdale: Lawrence Erlbaum Associates.

Wilrich, P.-Th. & Henning, H.-J. (1987). *Formeln und Tabellen der angwandten mathematischen Statistik.* Berlin: Springer.

Winer, B.J. (1971). *Statistical principles in experimental design.* New York: McGraw Hill.

Wonnacott & Wonnacott (1985). *Introducing statistics.* New York: Wiley & Sons.

12.2 Einführende Statistiksoftware-Literatur

Brosius, G. (1988). *SPSS/PC+ Basics und Graphics.* Hamburg: McGraw Hill.

Brosius, G. (1989). *SPSS/PC+ Advanced Statistics und Tables.* Hamburg: McGraw Hill.

Göttschke, T. (1990). *Einführung in das SAS-System für den PC.* Stuttgart, New York: Fischer.

Norusis, M.J./SPSS Inc. (1993). *SPSS for Windows – Advanced statistics, release 6.0*. Chicago: SPSS Inc.

Norusis, M.J./SPSS Inc. (1993). *SPSS for Windows – Base system user's guide, release 6.0*. Chicago: SPSS Inc.

Norusis, M.J./SPSS Inc. (1993). *SPSS for Windows – Professional statistics, release 6.0*. Chicago: SPSS Inc.

Pospeschill, M. (1992). *APLICAT V2 – A programming language in computer aided teaching – Benutzerhandbuch zur Software*. Oldenburg: Universität Oldenburg.

Pospeschill, M. (1992). *APLICAT V2 – A programming language in computer aided teaching – Programmierhandbuch zur Software*. Oldenburg: Universität Oldenburg.

SAS (1982). *SAS user's guide*. Cary, NC: Author.

SPSS Inc. (1993). *SPSS for Windows – Syntax reference guide, release 6.0*. Chicago: SPSS Inc.

12.3 Algorithmisch orientierte Literatur

Abramowitz, M. & Stegun, I.A. (1964). *Handbook of mathematical functions with formulas, graphs and mathematical tables*. Dover, New York.

Anscombe, F. (1981). *Computing in statistical science through APL*. New York: Springer.

Bronstein, I.N. & Semendjajew, K.A. (1981). *Taschenbuch der Mathematik*. Thun und Frankfurt: Harri Deutsch.

Gilman, L. & Rose, A.J. (1984). *APL: An interactive approach*. New York: Wiley.

LeCuyer, E.J. (1978). *Introduction to college mathematics with a progamming language*. New York: Springer.

Ramsey, J.B. & Musgrave, G.L. (1981). *APL-STAT: A do it yourself guide to computational statistics using APL*. Belmont CA: Lifetime Learning Publishing.

SPSS Inc. (1991). *SPSS Statistical Algorithms*. Chicago: SPSS Inc.

13. Anhang

13.1 *z*-Tabelle der Standardnormalverteilung

z-Werte der Standardnormalverteilung von –3 über 0 bis +3 mit Angaben zur Dichtefunktion (Fläche), Verteilungsfunktion (Vert.) und Ordinate (vgl. Pospeschill 1992)

z	Fläche	Vert.	Ordinate	z	Fläche	Vert.	Ordinate
–3.00	0.00135	0.49865	0.00443	–2.63	0.00427	0.49573	0.01256
–2.99	0.00139	0.49861	0.00457	–2.62	0.00440	0.49560	0.01289
–2.98	0.00144	0.49856	0.00470	–2.61	0.00453	0.49547	0.01323
–2.97	0.00149	0.49851	0.00485	–2.60	0.00466	0.49534	0.01358
–2.96	0.00154	0.49846	0.00499	–2.59	0.00480	0.49520	0.01394
–2.95	0.00159	0.49841	0.00514	–2.58	0.00494	0.49506	0.01431
–2.94	0.00164	0.49836	0.00530	–2.57	0.00508	0.49492	0.01468
–2.93	0.00169	0.49831	0.00545	–2.56	0.00523	0.49477	0.01506
–2.92	0.00175	0.49825	0.00562	–2.55	0.00539	0.49461	0.01545
–2.91	0.00181	0.49819	0.00578	–2.54	0.00554	0.49446	0.01585
–2.90	0.00187	0.49813	0.00595	–2.53	0.00570	0.49430	0.01625
–2.89	0.00193	0.49807	0.00613	–2.52	0.00587	0.49413	0.01667
–2.88	0.00199	0.49801	0.00631	–2.51	0.00604	0.49396	0.01709
–2.87	0.00205	0.49795	0.00649	–2.50	0.00621	0.49379	0.01753
–2.86	0.00212	0.49788	0.00668	–2.49	0.00639	0.49361	0.01797
–2.85	0.00219	0.49781	0.00687	–2.48	0.00657	0.49343	0.01842
–2.84	0.00226	0.49774	0.00707	–2.47	0.00676	0.49324	0.01888
–2.83	0.00233	0.49767	0.00727	–2.46	0.00695	0.49305	0.01936
–2.82	0.00240	0.49760	0.00748	–2.45	0.00714	0.49286	0.01984
–2.81	0.00248	0.49752	0.00770	–2.44	0.00734	0.49266	0.02033
–2.80	0.00256	0.49744	0.00792	–2.43	0.00755	0.49245	0.02083
–2.79	0.00264	0.49736	0.00814	–2.42	0.00776	0.49224	0.02134
–2.78	0.00272	0.49728	0.00837	–2.41	0.00798	0.49202	0.02186
–2.77	0.00280	0.49720	0.00861	–2.40	0.00820	0.49180	0.02239
–2.76	0.00289	0.49711	0.00885	–2.39	0.00842	0.49158	0.02294
–2.75	0.00298	0.49702	0.00909	–2.38	0.00866	0.49134	0.02349
–2.74	0.00307	0.49693	0.00935	–2.37	0.00889	0.49111	0.02406
–2.73	0.00317	0.49683	0.00961	–2.36	0.00914	0.49086	0.02463
–2.72	0.00326	0.49674	0.00987	–2.35	0.00939	0.49061	0.02522
–2.71	0.00336	0.49664	0.01014	–2.34	0.00964	0.49036	0.02582
–2.70	0.00347	0.49653	0.01042	***–2.33***	***0.00990***	***0.49010***	***0.02643***
–2.68	0.00368	0.49632	0.01100	–2.32	0.01017	0.48983	0.02705
–2.67	0.00379	0.49621	0.01130	–2.31	0.01044	0.48956	0.02768
–2.66	0.00391	0.49609	0.01160	–2.30	0.01072	0.48928	0.02833
–2.65	0.00402	0.49598	0.01191	–2.29	0.01101	0.48899	0.02898
–2.64	0.00415	0.49585	0.01223	–2.28	0.01130	0.48870	0.02965

z	Fläche	Vert.	Ordinate	z	Fläche	Vert.	Ordinate
–2.27	0.01160	0.48840	0.03034	–1.79	0.03673	0.46327	0.08038
–2.26	0.01191	0.48809	0.03103	–1.78	0.03754	0.46246	0.08183
–2.25	0.01222	0.48778	0.03174	–1.77	0.03836	0.46164	0.08329
–2.24	0.01255	0.48745	0.03246	–1.76	0.03920	0.46080	0.08478
–2.23	0.01287	0.48713	0.03319	–1.75	0.04006	0.45994	0.08628
–2.22	0.01321	0.48679	0.03394	–1.74	0.04093	0.45907	0.08780
–2.21	0.01355	0.48645	0.03470	–1.73	0.04182	0.45818	0.08933
–2.20	0.01390	0.48610	0.03547	–1.72	0.04272	0.45728	0.09089
–2.19	0.01426	0.48574	0.03626	–1.71	0.04363	0.45637	0.09246
–2.18	0.01463	0.48537	0.03706	–1.70	0.04457	0.45543	0.09405
–2.17	0.01500	0.48500	0.03788	–1.69	0.04551	0.45449	0.09566
–2.16	0.01539	0.48461	0.03871	–1.68	0.04648	0.45352	0.09728
–2.15	0.01578	0.48422	0.03955	–1.67	0.04746	0.45254	0.09893
–2.14	0.01618	0.48382	0.04041	–1.66	0.04846	0.45154	0.10059
–2.13	0.01659	0.48341	0.04128	***–1.65***	***0.04947***	***0.45053***	***0.10226***
–2.12	0.01700	0.48300	0.04217	–1.64	0.05050	0.44950	0.10396
–2.11	0.01743	0.48257	0.04307	–1.63	0.05155	0.44845	0.10567
–2.10	0.01786	0.48214	0.04398	–1.62	0.05262	0.44738	0.10741
–2.09	0.01831	0.48169	0.04491	–1.61	0.05370	0.44630	0.10915
–2.08	0.01876	0.48124	0.04586	–1.60	0.05480	0.44520	0.11092
–2.07	0.01923	0.48077	0.04682	–1.59	0.05592	0.44408	0.11270
–2.06	0.01970	0.48030	0.04780	–1.58	0.05705	0.44295	0.11450
–2.05	0.02018	0.47982	0.04879	–1.57	0.05821	0.44179	0.11632
–2.04	0.02068	0.47932	0.04980	–1.56	0.05938	0.44062	0.11816
–2.03	0.02118	0.47882	0.05082	–1.55	0.06057	0.43943	0.12001
–2.02	0.02169	0.47831	0.05186	–1.54	0.06178	0.43822	0.12188
–2.01	0.02222	0.47778	0.05292	–1.53	0.06301	0.43699	0.12376
–2.00	0.02275	0.47725	0.05399	–1.52	0.06426	0.43574	0.12566
–1.99	0.02330	0.47670	0.05508	–1.51	0.06552	0.43448	0.12758
–1.98	0.02385	0.47615	0.05618	–1.50	0.06681	0.43319	0.12952
–1.97	0.02442	0.47558	0.05730	–1.49	0.06811	0.43189	0.13147
–1.96	***0.02500***	***0.47500***	***0.05844***	–1.48	0.06944	0.43056	0.13344
–1.95	0.02559	0.47441	0.05959	–1.47	0.07078	0.42922	0.13542
–1.94	0.02619	0.47381	0.06077	–1.46	0.07215	0.42785	0.13742
–1.93	0.02680	0.47320	0.06195	–1.45	0.07353	0.42647	0.13943
–1.92	0.02743	0.47257	0.06316	–1.44	0.07493	0.42507	0.14146
–1.91	0.02807	0.47193	0.06438	–1.43	0.07636	0.42364	0.14350
–1.90	0.02872	0.47128	0.06562	–1.42	0.07780	0.42220	0.14556
–1.89	0.02938	0.47062	0.06687	–1.41	0.07927	0.42073	0.14764
–1.88	0.03005	0.46995	0.06814	–1.40	0.08076	0.41924	0.14973
–1.87	0.03074	0.46926	0.06943	–1.39	0.08226	0.41774	0.15183
–1.86	0.03144	0.46856	0.07074	–1.38	0.08379	0.41621	0.15395
–1.85	0.03216	0.46784	0.07206	–1.37	0.08534	0.41466	0.15608
–1.84	0.03288	0.46712	0.07341	–1.36	0.08692	0.41308	0.15822
–1.83	0.03362	0.46638	0.07477	–1.35	0.08851	0.41149	0.16038
–1.82	0.03438	0.46562	0.07614	–1.34	0.09012	0.40988	0.16256
–1.81	0.03515	0.46485	0.07754	–1.33	0.09176	0.40824	0.16474
–1.80	0.03593	0.46407	0.07895	–1.32	0.09342	0.40658	0.16694

z	Fläche	Vert.	Ordinate	z	Fläche	Vert.	Ordinate
–1.31	0.09510	0.40490	0.16915	–0.83	0.20327	0.29673	0.28269
–1.30	0.09680	0.40320	0.17137	–0.82	0.20611	0.29389	0.28504
–1.29	0.09853	0.40147	0.17360	–0.81	0.20897	0.29103	0.28737
–1.28	0.10027	0.39973	0.17585	–0.80	0.21186	0.28814	0.28969
–1.27	0.10204	0.39796	0.17810	–0.79	0.21476	0.28524	0.29200
–1.26	0.10383	0.39617	0.18037	–0.78	0.21770	0.28230	0.29431
–1.25	0.10565	0.39435	0.18265	–0.77	0.22065	0.27935	0.29659
–1.24	0.10749	0.39251	0.18494	–0.76	0.22363	0.27637	0.29887
–1.23	0.10935	0.39065	0.18724	–0.75	0.22663	0.27337	0.30114
–1.22	0.11123	0.38877	0.18954	–0.74	0.22965	0.27035	0.30339
–1.21	0.11314	0.38686	0.19186	–0.73	0.23270	0.26730	0.30563
–1.20	0.11507	0.38493	0.19419	–0.72	0.23576	0.26424	0.30785
–1.19	0.11702	0.38298	0.19652	–0.71	0.23885	0.26115	0.31006
–1.18	0.11900	0.38100	0.19886	–0.70	0.24196	0.25804	0.31225
–1.17	0.12100	0.37900	0.20121	–0.69	0.24510	0.25490	0.31443
–1.16	0.12302	0.37698	0.20357	–0.68	0.24825	0.25175	0.31659
–1.15	0.12507	0.37493	0.20594	–0.67	0.25143	0.24857	0.31874
–1.14	0.12714	0.37286	0.20831	–0.66	0.25463	0.24537	0.32086
–1.13	0.12924	0.37076	0.21069	–0.65	0.25785	0.24215	0.32297
–1.12	0.13136	0.36864	0.21307	–0.64	0.26109	0.23891	0.32506
–1.11	0.13350	0.36650	0.21546	–0.63	0.26435	0.23565	0.32713
–1.10	0.13567	0.36433	0.21785	–0.62	0.26763	0.23237	0.32918
–1.09	0.13786	0.36214	0.22025	–0.61	0.27093	0.22907	0.33121
–1.08	0.14007	0.35993	0.22265	–0.60	0.27425	0.22575	0.33322
–1.07	0.14231	0.35769	0.22506	–0.59	0.27760	0.22240	0.33521
–1.06	0.14457	0.35543	0.22747	–0.58	0.28096	0.21904	0.33718
–1.05	0.14686	0.35314	0.22988	–0.57	0.28434	0.21566	0.33912
–1.04	0.14917	0.35083	0.23230	–0.56	0.28774	0.21226	0.34105
–1.03	0.15151	0.34849	0.23471	–0.55	0.29116	0.20884	0.34294
–1.02	0.15386	0.34614	0.23713	–0.54	0.29460	0.20540	0.34482
–1.01	0.15625	0.34375	0.23955	–0.53	0.29806	0.20194	0.34667
–1.00	0.15866	0.34134	0.24197	–0.52	0.30153	0.19847	0.34849
–0.99	0.16109	0.33891	0.24439	–0.51	0.30503	0.19497	0.35029
–0.98	0.16354	0.33646	0.24681	–0.50	0.30854	0.19146	0.35207
–0.97	0.16602	0.33398	0.24923	–0.49	0.31207	0.18793	0.35381
–0.96	0.16853	0.33147	0.25164	–0.48	0.31561	0.18439	0.35553
–0.95	0.17106	0.32894	0.25406	–0.47	0.31918	0.18082	0.35723
–0.94	0.17361	0.32639	0.25647	–0.46	0.32276	0.17724	0.35889
–0.93	0.17619	0.32381	0.25888	–0.45	0.32636	0.17364	0.36053
–0.92	0.17879	0.32121	0.26129	–0.44	0.32997	0.17003	0.36213
–0.91	0.18141	0.31859	0.26369	–0.43	0.33360	0.16640	0.36371
–0.90	0.18406	0.31594	0.26609	–0.42	0.33724	0.16276	0.36526
–0.89	0.18673	0.31327	0.26848	–0.41	0.34090	0.15910	0.36678
–0.88	0.18943	0.31057	0.27086	–0.40	0.34458	0.15542	0.36827
–0.87	0.19215	0.30785	0.27324	–0.39	0.34827	0.15173	0.36973
–0.86	0.19489	0.30511	0.27562	–0.38	0.35197	0.14803	0.37115
–0.85	0.19766	0.30234	0.27798	–0.37	0.35569	0.14431	0.37255
–0.84	0.20045	0.29955	0.28034	–0.36	0.35942	0.14058	0.37391

z	Fläche	Vert.	Ordinate	z	Fläche	Vert.	Ordinate
–0.35	0.36317	0.13683	0.37524	0.13	0.55172	0.05172	0.39559
–0.34	0.36693	0.13307	0.37654	0.14	0.55567	0.05567	0.39505
–0.33	0.37070	0.12930	0.37780	0.15	0.55962	0.05962	0.39448
–0.32	0.37448	0.12552	0.37903	0.16	0.56356	0.06356	0.39387
–0.31	0.37828	0.12172	0.38023	0.17	0.56749	0.06749	0.39322
–0.30	0.38209	0.11791	0.38139	0.18	0.57142	0.07142	0.39253
–0.29	0.38591	0.11409	0.38251	0.19	0.57534	0.07534	0.39181
–0.28	0.38974	0.11026	0.38361	0.20	0.57926	0.07926	0.39104
–0.27	0.39358	0.10642	0.38466	0.21	0.58317	0.08317	0.39024
–0.26	0.39743	0.10257	0.38568	0.22	0.58706	0.08706	0.38940
–0.25	0.40129	0.09871	0.38667	0.23	0.59095	0.09095	0.38853
–0.24	0.40517	0.09483	0.38762	0.24	0.59483	0.09483	0.38762
–0.23	0.40905	0.09095	0.38853	0.25	0.59871	0.09871	0.38667
–0.22	0.41294	0.08706	0.38940	0.26	0.60257	0.10257	0.38568
–0.21	0.41683	0.08317	0.39024	0.27	0.60642	0.10642	0.38466
–0.20	0.42074	0.07926	0.39104	0.28	0.61026	0.11026	0.38361
–0.19	0.42466	0.07534	0.39181	0.29	0.61409	0.11409	0.38251
–0.18	0.42858	0.07142	0.39253	0.30	0.61791	0.11791	0.38139
–0.17	0.43251	0.06749	0.39322	0.31	0.62172	0.12172	0.38023
–0.16	0.43644	0.06356	0.39387	0.32	0.62552	0.12552	0.37903
–0.15	0.44038	0.05962	0.39448	0.33	0.62930	0.12930	0.37780
–0.14	0.44433	0.05567	0.39505	0.34	0.63307	0.13307	0.37654
–0.13	0.44828	0.05172	0.39559	0.35	0.63683	0.13683	0.37524
–0.12	0.45224	0.04776	0.39608	0.36	0.64058	0.14058	0.37391
–0.11	0.45621	0.04379	0.39654	0.37	0.64431	0.14431	0.37255
–0.10	0.46017	0.03983	0.39695	0.38	0.64803	0.14803	0.37115
–0.09	0.46414	0.03586	0.39733	0.39	0.65173	0.15173	0.36973
–0.08	0.46812	0.03188	0.39767	0.40	0.65542	0.15542	0.36827
–0.07	0.47210	0.02790	0.39797	0.41	0.65910	0.15910	0.36678
–0.06	0.47608	0.02392	0.39822	0.42	0.66276	0.16276	0.36526
–0.05	0.48006	0.01994	0.39844	0.43	0.66640	0.16640	0.36371
–0.04	0.48405	0.01595	0.39862	0.44	0.67003	0.17003	0.36213
–0.03	0.48803	0.01197	0.39876	0.45	0.67364	0.17364	0.36053
–0.02	0.49202	0.00798	0.39886	0.46	0.67724	0.17724	0.35889
–0.01	0.49601	0.00399	0.39892	0.47	0.68082	0.18082	0.35723
0.00	*0.50000*	*0.00000*	***0.39894***	0.48	0.68439	0.18439	0.35553
0.01	0.50399	0.00399	0.39892	0.49	0.68793	0.18793	0.35381
0.02	0.50798	0.00798	0.39886	0.50	0.69146	0.19146	0.35207
0.03	0.51197	0.01197	0.39876	0.51	0.69497	0.19497	0.35029
0.04	0.51595	0.01595	0.39862	0.52	0.69847	0.19847	0.34849
0.05	0.51994	0.01994	0.39844	0.53	0.70194	0.20194	0.34667
0.06	0.52392	0.02392	0.39822	0.54	0.70540	0.20540	0.34482
0.07	0.52790	0.02790	0.39797	0.55	0.70884	0.20884	0.34294
0.08	0.53188	0.03188	0.39767	0.56	0.71226	0.21226	0.34105
0.09	0.53586	0.03586	0.39733	0.57	0.71566	0.21566	0.33912
0.10	0.53983	0.03983	0.39695	0.58	0.71904	0.21904	0.33718
0.11	0.54379	0.04379	0.39654	0.59	0.72240	0.22240	0.33521
0.12	0.54776	0.04776	0.39608	0.60	0.72575	0.22575	0.33322

z	Fläche	Vert.	Ordinate	z	Fläche	Vert.	Ordinate
0.61	0.72907	0.22907	0.33121	1.09	0.86214	0.36214	0.22025
0.62	0.73237	0.23237	0.32918	1.10	0.86433	0.36433	0.21785
0.63	0.73565	0.23565	0.32713	1.11	0.86650	0.36650	0.21546
0.64	0.73891	0.23891	0.32506	1.12	0.86864	0.36864	0.21307
0.65	0.74215	0.24215	0.32297	1.13	0.87076	0.37076	0.21069
0.66	0.74537	0.24537	0.32086	1.14	0.87286	0.37286	0.20831
0.67	0.74857	0.24857	0.31874	1.15	0.87493	0.37493	0.20594
0.68	0.75175	0.25175	0.31659	1.16	0.87698	0.37698	0.20357
0.69	0.75490	0.25490	0.31443	1.17	0.87900	0.37900	0.20121
0.70	0.75804	0.25804	0.31225	1.18	0.88100	0.38100	0.19886
0.71	0.76115	0.26115	0.31006	1.19	0.88298	0.38298	0.19652
0.72	0.76424	0.26424	0.30785	1.20	0.88493	0.38493	0.19419
0.73	0.76730	0.26730	0.30563	1.21	0.88686	0.38686	0.19186
0.74	0.77035	0.27035	0.30339	1.22	0.88877	0.38877	0.18954
0.75	0.77337	0.27337	0.30114	1.23	0.89065	0.39065	0.18724
0.76	0.77637	0.27637	0.29887	1.24	0.89251	0.39251	0.18494
0.77	0.77935	0.27935	0.29659	1.25	0.89435	0.39435	0.18265
0.78	0.78230	0.28230	0.29431	1.26	0.89617	0.39617	0.18037
0.79	0.78524	0.28524	0.29200	1.27	0.89796	0.39796	0.17810
0.80	0.78814	0.28814	0.28969	1.28	0.89973	0.39973	0.17585
0.81	0.79103	0.29103	0.28737	1.29	0.90147	0.40147	0.17360
0.82	0.79389	0.29389	0.28504	1.30	0.90320	0.40320	0.17137
0.83	0.79673	0.29673	0.28269	1.31	0.90490	0.40490	0.16915
0.84	0.79955	0.29955	0.28034	1.32	0.90658	0.40658	0.16694
0.85	0.80234	0.30234	0.27798	1.33	0.90824	0.40824	0.16474
0.86	0.80511	0.30511	0.27562	1.34	0.90988	0.40988	0.16256
0.87	0.80785	0.30785	0.27324	1.35	0.91149	0.41149	0.16038
0.88	0.81057	0.31057	0.27086	1.36	0.91308	0.41308	0.15822
0.89	0.81327	0.31327	0.26848	1.37	0.91466	0.41466	0.15608
0.90	0.81594	0.31594	0.26609	1.38	0.91621	0.41621	0.15395
0.91	0.81859	0.31859	0.26369	1.39	0.91774	0.41774	0.15183
0.92	0.82121	0.32121	0.26129	1.40	0.91924	0.41924	0.14973
0.93	0.82381	0.32381	0.25888	1.41	0.92073	0.42073	0.14764
0.94	0.82639	0.32639	0.25647	1.42	0.92220	0.42220	0.14556
0.95	0.82894	0.32894	0.25406	1.43	0.92364	0.42364	0.14350
0.96	0.83147	0.33147	0.25167	1.44	0.92507	0.42507	0.14146
0.97	0.83398	0.33398	0.24923	1.45	0.92647	0.42647	0.13943
0.98	0.83646	0.33646	0.24681	1.46	0.92785	0.42785	0.13742
0.99	0.83891	0.33891	0.24439	1.47	0.92922	0.42922	0.13542
1.00	0.84134	0.34134	0.24197	1.48	0.93056	0.43056	0.13344
1.01	0.84375	0.34375	0.23955	1.49	0.93189	0.43189	0.13147
1.02	0.84614	0.34614	0.23713	1.50	0.93319	0.43319	0.12952
1.03	0.84849	0.34849	0.23471	1.51	0.93448	0.43448	0.12758
1.04	0.85083	0.35083	0.23230	1.52	0.93574	0.43574	0.12566
1.05	0.85314	0.35314	0.22988	1.53	0.93699	0.43699	0.12376
1.06	0.85543	0.35543	0.22747	1.54	0.93822	0.43822	0.12188
1.07	0.85769	0.35769	0.22506	1.55	0.93943	0.43943	0.12001
1.08	0.85993	0.35993	0.22265	1.56	0.94062	0.44062	0.11816

z	Fläche	Vert.	Ordinate	z	Fläche	Vert.	Ordinate
1.57	0.94179	0.44179	0.11632	2.05	0.97982	0.47982	0.04879
1.58	0.94295	0.44295	0.11450	2.06	0.98030	0.48030	0.04780
1.59	0.94408	0.44408	0.11270	2.07	0.98077	0.48077	0.04682
1.60	0.94520	0.44520	0.11092	2.08	0.98124	0.48124	0.04586
1.61	0.94630	0.44630	0.10915	2.09	0.98169	0.48169	0.04491
1.62	0.94738	0.44738	0.10741	2.10	0.98214	0.48214	0.04398
1.63	0.94845	0.44845	0.10567	2.11	0.98257	0.48257	0.04307
1.64	0.94950	0.44950	0.10396	2.12	0.98300	0.48300	0.04217
1.65	***0.95053***	***0.45053***	***0.10226***	2.13	0.98341	0.48341	0.04128
1.66	0.95154	0.45154	0.10059	2.14	0.98382	0.48382	0.04041
1.67	0.95254	0.45254	0.09893	2.15	0.98422	0.48422	0.03955
1.68	0.95352	0.45352	0.09728	2.16	0.98461	0.48461	0.03871
1.69	0.95449	0.45449	0.09566	2.17	0.98500	0.48500	0.03788
1.70	0.95543	0.45543	0.09405	2.18	0.98537	0.48537	0.03706
1.71	0.95637	0.45637	0.09246	2.19	0.98574	0.48574	0.03626
1.72	0.95728	0.45728	0.09089	2.20	0.98610	0.48610	0.03547
1.73	0.95818	0.45818	0.08933	2.21	0.98645	0.48645	0.03470
1.74	0.95907	0.45907	0.08780	2.22	0.98679	0.48679	0.03394
1.75	0.95994	0.45994	0.08628	2.23	0.98713	0.48713	0.03319
1.76	0.96080	0.46080	0.08478	2.24	0.98745	0.48745	0.03246
1.77	0.96164	0.46164	0.08329	2.25	0.98778	0.48778	0.03174
1.78	0.96246	0.46246	0.08183	2.26	0.98809	0.48809	0.03103
1.79	0.96327	0.46327	0.08038	2.27	0.98840	0.48840	0.03034
1.80	0.96407	0.46407	0.07895	2.28	0.98870	0.48870	0.02965
1.81	0.96485	0.46485	0.07754	2.29	0.98899	0.48899	0.02898
1.82	0.96562	0.46562	0.07614	2.30	0.98928	0.48928	0.02833
1.83	0.96638	0.46638	0.07477	2.31	0.98956	0.48956	0.02768
1.84	0.96712	0.46712	0.07341	2.32	0.98983	0.48983	0.02705
1.85	0.96784	0.46784	0.07206	***2.33***	***0.99010***	***0.49010***	***0.02643***
1.86	0.96856	0.46856	0.07074	2.34	0.99036	0.49036	0.02582
1.87	0.96926	0.46926	0.06943	2.35	0.99061	0.49061	0.02522
1.88	0.96995	0.46995	0.06814	2.36	0.99086	0.49086	0.02463
1.89	0.97062	0.47062	0.06687	2.37	0.99111	0.49111	0.02406
1.90	0.97128	0.47128	0.06562	2.38	0.99134	0.49134	0.02349
1.91	0.97193	0.47193	0.06438	2.39	0.99158	0.49158	0.02294
1.92	0.97257	0.47257	0.06316	2.40	0.99180	0.49180	0.02239
1.93	0.97320	0.47320	0.06195	2.41	0.99202	0.49202	0.02134
1.94	0.97381	0.47381	0.06077	2.42	0.99224	0.49224	0.02134
1.95	0.97441	0.47441	0.05959	2.43	0.99245	0.49245	0.02083
1.96	***0.97500***	***0.47500***	***0.05844***	2.44	0.99266	0.49226	0.02033
1.97	0.97558	0.47558	0.05730	2.45	0.99286	0.49286	0.01984
1.98	0.97615	0.47615	0.05618	2.46	0.99305	0.49305	0.01936
1.99	0.97670	0.47670	0.05508	2.47	0.99324	0.49324	0.01888
2.00	0.97725	0.47725	0.05399	2.48	0.99343	0.49343	0.01842
2.01	0.97778	0.47778	0.05292	2.49	0.99361	0.49361	0.01797
2.02	0.97831	0.47831	0.05186	2.50	0.99379	0.49379	0.01753
2.03	0.97882	0.47882	0.05082	2.51	0.99396	0.49396	0.01709
2.04	0.97932	0.47932	0.04980	2.52	0.99413	0.49413	0.01667

z	Fläche	Vert.	Ordinate	z	Fläche	Vert.	Ordinate
2.53	0.99430	0.49430	0.01625	2.77	0.99720	0.49720	0.00861
2.54	0.99446	0.49446	0.01585	2.78	0.99728	0.49728	0.00837
2.55	0.99461	0.49461	0.01545	2.79	0.99736	0.49736	0.00814
2.56	0.99477	0.49477	0.01506	2.80	0.99744	0.49744	0.00792
2.57	0.99492	0.49492	0.01468	2.81	0.99752	0.49752	0.00770
2.58	0.99506	0.49506	0.01431	2.82	0.99760	0.49760	0.00748
2.59	0.99520	0.49520	0.01394	2.83	0.99767	0.49767	0.00727
2.60	0.99534	0.49534	0.01358	2.84	0.99774	0.49774	0.00707
2.61	0.99547	0.49547	0.01323	2.85	0.99781	0.49781	0.00687
2.62	0.99560	0.49560	0.01289	2.86	0.99788	0.49788	0.00668
2.63	0.99573	0.49573	0.01256	2.87	0.99795	0.49795	0.00649
2.64	0.99585	0.49585	0.01223	2.88	0.99801	0.49801	0.00631
2.65	0.99598	0.49598	0.01191	2.89	0.99807	0.49807	0.00613
2.66	0.99609	0.49609	0.01160	2.90	0.99813	0.49813	0.00595
2.67	0.99621	0.49621	0.01130	2.91	0.99819	0.49819	0.00578
2.68	0.99632	0.49632	0.01100	2.92	0.99825	0.49825	0.00562
2.69	0.99643	0.49643	0.01071	2.93	0.99831	0.49831	0.00545
2.70	0.99653	0.49653	0.01042	2.94	0.99836	0.49836	0.00530
2.71	0.99664	0.49664	0.01014	2.95	0.99841	0.49841	0.00514
2.72	0.99674	0.49674	0.00987	2.96	0.99846	0.49846	0.00499
2.73	0.99683	0.49683	0.00961	2.97	0.99851	0.49851	0.00485
2.74	0.99693	0.49693	0.00935	2.98	0.99856	0.49856	0.00470
2.75	0.99702	0.49702	0.00909	2.99	0.99861	0.49861	0.00457
2.76	0.99711	0.49711	0.00885	3.00	0.99865	0.49865	0.00443

3.2 *t*-Tabelle von *t*-Verteilungen

Kritische Werte der t-Verteilung mit p von 0.45, 0.4, 0.3, 0.2, 0.15, 0.1, 0.05, 0.025, 0.01, 0.005, 0.00005 und df von 1 bis 100, 120 und 150 (vgl. Pospeschill 1992)

df	Fläche (α)									
	0.45	*0.40*	*0.30*	*0.20*	*0.150*	*0.10*	*0.05*	*0.025*	*0.01*	*0.005*	*0.0005*
1	0.15838	0.32492	0.72654	1.3764	1.9626	3.0777	6.3138	12.706	31.821	63.657	636.62
2	0.14213	0.28868	0.61721	1.0607	1.3862	1.8856	2.92	4.3027	6.9646	9.9248	31.599
3	0.1366	0.27667	0.58439	0.97847	1.2498	1.6377	2.3534	3.1824	4.5407	5.8409	12.924
4	0.13383	0.27072	0.56865	0.94096	1.1896	1.5332	2.1318	2.7764	3.747	4.6041	8.6103
5	0.13218	0.26718	0.55943	0.91954	1.1558	1.4759	2.015	2.5706	3.3649	4.0322	6.8688
6	0.13108	0.26483	0.55338	0.9057	1.1342	1.4398	1.9432	2.4469	3.1427	3.7074	5.9588
7	0.13029	0.26317	0.54911	0.89603	1.1192	1.4149	1.8946	2.3646	2.998	3.4995	5.4079
8	0.12971	0.26192	0.54593	0.88889	1.1081	1.3968	1.8595	2.306	2.8965	3.3554	5.0413
9	0.12925	0.26096	0.54348	0.8834	1.0997	1.383	1.8331	2.2622	2.8214	3.2498	4.7809
10	0.12889	0.26018	0.54153	0.87906	1.0931	1.3722	1.8125	2.2281	2.7638	3.1693	4.5869
11	0.12859	0.25956	0.53994	0.87553	1.0877	1.3634	1.7959	2.201	2.7181	3.1058	4.437
12	0.12835	0.25903	0.53862	0.87261	1.0832	1.3562	1.7823	2.1788	2.681	3.0545	4.3178
13	0.12814	0.25859	0.5375	0.87015	1.0795	1.3502	1.7709	2.1604	2.6503	3.0123	4.2208
14	0.12796	0.25821	0.53655	0.86805	1.0763	1.345	1.7613	2.1448	2.6245	2.9768	4.1405
15	0.12781	0.25789	0.53573	0.86624	1.0735	1.3406	1.7531	2.1314	2.6025	2.9467	4.0728
16	0.12767	0.2576	0.53501	0.86467	1.0711	1.3368	1.7459	2.1199	2.5835	2.9208	4.015
17	0.12755	0.25735	0.53438	0.86328	1.069	1.3334	1.7396	2.1098	2.5669	2.8982	3.9651
18	0.12745	0.25712	0.53382	0.86205	1.0672	1.3304	1.7341	2.1009	2.5524	2.8784	3.9216
19	0.12735	0.25692	0.53331	0.86095	1.0655	1.3277	1.7291	2.093	2.5395	2.8609	3.8834
20	0.12727	0.25674	0.53286	0.85996	1.064	1.3253	1.7247	2.086	2.528	2.8453	3.8495
21	0.12719	0.25658	0.53246	0.85907	1.0627	1.3232	1.7207	2.0796	2.5176	2.8314	3.8193
22	0.12712	0.25643	0.53208	0.85827	1.0614	1.3212	1.7171	2.0739	2.5083	2.8188	3.7921
23	0.12706	0.2563	0.53175	0.85753	1.0603	1.3195	1.7139	2.0687	2.4999	2.8073	3.7676
24	0.127	0.25617	0.53144	0.85686	1.0593	1.3178	1.7109	2.0639	2.4922	2.7969	3.7454
25	0.12694	0.25606	0.53115	0.85624	1.0584	1.3163	1.7081	2.0595	2.4851	2.7874	3.7251
26	0.12689	0.25595	0.53089	0.85567	1.0575	1.315	1.7056	2.0555	2.4786	2.7787	3.7066
27	0.12685	0.25586	0.53065	0.85514	1.0567	1.3137	1.7033	2.0518	2.4727	2.7707	3.6896
28	0.12681	0.25577	0.53042	0.85465	1.056	1.3125	1.7011	2.0484	2.4671	2.7633	3.6739
29	0.12677	0.25568	0.53021	0.85419	1.0553	1.3114	1.6991	2.0452	2.462	2.7564	3.6594
30	0.12673	0.25561	0.53002	0.85377	1.0547	1.3104	1.6973	2.0423	2.4573	2.75	3.646
31	0.1267	0.25553	0.52984	0.85337	1.0541	1.3095	1.6955	2.0395	2.4528	2.744	3.6335
32	0.12666	0.25546	0.52967	0.853	1.0535	1.3086	1.6939	2.0369	2.4487	2.7385	3.6218
33	0.12663	0.2554	0.5295	0.85265	1.053	1.3077	1.6924	2.0345	2.4448	2.7333	3.6109
34	0.1266	0.25534	0.52935	0.85232	1.0525	1.307	1.6909	2.0322	2.4411	2.7284	3.6007
35	0.12658	0.25528	0.52921	0.85201	1.052	1.3062	1.6896	2.0301	2.4377	2.7238	3.5911
36	0.12655	0.25523	0.52908	0.85172	1.0516	1.3055	1.6883	2.0281	2.4345	2.7195	3.5821
37	0.12653	0.25518	0.52895	0.85144	1.0512	1.3049	1.6871	2.0262	2.4314	2.7154	3.5737

df	Fläche (α)										
	0.45	*0.40*	*0.30*	*0.20*	*0.150*	*0.10*	*0.05*	*0.025*	*0.01*	*0.005*	*0.0005*
38	0.1265	0.25513	0.52883	0.85118	1.0508	1.3042	1.686	2.0244	2.4286	2.7116	3.5657
39	0.12648	0.25508	0.52871	0.85094	1.0504	1.3036	1.6849	2.0227	2.4258	2.7079	3.5581
40	0.12646	0.25504	0.52861	0.8507	1.05	1.3031	1.6839	2.0211	2.4233	2.7045	3.551
50	0.1263	0.2547	0.52776	0.84887	1.0473	1.2987	1.6759	2.0086	2.4033	2.6778	3.496
60	0.12619	0.25447	0.5272	0.84765	1.0455	1.2958	1.6706	2.0003	2.3901	2.6603	3.4602
70	0.12612	0.25431	0.5268	0.84679	1.0442	1.2938	1.6669	1.9944	2.3808	2.6479	3.435
80	0.12606	0.25419	0.5265	0.84614	1.0432	1.2922	1.6641	1.9901	2.3739	2.6387	3.4163
90	0.12602	0.2541	0.52626	0.84563	1.0424	1.291	1.662	1.9867	2.3685	2.6316	3.4019
99	0.12598	0.25403	0.52609	0.84527	1.0419	1.2902	1.6604	1.9842	2.3646	2.6264	3.3915
100	0.12598	0.25402	0.52608	0.84523	1.0418	1.2901	1.6602	1.984	2.3642	2.6259	3.3905
120	0.12593	0.25391	0.5258	0.84463	1.0409	1.2886	1.6577	1.9799	2.3578	2.6174	3.3735
150	0.12587	0.2538	0.53553	0.84402	1.04	1.2872	1.6551	1.9759	2.3515	2.609	3.3566

13.3 *F*-Tabelle von *F*-Verteilungen

Kritische Werte der F-Verteilung mit p von 0.25, 0.20, 0.1, 0.05, 0.01 und Zähler- und Nenner-df von 1 bis 30, 40, ... 100, 120, 200, 500 (vgl. Pospeschill 1992)

Nenner df	Fläche (α)	Zähler df *1*	*2*	*3*	*4*	*5*	*6*	*7*	*8*	*9*	*10*
1	*0.25*	5.8284	7.5	8.1999	8.5809	8.8198	8.9833	9.1021	9.1923	9.2631	9.3201
	0.20	9.4721	12	13.064	13.644	14.008	14.258	14.439	14.577	14.685	14.772
	0.10	39.863	49.5	53.593	55.833	57.24	58.204	58.906	59.439	59.858	60.195
	0.05	161.45	199.5	215.71	224.58	230.16	233.99	236.77	238.88	240.54	241.88
	0.01	4052.2	4999.5	5403.4	5624.6	5763.6	5859	5928.4	5981.1	6022.5	6055.8
2	*0.25*	2.5714	3	3.1534	3.2321	3.2799	3.3121	3.3352	3.3526	3.3661	3.377
	0.20	3.5556	4	4.1563	4.2361	4.2844	4.3168	4.3401	4.3576	4.3712	4.3822
	0.10	8.5263	9	9.1618	9.2434	9.2926	9.3255	9.3491	9.3668	9.3805	9.3916
	0.05	18.513	19	19.164	19.247	19.296	19.33	19.353	19.371	19.385	19.396
	0.01	98.503	99	99.166	99.249	99.299	99.333	99.356	99.374	99.388	99.399
3	*0.25*	2.0239	2.2798	2.3556	2.3901	2.4095	2.4218	2.4302	2.4364	2.441	2.4447
	0.20	2.6822	2.886	2.9359	2.9555	2.9652	2.9707	2.9741	2.9763	2.9779	2.9791
	0.10	5.5383	5.4624	5.3908	5.3426	5.3092	5.2847	5.2662	5.2517	5.24	5.2304
	0.05	10.128	9.5521	9.2766	9.1172	9.0135	8.9406	8.8867	8.8452	8.8123	8.7855
	0.01	34.116	30.817	29.457	28.71	28.237	27.911	27.672	27.489	27.345	27.229

Nenner df	Fläche (α)	Zähler df 1	2	3	4	5	6	7	8	9	10
4	0.25	1.8074	2	2.0467	2.0642	2.0723	2.0766	2.079	2.0805	2.0814	2.082
	0.20	2.3507	2.4721	2.4847	2.4826	2.478	2.4733	2.4691	2.4654	2.4623	2.4596
	0.10	4.5448	4.3246	4.1909	4.1072	4.0506	4.0097	3.979	3.9549	3.9357	3.9199
	0.05	7.7086	6.9443	6.5914	6.3882	6.2561	6.1631	6.0942	6.041	5.9988	5.9644
	0.01	21.198	18	16.694	15.977	15.522	15.207	14.976	14.799	14.659	14.546
5	0.25	1.6925	1.8528	1.8843	1.8927	1.8947	1.8945	1.8935	1.8923	1.8911	1.8899
	0.20	2.1782	2.2591	2.253	2.2397	2.2275	2.2174	2.209	2.2021	2.1963	2.1914
	0.10	4.0604	3.7797	3.6195	3.5202	3.453	3.4045	3.3679	3.3393	3.3163	3.2974
	0.05	6.6079	5.7861	5.4095	5.1922	5.0503	4.9503	4.8759	4.8183	4.7725	4.7351
	0.01	16.258	13.274	12.06	11.392	10.967	10.672	10.456	10.289	10.158	10.051
6	0.25	1.6214	1.7622	1.7844	1.7872	1.7852	1.7821	1.7789	1.776	1.7733	1.7708
	0.20	2.0729	2.1299	2.1126	2.0924	2.0755	2.0619	2.0508	2.0417	2.0342	2.0278
	0.10	3.7759	3.4633	3.2888	3.1808	3.1075	3.0546	3.0145	2.983	2.9577	2.9369
	0.05	5.9874	5.1433	4.7571	4.5337	4.3874	4.2839	4.2067	4.1468	4.099	4.06
	0.01	13.745	10.925	9.7795	9.1483	8.7459	8.4661	8.26	8.1017	7.9761	7.8741
7	0.25	1.5732	1.701	1.7169	1.7157	1.7111	1.7059	1.7011	1.6969	1.6931	1.6898
	0.20	2.002	2.0434	2.0186	1.9937	1.9736	1.9575	1.9445	1.9339	1.9251	1.9176
	0.10	3.5894	3.2574	3.0741	2.9605	2.8833	2.8274	2.7849	2.7516	2.7247	2.7025
	0.05	5.5914	4.7374	4.3468	4.1203	3.9715	3.866	3.787	3.7257	3.6767	3.6365
	0.01	12.246	9.5466	8.4513	7.8466	7.4604	7.1914	6.9928	6.84	6.7188	6.6201
8	0.25	1.5384	1.6569	1.6683	1.6642	1.6575	1.6508	1.6448	1.6396	1.635	1.631
	0.20	1.9511	1.9814	1.9513	1.923	1.9005	1.8826	1.8682	1.8564	1.8466	1.8383
	0.10	3.4579	3.1131	2.9238	2.8064	2.7264	2.6683	2.6241	2.5893	2.5612	2.538
	0.05	5.3177	4.459	4.0662	3.8379	3.6875	3.5806	3.5005	3.4381	3.3881	3.3472
	0.01	11.259	8.6491	7.591	7.0061	6.6318	6.3707	6.1776	6.0289	5.9106	5.8143
9	0.25	1.5121	1.6236	1.6315	1.6253	1.617	1.6091	1.6022	1.5961	1.5909	1.5863
	0.20	1.9128	1.9349	1.9007	1.87	1.8455	1.8262	1.8107	1.7979	1.7874	1.7784
	0.10	3.3603	3.0065	2.8129	2.6927	2.6106	2.5509	2.5053	2.4694	2.4403	2.4163
	0.05	5.1174	4.2565	3.8625	3.6331	3.4817	3.3738	3.2927	3.2296	3.1789	3.1373
	0.01	10.561	8.0215	6.9919	6.4221	6.0569	5.8018	5.6129	5.4671	5.3511	5.2565
10	0.25	1.4915	1.5975	1.6028	1.5949	1.5853	1.5765	1.5688	1.5621	1.5563	1.5513
	0.20	1.8829	1.8986	1.8614	1.8286	1.8027	1.7823	1.7658	1.7523	1.7411	1.7316
	0.10	3.285	2.9245	2.7277	2.6053	2.5216	2.4606	2.414	2.3772	2.3473	2.3226
	0.05	4.9646	4.1028	3.7083	3.478	3.3258	3.2172	3.1355	3.0717	3.0204	2.9782
	0.01	10.044	7.5594	6.5523	5.9943	5.6363	5.3858	5.2001	5.0567	4.9424	4.8491
11	0.25	1.4749	1.5767	1.5798	1.5704	1.5598	1.5502	1.5418	1.5346	1.5284	1.5229
	0.20	1.8589	1.8697	1.8299	1.7955	1.7684	1.747	1.7298	1.7157	1.7039	1.694

Nenner df	Fläche (α)	Zähler df 1	2	3	4	5	6	7	8	9	10
	0.10	3.2252	2.8595	2.6602	2.5362	2.4512	2.3891	2.3416	2.304	2.2735	2.2482
	0.05	4.8443	3.9823	3.5874	3.3567	3.2039	3.0946	3.0123	2.948	2.8962	2.8536
	0.01	9.646	7.2057	6.2167	5.6683	5.316	5.0692	4.8861	4.7445	4.6315	4.5393
12	0.25	1.4613	1.5595	1.5609	1.5504	1.5389	1.5286	1.5197	1.512	1.5054	1.4996
	0.20	1.8393	1.846	1.8042	1.7684	1.7403	1.7182	1.7003	1.6856	1.6734	1.663
	0.10	3.1765	2.8068	2.6055	2.4801	2.394	2.331	2.2828	2.2446	2.2135	2.1878
	0.05	4.7472	3.8853	3.4903	3.2592	3.1059	2.9961	2.9134	2.8486	2.7964	2.7534
	0.01	9.3302	6.9266	5.9525	5.412	5.0643	4.8206	4.6395	4.4994	4.3875	4.2961
13	0.25	1.45	1.5452	1.5451	1.5336	1.5214	1.5105	1.5011	1.4931	1.4861	1.4801
	0.20	1.823	1.8262	1.7827	1.7458	1.7169	1.6941	1.6756	1.6605	1.6479	1.6372
	0.10	3.1362	2.7632	2.5603	2.4337	2.3467	2.283	2.2341	2.1953	2.1638	2.1376
	0.05	4.6672	3.8056	3.4105	3.1791	3.0254	2.9153	2.8321	2.7669	2.7144	2.671
	0.01	9.0738	6.701	5.7394	5.2053	4.8616	4.6204	4.441	4.3021	4.1911	4.1003
14	0.25	1.4403	1.5331	1.5317	1.5194	1.5066	1.4952	1.4854	1.477	1.4697	1.4634
	0.20	1.8091	1.8095	1.7646	1.7267	1.6971	1.6736	1.6547	1.6392	1.6262	1.6152
	0.10	3.1022	2.7265	2.5222	2.3947	2.3069	2.2426	2.1931	2.1539	2.122	2.0954
	0.05	4.6001	3.7389	3.3439	3.1122	2.9582	2.8477	2.7642	2.6987	2.6458	2.6022
	0.01	8.8616	6.5149	5.5639	5.0354	4.695	4.4558	4.2779	4.1399	4.0297	3.9394
15	0.25	1.4321	1.5227	1.5202	1.5071	1.4938	1.482	1.4718	1.4631	1.4556	1.4491
	0.20	1.7972	1.7952	1.749	1.7103	1.6801	1.6561	1.6368	1.6209	1.6076	1.5964
	0.10	3.0732	2.6952	2.4898	2.3614	2.273	2.2081	2.1582	2.1185	2.0862	2.0593
	0.05	4.5431	3.6823	3.2874	3.0556	2.9013	2.7905	2.7066	2.6408	2.5876	2.5437
	0.01	8.6831	6.3589	5.417	4.8932	4.5556	4.3183	4.1415	4.0045	3.8948	3.8049
16	0.25	1.4249	1.5137	1.5103	1.4965	1.4827	1.4705	1.4601	1.4511	1.4433	1.4366
	0.20	1.7869	1.7828	1.7355	1.6961	1.6653	1.6409	1.6212	1.605	1.5915	1.58
	0.10	3.0481	2.6682	2.4618	2.3327	2.2438	2.1783	2.128	2.088	2.0553	2.0281
	0.05	4.494	3.6337	3.2389	3.0069	2.8524	2.7413	2.6572	2.5911	2.5377	2.4935
	0.01	8.531	6.2262	5.2922	4.7726	4.4374	4.2016	4.0259	3.8896	3.7804	3.6909
17	0.25	1.4186	1.5057	1.5015	1.4872	1.473	1.4605	1.4497	1.4405	1.4325	1.4256
	0.20	1.7779	1.7719	1.7238	1.6837	1.6524	1.6276	1.6076	1.5911	1.5773	1.5656
	0.10	3.0262	2.6446	2.4374	2.3077	2.2183	2.1524	2.1017	2.0613	2.0284	2.0009
	0.05	4.4513	3.5915	3.1968	2.9647	2.81	2.6987	2.6143	2.548	2.4943	2.4499
	0.01	8.3997	6.1121	5.185	4.669	4.3359	4.1015	3.9267	3.791	3.6822	3.5931
18	0.25	1.413	1.4988	1.4938	1.479	1.4644	1.4516	1.4406	1.4311	1.423	1.4159
	0.20	1.7699	1.7623	1.7134	1.6727	1.641	1.6159	1.5956	1.5788	1.5648	1.5528
	0.10	3.007	2.6239	2.416	2.2858	2.1958	2.1296	2.0785	2.0379	2.0047	1.977

Nenner df	Fläche (α)	Zähler df 1	2	3	4	5	6	7	8	9	10
	0.05	4.4139	3.5546	3.1599	2.9277	2.7729	2.6613	2.5767	2.5102	2.4563	2.4117
	0.01	8.2854	6.0129	5.0919	4.579	4.2479	4.0146	3.8406	3.7054	3.5971	3.5082
19	0.25	1.4081	1.4925	1.487	1.4717	1.4568	1.4437	1.4325	1.4228	1.4145	1.4073
	0.20	1.7629	1.7538	1.7041	1.663	1.6308	1.6054	1.5848	1.5679	1.5536	1.5415
	0.10	2.9899	2.6056	2.397	2.2663	2.176	2.1094	2.058	2.0171	1.9836	1.9557
	0.05	4.3807	3.5219	3.1274	2.8951	2.7401	2.6283	2.5435	2.4768	2.4227	2.3779
	0.01	8.1849	5.9259	5.0103	4.5003	4.1708	3.9386	3.7653	3.6305	3.5225	3.4338
20	0.25	1.4037	1.487	1.4808	1.4652	1.45	1.4366	1.4252	1.4153	1.4069	1.3995
	0.20	1.7565	1.7462	1.6958	1.6543	1.6218	1.596	1.5752	1.5581	1.5436	1.5313
	0.10	2.9747	2.5893	2.3801	2.2489	2.1582	2.0913	2.0397	1.9985	1.9649	1.9367
	0.05	4.3512	3.4928	3.0984	2.8661	2.7109	2.599	2.514	2.4471	2.3928	2.3479
	0.01	8.096	5.8489	4.9382	4.4307	4.1027	3.8714	3.6987	3.5644	3.4567	3.3682
21	0.25	1.3997	1.482	1.4753	1.4593	1.4438	1.4302	1.4186	1.4086	1.4	1.3925
	0.20	1.7508	1.7393	1.6884	1.6464	1.6136	1.5876	1.5666	1.5492	1.5346	1.5222
	0.10	2.961	2.5746	2.3649	2.2333	2.1423	2.0751	2.0233	1.9819	1.948	1.9197
	0.05	4.3248	3.4668	3.0725	2.8401	2.6848	2.5727	2.4876	2.4205	2.366	2.321
	0.01	8.0166	5.7804	4.874	4.3688	4.0421	3.8117	3.6396	3.5056	3.3981	3.3098
22	0.25	1.3961	1.4774	1.4703	1.454	1.4382	1.4244	1.4126	1.4025	1.3937	1.3861
	0.20	1.7457	1.7331	1.6817	1.6393	1.6062	1.58	1.5587	1.5412	1.5265	1.5139
	0.10	2.9486	2.5613	2.3512	2.2193	2.1279	2.0605	2.0084	1.9668	1.9327	1.9043
	0.05	4.3009	3.4434	3.0491	2.8167	2.6613	2.5491	2.4638	2.3965	2.3419	2.2967
	0.01	7.9454	5.719	4.8166	4.3134	3.988	3.7583	3.5867	3.453	3.3458	3.2576
23	0.25	1.3928	1.4733	1.4657	1.4491	1.4331	1.4191	1.4072	1.3969	1.388	1.3803
	0.20	1.741	1.7275	1.6755	1.6328	1.5995	1.573	1.5516	1.5339	1.519	1.5063
	0.10	2.9374	2.5493	2.3387	2.2065	2.1149	2.0472	1.9949	1.9531	1.9189	1.8903
	0.05	4.2793	3.4221	3.028	2.7955	2.64	2.5277	2.4422	2.3748	2.3201	2.2747
	0.01	7.8811	5.6637	4.7649	4.2636	3.9392	3.7102	3.539	3.4057	3.2986	3.2106
24	0.25	1.3898	1.4695	1.4615	1.4447	1.4285	1.4143	1.4022	1.3918	1.3828	1.375
	0.20	1.7367	1.7224	1.6699	1.6269	1.5933	1.5667	1.5451	1.5272	1.5122	1.4994
	0.10	2.9271	2.5383	2.3274	2.1949	2.103	2.0351	1.9826	1.9407	1.9063	1.8775
	0.05	4.2597	3.4028	3.0088	2.7763	2.6207	2.5082	2.4226	2.3551	2.3002	2.2547
	0.01	7.8229	5.6136	4.7181	4.2184	3.8951	3.6667	3.4959	3.3629	3.256	3.1681
25	0.25	1.387	1.4661	1.4577	1.4406	1.4242	1.4099	1.3977	1.3871	1.3781	1.3701
	0.20	1.7328	1.7176	1.6648	1.6215	1.5877	1.5609	1.5391	1.5211	1.506	1.4931
	0.10	2.9177	2.5283	2.317	2.1842	2.0922	2.0241	1.9714	1.9292	1.8947	1.8658
	0.05	4.2417	3.3852	2.9912	2.7587	2.603	2.4904	2.4047	2.3371	2.2821	2.2365
	0.01	7.7698	5.568	4.6755	4.1774	3.855	3.6272	3.4568	3.3239	3.2172	3.1294

Nenner df	Fläche (α)	Zähler df 1	2	3	4	5	6	7	8	9	10
26	0.25	1.3845	1.4629	1.4542	1.4369	1.4203	1.4058	1.3935	1.3828	1.3736	1.3656
	0.20	1.7292	1.7133	1.6601	1.6166	1.5825	1.5555	1.5336	1.5155	1.5003	1.4872
	0.10	2.9091	2.5191	2.3075	2.1745	2.0822	2.0139	1.961	1.9188	1.8841	1.855
	0.05	4.2252	3.369	2.9752	2.7426	2.5868	2.4741	2.3883	2.3205	2.2655	2.2197
	0.01	7.7213	5.5263	4.6366	4.14	3.8183	3.5911	3.421	3.2884	3.1818	3.0941
27	0.25	1.3821	1.46	1.451	1.4334	1.4166	1.4021	1.3896	1.3788	1.3696	1.3615
	0.20	1.7258	1.7093	1.6558	1.612	1.5778	1.5506	1.5286	1.5103	1.4949	1.4818
	0.10	2.9012	2.5106	2.2987	2.1655	2.073	2.0045	1.9515	1.9091	1.8743	1.8451
	0.05	4.21	3.3541	2.9604	2.7278	2.5719	2.4591	2.3732	2.3053	2.2501	2.2043
	0.01	7.6767	5.4881	4.6009	4.1056	3.7848	3.558	3.3882	3.2558	3.1494	3.0618
28	0.25	1.38	1.4573	1.448	1.4302	1.4133	1.3986	1.386	1.3752	1.3658	1.3576
	0.20	1.7227	1.7056	1.6517	1.6077	1.5733	1.546	1.5238	1.5055	1.49	1.4768
	0.10	2.8938	2.5028	2.2906	2.1571	2.0645	1.9959	1.9427	1.9001	1.8652	1.8359
	0.05	4.196	3.3404	2.9467	2.7141	2.5581	2.4453	2.3593	2.2913	2.236	2.19
	0.01	7.6356	5.4529	4.5681	4.074	3.7539	3.5276	3.3581	3.2259	3.1195	3.032
29	0.25	1.378	1.4547	1.4452	1.4272	1.4102	1.3953	1.3826	1.3717	1.3623	1.3541
	0.20	1.7199	1.7022	1.648	1.6038	1.5692	1.5418	1.5195	1.501	1.4855	1.4722
	0.10	2.887	2.4955	2.2831	2.1494	2.0566	1.9878	1.9345	1.8918	1.8568	1.8274
	0.05	4.183	3.3277	2.934	2.7014	2.5454	2.4324	2.3463	2.2783	2.2229	2.1768
	0.01	7.5977	5.4204	4.5378	4.0449	3.7254	3.4995	3.3303	3.1982	3.092	3.0045
30	0.25	1.3761	1.4524	1.4426	1.4244	1.4073	1.3923	1.3795	1.3685	1.359	1.3507
	0.20	1.7172	1.699	1.6445	1.6001	1.5654	1.5378	1.5154	1.4968	1.4812	1.4678
	0.10	2.8807	2.4887	2.2761	2.1422	2.0492	1.9803	1.9269	1.8841	1.849	1.8195
	0.05	4.1709	3.3158	2.9223	2.6896	2.5336	2.4205	2.3343	2.2662	2.2107	2.1646
	0.01	7.5625	5.3903	4.5097	4.0179	3.699	3.4735	3.3045	3.1726	3.0665	2.9791
40	0.25	1.3626	1.4355	1.4239	1.4045	1.3863	1.3706	1.3571	1.3455	1.3354	1.3266
	0.20	1.698	1.676	1.6195	1.5737	1.5379	1.5093	1.4861	1.4668	1.4505	1.4365
	0.10	2.8354	2.4404	2.2261	2.0909	1.9968	1.9269	1.8725	1.8289	1.7929	1.7627
	0.05	4.0847	3.2317	2.8387	2.606	2.4495	2.3359	2.249	2.1802	2.124	2.0772
	0.01	7.3141	5.1785	4.3126	3.8283	3.5138	3.291	3.1238	2.993	2.8876	2.8005
50	0.25	1.3546	1.4255	1.4128	1.3927	1.3739	1.3576	1.3437	1.3317	1.3213	1.3122
	0.20	1.6867	1.6624	1.6048	1.5581	1.5216	1.4924	1.4687	1.449	1.4323	1.4179
	0.10	2.8087	2.412	2.1967	2.0608	1.966	1.8954	1.8405	1.7963	1.7598	1.7291
	0.05	4.0343	3.1826	2.79	2.5572	2.4004	2.2864	2.1992	2.1299	2.0734	2.0261
	0.01	7.1706	5.0566	4.1993	3.7195	3.4077	3.1864	3.0202	2.89	2.785	2.6981
60	0.25	1.3493	1.4188	1.4055	1.3848	1.3657	1.3491	1.3348	1.3226	1.3119	1.3026
	0.20	1.6792	1.6534	1.595	1.5478	1.5108	1.4813	1.4572	1.4371	1.4201	1.4055

Nenner df	Fläche (α)	Zähler df 1	2	3	4	5	6	7	8	9	10
	0.10	2.7911	2.3933	2.1774	2.041	1.9457	1.8747	1.8194	1.7748	1.738	1.707
	0.05	4.0012	3.1504	2.7581	2.5252	2.3683	2.2541	2.1665	2.097	2.0401	1.9926
	0.01	7.0771	4.9774	4.1259	3.649	3.3389	3.1187	2.953	2.8233	2.7185	2.6318
70	0.25	1.3455	1.4141	1.4002	1.3793	1.3598	1.343	1.3285	1.3161	1.3052	1.2958
	0.20	1.6738	1.647	1.5881	1.5404	1.5031	1.4733	1.449	1.4287	1.4115	1.3967
	0.10	2.7786	2.38	2.1637	2.0269	1.9313	1.86	1.8044	1.7596	1.7225	1.6913
	0.05	3.9778	3.1277	2.7355	2.5027	2.3456	2.2312	2.1435	2.0737	2.0166	1.9689
	0.01	7.0114	4.9219	4.0744	3.5996	3.2907	3.0712	2.906	2.7765	2.6719	2.5852
80	0.25	1.3427	1.4106	1.3964	1.3751	1.3554	1.3384	1.3238	1.3112	1.3002	1.2906
	0.20	1.6698	1.6423	1.5829	1.5349	1.4974	1.4674	1.4429	1.4224	1.4051	1.3901
	0.10	2.7693	2.3701	2.1535	2.0165	1.9206	1.8491	1.7933	1.7483	1.711	1.6796
	0.05	3.9604	3.1108	2.7188	2.4859	2.3287	2.2142	2.1263	2.0564	1.9991	1.9512
	0.01	6.9627	4.8807	4.0363	3.5631	3.255	3.0361	2.8713	2.742	2.6374	2.5508
90	0.25	1.3406	1.4079	1.3933	1.3719	1.352	1.3349	1.3201	1.3074	1.2964	1.2866
	0.20	1.6668	1.6386	1.5789	1.5307	1.493	1.4628	1.4381	1.4175	1.4001	1.385
	0.10	2.7621	2.3625	2.1457	2.0084	1.9123	1.8406	1.7846	1.7395	1.7021	1.6705
	0.05	3.9469	3.0977	2.7058	2.4729	2.3157	2.2011	2.1131	2.043	1.9856	1.9376
	0.01	6.9251	4.8491	4.007	3.535	3.2276	3.0091	2.8445	2.7154	2.6109	2.5243
100	0.25	1.3388	1.4057	1.3909	1.3693	1.3493	1.3321	1.3172	1.3044	1.2933	1.2835
	0.20	1.6643	1.6356	1.5757	1.5273	1.4894	1.4591	1.4343	1.4136	1.3961	1.3809
	0.10	2.7564	2.3564	2.1394	2.0019	1.9057	1.8339	1.7778	1.7324	1.6949	1.6632
	0.05	3.9361	3.0873	2.6955	2.4626	2.3053	2.1906	2.1025	2.0323	1.9748	1.9267
	0.01	6.8953	4.8239	3.9837	3.5127	3.2059	2.9877	2.8233	2.6943	2.5898	2.5033
120	0.25	1.3362	1.4024	1.3873	1.3654	1.3453	1.3278	1.3128	1.2999	1.2886	1.2787
	0.20	1.6606	1.6312	1.5709	1.5222	1.4841	1.4536	1.4287	1.4078	1.3901	1.3748
	0.10	2.7478	2.3473	2.13	1.9923	1.8959	1.8238	1.7675	1.722	1.6842	1.6524
	0.05	3.9201	3.0718	2.6802	2.4472	2.2899	2.175	2.0868	2.0164	1.9588	1.9105
	0.01	6.8509	4.7865	3.9491	3.4795	3.1735	2.9559	2.7918	2.6629	2.5586	2.4721
150	0.25	1.3336	1.3992	1.3837	1.3616	1.3412	1.3236	1.3085	1.2954	1.284	1.2739
	0.20	1.6569	1.6268	1.5661	1.5172	1.4788	1.4481	1.423	1.402	1.3841	1.3686
	0.10	2.7393	2.3383	2.1207	1.9827	1.8861	1.8138	1.7572	1.7115	1.6736	1.6416
	0.05	3.9042	3.0564	2.6649	2.432	2.2745	2.1595	2.0711	2.0006	1.9428	1.8943
	0.01	6.8069	4.7495	3.9149	3.4467	3.1416	2.9244	2.7606	2.6319	2.5277	2.4412
200	0.25	1.141	1.3894	1.3787	1.3573	1.337	1.3193	1.304	1.2908	1.2793	1.2691
	0.20	1.4536	1.6159	1.56	1.5117	1.4733	1.4426	1.4173	1.3961	1.3781	1.3625
	0.10	2.5102	2.3227	2.11	1.9727	1.8761	1.8037	1.747	1.7011	1.663	1.6308

Nenner df	Fläche (α)	Zähler df *1*	*2*	*3*	*4*	*5*	*6*	*7*	*8*	*9*	*10*
	0.05	3.6546	3.0344	2.6484	2.4164	2.259	2.144	2.0555	1.9849	1.9269	1.8783
	0.01	6.5109	4.7061	3.8797	3.4139	3.1098	2.8932	2.7297	2.6012	2.4971	2.4106
500	*0.25*	1.1374	1.3837	1.3723	1.3504	1.3297	1.3117	1.2962	1.2827	1.2709	1.2606
	0.20	1.4483	1.6081	1.5515	1.5027	1.4639	1.4327	1.4071	1.3857	1.3673	1.3515
	0.10	2.4971	2.3067	2.0935	1.9557	1.8586	1.7858	1.7287	1.6825	1.6441	1.6115
	0.05	3.6293	3.0072	2.6214	2.3893	2.2319	2.1166	2.0278	1.9569	1.8986	1.8496
	0.01	6.4387	4.6413	3.8197	3.3564	3.0538	2.838	2.6751	2.5469	2.4429	2.3564

Nenner df	Fläche (α)	Zähler df *11*	*12*	*13*	*14*	*15*	*16*	*17*	*18*	*19*	*20*
1	*0.25*	9.3671	9.4064	9.4398	9.4685	9.4934	9.5153	9.5347	9.5519	9.5673	9.5813
	0.20	14.844	14.904	14.955	14.998	15.037	15.07	15.099	15.126	15.149	15.171
	0.10	60.473	60.705	60.903	61.073	61.22	61.35	61.464	61.566	61.658	61.74
	0.05	242.98	243.91	244.69	245.36	245.95	246.46	246.92	247.32	247.69	248.01
	0.01	6083.3	6106.3	6125.9	6142.7	6157.3	6170.1	6181.4	6191.5	6200.6	6208.7
2	*0.25*	3.3859	3.3934	3.3997	3.4051	3.4098	3.4139	3.4176	3.4208	3.4237	3.4263
	0.20	4.3911	4.3986	4.4049	4.4104	4.4151	4.4192	4.4229	4.4261	4.429	4.4316
	0.10	9.4006	9.4081	9.4145	9.42	9.4247	9.4289	9.4325	9.4358	9.4387	9.4413
	0.05	19.405	19.413	19.419	19.424	19.429	19.433	19.437	19.44	19.443	19.446
	0.01	99.408	99.416	99.422	99.428	99.433	99.437	99.44	99.444	99.447	99.449
3	*0.25*	2.4476	2.45	2.452	2.4537	2.4552	2.4565	2.4576	2.4585	2.4594	2.4602
	0.20	2.9799	2.9806	2.9811	2.9816	2.9819	2.9822	2.9824	2.9826	2.9828	2.983
	0.10	5.2224	5.2156	5.2098	5.2047	5.2003	5.1964	5.1929	5.1898	5.187	5.1845
	0.05	8.7633	8.7446	8.7287	8.7149	8.7029	8.6923	8.6829	8.6745	8.667	8.6602
	0.01	27.133	27.052	26.983	26.924	26.872	26.827	26.787	26.751	26.719	26.69
4	*0.25*	2.0823	2.0826	2.0827	2.0828	2.0829	2.0829	2.0829	2.0829	2.0829	2.0828
	0.20	2.4572	2.4552	2.4533	2.4517	2.4503	2.449	2.4478	2.4468	2.4458	2.445
	0.10	3.9067	3.8955	3.8859	3.8776	3.8704	3.8639	3.8582	3.8531	3.8485	3.8443
	0.05	5.9358	5.9117	5.8911	5.8733	5.8578	5.8441	5.832	5.8211	5.8114	5.8025
	0.01	14.452	14.374	14.307	14.249	14.198	14.154	14.115	14.08	14.048	14.02
5	*0.25*	1.8887	1.8877	1.8867	1.8859	1.8851	1.8843	1.8837	1.8831	1.8825	1.882
	0.20	2.1872	2.1835	2.1803	2.1776	2.1751	2.1729	2.1709	2.1691	2.1675	2.166
	0.10	3.2816	3.2682	3.2567	3.2468	3.238	3.2303	3.2234	3.2172	3.2117	3.2067
	0.05	4.704	4.6777	4.6552	4.6358	4.6188	4.6038	4.5904	4.5785	4.5678	4.5581
	0.01	9.9626	9.8883	9.8248	9.77	9.7222	9.6802	9.6429	9.6096	9.5797	9.5526
6	*0.25*	1.7687	1.7668	1.7651	1.7635	1.7621	1.7609	1.7597	1.7587	1.7578	1.7569
	0.20	2.0224	2.0177	2.0136	2.01	2.0068	2.0039	2.0014	1.9991	1.997	1.9951

Nenner df	Fläche (α)	Zähler df 11	12	13	14	15	16	17	18	19	20
	0.10	2.9195	2.9047	2.892	2.8809	2.8712	2.8626	2.855	2.8481	2.8419	2.8363
	0.05	4.0274	3.9999	3.9764	3.9559	3.9381	3.9223	3.9083	3.8957	3.8844	3.8742
	0.01	7.7896	7.7183	7.6575	7.6049	7.559	7.5186	7.4827	7.4507	7.4219	7.3958
7	0.25	1.6869	1.6843	1.682	1.68	1.6781	1.6765	1.675	1.6736	1.6724	1.6712
	0.20	1.9113	1.9058	1.901	1.8968	1.893	1.8897	1.8867	1.884	1.8816	1.8793
	0.10	2.6839	2.6681	2.6545	2.6426	2.6322	2.623	2.6148	2.6074	2.6008	2.5947
	0.05	3.603	3.5747	3.5503	3.5292	3.5107	3.4944	3.4799	3.4669	3.4551	3.4445
	0.01	6.5382	6.4691	6.41	6.359	6.3143	6.275	6.2401	6.2089	6.1808	6.1554
8	0.25	1.6275	1.6244	1.6217	1.6192	1.617	1.615	1.6132	1.6116	1.6101	1.6088
	0.20	1.8312	1.8251	1.8198	1.8151	1.8109	1.8072	1.8039	1.8008	1.7981	1.7956
	0.10	2.5186	2.502	2.4876	2.4752	2.4642	2.4545	2.4458	2.438	2.431	2.4246
	0.05	3.313	3.2839	3.259	3.2374	3.2184	3.2016	3.1867	3.1733	3.1613	3.1503
	0.01	5.7343	5.6667	5.6089	5.5589	5.5151	5.4766	5.4423	5.4116	5.384	5.3591
9	0.25	1.5823	1.5788	1.5757	1.5729	1.5705	1.5682	1.5662	1.5643	1.5626	1.5611
	0.20	1.7708	1.7642	1.7584	1.7533	1.7488	1.7447	1.7411	1.7378	1.7348	1.7321
	0.10	2.3961	2.3789	2.364	2.351	2.3396	2.3295	2.3205	2.3123	2.305	2.2983
	0.05	3.1025	3.0729	3.0475	3.0255	3.0061	2.989	2.9737	2.96	2.9477	2.9365
	0.01	5.1779	5.1114	5.0545	5.0052	4.9621	4.924	4.8902	4.8599	4.8327	4.808
10	0.25	1.5469	1.543	1.5396	1.5365	1.5338	1.5313	1.5291	1.527	1.5252	1.5235
	0.20	1.7235	1.7164	1.7103	1.7048	1.7	1.6957	1.6918	1.6883	1.6852	1.6823
	0.10	2.3018	2.2841	2.2687	2.2553	2.2435	2.233	2.2237	2.2153	2.2077	2.2007
	0.05	2.943	2.913	2.8872	2.8647	2.845	2.8276	2.812	2.798	2.7854	2.774
	0.01	4.7715	4.7059	4.6496	4.6008	4.5581	4.5204	4.4869	4.4569	4.4299	4.4054
11	0.25	1.5182	1.514	1.5104	1.5071	1.5041	1.5014	1.499	1.4968	1.4948	1.493
	0.20	1.6854	1.678	1.6716	1.6658	1.6608	1.6562	1.6521	1.6484	1.6451	1.642
	0.10	2.2269	2.2087	2.193	2.1792	2.1671	2.1563	2.1467	2.138	2.1302	2.123
	0.05	2.8179	2.7876	2.7614	2.7386	2.7186	2.7009	2.6851	2.6709	2.6581	2.6464
	0.01	4.4624	4.3974	4.3416	4.2932	4.2509	4.2134	4.1801	4.1503	4.1234	4.099
12	0.25	1.4946	1.4902	1.4862	1.4827	1.4796	1.4768	1.4742	1.4719	1.4697	1.4678
	0.20	1.6542	1.6464	1.6397	1.6337	1.6284	1.6237	1.6194	1.6155	1.612	1.6088
	0.10	2.166	2.1474	2.1313	2.1173	2.1049	2.0938	2.0839	2.075	2.067	2.0597
	0.05	2.7173	2.6866	2.6602	2.6371	2.6169	2.5989	2.5828	2.5684	2.5554	2.5436
	0.01	4.2198	4.1553	4.0999	4.0518	4.0096	3.9724	3.9392	3.9095	3.8827	3.8584
13	0.25	1.4748	1.4701	1.466	1.4623	1.459	1.456	1.4533	1.4508	1.4486	1.4465
	0.20	1.628	1.62	1.613	1.6068	1.6013	1.5964	1.592	1.5879	1.5843	1.5809
	0.10	2.1155	2.0966	2.0802	2.0658	2.0532	2.0419	2.0318	2.0227	2.0145	2.007
	0.05	2.6347	2.6037	2.5769	2.5536	2.5331	2.5149	2.4987	2.4841	2.4709	2.4589
	0.01	4.0245	3.9603	3.9052	3.8573	3.8154	3.7783	3.7452	3.7156	3.6888	3.6646

Nenner df	Fläche (α)	Zähler df 11	12	13	14	15	16	17	18	19	20
14	0.25	1.4579	1.453	1.4487	1.4449	1.4414	1.4383	1.4355	1.4329	1.4305	1.4284
	0.20	1.6058	1.5975	1.5903	1.584	1.5783	1.5732	1.5686	1.5644	1.5607	1.5572
	0.10	2.0729	2.0537	2.037	2.0224	2.0095	1.9981	1.9878	1.9785	1.9701	1.9625
	0.05	2.5655	2.5342	2.5073	2.4837	2.463	2.4446	2.4282	2.4134	2.4	2.3879
	0.01	3.864	3.8001	3.7452	3.6975	3.6557	3.6187	3.5857	3.5561	3.5294	3.5052
15	0.25	1.4434	1.4383	1.4339	1.4299	1.4263	1.423	1.4201	1.4174	1.415	1.4127
	0.20	1.5867	1.5782	1.5708	1.5643	1.5584	1.5532	1.5485	1.5442	1.5403	1.5367
	0.10	2.0366	2.0171	2.0001	1.9853	1.9722	1.9605	1.9501	1.9407	1.9321	1.9243
	0.05	2.5068	2.4753	2.4481	2.4244	2.4034	2.3849	2.3683	2.3533	2.3398	2.3275
	0.01	3.7299	3.6662	3.6115	3.5639	3.5222	3.4852	3.4523	3.4228	3.3961	3.3719
16	0.25	1.4307	1.4255	1.4209	1.4168	1.4131	1.4097	1.4067	1.4039	1.4013	1.399
	0.20	1.57	1.5614	1.5538	1.5471	1.5411	1.5358	1.5309	1.5265	1.5225	1.5189
	0.10	2.0051	1.9854	1.9682	1.9532	1.9399	1.9281	1.9175	1.9079	1.8992	1.8913
	0.05	2.4564	2.4247	2.3973	2.3733	2.3522	2.3335	2.3167	2.3016	2.288	2.2756
	0.01	3.6162	3.5527	3.4981	3.4506	3.4089	3.372	3.3391	3.3096	3.2829	3.2587
17	0.25	1.4196	1.4142	1.4095	1.4052	1.4014	1.398	1.3948	1.392	1.3893	1.3869
	0.20	1.5555	1.5467	1.5389	1.5321	1.526	1.5205	1.5155	1.511	1.5069	1.5031
	0.10	1.9777	1.9577	1.9404	1.9252	1.9117	1.8997	1.8889	1.8792	1.8704	1.8624
	0.05	2.4126	2.3807	2.3531	2.329	2.3077	2.2888	2.2719	2.2567	2.2429	2.2304
	0.01	3.5185	3.4552	3.4007	3.3533	3.3117	3.2748	3.2419	3.2124	3.1857	3.1615
18	0.25	1.4097	1.4042	1.3994	1.395	1.3911	1.3876	1.3843	1.3814	1.3787	1.3762
	0.20	1.5426	1.5336	1.5257	1.5187	1.5125	1.5069	1.5018	1.4972	1.4931	1.4892
	0.10	1.9535	1.9333	1.9158	1.9004	1.8868	1.8747	1.8638	1.8539	1.845	1.8368
	0.05	2.3742	2.3421	2.3143	2.29	2.2686	2.2496	2.2325	2.2172	2.2033	2.1906
	0.01	3.4338	3.3706	3.3162	3.2689	3.2273	3.1904	3.1575	3.128	3.1013	3.0771
19	0.25	1.4009	1.3953	1.3903	1.3859	1.3819	1.3782	1.3749	1.3719	1.3692	1.3666
	0.20	1.5311	1.522	1.5139	1.5068	1.5005	1.4948	1.4896	1.485	1.4807	1.4768
	0.10	1.9321	1.9117	1.894	1.8785	1.8647	1.8524	1.8414	1.8314	1.8224	1.8142
	0.05	2.3402	2.308	2.28	2.2556	2.2341	2.2149	2.1977	2.1823	2.1683	2.1555
	0.01	3.3596	3.2965	3.2422	3.1949	3.1533	3.1165	3.0836	3.0541	3.0274	3.0031
20	0.25	1.393	1.3873	1.3822	1.3777	1.3736	1.3699	1.3665	1.3634	1.3606	1.358
	0.20	1.5208	1.5115	1.5034	1.4962	1.4897	1.4839	1.4787	1.4739	1.4696	1.4656
	0.10	1.9129	1.8924	1.8745	1.8588	1.8449	1.8325	1.8214	1.8113	1.8022	1.7938
	0.05	2.31	2.2776	2.2495	2.225	2.2033	2.184	2.1667	2.1511	2.137	2.1242
	0.01	3.2941	3.2311	3.1769	3.1296	3.088	3.0512	3.0183	2.9887	2.962	2.9377
21	0.25	1.3859	1.3801	1.3749	1.3703	1.3661	1.3623	1.3589	1.3557	1.3529	1.3502
	0.20	1.5115	1.5021	1.4939	1.4865	1.48	1.4741	1.4688	1.464	1.4595	1.4555

Nenner df	Fläche (α)	Zähler df 11	12	13	14	15	16	17	18	19	20
	0.10	1.8956	1.875	1.857	1.8412	1.8271	1.8146	1.8034	1.7932	1.784	1.7756
	0.05	2.2829	2.2504	2.2222	2.1975	2.1757	2.1563	2.1389	2.1232	2.109	2.096
	0.01	3.2359	3.173	3.1187	3.0715	3.03	2.9931	2.9602	2.9306	2.9039	2.8796
22	0.25	1.3794	1.3735	1.3683	1.3636	1.3593	1.3555	1.352	1.3488	1.3458	1.3431
	0.20	1.503	1.4936	1.4852	1.4778	1.4712	1.4652	1.4598	1.4549	1.4504	1.4463
	0.10	1.8801	1.8593	1.8411	1.8252	1.8111	1.7984	1.7871	1.7768	1.7675	1.759
	0.05	2.2585	2.2258	2.1975	2.1727	2.1508	2.1313	2.1138	2.098	2.0837	2.0707
	0.01	3.1837	3.1209	3.0667	3.0195	2.9779	2.9411	2.9082	2.8786	2.8518	2.8274
23	0.25	1.3735	1.3675	1.3622	1.3574	1.3531	1.3492	1.3456	1.3424	1.3394	1.3366
	0.20	1.4954	1.4858	1.4773	1.4698	1.4631	1.4571	1.4516	1.4466	1.4421	1.4379
	0.10	1.8659	1.845	1.8267	1.8107	1.7964	1.7837	1.7723	1.7619	1.7525	1.7439
	0.05	2.2364	2.2036	2.1752	2.1502	2.1282	2.1086	2.091	2.0751	2.0608	2.0476
	0.01	3.1368	3.074	3.0199	2.9727	2.9311	2.8943	2.8613	2.8317	2.8049	2.7805
24	0.25	1.3681	1.3621	1.3566	1.3518	1.3474	1.3434	1.3398	1.3365	1.3335	1.3307
	0.20	1.4883	1.4787	1.4701	1.4625	1.4558	1.4496	1.4441	1.4391	1.4345	1.4302
	0.10	1.853	1.8319	1.8136	1.7974	1.7831	1.7703	1.7587	1.7483	1.7388	1.7302
	0.05	2.2163	2.1834	2.1548	2.1298	2.1077	2.088	2.0703	2.0543	2.0399	2.0267
	0.01	3.0944	3.0316	2.9775	2.9303	2.8887	2.8519	2.8189	2.7892	2.7624	2.738
25	0.25	1.3632	1.357	1.3515	1.3466	1.3422	1.3382	1.3345	1.3311	1.3281	1.3252
	0.20	1.4819	1.4721	1.4635	1.4558	1.449	1.4428	1.4372	1.4321	1.4275	1.4232
	0.10	1.8412	1.82	1.8015	1.7853	1.7708	1.7579	1.7463	1.7358	1.7263	1.7175
	0.05	2.1979	2.1649	2.1362	2.1111	2.0889	2.0691	2.0513	2.0353	2.0207	2.0075
	0.01	3.0558	2.9931	2.9389	2.8917	2.8502	2.8133	2.7803	2.7506	2.7238	2.6993
26	0.25	1.3586	1.3524	1.3468	1.3419	1.3374	1.3333	1.3296	1.3262	1.3231	1.3202
	0.20	1.4759	1.4661	1.4574	1.4497	1.4427	1.4365	1.4309	1.4257	1.421	1.4167
	0.10	1.8303	1.809	1.7904	1.7741	1.7596	1.7466	1.7349	1.7243	1.7147	1.7059
	0.05	2.1811	2.1479	2.1192	2.0939	2.0716	2.0518	2.0339	2.0178	2.0032	1.9898
	0.01	3.0205	2.9578	2.9038	2.8566	2.815	2.7781	2.7451	2.7153	2.6885	2.664
27	0.25	1.3544	1.3481	1.3425	1.3374	1.3329	1.3288	1.325	1.3216	1.3184	1.3155
	0.20	1.4705	1.4605	1.4518	1.444	1.437	1.4307	1.425	1.4198	1.415	1.4106
	0.10	1.8203	1.7989	1.7802	1.7638	1.7492	1.7361	1.7243	1.7137	1.704	1.6951
	0.05	2.1655	2.1323	2.1035	2.0781	2.0558	2.0358	2.0179	2.0017	1.987	1.9736
	0.01	2.9882	2.9256	2.8715	2.8243	2.7827	2.7458	2.7127	2.683	2.6561	2.6316
28	0.25	1.3505	1.3441	1.3384	1.3334	1.3288	1.3246	1.3208	1.3173	1.3141	1.3112
	0.20	1.4654	1.4554	1.4465	1.4387	1.4316	1.4253	1.4195	1.4142	1.4094	1.405
	0.10	1.811	1.7895	1.7708	1.7542	1.7395	1.7264	1.7146	1.7039	1.6941	1.6852
	0.05	2.1512	2.1179	2.0889	2.0635	2.0411	2.021	2.003	1.9868	1.972	1.9586
	0.01	2.9585	2.8959	2.8418	2.7946	2.753	2.716	2.683	2.6532	2.6263	2.6017

Nenner df	Fläche (α)	Zähler df 11	12	13	14	15	16	17	18	19	20
29	0.25	1.3468	1.3404	1.3347	1.3295	1.3249	1.3207	1.3168	1.3133	1.3101	1.3071
	0.20	1.4606	1.4506	1.4417	1.4337	1.4266	1.4202	1.4144	1.4091	1.4043	1.3998
	0.10	1.8024	1.7808	1.762	1.7454	1.7306	1.7174	1.7055	1.6947	1.6849	1.6759
	0.05	2.1379	2.1045	2.0755	2.05	2.0275	2.0073	1.9893	1.973	1.9581	1.9446
	0.01	2.9311	2.8685	2.8144	2.7672	2.7256	2.6886	2.6555	2.6257	2.5987	2.5742
30	0.25	1.3434	1.3369	1.3312	1.326	1.3213	1.317	1.3132	1.3096	1.3063	1.3033
	0.20	1.4562	1.4461	1.4371	1.4291	1.422	1.4155	1.4097	1.4043	1.3994	1.3949
	0.10	1.7944	1.7727	1.7538	1.7371	1.7223	1.709	1.697	1.6862	1.6763	1.6673
	0.05	2.1256	2.0921	2.063	2.0374	2.0148	1.9946	1.9765	1.9601	1.9452	1.9317
	0.01	2.9057	2.8431	2.789	2.7418	2.7002	2.6632	2.6301	2.6003	2.5732	2.5487
40	0.25	1.3188	1.3119	1.3058	1.3002	1.2952	1.2906	1.2864	1.2826	1.2791	1.2758
	0.20	1.4244	1.4137	1.4043	1.3959	1.3883	1.3815	1.3753	1.3696	1.3644	1.3596
	0.10	1.7369	1.7146	1.695	1.6778	1.6624	1.6486	1.6362	1.6249	1.6146	1.6052
	0.05	2.0376	2.0035	1.9738	1.9476	1.9245	1.9037	1.8851	1.8682	1.8529	1.8389
	0.01	2.7274	2.6648	2.6107	2.5634	2.5216	2.4844	2.4511	2.421	2.3937	2.3689
50	0.25	1.3041	1.297	1.2905	1.2848	1.2795	1.2747	1.2704	1.2663	1.2626	1.2592
	0.20	1.4054	1.3944	1.3847	1.376	1.3682	1.3611	1.3546	1.3487	1.3433	1.3383
	0.10	1.7029	1.6802	1.6602	1.6426	1.6269	1.6128	1.6	1.5884	1.5778	1.5681
	0.05	1.9861	1.9515	1.9214	1.8949	1.8714	1.8503	1.8313	1.8141	1.7985	1.7841
	0.01	2.625	2.5625	2.5083	2.4609	2.419	2.3816	2.3481	2.3178	2.2903	2.2652
60	0.25	1.2943	1.287	1.2804	1.2744	1.269	1.2641	1.2596	1.2555	1.2516	1.2481
	0.20	1.3928	1.3816	1.3717	1.3628	1.3547	1.3475	1.3409	1.3348	1.3292	1.3241
	0.10	1.6805	1.6574	1.6372	1.6193	1.6034	1.589	1.576	1.5642	1.5534	1.5435
	0.05	1.9522	1.9174	1.887	1.8602	1.8364	1.8151	1.7959	1.7784	1.7625	1.748
	0.01	2.5587	2.4961	2.4419	2.3943	2.3523	2.3148	2.2811	2.2507	2.223	2.1978
70	0.25	1.2874	1.2799	1.2731	1.2671	1.2616	1.2565	1.2519	1.2477	1.2437	1.2401
	0.20	1.3838	1.3724	1.3623	1.3533	1.3451	1.3377	1.331	1.3248	1.3191	1.3139
	0.10	1.6645	1.6413	1.6209	1.6028	1.5866	1.5721	1.5589	1.547	1.536	1.5259
	0.05	1.9283	1.8932	1.8627	1.8357	1.8117	1.7902	1.7708	1.7531	1.7371	1.7223
	0.01	2.5122	2.4496	2.3953	2.3477	2.3055	2.2679	2.2341	2.2036	2.1758	2.1504
80	0.25	1.2821	1.2745	1.2677	1.2615	1.2559	1.2508	1.2461	1.2418	1.2378	1.2341
	0.20	1.3771	1.3656	1.3554	1.3462	1.3379	1.3304	1.3236	1.3173	1.3115	1.3062
	0.10	1.6526	1.6292	1.6086	1.5904	1.5741	1.5594	1.5461	1.534	1.523	1.5128
	0.05	1.9105	1.8753	1.8445	1.8174	1.7932	1.7716	1.752	1.7342	1.718	1.7032
	0.01	2.4777	2.4151	2.3608	2.3131	2.2709	2.2332	2.1993	2.1686	2.1408	2.1153
90	0.25	1.278	1.2704	1.2635	1.2572	1.2516	1.2464	1.2416	1.2372	1.2332	1.2294
	0.20	1.3718	1.3602	1.3499	1.3407	1.3323	1.3248	1.3178	1.3115	1.3056	1.3002

Nenner df	Fläche (α)	Zähler df 11	12	13	14	15	16	17	18	19	20
	0.10	1.6434	1.6199	1.5992	1.5808	1.5644	1.5496	1.5362	1.524	1.5128	1.5025
	0.05	1.8967	1.8613	1.8305	1.8032	1.7789	1.7571	1.7375	1.7196	1.7033	1.6883
	0.01	2.4513	2.3886	2.3342	2.2865	2.2442	2.2064	2.1725	2.1417	2.1137	2.0882
100	*0.25*	1.2748	1.267	1.2601	1.2538	1.2481	1.2428	1.238	1.2336	1.2295	1.2256
	0.20	1.3677	1.356	1.3456	1.3363	1.3279	1.3202	1.3132	1.3068	1.3009	1.2954
	0.10	1.636	1.6124	1.5916	1.5731	1.5566	1.5418	1.5283	1.516	1.5047	1.4943
	0.05	1.8857	1.8503	1.8193	1.7919	1.7675	1.7456	1.7259	1.7079	1.6915	1.6764
	0.01	2.4302	2.3676	2.3132	2.2654	2.223	2.1852	2.1511	2.1203	2.0923	2.0666
120	*0.25*	1.2699	1.2621	1.255	1.2486	1.2428	1.2375	1.2326	1.2281	1.2239	1.22
	0.20	1.3614	1.3496	1.3391	1.3296	1.3211	1.3134	1.3063	1.2998	1.2938	1.2882
	0.10	1.625	1.6012	1.5803	1.5617	1.545	1.53	1.5164	1.5039	1.4926	1.4821
	0.05	1.8693	1.8337	1.8026	1.775	1.7505	1.7285	1.7085	1.6904	1.6739	1.6587
	0.01	2.399	2.3363	2.2818	2.2339	2.1915	2.1536	2.1194	2.0885	2.0604	2.0346
150	*0.25*	1.265	1.2571	1.2499	1.2434	1.2375	1.2321	1.2271	1.2225	1.2183	1.2143
	0.20	1.3551	1.3432	1.3326	1.323	1.3144	1.3065	1.2993	1.2927	1.2867	1.281
	0.10	1.614	1.5901	1.569	1.5502	1.5334	1.5182	1.5045	1.4919	1.4804	1.4698
	0.05	1.853	1.8172	1.7859	1.7582	1.7335	1.7113	1.6913	1.673	1.6563	1.641
	0.01	2.3681	2.3053	2.2508	2.2028	2.1603	2.1223	2.088	2.057	2.0287	2.0028
200	*0.25*	1.2601	1.2521	1.2448	1.2382	1.2322	1.2267	1.2217	1.217	1.2127	1.2086
	0.20	1.3489	1.3368	1.3261	1.3164	1.3076	1.2997	1.2924	1.2857	1.2795	1.2738
	0.10	1.6031	1.5789	1.5577	1.5388	1.5218	1.5065	1.4926	1.4799	1.4682	1.4575
	0.05	1.8368	1.8008	1.7694	1.7415	1.7166	1.6943	1.6741	1.6556	1.6388	1.6233
	0.01	2.3375	2.2747	2.2201	2.1721	2.1294	2.0913	2.0569	2.0257	1.9973	1.9713
500	*0.25*	1.2514	1.2431	1.2356	1.2289	1.2227	1.217	1.2118	1.207	1.2025	1.1983
	0.20	1.3376	1.3253	1.3143	1.3044	1.2955	1.2873	1.2798	1.2729	1.2666	1.2607
	0.10	1.5835	1.559	1.5374	1.5182	1.501	1.4854	1.4712	1.4583	1.4464	1.4354
	0.05	1.8078	1.7715	1.7397	1.7116	1.6864	1.6638	1.6432	1.6245	1.6074	1.5916
	0.01	2.2833	2.2204	2.1656	2.1174	2.0746	2.0362	2.0016	1.9702	1.9415	1.9152

Nenner df	Fläche (α)	Zähler df 21	22	23	24	25	26	27	28	29	30
1	*0.25*	9.5939	9.6053	9.6158	9.6254	9.6343	9.6425	9.6501	9.6571	9.6637	9.6698
	0.20	15.19	15.207	15.223	15.238	15.252	15.264	15.276	15.287	15.297	15.306
	0.10	61.815	61.883	61.945	62.002	62.055	62.103	62.148	62.19	62.229	62.265
	0.05	248.31	248.58	248.83	249.05	249.26	249.45	249.63	249.8	249.95	250.1
	0.01	6216.1	6222.8	6229	6234.6	6239.8	6244.6	6249.1	6253.2	6257.1	6260.6

Nenner df	Fläche (α)	Zähler df *21*	*22*	*23*	*24*	*25*	*26*	*27*	*28*	*29*	*30*
2	*0.25*	3.4287	3.4308	3.4328	3.4346	3.4362	3.4377	3.4392	3.4405	3.4417	3.4428
	0.20	4.434	4.4361	4.4381	4.4399	4.4415	4.4431	4.4445	4.4458	4.447	4.4482
	0.10	9.4437	9.4458	9.4478	9.4496	9.4513	9.4528	9.4542	9.4556	9.4568	9.4579
	0.05	19.448	19.45	19.452	19.454	19.456	19.457	19.459	19.46	19.461	19.462
	0.01	99.452	99.454	99.456	99.458	99.459	99.461	99.462	99.463	99.465	99.466
3	*0.25*	2.4609	2.4615	2.4621	2.4626	2.4631	2.4636	2.464	2.4643	2.4647	2.465
	0.20	2.9831	2.9832	2.9833	2.9834	2.9835	2.9835	2.9836	2.9837	2.9837	2.9838
	0.10	5.1822	5.1801	5.1781	5.1764	5.1747	5.1732	5.1718	5.1705	5.1693	5.1681
	0.05	8.654	8.6484	8.6432	8.6385	8.6341	8.6301	8.6263	8.6229	8.6196	8.6166
	0.01	26.664	26.64	26.618	26.598	26.579	26.562	26.546	26.531	26.517	26.505
4	*0.25*	2.0828	2.0828	2.0827	2.0827	2.0827	2.0826	2.0826	2.0825	2.0825	2.0825
	0.20	2.4442	2.4434	2.4428	2.4421	2.4415	2.441	2.4405	2.44	2.4396	2.4392
	0.10	3.8405	3.8371	3.8339	3.831	3.8283	3.8258	3.8235	3.8213	3.8193	3.8174
	0.05	5.7945	5.7872	5.7805	5.7744	5.7687	5.7635	5.7586	5.7541	5.7498	5.7459
	0.01	13.994	13.97	13.949	13.929	13.911	13.894	13.878	13.864	13.85	13.838
5	*0.25*	1.8815	1.881	1.8806	1.8802	1.8799	1.8795	1.8792	1.8789	1.8786	1.8784
	0.20	2.1646	2.1634	2.1623	2.1612	2.1602	2.1593	2.1585	2.1577	2.1569	2.1562
	0.10	3.2021	3.1979	3.1941	3.1905	3.1873	3.1842	3.1814	3.1788	3.1764	3.1741
	0.05	4.5493	4.5413	4.5339	4.5272	4.5209	4.5151	4.5097	4.5047	4.5001	4.4957
	0.01	9.5281	9.5058	9.4853	9.4665	9.4491	9.4331	9.4182	9.4043	9.3914	9.3793
6	*0.25*	1.7561	1.7553	1.7546	1.754	1.7534	1.7528	1.7523	1.7518	1.7514	1.7509
	0.20	1.9933	1.9917	1.9902	1.9889	1.9876	1.9864	1.9853	1.9843	1.9834	1.9825
	0.10	2.8312	2.8266	2.8223	2.8183	2.8147	2.8113	2.8082	2.8053	2.8025	2.8
	0.05	3.8649	3.8564	3.8486	3.8415	3.8348	3.8287	3.823	3.8177	3.8128	3.8082
	0.01	7.3722	7.3506	7.3309	7.3127	7.296	7.2805	7.2661	7.2527	7.2402	7.2285
7	*0.25*	1.6702	1.6692	1.6683	1.6675	1.6667	1.666	1.6653	1.6647	1.6641	1.6635
	0.20	1.8773	1.8754	1.8737	1.8721	1.8706	1.8692	1.8679	1.8667	1.8656	1.8646
	0.10	2.5892	2.5842	2.5796	2.5753	2.5714	2.5677	2.5643	2.5612	2.5582	2.5555
	0.05	3.4349	3.426	3.4179	3.4105	3.4036	3.3972	3.3913	3.3858	3.3806	3.3758
	0.01	6.1324	6.1113	6.0921	6.0743	6.058	6.0428	6.0287	6.0157	6.0034	5.992
8	*0.25*	1.6075	1.6064	1.6053	1.6043	1.6034	1.6025	1.6017	1.6009	1.6002	1.5996
	0.20	1.7933	1.7912	1.7893	1.7875	1.7858	1.7843	1.7828	1.7815	1.7802	1.7791
	0.10	2.4188	2.4135	2.4086	2.4041	2.3999	2.3961	2.3925	2.3891	2.386	2.383
	0.05	3.1404	3.1313	3.1229	3.1152	3.1081	3.1015	3.0954	3.0897	3.0844	3.0794
	0.01	5.3364	5.3157	5.2967	5.2793	5.2631	5.2482	5.2344	5.2214	5.2094	5.1981
9	*0.25*	1.5597	1.5584	1.5571	1.556	1.555	1.554	1.5531	1.5522	1.5514	1.5506
	0.20	1.7296	1.7273	1.7252	1.7233	1.7215	1.7198	1.7182	1.7167	1.7154	1.7141

Nenner df	Fläche (α)	Zähler df 21	22	23	24	25	26	27	28	29	30
	0.10	2.2922	2.2867	2.2816	2.2768	2.2725	2.2684	2.2646	2.2611	2.2578	2.2547
	0.05	2.9263	2.9169	2.9084	2.9005	2.8932	2.8864	2.8801	2.8743	2.8688	2.8637
	0.01	4.7856	4.7651	4.7463	4.729	4.713	4.6982	4.6845	4.6717	4.6598	4.6486
10	0.25	1.5219	1.5205	1.5191	1.5179	1.5167	1.5156	1.5146	1.5137	1.5128	1.5119
	0.20	1.6796	1.6771	1.6749	1.6728	1.6708	1.669	1.6673	1.6658	1.6643	1.6629
	0.10	2.1944	2.1887	2.1833	2.1784	2.1739	2.1697	2.1657	2.1621	2.1586	2.1554
	0.05	2.7636	2.7541	2.7453	2.7372	2.7298	2.7229	2.7164	2.7104	2.7048	2.6996
	0.01	4.3831	4.3628	4.3441	4.3269	4.3111	4.2963	4.2827	4.27	4.2581	4.2469
11	0.25	1.4913	1.4897	1.4883	1.4869	1.4857	1.4845	1.4834	1.4824	1.4814	1.4805
	0.20	1.6392	1.6366	1.6342	1.632	1.6299	1.628	1.6262	1.6245	1.623	1.6215
	0.10	2.1165	2.1106	2.1051	2.1	2.0953	2.0909	2.0869	2.0831	2.0795	2.0762
	0.05	2.6358	2.6261	2.6172	2.609	2.6014	2.5943	2.5877	2.5816	2.5759	2.5705
	0.01	4.0769	4.0566	4.038	4.0209	4.0051	3.9904	3.9768	3.9641	3.9522	3.9411
12	0.25	1.4659	1.4643	1.4627	1.4613	1.46	1.4587	1.4575	1.4564	1.4554	1.4544
	0.20	1.6059	1.6031	1.6006	1.5983	1.5961	1.5941	1.5922	1.5905	1.5888	1.5873
	0.10	2.053	2.0469	2.0412	2.036	2.0312	2.0267	2.0225	2.0186	2.0149	2.0115
	0.05	2.5328	2.5229	2.5139	2.5055	2.4977	2.4905	2.4838	2.4776	2.4718	2.4663
	0.01	3.8363	3.8161	3.7976	3.7805	3.7647	3.75	3.7364	3.7237	3.7119	3.7008
13	0.25	1.4446	1.4428	1.4412	1.4397	1.4383	1.4369	1.4357	1.4345	1.4335	1.4324
	0.20	1.5779	1.575	1.5724	1.57	1.5677	1.5656	1.5637	1.5618	1.5601	1.5585
	0.10	2.0001	1.9939	1.9881	1.9827	1.9778	1.9732	1.9689	1.9649	1.9611	1.9576
	0.05	2.4479	2.4379	2.4287	2.4202	2.4123	2.405	2.3982	2.3918	2.3859	2.3803
	0.01	3.6425	3.6224	3.6038	3.5868	3.571	3.5563	3.5427	3.53	3.5182	3.507
14	0.25	1.4264	1.4245	1.4228	1.4212	1.4197	1.4183	1.417	1.4158	1.4147	1.4136
	0.20	1.554	1.5511	1.5484	1.5459	1.5435	1.5413	1.5393	1.5374	1.5356	1.5339
	0.10	1.9555	1.949	1.9431	1.9377	1.9326	1.9279	1.9235	1.9194	1.9155	1.9119
	0.05	2.3768	2.3667	2.3573	2.3487	2.3407	2.3333	2.3264	2.3199	2.3139	2.3082
	0.01	3.4832	3.463	3.4445	3.4274	3.4116	3.3969	3.3833	3.3706	3.3587	3.3476
15	0.25	1.4106	1.4087	1.4069	1.4052	1.4037	1.4022	1.4009	1.3996	1.3984	1.3973
	0.20	1.5334	1.5304	1.5276	1.525	1.5226	1.5203	1.5182	1.5163	1.5144	1.5127
	0.10	1.9172	1.9106	1.9046	1.899	1.8939	1.8891	1.8846	1.8804	1.8765	1.8728
	0.05	2.3163	2.306	2.2966	2.2878	2.2797	2.2722	2.2652	2.2587	2.2525	2.2468
	0.01	3.3498	3.3297	3.3111	3.294	3.2782	3.2635	3.2499	3.2372	3.2253	3.2141
16	0.25	1.3968	1.3949	1.393	1.3913	1.3897	1.3882	1.3868	1.3854	1.3842	1.383
	0.20	1.5155	1.5124	1.5095	1.5068	1.5043	1.502	1.4999	1.4978	1.4959	1.4941
	0.10	1.884	1.8774	1.8712	1.8656	1.8603	1.8554	1.8508	1.8466	1.8426	1.8388
	0.05	2.2642	2.2538	2.2443	2.2354	2.2272	2.2196	2.2125	2.2059	2.1997	2.1938
	0.01	3.2367	3.2165	3.1979	3.1808	3.165	3.1503	3.1366	3.1238	3.1119	3.1007

Nenner df	Fläche (α)	Zähler df 21	22	23	24	25	26	27	28	29	30
17	*0.25*	1.3847	1.3827	1.3807	1.379	1.3773	1.3757	1.3743	1.3729	1.3716	1.3704
	0.20	1.4997	1.4965	1.4936	1.4908	1.4883	1.4859	1.4837	1.4816	1.4796	1.4778
	0.10	1.855	1.8482	1.842	1.8362	1.8309	1.8259	1.8213	1.8169	1.8128	1.809
	0.05	2.2189	2.2084	2.1987	2.1898	2.1815	2.1738	2.1666	2.1599	2.1536	2.1477
	0.01	3.1394	3.1192	3.1006	3.0835	3.0676	3.0529	3.0392	3.0264	3.0145	3.0032
18	*0.25*	1.3739	1.3718	1.3698	1.368	1.3663	1.3647	1.3632	1.3618	1.3605	1.3592
	0.20	1.4857	1.4824	1.4794	1.4766	1.474	1.4716	1.4693	1.4671	1.4651	1.4632
	0.10	1.8294	1.8225	1.8162	1.8103	1.8049	1.7999	1.7951	1.7907	1.7866	1.7827
	0.05	2.1791	2.1685	2.1587	2.1497	2.1413	2.1335	2.1262	2.1195	2.1131	2.1071
	0.01	3.055	3.0348	3.0161	2.999	2.9831	2.9683	2.9546	2.9418	2.9298	2.9185
19	*0.25*	1.3643	1.3621	1.3601	1.3582	1.3565	1.3548	1.3533	1.3518	1.3505	1.3492
	0.20	1.4732	1.4698	1.4668	1.4639	1.4612	1.4587	1.4564	1.4542	1.4522	1.4502
	0.10	1.8066	1.7997	1.7932	1.7873	1.7818	1.7767	1.7719	1.7674	1.7632	1.7592
	0.05	2.1438	2.1331	2.1233	2.1141	2.1057	2.0978	2.0905	2.0836	2.0772	2.0712
	0.01	2.981	2.9607	2.9421	2.9249	2.9089	2.8941	2.8804	2.8675	2.8555	2.8442
20	*0.25*	1.3556	1.3534	1.3513	1.3494	1.3476	1.3459	1.3443	1.3428	1.3414	1.3401
	0.20	1.4619	1.4585	1.4554	1.4525	1.4498	1.4472	1.4448	1.4426	1.4405	1.4385
	0.10	1.7862	1.7792	1.7727	1.7667	1.7611	1.7559	1.751	1.7465	1.7422	1.7382
	0.05	2.1124	2.1016	2.0917	2.0825	2.0739	2.066	2.0586	2.0517	2.0452	2.0391
	0.01	2.9156	2.8953	2.8766	2.8594	2.8434	2.8286	2.8148	2.8019	2.7898	2.7785
21	*0.25*	1.3478	1.3455	1.3434	1.3414	1.3396	1.3378	1.3362	1.3347	1.3333	1.3319
	0.20	1.4517	1.4483	1.4451	1.4421	1.4394	1.4368	1.4344	1.4321	1.43	1.428
	0.10	1.7678	1.7607	1.7541	1.7481	1.7424	1.7372	1.7322	1.7276	1.7233	1.7193
	0.05	2.0842	2.0733	2.0633	2.054	2.0454	2.0374	2.0299	2.0229	2.0164	2.0102
	0.01	2.8574	2.837	2.8183	2.801	2.785	2.7702	2.7563	2.7434	2.7313	2.72
22	*0.25*	1.3406	1.3383	1.3361	1.3341	1.3323	1.3305	1.3288	1.3273	1.3258	1.3245
	0.20	1.4425	1.439	1.4358	1.4327	1.4299	1.4273	1.4248	1.4225	1.4204	1.4183
	0.10	1.7512	1.744	1.7374	1.7312	1.7255	1.7202	1.7152	1.7106	1.7062	1.7021
	0.05	2.0587	2.0478	2.0377	2.0283	2.0196	2.0116	2.004	1.997	1.9904	1.9842
	0.01	2.8052	2.7849	2.7661	2.7488	2.7328	2.7179	2.704	2.691	2.6789	2.6675
23	*0.25*	1.3341	1.3317	1.3295	1.3275	1.3256	1.3238	1.3221	1.3205	1.319	1.3176
	0.20	1.4341	1.4305	1.4272	1.4242	1.4213	1.4186	1.4161	1.4138	1.4116	1.4095
	0.10	1.736	1.7288	1.7221	1.7159	1.7101	1.7047	1.6997	1.695	1.6906	1.6864
	0.05	2.0356	2.0246	2.0144	2.005	1.9963	1.9881	1.9805	1.9734	1.9668	1.9605
	0.01	2.7583	2.7378	2.7191	2.7017	2.6856	2.6707	2.6568	2.6438	2.6316	2.6202
24	*0.25*	1.3281	1.3257	1.3235	1.3214	1.3194	1.3176	1.3159	1.3143	1.3128	1.3113
	0.20	1.4263	1.4227	1.4194	1.4163	1.4134	1.4107	1.4082	1.4058	1.4035	1.4014

Nenner df	Fläche (α)	Zähler df 21	22	23	24	25	26	27	28	29	30
	0.10	1.7222	1.7149	1.7081	1.7019	1.696	1.6906	1.6855	1.6808	1.6763	1.6721
	0.05	2.0146	2.0035	1.9932	1.9838	1.975	1.9668	1.9591	1.952	1.9453	1.939
	0.01	2.7157	2.6953	2.6765	2.6591	2.643	2.628	2.614	2.601	2.5888	2.5773
25	0.25	1.3226	1.3202	1.3179	1.3158	1.3138	1.3119	1.3102	1.3086	1.307	1.3056
	0.20	1.4192	1.4156	1.4122	1.4091	1.4061	1.4034	1.4008	1.3984	1.3961	1.394
	0.10	1.7095	1.7021	1.6953	1.689	1.6831	1.6776	1.6725	1.6677	1.6632	1.6589
	0.05	1.9953	1.9842	1.9738	1.9643	1.9554	1.9472	1.9395	1.9323	1.9255	1.9192
	0.01	2.677	2.6565	2.6377	2.6203	2.6041	2.5891	2.5751	2.562	2.5498	2.5383
26	0.25	1.3175	1.315	1.3127	1.3106	1.3086	1.3067	1.3049	1.3033	1.3017	1.3002
	0.20	1.4127	1.409	1.4056	1.4024	1.3994	1.3966	1.394	1.3916	1.3893	1.3871
	0.10	1.6978	1.6904	1.6835	1.6771	1.6712	1.6657	1.6605	1.6556	1.6511	1.6468
	0.05	1.9776	1.9664	1.956	1.9464	1.9375	1.9292	1.9215	1.9142	1.9074	1.901
	0.01	2.6416	2.6211	2.6022	2.5848	2.5686	2.5536	2.5395	2.5264	2.5141	2.5026
27	0.25	1.3128	1.3103	1.308	1.3058	1.3037	1.3018	1.3	1.2984	1.2968	1.2953
	0.20	1.4066	1.4029	1.3994	1.3962	1.3932	1.3904	1.3877	1.3853	1.3829	1.3807
	0.10	1.687	1.6795	1.6726	1.6662	1.6602	1.6546	1.6494	1.6445	1.6399	1.6356
	0.05	1.9613	1.95	1.9396	1.9299	1.921	1.9126	1.9048	1.8975	1.8907	1.8842
	0.01	2.6092	2.5887	2.5697	2.5522	2.536	2.5209	2.5069	2.4937	2.4814	2.4699
28	0.25	1.3084	1.3059	1.3035	1.3013	1.2992	1.2973	1.2955	1.2938	1.2922	1.2906
	0.20	1.401	1.3972	1.3937	1.3904	1.3874	1.3846	1.3819	1.3794	1.377	1.3748
	0.10	1.677	1.6695	1.6625	1.656	1.65	1.6444	1.6391	1.6342	1.6295	1.6252
	0.05	1.9462	1.9349	1.9244	1.9147	1.9057	1.8973	1.8894	1.8821	1.8752	1.8687
	0.01	2.5793	2.5587	2.5398	2.5223	2.506	2.4909	2.4768	2.4636	2.4513	2.4397
29	0.25	1.3043	1.3018	1.2994	1.2971	1.2951	1.2931	1.2913	1.2895	1.2879	1.2863
	0.20	1.3957	1.3919	1.3884	1.3851	1.382	1.3791	1.3764	1.3739	1.3715	1.3693
	0.10	1.6677	1.6601	1.6531	1.6465	1.6405	1.6348	1.6295	1.6246	1.6199	1.6155
	0.05	1.9322	1.9208	1.9103	1.9005	1.8915	1.883	1.8751	1.8677	1.8608	1.8543
	0.01	2.5517	2.5311	2.5121	2.4946	2.4783	2.4631	2.449	2.4358	2.4234	2.4118
30	0.25	1.3005	1.2979	1.2955	1.2933	1.2911	1.2892	1.2873	1.2855	1.2839	1.2823
	0.20	1.3908	1.387	1.3834	1.3801	1.377	1.3741	1.3714	1.3688	1.3664	1.3641
	0.10	1.659	1.6514	1.6443	1.6377	1.6316	1.6259	1.6206	1.6156	1.6109	1.6065
	0.05	1.9192	1.9077	1.8972	1.8874	1.8782	1.8698	1.8618	1.8544	1.8474	1.8409
	0.01	2.5262	2.5055	2.4865	2.4689	2.4526	2.4374	2.4233	2.41	2.3976	2.386
40	0.25	1.2728	1.27	1.2673	1.2649	1.2626	1.2604	1.2584	1.2564	1.2546	1.2529
	0.20	1.3552	1.351	1.3472	1.3437	1.3403	1.3372	1.3343	1.3315	1.3289	1.3264
	0.10	1.5965	1.5884	1.581	1.5741	1.5677	1.5617	1.556	1.5507	1.5458	1.5411

Nenner df	Fläche (α)	Zähler df *21*	*22*	*23*	*24*	*25*	*26*	*27*	*28*	*29*	*30*
	0.05	1.826	1.8141	1.8031	1.7929	1.7835	1.7746	1.7663	1.7586	1.7513	1.7444
	0.01	2.3461	2.3252	2.3059	2.288	2.2714	2.2559	2.2415	2.228	2.2153	2.2034
50	*0.25*	1.256	1.253	1.2503	1.2477	1.2452	1.2429	1.2408	1.2387	1.2368	1.235
	0.20	1.3337	1.3294	1.3254	1.3217	1.3182	1.3149	1.3118	1.3089	1.3061	1.3035
	0.10	1.5592	1.5509	1.5432	1.5361	1.5294	1.5232	1.5173	1.5118	1.5067	1.5018
	0.05	1.7709	1.7588	1.7475	1.7371	1.7273	1.7183	1.7097	1.7017	1.6942	1.6872
	0.01	2.2423	2.2211	2.2016	2.1835	2.1667	2.151	2.1363	2.1226	2.1097	2.0976
60	*0.25*	1.2448	1.2417	1.2388	1.2361	1.2336	1.2312	1.2289	1.2268	1.2248	1.2229
	0.20	1.3193	1.3149	1.3108	1.3069	1.3033	1.2999	1.2967	1.2937	1.2908	1.2881
	0.10	1.5343	1.5259	1.518	1.5107	1.5039	1.4975	1.4915	1.4859	1.4806	1.4755
	0.05	1.7346	1.7222	1.7108	1.7001	1.6902	1.6809	1.6722	1.6641	1.6564	1.6491
	0.01	2.1747	2.1533	2.1336	2.1154	2.0984	2.0825	2.0677	2.0538	2.0408	2.0285
70	*0.25*	1.2367	1.2335	1.2306	1.2278	1.2252	1.2227	1.2204	1.2182	1.2162	1.2142
	0.20	1.309	1.3045	1.3003	1.2963	1.2926	1.2891	1.2858	1.2827	1.2798	1.2771
	0.10	1.5166	1.508	1.5	1.4926	1.4857	1.4791	1.473	1.4673	1.4618	1.4567
	0.05	1.7088	1.6962	1.6846	1.6738	1.6638	1.6543	1.6455	1.6372	1.6294	1.622
	0.01	2.1271	2.1057	2.0858	2.0674	2.0503	2.0343	2.0194	2.0053	1.9922	1.9797
80	*0.25*	1.2306	1.2274	1.2244	1.2215	1.2189	1.2164	1.214	1.2117	1.2096	1.2076
	0.20	1.3013	1.2966	1.2923	1.2883	1.2845	1.281	1.2777	1.2745	1.2715	1.2687
	0.10	1.5034	1.4947	1.4866	1.479	1.472	1.4653	1.4591	1.4533	1.4478	1.4426
	0.05	1.6895	1.6768	1.6651	1.6542	1.644	1.6345	1.6255	1.6171	1.6092	1.6017
	0.01	2.0919	2.0703	2.0504	2.0318	2.0146	1.9985	1.9835	1.9693	1.956	1.9435
90	*0.25*	1.2259	1.2226	1.2195	1.2167	1.2139	1.2114	1.209	1.2067	1.2045	1.2024
	0.20	1.2952	1.2905	1.2862	1.2821	1.2783	1.2747	1.2713	1.2681	1.265	1.2621
	0.10	1.493	1.4842	1.4761	1.4684	1.4613	1.4546	1.4483	1.4424	1.4368	1.4315
	0.05	1.6745	1.6618	1.6499	1.6389	1.6286	1.619	1.61	1.6015	1.5935	1.5859
	0.01	2.0647	2.043	2.023	2.0044	1.9871	1.9709	1.9557	1.9415	1.9281	1.9155
100	*0.25*	1.2221	1.2188	1.2156	1.2127	1.21	1.2074	1.2049	1.2026	1.2004	1.1983
	0.20	1.2904	1.2856	1.2812	1.2771	1.2732	1.2696	1.2661	1.2629	1.2598	1.2569
	0.10	1.4848	1.4759	1.4677	1.46	1.4528	1.446	1.4397	1.4337	1.428	1.4227
	0.05	1.6626	1.6497	1.6378	1.6267	1.6163	1.6067	1.5976	1.589	1.5809	1.5733
	0.01	2.0431	2.0214	2.0012	1.9826	1.9652	1.9489	1.9337	1.9194	1.9059	1.8933
120	*0.25*	1.2164	1.213	1.2098	1.2068	1.204	1.2013	1.1988	1.1965	1.1942	1.1921
	0.20	1.2831	1.2783	1.2738	1.2696	1.2656	1.2619	1.2584	1.2551	1.2519	1.2489
	0.10	1.4724	1.4634	1.455	1.4472	1.4399	1.4331	1.4266	1.4205	1.4148	1.4094
	0.05	1.6447	1.6317	1.6197	1.6084	1.598	1.5881	1.5789	1.5702	1.5621	1.5543
	0.01	2.0109	1.9891	1.9688	1.95	1.9325	1.9161	1.9008	1.8864	1.8728	1.86

Nenner df	Fläche (α)	Zähler df *21*	*22*	*23*	*24*	*25*	*26*	*27*	*28*	*29*	*30*
150	*0.25*	1.2106	1.2072	1.2039	1.2009	1.198	1.1953	1.1927	1.1903	1.188	1.1858
	0.20	1.2758	1.2709	1.2663	1.262	1.258	1.2542	1.2506	1.2472	1.244	1.241
	0.10	1.46	1.4509	1.4424	1.4345	1.4271	1.4201	1.4136	1.4074	1.4015	1.396
	0.05	1.6268	1.6137	1.6015	1.5902	1.5796	1.5696	1.5603	1.5515	1.5432	1.5354
	0.01	1.979	1.957	1.9367	1.9177	1.9001	1.8836	1.8681	1.8536	1.8399	1.827
200	*0.25*	1.2048	1.2013	1.198	1.1949	1.1919	1.1892	1.1865	1.184	1.1817	1.1794
	0.20	1.2684	1.2635	1.2588	1.2544	1.2503	1.2464	1.2428	1.2393	1.236	1.2329
	0.10	1.4476	1.4383	1.4297	1.4217	1.4142	1.4071	1.4004	1.3942	1.3882	1.3826
	0.05	1.609	1.5958	1.5834	1.572	1.5612	1.5511	1.5417	1.5328	1.5243	1.5164
	0.01	1.9474	1.9252	1.9047	1.8857	1.8679	1.8512	1.8356	1.821	1.8071	1.7941
500	*0.25*	1.1944	1.1907	1.1873	1.184	1.181	1.1781	1.1753	1.1727	1.1702	1.1678
	0.20	1.2552	1.25	1.2452	1.2407	1.2364	1.2324	1.2285	1.2249	1.2215	1.2182
	0.10	1.4252	1.4157	1.4069	1.3986	1.3909	1.3836	1.3767	1.3702	1.3641	1.3582
	0.05	1.577	1.5635	1.5509	1.5392	1.5282	1.5178	1.5081	1.4989	1.4903	1.4821
	0.01	1.891	1.8686	1.8479	1.8285	1.8105	1.7936	1.7777	1.7627	1.7486	1.7353

Nenner df	Fläche (α)	Zähler df *40*	*50*	*60*	*70*	*80*	*90*	*100*	*120*	*200*	*500*
1	*0.25*	9.7144	9.7412	9.7592	9.772	9.7816	9.7891	9.7951	9.8041	7.3851	7.3977
	0.20	15.374	15.415	15.442	15.462	15.477	15.488	15.497	15.511	11.732	11.751
	0.10	62.529	62.688	62.794	62.87	62.927	62.972	63.007	63.061	47.943	48.016
	0.05	251.14	251.77	252.2	252.5	252.72	252.9	253.04	253.25	192.78	193.07
	0.01	6286.8	6302.5	6313	6320.6	6326.2	6330.6	6334.1	6339.4	4827.5	4834.8
2	*0.25*	3.4511	3.4561	3.4594	3.4618	3.4636	3.465	3.4661	3.4677	3.4452	3.4482
	0.20	4.4565	4.4614	4.4648	4.4671	4.4689	4.4703	4.4714	4.4731	4.4442	4.4472
	0.10	9.4662	9.4712	9.4746	9.4769	9.4787	9.4801	9.4812	9.4829	9.422	9.425
	0.05	19.471	19.476	19.479	19.481	19.483	19.485	19.486	19.487	19.362	19.365
	0.01	99.474	99.479	99.483	99.485	99.487	99.488	99.489	99.491	98.852	98.855
3	*0.25*	2.4674	2.4688	2.4697	2.4703	2.4708	2.4712	2.4715	2.4719	2.4692	2.47
	0.20	2.9841	2.9842	2.9843	2.9843	2.9844	2.9844	2.9844	2.9845	2.9803	2.9804
	0.10	5.1597	5.1546	5.1512	5.1487	5.1469	5.1454	5.1443	5.1425	5.1324	5.1292
	0.05	8.5944	8.581	8.572	8.5656	8.5607	8.5569	8.5539	8.5493	8.5298	8.5216
	0.01	26.411	26.354	26.316	26.289	26.269	26.253	26.24	26.221	26.152	26.118
4	*0.25*	2.0821	2.0819	2.0817	2.0816	2.0815	2.0814	2.0813	2.0812	2.0799	2.0797
	0.20	2.4361	2.4342	2.4329	2.4319	2.4312	2.4306	2.4302	2.4295	2.427	2.4257
	0.10	3.8036	3.7952	3.7896	3.7855	3.7825	3.7801	3.7782	3.7753	3.7679	3.7627

Nenner df	Fläche (α)	Zähler df 40	50	60	70	80	90	100	120	200	500
	0.05	5.717	5.6995	5.6877	5.6793	5.673	5.668	5.6641	5.6581	5.6439	5.6331
	0.01	13.745	13.69	13.652	13.625	13.605	13.59	13.577	13.558	13.515	13.481
5	0.25	1.8763	1.8751	1.8742	1.8736	1.8731	1.8727	1.8724	1.8719	1.8705	1.8696
	0.20	2.1511	2.1479	2.1457	2.1442	2.143	2.1421	2.1413	2.1402	2.1375	2.1354
	0.10	3.1573	3.1471	3.1402	3.1353	3.1316	3.1286	3.1263	3.1228	3.1151	3.1087
	0.05	4.4638	4.4444	4.4314	4.422	4.415	4.4095	4.4051	4.3985	4.3844	4.3723
	0.01	9.2912	9.2378	9.202	9.1763	9.157	9.142	9.1299	9.1118	9.0739	9.041
6	0.25	1.7477	1.7457	1.7443	1.7433	1.7425	1.7419	1.7414	1.7407	1.7389	1.7376
	0.20	1.9758	1.9717	1.9689	1.9669	1.9654	1.9642	1.9632	1.9618	1.9586	1.9559
	0.10	2.7812	2.7697	2.762	2.7564	2.7522	2.7489	2.7463	2.7423	2.734	2.7268
	0.05	3.7743	3.7537	3.7398	3.7298	3.7223	3.7164	3.7117	3.7047	3.6901	3.6772
	0.01	7.1432	7.0915	7.0567	7.0318	7.013	6.9984	6.9867	6.969	6.933	6.901
7	0.25	1.6593	1.6567	1.6548	1.6535	1.6525	1.6517	1.6511	1.6501	1.6481	1.6463
	0.20	1.8567	1.8519	1.8486	1.8462	1.8444	1.843	1.8419	1.8402	1.8366	1.8334
	0.10	2.5351	2.5226	2.5142	2.5082	2.5036	2.5	2.4971	2.4928	2.4839	2.476
	0.05	3.3404	3.3189	3.3043	3.2939	3.286	3.2798	3.2749	3.2674	3.2523	3.2387
	0.01	5.9084	5.8577	5.8236	5.7991	5.7806	5.7662	5.7547	5.7373	5.7021	5.6705
8	0.25	1.5945	1.5914	1.5892	1.5877	1.5865	1.5855	1.5848	1.5836	1.5812	1.5791
	0.20	1.7703	1.7648	1.7611	1.7584	1.7564	1.7548	1.7535	1.7515	1.7475	1.7439
	0.10	2.3614	2.3481	2.3391	2.3326	2.3277	2.3239	2.3208	2.3162	2.3067	2.2982
	0.05	3.0428	3.0204	3.0053	2.9944	2.9862	2.9798	2.9747	2.9669	2.9512	2.937
	0.01	5.1156	5.0654	5.0316	5.0073	4.989	4.9748	4.9633	4.9461	4.9112	4.8798
9	0.25	1.5449	1.5414	1.5389	1.5371	1.5358	1.5347	1.5338	1.5325	1.5298	1.5274
	0.20	1.7044	1.6985	1.6944	1.6914	1.6892	1.6874	1.686	1.6839	1.6795	1.6755
	0.10	2.232	2.218	2.2085	2.2017	2.1965	2.1924	2.1892	2.1843	2.1743	2.1653
	0.05	2.8259	2.8028	2.7872	2.776	2.7675	2.7609	2.7556	2.7475	2.7313	2.7165
	0.01	4.5666	4.5167	4.4831	4.4589	4.4407	4.4264	4.415	4.3978	4.363	4.3316
10	0.25	1.5056	1.5017	1.499	1.497	1.4955	1.4943	1.4933	1.4919	1.4889	1.4861
	0.20	1.6525	1.6461	1.6417	1.6385	1.6361	1.6342	1.6327	1.6303	1.6256	1.6213
	0.10	2.1317	2.1171	2.1072	2.1	2.0946	2.0903	2.0869	2.0818	2.0713	2.0618
	0.05	2.6609	2.6371	2.6211	2.6095	2.6008	2.5939	2.5884	2.5801	2.5634	2.5481
	0.01	4.1653	4.1155	4.0819	4.0577	4.0394	4.0252	4.0137	3.9965	3.9617	3.9301
11	0.25	1.4737	1.4694	1.4664	1.4642	1.4626	1.4613	1.4603	1.4587	1.4554	1.4524
	0.20	1.6105	1.6037	1.599	1.5956	1.593	1.5909	1.5893	1.5868	1.5817	1.5771
	0.10	2.0516	2.0364	2.0261	2.0187	2.013	2.0086	2.005	1.9997	1.9888	1.9788
	0.05	2.5309	2.5066	2.4901	2.4782	2.4692	2.4622	2.4566	2.448	2.4308	2.415
	0.01	3.8596	3.8097	3.7761	3.7518	3.7335	3.7192	3.7077	3.6904	3.6555	3.6238

Nenner df	Fläche (α)	Zähler df *40*	*50*	*60*	*70*	*80*	*90*	*100*	*120*	*200*	*500*
12	*0.25*	1.4471	1.4425	1.4393	1.437	1.4352	1.4338	1.4327	1.431	1.4275	1.4243
	0.20	1.5757	1.5685	1.5635	1.5599	1.5572	1.555	1.5533	1.5506	1.5453	1.5403
	0.10	1.9861	1.9704	1.9597	1.952	1.9461	1.9416	1.9379	1.9323	1.921	1.9106
	0.05	2.4259	2.401	2.3842	2.372	2.3628	2.3556	2.3498	2.341	2.3233	2.3071
	0.01	3.6192	3.5692	3.5355	3.5111	3.4928	3.4784	3.4668	3.4494	3.4143	3.3823
13	*0.25*	1.4247	1.4198	1.4164	1.4139	1.412	1.4106	1.4094	1.4075	1.4038	1.4003
	0.20	1.5464	1.5388	1.5336	1.5298	1.5269	1.5247	1.5229	1.5201	1.5144	1.5092
	0.10	1.9315	1.9153	1.9043	1.8963	1.8903	1.8855	1.8817	1.8759	1.8642	1.8535
	0.05	2.3392	2.3138	2.2966	2.2841	2.2747	2.2673	2.2614	2.2524	2.2342	2.2176
	0.01	3.4253	3.3752	3.3413	3.3168	3.2984	3.2839	3.2723	3.2548	3.2194	3.1871
14	*0.25*	1.4055	1.4003	1.3967	1.3941	1.3921	1.3906	1.3893	1.3874	1.3834	1.3797
	0.20	1.5213	1.5134	1.508	1.5041	1.501	1.4987	1.4968	1.4939	1.4879	1.4825
	0.10	1.8852	1.8686	1.8572	1.849	1.8428	1.8379	1.834	1.828	1.8159	1.8048
	0.05	2.2664	2.2405	2.2229	2.2102	2.2006	2.1931	2.187	2.1778	2.1592	2.1422
	0.01	3.2656	3.2153	3.1813	3.1567	3.1381	3.1235	3.1118	3.0942	3.0585	3.026
15	*0.25*	1.3888	1.3834	1.3796	1.3769	1.3748	1.3732	1.3718	1.3698	1.3656	1.3618
	0.20	1.4996	1.4914	1.4858	1.4817	1.4786	1.4761	1.4741	1.4711	1.4649	1.4592
	0.10	1.8454	1.8284	1.8168	1.8083	1.8019	1.7969	1.7929	1.7867	1.7743	1.7628
	0.05	2.2043	2.178	2.1601	2.1472	2.1373	2.1296	2.1234	2.1141	2.095	2.0776
	0.01	3.1319	3.0814	3.0471	3.0224	3.0037	2.989	2.9772	2.9595	2.9235	2.8906
16	*0.25*	1.3742	1.3685	1.3646	1.3618	1.3596	1.3579	1.3565	1.3543	1.35	1.3459
	0.20	1.4807	1.4722	1.4664	1.4621	1.4589	1.4563	1.4542	1.4511	1.4447	1.4387
	0.10	1.8108	1.7934	1.7816	1.7729	1.7664	1.7612	1.757	1.7507	1.7379	1.7262
	0.05	2.1507	2.124	2.1058	2.0926	2.0826	2.0748	2.0685	2.0589	2.0395	2.0217
	0.01	3.0182	2.9675	2.933	2.9082	2.8893	2.8745	2.8627	2.8447	2.8084	2.7752
17	*0.25*	1.3613	1.3554	1.3514	1.3484	1.3461	1.3443	1.3429	1.3406	1.3361	1.3319
	0.20	1.4639	1.4552	1.4492	1.4448	1.4414	1.4388	1.4367	1.4334	1.4268	1.4206
	0.10	1.7805	1.7628	1.7506	1.7418	1.7351	1.7298	1.7255	1.7191	1.706	1.6939
	0.05	2.104	2.0769	2.0584	2.045	2.0348	2.0268	2.0204	2.0107	1.9909	1.9727
	0.01	2.9205	2.8694	2.8348	2.8097	2.7908	2.7759	2.7639	2.7459	2.7092	2.6757
18	*0.25*	1.3497	1.3437	1.3395	1.3364	1.3341	1.3322	1.3307	1.3284	1.3237	1.3193
	0.20	1.449	1.4401	1.4339	1.4294	1.4259	1.4232	1.421	1.4176	1.4107	1.4044
	0.10	1.7537	1.7356	1.7232	1.7142	1.7073	1.7019	1.6976	1.691	1.6775	1.6651
	0.05	2.0629	2.0354	2.0166	2.003	1.9927	1.9846	1.978	1.9681	1.9479	1.9294
	0.01	2.8354	2.7841	2.7493	2.7241	2.705	2.69	2.6779	2.6597	2.6227	2.5889
19	*0.25*	1.3394	1.3332	1.3289	1.3257	1.3233	1.3213	1.3198	1.3174	1.3125	1.3079
	0.20	1.4357	1.4265	1.4202	1.4155	1.412	1.4091	1.4069	1.4034	1.3963	1.3898

Nenner df	Fläche (α)	**Zähler df** *40*	*50*	*60*	*70*	*80*	*90*	*100*	*120*	*200*	*500*
	0.10	1.7298	1.7114	1.6988	1.6896	1.6826	1.6771	1.6726	1.6659	1.6521	1.6394
	0.05	2.0264	1.9986	1.9795	1.9657	1.9552	1.947	1.9403	1.9302	1.9097	1.8908
	0.01	2.7608	2.7093	2.6742	2.6488	2.6296	2.6145	2.6023	2.5839	2.5467	2.5124
20	*0.25*	1.3301	1.3237	1.3193	1.316	1.3135	1.3115	1.3099	1.3074	1.3023	1.2976
	0.20	1.4237	1.4143	1.4078	1.403	1.3993	1.3965	1.3941	1.3906	1.3833	1.3765
	0.10	1.7083	1.6896	1.6768	1.6674	1.6603	1.6547	1.6501	1.6433	1.6292	1.6162
	0.05	1.9938	1.9656	1.9464	1.9323	1.9217	1.9133	1.9066	1.8963	1.8755	1.8562
	0.01	2.6947	2.643	2.6077	2.5822	2.5628	2.5476	2.5353	2.5168	2.4792	2.4446
21	*0.25*	1.3217	1.3151	1.3105	1.3072	1.3046	1.3025	1.3009	1.2983	1.2931	1.2882
	0.20	1.4128	1.4032	1.3965	1.3916	1.3879	1.3849	1.3826	1.3789	1.3714	1.3645
	0.10	1.689	1.67	1.6569	1.6474	1.6401	1.6344	1.6298	1.6228	1.6085	1.5952
	0.05	1.9645	1.936	1.9165	1.9023	1.8915	1.883	1.8761	1.8657	1.8446	1.825
	0.01	2.6359	2.5838	2.5484	2.5227	2.5032	2.4878	2.4755	2.4568	2.4189	2.384
22	*0.25*	1.314	1.3072	1.3026	1.2991	1.2964	1.2943	1.2926	1.29	1.2846	1.2796
	0.20	1.4029	1.3931	1.3863	1.3813	1.3775	1.3744	1.372	1.3683	1.3606	1.3534
	0.10	1.6714	1.6521	1.6389	1.6292	1.6218	1.616	1.6113	1.6041	1.5896	1.576
	0.05	1.938	1.9092	1.8894	1.8751	1.8641	1.8555	1.8486	1.838	1.8165	1.7966
	0.01	2.5831	2.5308	2.4951	2.4693	2.4496	2.4342	2.4217	2.4029	2.3646	2.3294
23	*0.25*	1.3069	1.3	1.2952	1.2917	1.289	1.2868	1.2851	1.2824	1.2769	1.2717
	0.20	1.3938	1.3838	1.3769	1.3718	1.3679	1.3648	1.3623	1.3585	1.3506	1.3433
	0.10	1.6554	1.6358	1.6224	1.6125	1.6051	1.5991	1.5944	1.5871	1.5723	1.5585
	0.05	1.9139	1.8848	1.8648	1.8503	1.8392	1.8305	1.8234	1.8128	1.7909	1.7708
	0.01	2.5355	2.4829	2.4471	2.421	2.4013	2.3857	2.3732	2.3542	2.3156	2.28
24	*0.25*	1.3004	1.2934	1.2885	1.2849	1.2821	1.2799	1.2781	1.2754	1.2697	1.2644
	0.20	1.3855	1.3753	1.3682	1.363	1.3591	1.3559	1.3534	1.3495	1.3414	1.3339
	0.10	1.6407	1.6209	1.6073	1.5973	1.5897	1.5837	1.5788	1.5715	1.5563	1.5423
	0.05	1.892	1.8625	1.8424	1.8276	1.8164	1.8076	1.8005	1.7896	1.7675	1.747
	0.01	2.4923	2.4395	2.4035	2.3773	2.3573	2.3417	2.3291	2.31	2.271	2.2351
25	*0.25*	1.2945	1.2873	1.2823	1.2786	1.2757	1.2735	1.2717	1.2688	1.263	1.2576
	0.20	1.3778	1.3674	1.3603	1.355	1.3509	1.3477	1.3451	1.3411	1.3329	1.3253
	0.10	1.6272	1.6072	1.5933	1.5832	1.5755	1.5694	1.5645	1.557	1.5417	1.5274
	0.05	1.8718	1.8421	1.8217	1.8069	1.7955	1.7866	1.7794	1.7684	1.746	1.7252
	0.01	2.453	2.3999	2.3637	2.3373	2.3173	2.3015	2.2888	2.2696	2.2303	2.1941
26	*0.25*	1.2889	1.2816	1.2765	1.2728	1.2699	1.2675	1.2657	1.2628	1.2569	1.2513
	0.20	1.3707	1.3602	1.3529	1.3475	1.3434	1.3401	1.3374	1.3334	1.325	1.3172
	0.10	1.6147	1.5945	1.5805	1.5703	1.5625	1.5563	1.5513	1.5437	1.5281	1.5136

Nenner df	Fläche (α)	Zähler df 40	50	60	70	80	90	100	120	200	500
	0.05	1.8533	1.8233	1.8027	1.7877	1.7762	1.7672	1.7599	1.7488	1.7261	1.705
	0.01	2.417	2.3637	2.3273	2.3008	2.2806	2.2647	2.2519	2.2325	2.193	2.1564
27	0.25	1.2838	1.2764	1.2712	1.2673	1.2644	1.262	1.2601	1.2572	1.2511	1.2454
	0.20	1.3641	1.3534	1.346	1.3405	1.3363	1.333	1.3303	1.3262	1.3177	1.3097
	0.10	1.6032	1.5827	1.5686	1.5582	1.5503	1.5441	1.539	1.5313	1.5155	1.5007
	0.05	1.8361	1.8059	1.7851	1.77	1.7584	1.7493	1.7419	1.7306	1.7077	1.6863
	0.01	2.384	2.3304	2.2938	2.2672	2.2469	2.2309	2.218	2.1985	2.1586	2.1217
28	0.25	1.279	1.2715	1.2662	1.2623	1.2592	1.2569	1.2549	1.2519	1.2457	1.2399
	0.20	1.3579	1.3471	1.3396	1.3341	1.3298	1.3264	1.3237	1.3195	1.3108	1.3027
	0.10	1.5925	1.5718	1.5575	1.547	1.539	1.5327	1.5276	1.5198	1.5037	1.4887
	0.05	1.8203	1.7898	1.7689	1.7535	1.7418	1.7326	1.7251	1.7138	1.6905	1.6689
	0.01	2.3535	2.2997	2.2629	2.2361	2.2157	2.1997	2.1867	2.167	2.1268	2.0896
29	0.25	1.2745	1.2669	1.2615	1.2575	1.2545	1.252	1.25	1.247	1.2407	1.2347
	0.20	1.3522	1.3413	1.3336	1.328	1.3237	1.3202	1.3175	1.3132	1.3044	1.2961
	0.10	1.5825	1.5617	1.5472	1.5366	1.5285	1.5221	1.5169	1.509	1.4927	1.4775
	0.05	1.8055	1.7748	1.7537	1.7382	1.7264	1.7171	1.7096	1.6981	1.6746	1.6527
	0.01	2.3253	2.2714	2.2344	2.2074	2.1869	2.1707	2.1577	2.1379	2.0974	2.0598
30	0.25	1.2703	1.2626	1.2571	1.2531	1.25	1.2475	1.2455	1.2424	1.2359	1.2299
	0.20	1.3469	1.3358	1.328	1.3223	1.3179	1.3145	1.3116	1.3073	1.2983	1.2899
	0.10	1.5732	1.5522	1.5376	1.5269	1.5187	1.5122	1.5069	1.4989	1.4824	1.467
	0.05	1.7918	1.7609	1.7396	1.724	1.7121	1.7027	1.695	1.6835	1.6597	1.6375
	0.01	2.2992	2.245	2.2079	2.1808	2.1601	2.1439	2.1307	2.1108	2.07	2.0321
40	0.25	1.2397	1.231	1.2249	1.2203	1.2167	1.2139	1.2116	1.208	1.2005	1.1934
	0.20	1.3076	1.2954	1.2869	1.2805	1.2756	1.2716	1.2684	1.2635	1.2533	1.2435
	0.10	1.5056	1.483	1.4672	1.4555	1.4465	1.4394	1.4336	1.4248	1.4064	1.389
	0.05	1.6928	1.66	1.6373	1.6205	1.6077	1.5975	1.5892	1.5766	1.5505	1.526
	0.01	2.1142	2.0581	2.0194	1.9911	1.9694	1.9522	1.9383	1.9172	1.8737	1.8329
50	0.25	1.2208	1.2115	1.2049	1.1999	1.196	1.1929	1.1904	1.1864	1.1781	1.1701
	0.20	1.2836	1.2706	1.2614	1.2546	1.2493	1.245	1.2415	1.2361	1.2249	1.214
	0.10	1.4648	1.4409	1.4242	1.4119	1.4023	1.3947	1.3885	1.3789	1.359	1.34
	0.05	1.6337	1.5995	1.5757	1.558	1.5445	1.5337	1.5249	1.5115	1.4835	1.4569
	0.01	2.0066	1.949	1.909	1.8797	1.8571	1.8393	1.8248	1.8026	1.7567	1.7133
60	0.25	1.2081	1.1983	1.1912	1.1859	1.1818	1.1785	1.1757	1.1715	1.1625	1.1537
	0.20	1.2674	1.2538	1.2441	1.2369	1.2312	1.2267	1.223	1.2172	1.2051	1.1933
	0.10	1.4373	1.4126	1.3952	1.3822	1.3722	1.3642	1.3576	1.3476	1.3264	1.306
	0.05	1.5943	1.559	1.5343	1.516	1.5019	1.4906	1.4814	1.4673	1.4377	1.4093
	0.01	1.936	1.8772	1.8363	1.8061	1.7828	1.7644	1.7493	1.7263	1.6784	1.6327

Nenner df	Fläche (α)	Zähler df 40	50	60	70	80	90	100	120	200	500
70	0.25	1.1989	1.1886	1.1813	1.1757	1.1714	1.1679	1.165	1.1605	1.1509	1.1414
	0.20	1.2557	1.2416	1.2315	1.2239	1.218	1.2133	1.2094	1.2033	1.1905	1.1778
	0.10	1.4176	1.3922	1.3742	1.3608	1.3503	1.342	1.3352	1.3246	1.3024	1.2807
	0.05	1.5661	1.53	1.5046	1.4857	1.4711	1.4594	1.4498	1.4351	1.4042	1.3743
	0.01	1.8861	1.8263	1.7846	1.7537	1.7298	1.7109	1.6954	1.6717	1.622	1.5743
80	0.25	1.1919	1.1813	1.1737	1.1679	1.1634	1.1598	1.1567	1.152	1.1419	1.1319
	0.20	1.2468	1.2323	1.2219	1.2141	1.2079	1.203	1.1989	1.1926	1.1791	1.1657
	0.10	1.4027	1.3767	1.3583	1.3444	1.3337	1.3251	1.318	1.3071	1.2839	1.2611
	0.05	1.5449	1.5081	1.4821	1.4628	1.4477	1.4357	1.4259	1.4107	1.3786	1.3472
	0.01	1.8489	1.7883	1.7459	1.7144	1.6901	1.6707	1.6548	1.6305	1.5792	1.5296
90	0.25	1.1864	1.1756	1.1677	1.1618	1.1571	1.1533	1.1502	1.1453	1.1348	1.1241
	0.20	1.2398	1.225	1.2143	1.2063	1.2	1.1949	1.1907	1.1841	1.1701	1.156
	0.10	1.3911	1.3646	1.3457	1.3316	1.3206	1.3117	1.3044	1.2932	1.2691	1.2453
	0.05	1.5284	1.491	1.4645	1.4448	1.4294	1.4171	1.407	1.3914	1.3582	1.3256
	0.01	1.8201	1.7588	1.7158	1.6838	1.6591	1.6393	1.6231	1.5982	1.5456	1.4943
100	0.25	1.1819	1.1709	1.1629	1.1568	1.152	1.1481	1.1449	1.1398	1.1289	1.1178
	0.20	1.2342	1.2191	1.2082	1.2	1.1935	1.1883	1.1839	1.1772	1.1626	1.148
	0.10	1.3817	1.3548	1.3356	1.3212	1.31	1.3009	1.2934	1.2819	1.2571	1.2324
	0.05	1.5151	1.4772	1.4504	1.4303	1.4146	1.402	1.3917	1.3757	1.3416	1.3079
	0.01	1.7972	1.7353	1.6918	1.6594	1.6342	1.6141	1.5977	1.5723	1.5184	1.4656
120	0.25	1.1752	1.1638	1.1555	1.1492	1.1442	1.1401	1.1367	1.1314	1.1198	1.1078
	0.20	1.2257	1.2102	1.1989	1.1904	1.1836	1.1782	1.1736	1.1666	1.1511	1.1354
	0.10	1.3676	1.34	1.3203	1.3055	1.2938	1.2844	1.2767	1.2646	1.2385	1.2122
	0.05	1.4952	1.4565	1.429	1.4083	1.3922	1.3792	1.3685	1.3519	1.3162	1.2804
	0.01	1.7628	1.7	1.6557	1.6226	1.5968	1.5762	1.5592	1.533	1.477	1.4215
150	0.25	1.1685	1.1567	1.1481	1.1414	1.1362	1.1319	1.1283	1.1227	1.1102	1.0972
	0.20	1.2172	1.2011	1.1895	1.1806	1.1735	1.1678	1.1631	1.1556	1.1392	1.1221
	0.10	1.3534	1.3251	1.3048	1.2895	1.2774	1.2676	1.2595	1.2468	1.2193	1.191
	0.05	1.4752	1.4357	1.4074	1.3861	1.3694	1.356	1.3448	1.3275	1.2899	1.2516
	0.01	1.7286	1.6648	1.6195	1.5856	1.5592	1.5379	1.5204	1.4932	1.4347	1.3757
200	0.25	1.1616	1.1494	1.1404	1.1335	1.128	1.1234	1.1196	1.1136	1.1002	1.0858
	0.20	1.2085	1.1919	1.1798	1.1706	1.1632	1.1572	1.1521	1.1442	1.1266	1.1079
	0.10	1.339	1.31	1.2891	1.2731	1.2605	1.2503	1.2418	1.2285	1.1991	1.1683
	0.05	1.4551	1.4146	1.3856	1.3636	1.3463	1.3323	1.3206	1.3024	1.2626	1.2211
	0.01	1.6945	1.6295	1.5833	1.5485	1.5212	1.4992	1.4811	1.4527	1.3912	1.3277

Nenner df	Fläche (α)	Zähler df 40	50	60	70	80	90	100	120	200	500
500	0.25	1.149	1.1359	1.1262	1.1186	1.1125	1.1074	1.1032	1.0963	1.0805	1.0622
	0.20	1.1926	1.1749	1.1619	1.1518	1.1437	1.1371	1.1314	1.1225	1.1019	1.0782
	0.10	1.3129	1.2823	1.26	1.2428	1.2292	1.218	1.2086	1.1936	1.1598	1.1216
	0.05	1.4186	1.3762	1.3455	1.322	1.3033	1.2881	1.2753	1.2551	1.2096	1.1587
	0.01	1.6332	1.5658	1.5174	1.4807	1.4517	1.4281	1.4084	1.3774	1.3081	1.2317

13.4 *U*-Tabelle für Mann & Whitney Test und Tabelle für Wilcoxon-Test

Kritische Werte von U für U-Test von Mann & Whitney
für den einseitigen Test
mit α = 0.01 und für zweiseitigen Test mit α = 0.02
(detaillierte Tabellen für kleine Stichprobenumfänge siehe Bortz, Lienert & Boehnke, 1990; Siegel 1976)

	n_2											
	9	10	11	12	13	14	15	16	17	18	19	20
n_1												
1												
2					0	0	0	0	0	0	1	1
3	1	1	1	2	2	2	3	3	4	4	4	5
4	3	3	4	5	5	6	7	7	8	9	9	10
5	5	6	7	8	9	10	11	12	13	14	15	16
6	7	8	9	11	12	13	15	16	18	19	20	22
7	9	11	12	14	16	17	19	21	23	24	26	28
8	11	13	15	17	20	22	24	26	28	30	32	34
9	14	16	18	21	23	26	28	31	33	36	38	40
10	16	19	22	24	27	30	33	36	38	41	44	47
11	18	22	25	28	31	34	37	41	44	47	50	53
12	21	24	28	31	35	38	42	46	49	53	56	60
13	23	27	31	35	39	43	47	51	55	59	63	67
14	26	30	44	38	43	47	51	56	60	65	69	73
15	28	33	37	42	47	51	56	61	66	70	75	80
16	31	36	41	46	51	56	61	66	71	76	82	87
17	33	38	44	49	55	60	66	71	77	82	88	93
18	36	41	47	53	59	65	70	76	82	88	94	100
19	38	44	50	56	63	69	75	82	88	94	101	107
20	40	47	53	60	67	73	80	87	93	100	107	114

für den einseitigen Test mit $\alpha = 0.025$ und für zweiseitigen Test mit $\alpha = 0.05$

	n_2											
	9	10	11	12	13	14	15	16	17	18	19	20
n_1												
1												
2	0	0	0	1	1	1	1	1	2	2	2	2
3	2	3	3	4	4	5	5	6	6	7	7	8
4	4	5	6	7	8	9	10	11	11	12	13	13
5	7	8	9	11	12	13	14	15	17	18	19	20
6	10	11	13	14	16	17	19	21	22	24	25	27
7	12	14	16	18	20	22	24	26	28	30	32	34
8	15	17	19	22	24	26	29	31	34	36	38	41
9	17	20	23	26	28	31	34	37	39	42	45	48
10	20	23	26	29	33	36	39	42	45	48	52	55
11	23	26	30	33	37	40	44	47	51	55	58	62
12	26	29	33	37	41	45	49	53	57	61	65	69
13	28	33	37	41	45	50	54	59	63	67	72	76
14	31	36	40	45	50	55	59	64	67	74	78	83
15	34	39	44	49	54	59	64	70	75	80	85	90
16	37	42	47	53	59	64	70	75	81	86	92	98
17	39	45	51	57	63	67	75	81	87	93	99	105
18	42	48	55	61	67	74	80	86	93	99	106	112
19	45	52	58	65	72	78	85	92	99	106	113	119
20	48	55	62	69	76	83	90	98	105	112	119	127

für den einseitigen Test mit $\alpha = 0.05$ und für zweiseitigen Test mit $\alpha = 0.10$

	n_2											
	9	10	11	12	13	14	15	16	17	18	19	20
n_1												
1											0	0
2	1	1	1	2	2	2	3	3	3	4	4	4
3	3	4	5	5	6	7	7	8	9	9	10	11
4	6	7	8	9	10	11	12	14	15	16	17	18
5	9	11	12	13	15	16	18	19	20	22	23	25
6	12	14	16	17	19	21	23	25	26	28	30	32
7	15	17	19	21	24	26	28	30	33	35	37	39
8	18	20	23	26	28	31	33	36	39	41	44	47
9	21	24	27	30	33	36	39	42	45	48	51	54
10	24	27	31	34	37	41	44	48	51	55	58	62
11	27	31	34	38	42	46	50	54	57	61	65	69
12	30	34	38	42	47	51	55	60	64	68	72	77
13	33	37	42	47	51	56	61	65	70	75	80	84
14	36	41	46	51	56	61	66	71	77	82	87	92
15	39	44	50	55	61	66	72	77	83	88	94	100

	n_2											
	9	*10*	*11*	*12*	*13*	*14*	*15*	*16*	*17*	*18*	*19*	*20*
n_1												
16	42	48	54	60	65	71	77	83	89	95	101	107
17	45	51	57	64	70	77	83	89	96	102	109	115
18	48	55	61	68	75	82	88	95	102	109	116	123
19	51	58	65	72	80	87	94	101	109	116	123	130
20	54	62	69	77	84	92	100	107	115	123	130	138

Kritische Werte für Wilcoxon-Test mit Irrtumswahrscheinlichkeit für einseitigen Test von $\alpha = 0.025$ bis 0.005 und für zweiseitigen Test von $\alpha = 0.05$ bis 0.01 (vgl. Bortz 1993; Sachs, 1992; Siegel, 1976)

Irrtumswahrscheinlichkeit α für einseitige Fragestellung							
	0.025	*0.01*	*0.005*		*0.025*	*0.01*	*0.005*
Irrtumswahrscheinlichkeit α für zweiseitige Fragestellung							
n	*0.05*	*0.02*	*0.01*	*n*	*0.05*	*0.02*	*0.01*
6	0			*16*	30	24	20
7	2	0		*17*	35	28	23
8	4	2	0	*18*	40	33	28
9	6	3	2	*19*	46	38	32
10	8	5	3	*20*	52	43	38
11	11	7	5	*21*	59	49	43
12	14	10	7	*22*	66	56	49
13	17	13	10	*23*	73	62	55
14	21	16	13	*24*	81	69	61
15	25	20	16	*25*	89	77	68

13.5 χ^2-Tabelle von χ^2-Verteilungen

Kritische Werte der χ^2-Verteilung mit
p von 0.999, 0.995, 0.99, 0.975, 0.95, 0.9, 0.75, 0.5, 0.25, 0.1, 0.05, 0.025, 0.01, 0.005 und
df von 1 bis 100, 200 und 500 (vgl. Pospeschill 1992)

df	Fläche (α)													
	0.999	*0.995*	*0.99*	*0.975*	*0.95*	*0.9*	*0.75*	*0.5*	*0.25*	*0.1*	*0.05*	*0.025*	*0.01*	*0.005*
1	1.5708E-6	3.9271E-5	1.5709E-4	9.8207E-4	3.9321E-3	0.0157908	0.101531	0.454936	1.3233	2.70554	3.84146	5.02389	6.6349	7.87944
2	2.001E-3	0.0100251	0.0201007	0.0506356	0.102587	0.210721	0.575364	1.38629	2.77259	4.60517	5.99146	7.37776	9.21034	10.5966
3	0.024227	0.0716407	0.114881	0.216045	0.35209	0.584267	1.21148	2.36539	4.11001	6.25347	7.81524	9.34689	11.3417	12.8353
4	0.0907022	0.206904	0.297152	0.484614	0.710896	1.06356	1.92235	3.3564	5.3847	7.78064	9.48823	11.1429	13.2757	14.8594
5	0.210126	0.41169	0.554345	0.831352	1.14558	1.61024	2.67447	4.35129	6.62538	9.23695	11.0707	12.8322	15.0855	16.7489
6	0.380996	0.675689	0.872124	1.23743	1.63543	2.20405	3.45451	5.34802	7.84063	10.6449	12.5916	14.449	16.8112	18.5469
7	0.598428	0.98922	1.23906	1.68993	2.16738	2.83306	4.25479	6.34574	9.03703	12.0168	14.0671	16.0125	18.4748	20.2772
8	0.857039	1.34438	1.64651	2.17978	2.73264	3.4895	5.0706	7.34407	10.2188	13.3614	15.5071	17.5344	20.09	21.9547
9	1.15189	1.73492	2.08793	2.70044	3.32511	4.16813	5.89879	8.3428	11.3887	14.6836	16.9188	19.0226	21.6661	23.5895
10	1.47869	2.15587	2.55828	3.24701	3.94029	4.86516	6.73718	9.34179	12.5488	15.9871	18.3069	20.4831	23.2097	25.1887
11	1.83383	2.60329	3.05359	3.81577	4.57481	5.57777	7.58412	10.341	13.7007	17.275	19.6751	21.92	24.7249	26.7578
12	2.21423	3.07398	3.57065	4.40381	5.22602	6.30378	8.4384	11.3403	14.8454	18.5493	21.026	23.3366	26.2169	28.2996
13	2.61729	3.56516	4.10698	5.00876	5.89186	7.04149	9.29905	12.3397	15.9839	19.8119	22.362	24.7356	27.6882	29.8195
14	3.041	4.07478	4.66048	5.62874	6.57063	7.78952	10.1653	13.3393	17.1169	21.0641	23.6848	26.1189	29.1412	31.3194
15	3.48295	4.601	5.22939	6.26215	7.26094	8.54675	11.0365	14.3389	18.2451	22.3071	24.9958	27.4884	30.5779	32.8014
16	3.94185	5.14228	5.81225	6.90767	7.96164	9.31223	11.9122	15.3385	19.3689	23.5418	26.2962	28.8453	31.9999	34.2672
17	4.41628	5.69728	6.40779	7.56419	8.67176	10.0852	12.7919	16.3382	20.4887	24.769	27.5871	30.191	33.4087	35.7185
18	4.90501	6.26485	7.01493	8.23075	9.39045	10.8649	13.6753	17.3379	21.6049	25.9894	28.8693	31.5264	34.8053	37.1565
19	5.40696	6.84401	7.63275	8.90652	10.117	11.6509	14.562	18.3376	22.7178	27.2036	30.1435	32.8523	36.1909	38.5823
20	5.92116	7.43388	8.26042	9.59078	10.8508	12.4426	15.4518	19.3374	23.8277	28.412	31.4104	34.1696	37.5662	39.9969
	0.999	*0.995*	*0.99*	*0.975*	*0.95*	*0.9*	*0.75*	*0.5*	*0.25*	*0.1*	*0.05*	*0.025*	*0.01*	*0.005*

df	Fläche (α)													
	0.999	*0.995*	*0.99*	*0.975*	*0.95*	*0.9*	*0.75*	*0.5*	*0.25*	*0.1*	*0.05*	*0.025*	*0.01*	*0.005*
21	6.44678	8.03368	8.89721	10.2829	11.5913	13.2396	16.3444	20.3372	24.9348	29.6151	32.6706	35.4789	38.9322	41.4011
22	6.98306	8.64274	9.5425	10.9823	12.338	14.0415	17.2396	21.337	26.0393	30.8133	33.9244	36.7807	40.2894	42.7957
23	7.52932	9.26045	10.1957	11.6886	13.0905	14.848	18.1373	22.3369	27.1413	32.0069	35.1725	38.0756	41.6384	44.1813
24	8.08496	9.88625	10.8564	12.4012	13.8484	15.6587	19.0373	23.3367	28.2411	33.1962	36.415	39.3641	42.9798	45.5585
25	8.64941	10.5197	11.524	13.1197	14.6114	16.4734	19.9393	24.3366	29.3388	34.3816	37.6525	40.6465	44.3141	46.9279
26	9.22219	11.1603	12.1982	13.8439	15.3792	17.2919	20.8434	25.3365	30.4346	35.5632	38.8851	41.9232	45.6417	48.2899
27	9.80283	11.8076	12.8785	14.5734	16.1514	18.1139	21.7494	26.3363	31.5284	36.7412	40.1133	43.1945	46.9629	49.6449
28	10.3909	12.4613	13.5647	15.3079	16.9279	18.9392	22.6572	27.3362	32.6205	37.9159	41.3371	44.4608	48.2782	50.9934
29	10.9861	13.1212	14.2565	16.0471	17.7084	19.7677	23.5666	28.3361	33.7109	39.0875	42.557	45.7223	49.5879	52.3356
30	11.588	13.7867	14.9535	16.7908	18.4927	20.5992	24.4776	29.336	34.7997	40.256	43.773	46.9792	50.8922	53.672
31	12.1963	14.4578	15.6555	17.5387	19.2806	21.4336	25.3901	30.3359	35.8871	41.4217	44.9853	48.2319	52.1914	55.0027
32	12.8107	15.134	16.3622	18.2908	20.0719	22.2706	26.3041	31.3359	36.973	42.5847	46.1943	49.4804	53.4858	56.3281
33	13.4309	15.8153	17.0735	19.0467	20.8665	23.1102	27.2194	32.3358	38.0575	43.7452	47.3999	50.7251	54.7755	57.6484
34	14.0567	16.5013	17.7892	19.8063	21.6643	23.9523	28.1361	33.3357	39.1408	44.9032	48.6024	51.966	56.0609	58.9639
35	14.6879	17.1918	18.5089	20.5694	22.465	24.7967	29.054	34.3356	40.2228	46.0588	49.8018	53.2033	57.3421	60.2748
36	15.3241	17.8867	19.2327	21.3359	23.2686	25.6433	29.973	35.3356	41.3036	47.2122	50.9985	54.4373	58.6192	61.5812
37	15.9653	18.5858	19.9602	22.1056	24.0749	26.4921	30.8933	36.3355	42.3833	48.3634	52.1923	55.668	59.8925	62.8833
38	16.6112	19.2889	20.6914	22.8785	24.8839	27.3429	31.8146	37.3355	43.4619	49.5126	53.3835	56.8955	61.1621	64.1814
39	17.2616	19.9959	21.4262	23.6543	25.6954	28.1958	32.7369	38.3354	44.5395	50.6598	54.5722	58.1201	62.4281	65.4756
40	17.9164	20.7065	22.1643	24.433	26.5093	29.0505	33.6603	39.3353	45.616	51.8051	55.7585	59.3417	63.6907	66.766
41	18.5755	21.4208	22.9056	25.2145	27.3256	29.9071	34.5846	40.3353	46.6916	52.9485	56.9424	60.5606	64.9501	68.0527
42	19.2385	22.1385	23.6501	25.9987	28.144	30.7654	35.5099	41.3352	47.7662	54.0902	58.124	61.7768	66.2062	69.336
43	19.9055	22.8595	24.3976	26.7854	28.9647	31.6255	36.4361	42.3352	48.84	55.2302	59.3035	62.9904	67.4593	70.6159
44	20.5763	23.5837	25.148	27.5746	29.7875	32.4871	37.3631	43.3352	49.9129	56.3685	60.4809	64.2015	68.7095	71.8926
45	21.2507	24.311	25.9013	28.3662	30.6123	33.3504	38.291	44.3351	50.9849	57.5053	61.6562	65.4102	69.9568	73.1661
46	21.9287	25.0413	26.6572	29.1601	31.439	34.2152	39.2197	45.3351	52.0562	58.6405	62.8296	66.6165	71.2014	74.4365
	0.999	*0.995*	*0.99*	*0.975*	*0.95*	*0.9*	*0.75*	*0.5*	*0.25*	*0.1*	*0.05*	*0.025*	*0.01*	*0.005*

df	Fläche (α)													
	0.999	*0.995*	*0.99*	*0.975*	*0.95*	*0.9*	*0.75*	*0.5*	*0.25*	*0.1*	*0.05*	*0.025*	*0.01*	*0.005*
47	22.6101	25.7746	27.4158	29.9562	32.2676	35.0814	40.1492	46.335	53.1267	59.7743	64.0011	67.8206	72.4433	75.7041
48	23.2949	26.5106	28.177	30.7545	33.0981	35.9491	41.0794	47.335	54.1964	60.9066	65.1708	69.0226	73.6826	76.9688
49	23.9828	27.2494	28.9406	31.5549	33.9303	36.8182	42.0104	48.335	55.2653	62.0375	66.3386	70.2224	74.9195	78.2307
50	24.6739	27.9908	29.7067	32.3574	34.7643	37.6886	42.9421	49.3349	56.3336	63.1671	67.5048	71.4202	76.1539	79.49
51	25.368	28.7347	30.475	33.1618	35.5999	38.5604	43.8745	50.3349	57.4012	64.2954	68.6693	72.616	77.386	80.7467
52	26.0651	29.4812	31.2457	33.9681	36.4371	39.4334	44.8075	51.3349	58.4681	65.4224	69.8322	73.8099	78.6158	82.0008
53	26.765	30.23	32.0185	34.7763	37.2759	40.3076	45.7412	52.3348	59.5343	66.5482	70.9935	75.0019	79.8433	83.2526
54	27.4677	30.9813	32.7934	35.5863	38.1162	41.183	46.6755	53.3348	60.6	67.6728	72.1532	76.192	81.0688	84.5019
55	28.1731	31.7348	33.5705	36.3981	38.958	42.0596	47.6105	54.3348	61.665	68.7962	73.3115	77.3805	82.2921	85.749
56	28.8812	32.4905	34.3495	37.2116	39.8013	42.9373	48.546	55.3348	62.7294	69.9185	74.4683	78.5672	83.5134	86.9938
57	29.5918	33.2484	35.1305	38.0267	40.6459	43.8161	49.4821	56.3347	63.7933	71.0397	75.6237	79.7522	84.7328	88.2364
58	30.3049	34.0084	35.9135	38.8435	41.492	44.696	50.4188	57.3347	64.8565	72.1598	76.7778	80.9356	85.9502	89.4769
59	31.0204	34.7704	36.6982	39.6619	42.3393	45.577	51.356	58.3347	65.9193	73.2789	77.9305	82.1174	87.1657	90.7153
60	31.7383	35.5345	37.4849	40.4817	43.188	46.4589	52.2938	59.3347	66.9815	74.397	79.0819	83.2977	88.3794	91.9517
61	32.4586	36.3005	38.2732	41.3031	44.0379	47.3418	53.2321	60.3346	68.0431	75.5141	80.2321	84.4764	89.5913	93.1861
62	33.1811	37.0684	39.0633	42.126	44.889	48.2257	54.1709	61.3346	69.1043	76.6302	81.381	85.6537	90.8015	94.4187
63	33.9058	37.8382	39.8551	42.9503	45.7414	49.1105	55.1102	62.3346	70.165	77.7454	82.5287	86.8296	92.01	95.6493
64	34.6326	38.6098	40.6486	43.776	46.5949	49.9963	56.05	63.3346	71.2251	78.8596	83.6753	88.004	93.2169	96.8781
65	35.3616	39.3831	41.4436	44.603	47.4496	50.8829	56.9903	64.3346	72.2848	79.973	84.8206	89.1771	94.4221	98.1051
66	36.0926	40.1582	42.2402	45.4314	48.3054	51.7705	57.931	65.3345	73.3441	81.0855	85.9649	90.3489	95.6257	99.3304
67	36.8257	40.935	43.0384	46.261	49.1623	52.6588	58.8722	66.3345	74.4029	82.1971	87.1081	91.5194	96.8278	100.554
68	37.5607	41.7135	43.838	47.092	50.0202	53.5481	59.8138	67.3345	75.4612	83.3079	88.2502	92.6885	98.0284	101.776
69	38.2976	42.4935	44.6392	47.9242	50.8792	54.4381	60.7559	68.3345	76.5192	84.4179	89.3912	93.8565	99.2275	102.996
70	39.0364	43.2752	45.4417	48.7576	51.7393	55.3289	61.6983	69.3345	77.5767	85.527	90.5312	95.0232	100.425	104.215
71	39.777	44.0584	46.2457	49.5922	52.6003	56.2206	62.6412	70.3345	78.6337	86.6354	91.6702	96.1887	101.621	105.432
72	40.5195	44.8431	47.051	50.4279	53.4623	57.1129	63.5845	71.3344	79.6904	87.743	92.8083	97.3531	102.816	106.648
	0.999	*0.995*	*0.99*	*0.975*	*0.95*	*0.9*	*0.75*	*0.5*	*0.25*	*0.1*	*0.05*	*0.025*	*0.01*	*0.005*

df	Fläche (α)													
	0.999	*0.995*	*0.99*	*0.975*	*0.95*	*0.9*	*0.75*	*0.5*	*0.25*	*0.1*	*0.05*	*0.025*	*0.01*	*0.005*
73	41.2637	45.6293	47.8577	51.2648	54.3253	58.0061	64.5282	72.3344	80.7467	88.8499	93.9453	98.5163	104.01	107.862
74	42.0097	46.417	48.6657	52.1028	55.1892	58.9	65.4723	73.3344	81.8026	89.956	95.0815	99.6783	105.202	109.074
75	42.7573	47.206	49.475	52.9419	56.0541	59.7946	66.4168	74.3344	82.8581	91.0615	96.2167	100.839	106.393	110.286
76	43.5066	47.9965	50.2856	53.7821	56.9198	60.6899	67.3616	75.3344	83.9133	92.1662	97.351	101.999	107.583	111.495
77	44.2576	48.7884	51.0974	54.6234	57.7864	61.5859	68.3068	76.3344	84.968	93.2702	98.4844	103.158	108.771	112.704
78	45.0101	49.5816	51.9104	55.4656	58.6539	62.4825	69.2523	77.3344	86.0225	94.3735	99.6169	104.316	109.958	113.911
79	45.7642	50.3761	52.7247	56.3089	59.5223	63.3799	70.1983	78.3343	87.0765	95.4762	100.749	105.473	111.144	115.117
80	46.5199	51.1719	53.5401	57.1532	60.3915	64.2778	71.1445	79.3343	88.1303	96.5782	101.879	106.629	112.329	116.321
81	47.277	51.969	54.3566	57.9984	61.2615	65.1765	72.0911	80.3343	89.1836	97.6796	103.01	107.783	113.512	117.524
82	48.0357	52.7674	55.1743	58.8446	62.1323	66.0757	73.038	81.3343	90.2367	98.7803	104.139	108.937	114.695	118.726
83	48.7958	53.5669	55.9931	59.6918	63.0039	66.9756	73.9853	82.3343	91.2894	99.8805	105.267	110.09	115.876	119.927
84	49.5573	54.3677	56.813	60.5398	63.8763	67.8761	74.9328	83.3343	92.3418	100.98	106.395	111.242	117.057	121.126
85	50.3203	55.1696	57.6339	61.3888	64.7494	68.7772	75.8807	84.3343	93.3939	102.079	107.522	112.393	118.236	122.325
86	51.0846	55.9727	58.4559	62.2386	65.6233	69.6788	76.8289	85.3343	94.4457	103.177	108.648	113.544	119.414	123.522
87	51.8503	56.7769	59.279	63.0894	66.4979	70.581	77.7774	86.3342	95.4972	104.275	109.773	114.693	120.591	124.718
88	52.6173	57.5823	60.103	63.9409	67.3732	71.4838	78.7262	87.3342	96.5484	105.372	110.898	115.841	121.767	125.913
89	53.3856	58.3888	60.9281	64.7934	68.2493	72.3872	79.6753	88.3342	97.5993	106.469	112.022	116.989	122.942	127.106
90	54.1552	59.1963	61.7541	65.6466	69.126	73.2911	80.6247	89.3342	98.6499	107.565	113.145	118.136	124.116	128.299
91	54.9261	60.0049	62.5811	66.5007	70.0035	74.1955	81.5743	90.3342	99.7003	108.661	114.268	119.282	125.289	129.491
92	55.6983	60.8146	63.409	67.3556	70.8816	75.1005	82.5243	91.3342	100.75	109.756	115.39	120.427	126.462	130.681
93	56.4716	61.6253	64.2379	68.2112	71.7603	76.006	83.4745	92.3342	101.8	110.85	116.511	121.571	127.633	131.871
94	57.2462	62.437	65.0677	69.0677	72.6398	76.9119	84.4249	93.3342	102.85	111.944	117.632	122.715	128.803	133.059
95	58.022	63.2497	65.8984	69.9249	73.5198	77.8184	85.3757	94.3342	103.899	113.038	118.752	123.858	129.973	134.247
96	58.7989	64.0633	66.7299	70.7828	74.4005	78.7254	86.3267	95.3342	104.948	114.131	119.871	125	131.141	135.433
97	59.577	64.878	67.5624	71.6415	75.2819	79.6329	87.2779	96.3342	105.997	115.223	120.99	126.141	132.309	136.619
98	60.3562	65.6936	68.3957	72.5009	76.1638	80.5408	88.2295	97.3341	107.045	116.315	122.108	127.282	133.476	137.803
	0.999	*0.995*	*0.99*	*0.975*	*0.95*	*0.9*	*0.75*	*0.5*	*0.25*	*0.1*	*0.05*	*0.025*	*0.01*	*0.005*

df	Fläche (α)													
	0.999	*0.995*	*0.99*	*0.975*	*0.95*	*0.9*	*0.75*	*0.5*	*0.25*	*0.1*	*0.05*	*0.025*	*0.01*	*0.005*
99	61.1365	66.5101	69.2299	73.3611	77.0463	81.4493	89.1812	98.3341	108.093	117.407	123.225	128.422	134.642	138.987
100	61.9179	67.3276	70.0649	74.2219	77.9295	82.3581	90.1332	99.3341	109.141	118.498	124.342	129.561	135.807	140.169
200	143.843	152.241	156.432	162.728	168.279	174.835	186.172	199.334	213.102	226.021	233.994	241.058	249.445	255.264
500	407.947	422.303	429.388	439.936	449.147	459.926	478.323	499.333	520.95	540.93	553.127	563.852	576.493	585.207
	0.999	*0.995*	*0.99*	*0.975*	*0.95*	*0.9*	*0.75*	*0.5*	*0.25*	*0.1*	*0.05*	*0.025*	*0.01*	*0.005*

13.6 Grundlagen von SPSS für Windows

- *Dateneingabe:*

Bevor eine statistische Analyse gerechnet werden kann, müssen zunächst die Daten in den PC eingegeben werden. SPSS™ für Windows stellt dazu einen sogenannten Spreadsheet-Editor (eine Art Tabellenvorgabe) zur Verfügung. In diese leere Tabelle können die Daten eingetragen werden. Dabei stehen in den Zeilen die Fälle (cases) (1 ... n) und in den Spalten die (benannten) Variablen. Vor der Dateneingabe sollten alle Variablen mit einem *Kurznamen* (max. 8 Zeichen) benannt und *kodiert* worden sein. Die Kodierung kann dabei in der Meßvorschrift der Variable selber liegen (z. B. cm, g, sec) oder muß vom Experimentator selber vorgenommen werden (z. B. Geschlecht, Schulbildung, Parteienzugehörigkeit).

Der erste Schritt der Dateneingabe beginnt mit der *Definition der Variablen.* Dazu kann unter dem Menüpunkt **Daten – Variable definieren (Data – Define Variable)** oder durch einen Doppelklick auf die grau-unterlegte Variablenleiste eine neue Variable definiert werden. Folgende Angaben sind zwingend: Der Variablenname (Variable name) und der Variablentyp (Type). Der *Variablenname* darf max. 8 Zeichen lang sein und kann im oberen Schriftfeld geändert werden. Der *Variablentyp* kann nach einmaligem Klicken auf das Feld **Typ... (Type...)** geändert werden. Die Standardnotation ist numerisch (Numeric) mit einer vorgegebenen Zellenbreite (Breite) und davon abzüglich einer bestimmten Anzahl von Dezimalstellen. Falls Textvariablen eingegeben werden, ist die Variable als Text (String) zu markieren. Besitzen Variablen *fehlende Werte* (Missing Values), so können diese als **Missing Werte... (Missing Values...)** deklariert werden. Standardvorgabe für einen fehlenden Wert ist ein leeres Variablenfeld für einen Fall. Wird eine andere Notation verwendet (z. B. 0, 99, –32768), kann diese als diskreter Wert (Einzelne Missing-Werte) eingetragen werden. Wenn die Kurzbezeichnung mit einem Variablennamen für das Wiedererkennen der Variablen als unzureichend erscheint, kann unter **(Define) Labels..** eine Langbezeichnung für die ganze Variable (Variablen-Label) wie auch für einzelne Variablenausprägungen (Werte-Labels) vergeben werden. Dieser Vorgang ist bei mehreren Ausprägungen wiederholbar (Hinzufügen). Schließlich kann über **Spaltenformat... (Column Format)** die maximale Spaltenbreite und die Ausrichtung (Links, Zentriert, Rechts) definiert werden. Sind alle Spezifikationen abgeschlossen, kann über **OK** die Angabe für die neue Variable in die Editoroberfläche übernommen werden. Dieser Vorgang ist so lange zu wiederholen, bis alle Daten definiert sind.

Dann kann der zweite Arbeitsschritt, die eigentliche *Datenübertragung* auf das PC-System, erfolgen. Die Daten können prinzipiell in zwei Richtungen eingegeben werden: entweder spaltenweise, d. h. pro Variable, oder zeilenweise, also pro Fall bzw. Vpn. Dabei kann sowohl bei einer beliebigen Variable, wie auch bei einem beliebigen Fall begonnen werden. Die Dateneingabe ist ständig zu kontrollieren, um Übertragungsfehler zu vermeiden. Es bietet sich u. U. auch an, die Rohdaten zuvor von der Versuchsvorlage auf ein Dateneingabeblatt zu übertragen.

Um einen Datenverlust zu vermeiden, sind die Daten (wenigstens alle 15 Minuten) unter **Datei – Daten speichern (File – Save Data)** zu speichern. Dabei ist ein *Dateiname* (File-Name) zu vergeben und das entsprechende *Laufwerk* bzw. *Verzeichnis* (Directories und Drives) zu wählen. Die SPSS-Daten erhalten die Dateikennung **SAV** (SPSS/PC™-Daten die Kennung **SYS**). Bei wiederholter Speicherung ist der Datenname dann nicht mehr anzugeben.

Zum *Verändern der Daten* kann der Menüpunkt **Bearbeiten (edit)** gewählt werden. Mit der Option **Ausschneiden (cut)** können Variablen, nachdem sie komplett markiert wurden (durch einmaliges Klicken auf den Variablenkopf), aus dem Datensatz herausgenommen werden, um sie ggf. durch **Einfügen (paste)** an eine andere Stelle wieder einzufügen. Im Unterschied dazu beläßt die Option Kopieren (**Copy**) die Variable an ihrer alten Stelle, und erstellt durch **Einfügen (Paste)** ein identisches Duplikat. Mit **Löschen (Clear)** kann eine Variable gänzlich aus dem Datensatz entfernt werden. Jede letzte Aktion kann über **(Rückgängig) Undo** rückgängig gemacht werden.

Der Menüpunkt **(Daten) Data** erlaubt zunächst durch die Option **Variable einfügen (Insert Variable)** das nachträgliche Einfügen einer oder mehrerer Variablen an eine beliebige Stelle im Datensatz. Das gleiche gilt für die Option **Fall einfügen (Insert Case)**, nur hier bezogen auf einen Fall. Das Einfügen erfolgt unmittelbar vor bzw. oberhalb der aktuellen Cursorposition (schwarz umrahmte Datenzelle). Über die Option **Fälle sortieren (Sort Cases)** können anhand einer Sortiervariable alle Daten auf- (Ascending) oder absteigend (Descending) sortiert werden. Die Option **Dateien zusammenfügen (Merge Files)** erlaubt es, nachträglich, mehrere gespeicherte Datensätze zu einem Gesamtdatensatz zu vereinen. Dies kann sowohl fallweise (Add Cases) oder variablenweise (Add Variables) erfolgen. Dabei ist darauf zu achten, daß bei einer fallweisen (vertikalen) Verkettung die *Variablennamen identisch* sind, während bei einer variablenweisen (horizontalen) Verkettung die *Variablennamen unterschiedlich* sein müssen.

- *Datenanalyse:*

Die Datenauswertung erfolgt unter dem Menüpunkt **Statistik (Statistics)**. Eine erste Analyse erlaubt die Option **Deskriptive Statistik (Summarize)**. Die Unteroption **Häufigkeiten (Frequencies)** gestattet eine Darstellung der *Häufigkeitsverteilungen*, wobei unter **Statistiken... (Statistics...)** weitere statistische Maßzahlen (Perzentile, Maße der zentralen Tendenz, Streuungs- und Verteilungsmaße) angefordert werden können. Unter **Grafiken... (Charts...)** können für jede

Variable Histogramme als Graphiken angefordert werden. Die Unteroption **Univariate Statistiken (Descriptives)** liefert ausschließlich statistische Maßzahlen der *deskriptiven Statistik*, die unter **Optionen... (Options...)** weiter spezifiziert werden können. Es können verschiedene *Streuungsmaße* (Dispersion) wie Standardabweichung (Std. deviation), Varianz (Variance), Spannbreite (Range), Minimum und Maximum und der Standardfehler des Mittelwertes (S. E. mean) angefordert werden. Als *Verteilungsmaße* stehen die Exzess (Kurtosis) und der Schiefe (Skewness) zur Verfügung. Die nächste Unteroption ist **Kreuztabellen (Crosstabs)**, mit der *Kreuztabellen* erstellt werden können. Hierbei ist anzugeben, welche Variablen in den Zeilen (Rows) und welche in den Spalten (Columns) abgetragen werden sollen. Unter **Statistiken... (Statistics...)** können diese Häufigkeitsverteilungen auf Signifikanz (Chi-square) und auf Korrelation (correlation) geprüft werden. Weitere Spezialmaße für nominal- und ordinalskalierte Daten stehen zur Verfügung.

Der nächste interessante Menüpunkt ist **Mittelwertsvergleiche (Compare Means)**. Hier können verschiedene *Signifikanztests für Mittelwertsvergleiche* (bei Intervalldaten) angefordert werden. Dabei ist zu unterscheiden zwischen unabhängigen (Independent-Samples T-Test) und gepaarten (Paired-Samples T-Test) T-Tests im univariaten Fall. Beim **T-Test bei unabhängigen Stichproben (Independent-Samples T-Test)** sind die eigentlichen Testvariablen (Test Variables) von einer Gruppierungsvariable (Grouping Variable) zu unterscheiden. Beim Zweigruppenfall sind die spezifizierten Werte für die Gruppierung anzugeben (Define Groups). Unter **Optionen... (Options...)** kann in Prozent ein Konfidenzintervall (Confidence Interval) bestimmt werden. Der **T-Test bei gepaarten Stichproben (Paired-Samples T-Test)** verlangt die Variablenpaarungen (Paired Variables) in jeweiligen Zweierzuordnungen (Paaren), die auf Mittelwertsunterschiede geprüft werden sollen. Eine Kombination ist dabei beliebig oft möglich. Die letzte Option ermöglicht das Rechnen einer **einfaktoriellen Varianzanalyse (One-Way ANOVA)**. Dabei ist in das obere Feld die Liste der gemessenen, abhängigen Variablen (Dependent List) und im unteren Feld die Stufenvariable für den Faktor (Factor) mit seiner minimalen und maximalen Ausprägung anzugeben (Define Range...). Unter **Post Hoc...** lassen sich diverse multiple Vergleichstests zusätzlich anfordern.

Der vorerst letzte Menüpunkt unter **Statistics**, der hier kurz angesprochen werden soll, heißt **nichtparametrische Tests (Nonparametric Tests)**, der verschiedene *nicht-parametrische Verfahren* zur Verfügung stellt. Die Verfahren, die speziell bei Nominaldaten eingesetzt werden können, sind der *Chi-Quadrat Test* (Chi-Square Test) und der *Binomialtest* (Binomial Test). Unter der Option **Tests bei zwei unabhängigen Stichproben (Two-Independent-Samples Tests)** kann zudem ein *Mann-Whitney U Test* und unter **Tests bei zwei verbundenen Stichproben (Two-Related-Samples Tests)** ein *Wilcoxon* bzw. ein *McNemar Test* gerechnet werden.

Für die *graphische Umsetzung* von Verteilungen stellt SPSS™ über den Menüpunkt **Grafik (Graphs)** verschiedene Möglichkeiten der Wiedergabe zur Verfügung. **Balken... (Bar...)** erlaubt verschiedene Histogramm-Darstellungen, **Linien... (Line...)** verschiedene Plot-Darstellungen, **Flächen... (Area...)** verschiedene Flächendarstellungen und **Kreis... (Pie...)** die sog. Kuchendiagramme. Speziellere Darstellungen liefert die Option **Boxplot...** und **Scatterplot...**.

- ***Datenausgabe:***

Alle Rechenergebnisse werden in einem sog. *Ausgabe-Fenster* dargestellt. Der Inhalt dieses Fensters kann entweder über den Menüpunkt **Datei (File) – SPSS-Ausgabe speichern (Save SPSS Output)** auf einen Datenträger gespeichert werden oder über die Option **Drucken (Print)** auf dem Drucker ausgegeben werden. Über das **Bearbeiten- (Edit)** Menü kann der Ausgabetext auch verändert (kopiert, gelöscht, eingefügt etc.) werden. Sind über den Menüpunkt **Grafik (Graphs)** hochauflösende Graphiken angefordert worden, so sollten diese direkt von SPSS™ aus gedruckt werden.

13.7 Beispieldatensatz

Der in den SPSS-Demonstrationsbeispielen verwendete Datensatz besitzt insgesamt 15 Variablen. Er basiert auf einer (fiktiven) Erhebung von drei verschiedenen Personengruppen, die mittels verschiedener Skalen des Freiburger-Persönlichkeitsinventars (kurz: FPI) getestet worden sind. Die folgende Übersicht zeigt alle Variablendefinitionen:

Position	Name der Variable	Erklärung der Variable	Ausprägungen (Labels)
1	GRP	Klientengruppen	1 Depressive 2 Sozial Ängstliche 3 Normale
2	SEX	Geschlecht der Klienten	1 männlich 2 weiblich
3	ALT	Alter der Klienten	
4	FPI1	Skala zur Nervosität	1 psychosomatisch nicht gestört (...) 9 psychosomatisch gestört
5	FPI2	Skala zur Aggressivität	1 nicht aggressiv, beherrscht (...) 9 spontan aggressiv, emotional unreif
6	FPI3	Depressivität	1 zufrieden, selbstsicher (...) 9 mißgestimmt, unsicher

Position	Name der Variable	Erklärung der Variable	Ausprägungen (Labels)
7	FPI4	Erregbarkeit	1 ruhig, stumpf (...) 9 reizbar, leicht frustiert
8	FPI5	Geselligkeit	1 ungesellig, zurückhaltend (...) 9 gesellig, lebhaft
9	FPI6	Gelassenheit	1 irritierbar, zögernd (...) 9 selbstvertrauend, gut gelaunt
10	FPI7	Dominanzstreben	1 nachgiebig, gemäßigt (...) 9 reaktiv aggressiv, sich durchsetzend
11	FPI8	Gehemmtheit	1 ungezwungen, kontaktfähig (...) 9 gehemmt, gespannt
12	FPI9	Offenheit	1 verschlossen, unkritisch (...) 9 offeb, selbstkritisch
13	FPIE	Extraversion	1 introvertiert (...) 9 extravertiert
14	FPIN	Emotionale Labilität	1 emotional stabil (...) 9 emotional labil
15	FPIM	Maskulinität	1 typisch weibliche Selbstschilderung (...) 9 typisch männliche Selbstschilderung

Die Stichprobe umfaßt 50 Versuchspersonen mit ihren jeweiligen Daten. Der Datensatz besitzt folgendes Aussehen:

Datensatz														
GRP	SEX	ALT	FPI1	FPI2	FPI3	FPI4	FPI5	FPI6	FPI7	FPI8	FPI9	FPIE	FPIN	FPIM
1	1	27	7	4	9	8	3	2	1	6	4	1	9	2
1	2	21	7	9	8	8	5	2	9	5	6	7	8	4
1	1	43	7	6	9	9	2	5	2	9	9	4	9	2
1	2	23	7	3	7	5	1	2	2	9	5	1	6	1
1	2	21	8	7	8	7	6	3	2	7	6	9	9	3
1	1	54	9	6	6	8	7	3	5	5	6	4	6	1
1	2	35	9	4	9	3	1	4	2	9	4	1	6	1
1	1	26	5	5	8	8	3	2	4	7	5	3	6	3
1	2	53	9	8	9	8	1	2	6	8	7	2	9	1
1	1	42	9	3	6	5	6	3	7	7	4	6	7	4
1	1	13	9	5	9	7	3	2	4	8	6	4	9	1
1	1	21	3	6	5	3	6	2	1	3	5	7	4	5
1	1	65	7	5	7	3	7	3	2	8	3	8	6	3
1	1	34	4	3	8	4	1	3	1	8	4	1	5	3
1	2	35	6	5	7	6	5	6	5	5	5	8	4	4
1	2	31	8	5	8	4	1	3	5	9	7	1	6	1
1	2	25	4	6	8	6	6	1	2	4	6	6	6	4
1	1	32	9	9	8	9	5	2	5	9	6	6	8	1
1	2	19	4	5	8	5	1	2	4	7	5	1	8	2

Datensatz														
GRP	SEX	ALT	FPI1	FPI2	FPI3	FPI4	FPI5	FPI6	FPI7	FPI8	FPI9	FPIE	FPIN	FPIM
1	1	20	6	5	7	7	2	3	5	6	5	4	7	4
1	2	21	7	5	9	9	2	2	5	9	6	3	9	1
1	1	53	7	5	9	8	1	1	2	7	4	2	9	3
1	1	26	8	3	8	5	4	2	2	8	7	1	6	1
1	1	43	7	5	8	5	2	1	3	9	7	1	8	5
1	2	57	7	4	6	1	6	4	3	6	2	4	4	2
1	1	39	3	3	6	4	6	2	2	3	5	8	4	3
1	2	26	8	6	9	6	3	2	7	7	6	4	7	1
1	1	31	9	4	8	9	3	2	5	8	5	3	8	1
1	2	73	8	7	7	9	7	3	5	6	6	9	9	1
1	1	28	5	6	5	5	6	4	3	5	6	5	3	5
1	2	38	9	4	9	6	1	2	4	9	6	1	8	1
1	1	46	9	7	9	9	1	2	7	9	9	2	9	1
2	2	19	9	3	6	4	5	1	1	6	2	5	5	2
2	1	21	6	4	6	3	7	2	5	4	7	6	5	4
2	2	41	1	4	2	3	1	3	4	5	4	2	1	5
2	2	52	6	3	3	3	1	4	2	6	4	1	3	3
2	2	36	3	4	5	1	2	4	1	6	4	3	4	3
2	1	21	7	3	7	3	1	3	1	7	6	3	5	4
2	2	23	5	6	5	4	4	3	4	5	6	4	4	3
2	2	43	7	5	7	1	1	3	4	8	5	1	4	3
2	2	39	5	2	9	4	1	3	2	8	5	1	5	2
3	1	26	3	2	4	5	6	5	2	6	5	5	5	6
3	2	31	4	4	4	6	9	4	7	3	4	9	5	6
3	1	52	1	5	1	1	9	8	8	3	4	9	1	9
3	2	38	1	3	2	4	9	6	5	2	7	8	1	6
3	1	21	3	3	2	4	6	5	4	2	6	5	3	8
3	2	38	4	5	3	3	8	4	1	6	4	7	3	5
3	1	46	7	6	6	4	4	7	5	6	7	4	4	5
3	1	21	4	5	3	5	9	4	3	4	7	9	4	5
3	1	54	3	4	2	5	8	6	1	3	5	7	3	7
3	2	28	3	7	3	3	6	9	4	5	7	6	2	6
3	2	37	4	5	5	5	5	3	2	5	5	4	6	5
3	1	26	4	6	6	7	6	4	3	6	4	8	5	5
3	2	45	3	3	2	2	6	7	3	5	4	5	1	8
3	1	32	1	4	5	2	7	8	1	5	7	7	4	8
3	2	51	1	5	3	4	9	7	3	1	3	9	3	9
3	1	45	4	5	4	6	8	4	5	5	7	8	6	5
3	2	59	3	5	3	1	6	4	2	3	6	4	2	7
3	1	36	3	5	4	2	5	4	2	4	5	4	3	5

13.8 Übungsaufgaben

Klausur: Als „Übungsaufgabe“ soll hier anstatt einer Sammlung von Einzelaufgaben der typische Rahmen einer (Probe-)Klausur vorgestellt werden. Die Klausur sollte in ca. 2 Stunden bearbeitet werden können. Bezugspunkt sind vornehmlich die Kapitel 5 bis 10.

◈ 1. Multiple-Choice Fragen ◈

Bearbeitungshinweise:
Beantworten Sie bitte die nachfolgenden Multiple-Choice Fragen. In der Spalte *F* sind die **Falsch**aussagen anzukreuzen, in der Spalte *R* die **richtigen** Aussagen. Achten Sie darauf, daß richtige Antworten pro Frage auch **mehrfach** vorkommen können!

- Frage 1.1: Welche Aussagen charakterisieren den β-Fehler bzw. die β-Fehler-Wahrscheinlichkeit in korrekter Weise?

Falsch	Richtig	
☐	☐	Die Nullhypothese wird verworfen, obwohl sie richtig ist.
☐	☐	Es kann eine Wahrscheinlichkeit bestimmt werden, mit der das gefundene Ergebnis oder extremere Ergebnisse bei Gültigkeit der Nullhypothese eintreten.
☐	☐	Da es für die Festsetzung der β-Fehler-Wahrscheinlichkeit keine Konventionen gibt, müssen die praktischen Folgen zur Fehlerbestimmung herangezogen werden.
☐	☐	Eine Nullhypothese wird akzeptiert, obwohl die Alternativhypothese richtig ist.
☐	☐	Es kann eine Wahrscheinlichkeit bestimmt werden, die allerdings im Falle einer unspezifischen Alternativhypothese nicht angebbar ist.

- Frage 1.2: Was bedeutet ein negatives Vorzeichen bei einem großen (d. h. statistisch signifikanten) t-Wert (Testgröße des t-Tests)?

Falsch	Richtig	
☐	☐	Der Mittelwert der 1. Stichprobe ist größer als der der 2. Stichprobe.
☐	☐	Die Alternativhypothese $\mu_1 > \mu_2$ muß verworfen werden.
☐	☐	Die Mittelwertsdifferenz zwischen beiden Stichproben ist negativ.
☐	☐	Die Alternativhypothese $\mu_1 < \mu_2$ kann als bestätigt gelten.
☐	☐	Die Nullhypothese $\mu_1 \leq \mu_2$ muß beibehalten werden.

- Frage 1.3: In welchen Situationen ist ein nicht-parametrisches Testverfahren einem parametrischen Test vorzuziehen?

Falsch Richtig

❑ ❑ Wenn berechtigte Zweifel bezüglich der metrischen Voraussetzungen der abhängigen Variable bestehen.
❑ ❑ Wenn die erhobenen Variablen nicht den meßtheoretischen Voraussetzungen einer Intervall-Skala genügen.
❑ ❑ Wenn die Teststärke prinzipiell erhöht werden soll.
❑ ❑ Wenn sich die Ergebnisse von parametrischem und nicht-parametrischem Test bezüglich der Entscheidung über die Hypothesen widersprechen.
❑ ❑ Wenn Tests auf Varianzhomogenität und Normalverteilung keine eindeutigen Aussagen über die Verteilung der Stichprobe erlauben.

- Frage 1.4: Welche der folgenden Aussagen charakterisieren das Regressionsproblem zutreffend?

Falsch Richtig
❑ ❑ Die Regressionsstatistik erlaubt die statistische Prüfung von kausalen Beziehungen zwischen Variablen.
❑ ❑ In der Regressionsstatistik wird versucht, eine Kriteriumsvariable mittels einer Prädiktorvariablen vorherzusagen.
❑ ❑ Mittels der Regressionsstatistik berechnet man eine „optimale" Gerade für empirisch gewonnene Meßwerte, so daß Abweichungen minimiert werden.
❑ ❑ Ist die Kovarianz zweier Variablen annähernd „1", ist die Steigung der Regressionsgeraden „0".
❑ ❑ Maximale Abhängigkeit zwischen zwei Variablen (x,y) führt zu identischen Regressionsgeraden (für x/y und y/x).

◈ 2. Rechenaufgaben ◈

Bearbeitungshinweise:
Im folgenden sind verschiedene Rechenaufgaben zu bearbeiten. Zu jeder Aufgabe gehört eine **kurze Problemdarstellung**, auf die bei der Interpretation der Ergebnisse Bezug genommen werden soll, die **Angabe bestimmter statistischer Daten**, die zur Analyse benötigt werden und schließlich bestimmte **Hypothesen** und **Fragen**, die zu klären bzw. zu beantworten sind.

- Aufgabe 2.1: Problem: Es soll untersucht werden, ob sich PsychologiestudentInnen bedingt durch eine Instruktion „anders verhalten" können. Ausgewählt für einen Vergleich wird das erfaßte Persönlichkeitsmerkmal „spontane Aggressivität" aus dem Freiburger Persönlichkeitsinventar (FPI). Benötigt werden zwei Stichproben: Eine

Stichprobe erhält die Standard-Instruktion, die andere Stichprobe eine abgeänderte „Bewerbungs"-Instruktion, mit der sie aufgefordert werden, den Fragebogen so auszufüllen, daß sie ein für die Einstellung als Schulpsychologe „günstiges" Bild abgeben.

Datenerhebung: Ein hoher Testwert (max. 21) bedeutet „Person ist spontan aggressiv, emotional unreif", ein niedriger Testwert (min. 0) bedeutet „Person ist nicht aggressiv, beherrscht". Folgende deskriptive Maße ergeben sich aus den Daten:

Stichprobe	Umfang	Mittelwert	Varianz
Standard-Instruktion	35	7.171	9.087
Bewerbungs-Instruktion	32	3.625	7.79

Hypothese: Die Frage ist, stellen sich die StudentInnen der Bewerbungsgruppe (bedingt durch die abgeänderte Instruktion) geringer spontan aggressiv dar als die Standardgruppe?

Fragen:
a. Formulieren Sie die statistischen Hypothesen zur Fragestellung.
b. Führen Sie den adäquaten statistischen Test mit Aufzeigen des Rechenweges durch und prüfen Sie ggf. notwendige Voraussetzungen für den Test.
c. Überprüfen Sie die Hypothese mit einer Irrtumswahrscheinlichkeit von 1%.
d. Interpretieren Sie das Ergebnis.

- Aufgabe 2.2: Problem: Es soll untersucht werden, ob die verschiedenen Formen der Schizophrenie Männer und Frauen unterschiedlich häufig befallen. Dazu wird eine Stichprobe von Hebephrenien („Jugendirresein"), eine von Katatonien („Spannungsirresein") und eine dritte von paranoiden Schizophrenien (mit Wahnideen) hinsichtlich des Alternativmerkmals „Geschlecht" untersucht.

Datenerhebung: Die Daten können in der folgenden Häufigkeitstabelle zusammengefaßt werden:

Stichprobe	Männlich	Weiblich
Hebephrenie	30	25
Katatonie	60	55
Paranoide	61	93

Hypothese: Die Frage ist, ob zwischen dem Geschlecht und der Art der Schizophrenie ein signifikanter Unterschied besteht.

Fragen:
a. Formulieren Sie die statistischen Hypothesen zur Fragestellung.
b. Führen Sie den adäquaten statistischen Test mit Aufzeigen des Rechenweges durch und prüfen Sie ggf. notwendige Voraussetzungen für den Test.
c. Überprüfen Sie die Hypothese mit einer Irrtumswahrscheinlichkeit von 5%.
d. Interpretieren Sie das Ergebnis.

◈ 3. Interpretationsaufgaben ◈

Bearbeitungshinweise:
Im folgenden sind verschiedene SPSS-Ausdrucke zu interpretieren. Zu jedem Ausdruck gehört eine **kurze Problemstellung**, die notwendigen **Hypothesen** und das vorab festgelegte **Signifikanzniveau**. Die Aufgabe besteht darin, den Inhalt der Ausdrucke anhand spezifischer **Fragen** zu erläutern und zu interpretieren.

- Aufgabe 3.1: Problemstellung: Es soll untersucht werden, ob sich Testwerte auf Skalen zur sog. „manifesten Angst" trotz gegenteiliger theoretischer Postulate durch potentiell Angst induzierende Reize verändern lassen. 15 Kinder werden mit einer Manifesten Angstskala getestet (1. Messung). Anschließend wird ihnen ein sog. „Zombiefilm" gezeigt. Direkt am Ende des Films erhebt man erneut Angstwerte (2. Messung).

  Hypothese: Nach der Alternativhypothese sollen sich die Angstwerte nach Betrachten des Zombiefilms verändern.

  Signifikanzniveau: 5%

  Fragen:
  a. Welcher Test wurde in der SPSS-Ausgabe gerechnet?
  b. Was kann der Angabe der **Mean Ranks** für Information entnommen werden?
  c. Was bedeutet die Angabe über **Ties**?
  d. Welche Bedeutung hat der *z*-Wert?
  e. Welche Entscheidung muß (gemäß der Hypothese und dem gewählten Signifkanzniveau) bezüglich der Alternativhypothese getroffen werden?

Syntax:

```
NPAR TEST /WILCOXON=mess1 WITH mess2 (PAIRED)
   /MISSING ANALYSIS.
```

Ausgabe:

```
- - - - - Wilcoxon Matched-Pairs Signed-Ranks Test

     MESS1      1. Messung
with MESS2      2. Messung

     Mean Rank    Cases

          6,50        2  - Ranks  (MESS2 LT MESS1)
          5,25        8  + Ranks  (MESS2 GT MESS1)
                      5    Ties   (MESS2 EQ MESS1)
                     --
                     15    Total

        Z = -1,4780            2-Tailed P = ,1394
```

- Aufgabe 3.2: Problemstellung: Es soll untersucht werden, ob die Vorhersage des Ausbildungserfolges an einem speziellen Lehrgang für Programmierer anhand des intellektuellen Niveaus der Lernenden möglich ist. Eine Stichprobe von n = 24 Kandidaten, die an dem Programierer-Lehrgang teilnahmen, wurde dazu vor Beginn des Kurses mit einem Intelligenztest untersucht. Am Schluß des Kurses wurde ein 50 Aufgaben umfassender Test durchgeführt, um die im Kurs erworbenen Kenntnisse im Programmieren zu überprüfen.

  Hypothese: Läßt sich aus den Ergebnissen (Werten) des Intelligenztests die Anzahl der richtig gelösten Aufgaben im Abschlußtest vorhersagen (Alternativhypothese)?

  Signifikanzniveau: 5%

  Fragen:
  a. Was bedeuten im Ausdruck **Multiple R** und **Standard Error**?
  b. Was bedeuten unter –Variables in the Equation – **B** und **SE of B**?
  c. Zu welcher statistischen Entscheidung führt der Signifikanztest mit den Angaben **T** und **Sig T** und was bedeutet das für die oben gestellte Hypothese?
  d. Durch welche Berechnung kommt hinter **(Constant)** der negative Wert von –189.63 zustande?
  Hinweis: Der Wert stellt die Höhenlage der Regressionsgerade dar.
  e. Durch welche der folgenden Gleichungen kann aus der Korrelation r_{xy} und der Standardabweichung der 1. und 2. Stichprobe s_x und s_y die Steigung der Regressionsgerade b berechnet werden? Hinweis: Vergleiche dazu die Ausgabe von SPSS.

$$(1)\quad b = \frac{r_{xy}}{s_x \cdot s_y} \qquad (2)\quad b = r_{xy} \cdot \frac{s_x}{s_y} \qquad \text{oder} \qquad (3)\quad b = \frac{r_{xy}}{s_y^2}$$

Syntax:

```
REGRESSION
   /DESCRIPTIVES MEAN STDDEV SIG N
   /MISSING LISTWISE
   /STATISTICS COEFF OUTS R ANOVA
   /CRITERIA=PIN(.05) POUT(.10)
   /NOORIGIN
   /DEPENDENT aufgabe
   /METHOD=ENTER intellig.
```

Ausgabe:

```
Listwise Deletion of Missing Data

             Mean  Std Dev  Label

AUFGABE    23,708    8,685
INTELLIG  114,542    3,563

N of Cases = 24
```

```
          * * * *   M U L T I P L E   R E G R E S S I O N   * * * *


Listwise Deletion of Missing Data

Equation Number 1    Dependent Variable..   AUFGABE

Block Number  1.  Method:  Enter      INTELLIG


Variable(s) Entered on Step Number  1..    INTELLIG


Multiple R           ,76406   Analysis of Variance
R Square             ,58379                DF  Sum of Squares    Mean Square
Adjusted R Square    ,56487   Regression    1      1012,84787      1012,8478
Standard Error      5,72915   Residual     22       722,11046       32,82320

                              F = 30,85768       Signif F = ,0000

------------------ Variables in the Equation ------------------


Variable                B          SE B       Beta          T  Sig T

INTELLIG         1,862566      ,335297    ,764060      5,555  ,0000
(Constant)    -189,633081    38,423311               -4,935  ,0001


End Block Number   1   All requested variables entered.
```

Bearbeitungshinweis: Von den folgenden zwei Aufgaben 3.3a und 3.3b ist **eine** Aufgabe **nach Wahl** zu bearbeiten!

- Aufgabe 3.3a: Problemstellung: Es soll untersucht werden, ob die Höhe einer in Aussicht gestellten Belohnung einen Einfluß auf die Schnelligkeit hat, mit der eine Reihe von Problemlöseaufgaben gelöst werden. Für das Experiment werden vier Belohnungsgruppen gewählt. Die unabhängige Variable (Faktor) ist die Belohnungshöhe (0 DM, 10 DM, 20 DM, 30 DM). Als abhängige Variable wird die für die Aufgaben benötigte Lösungszeit verwendet. Eine Stichprobe von $n = 48$ Personen wird nach Zufall auf die vier Versuchsbedingungen aufgeteilt.

  Hypothese: Besteht zwischen den Stichprobenmitteln ein signifikanter Unterschied oder anders ausgedrückt: Sind die Mittelwertsdifferenzen nicht zufallsbedingt (Alternativhypothese)?

  Signifikanzniveau: 5%

Fragen:

a. Worin unterscheiden sich die Varianzschätzungen **Between Groups** und **Within Groups**?
b. Was sagen die Angaben **F Ratio** und **F Prob** statistisch aus?
c. Welche Entscheidung ist bezüglich der Hypothesen zu treffen und was bedeutet das für die Problemstellung?
d. Welche Hypothese testet der abschließende **Levene Test**? Welche Entscheidung ist zu treffen?

```
Syntax:

ONEWAY zeit BY grp(1 4)
   /HARMONIC NONE
   /STATISTICS HOMOGENEITY
   /FORMAT NOLABELS
   /MISSING ANALYSIS .

Ausgabe:
                                  - - - - -  O N E W A Y  - - - - -

      Variable  ZEIT
   By Variable  GRP        Belohnungsgruppe

                                         Analysis of Variance

                                   Sum of          Mean           F           F
        Source          D.F.       Squares        Squares        Ratio       Prob.

Between Groups            3      547,0140       182,3380      13,7166       ,0000
Within Groups            44      584,9027        13,2932
Total                    47     1131,9167

Levene Test for Homogeneity of Variances

    Statistic     df1     df2        2-tail Sig.
      ,6528        3      44            ,585
```

- Aufgabe 3.3b: Problemstellung: In einer Befragung wird untersucht, wie sich verschiedene Altersklassen von Erwachsenen bei einer abrupten Verschlechterung der Wirtschaftslage bezüglich ihres Geldes auf der Bank verhalten. Drei Kategorien werden vorgegeben: (1) sie holen ihr Geld von der Bank ab, (2) sie verhalten sich unentschieden oder (3) sie lassen ihr Geld auf der Bank. Für die Altersklassen werden vier Klassen spezifiziert: (1) 18–29 jährige, (2) 30–44 jährige, (3) 45–59 jährige, (4) über 60 jährige.

  Hypothese: Nach der Alternativhypothese gibt es einen Zusammenhang zwischen den Altersklassen und ihrem „Bankverhalten".

  Signifikanzniveau: 1%

Fragen:

a. Welcher der in der SPSS-Ausgabe errechneten Koeffizienten ist geeignet zur Prüfung der oben gestellten Zusammenhangshypothese?

b. Wenn die Hypothese als Unterschiedshypothese formuliert würde (z. B. die Altersklassen unterscheiden sich nicht hinsichtlich ihres „Bankverhaltens"), welcher Koeffizient wäre dann angemessen für die Hypothesenprüfung?

c. Was bedeutet in der Ausgabe die Angabe **Minimum Expected Frequency**?

d. Worin unterscheiden sich in der Häufigkeitstabelle die zwei Angaben pro Zelle?

e. Welche statistische Entscheidung ist bezüglich der oben gestellten Zusammenhangshypothese zu treffen und was bedeutet das für die Problemstellung?

Syntax:

```
CROSSTABS /TABLES=alter BY kategor
   /FORMAT= AVALUE NOINDEX BOX LABELS TABLES
   /STATISTIC=CHISQ CC PHI CORR
   /CELLS= COUNT EXPECTED.
```

Ausgabe:

```
ALTER BY KATEGOR

                    KATEGOR
           Count  |
         Exp Val  |
                  |                            Row
                  |    1,00|    2,00|    3,00| Total
ALTER     --------+--------+--------+--------+
            1,00  |    33  |    25  |    42  |   100
                  |  34,0  |  21,0  |  45,0  | 25,0%
                  +--------+--------+--------+
            2,00  |    34  |    19  |    47  |   100
                  |  34,0  |  21,0  |  45,0  | 25,0%
                  +--------+--------+--------+
            3,00  |    33  |    19  |    48  |   100
                  |  34,0  |  21,0  |  45,0  | 25,0%
                  +--------+--------+--------+
            4,00  |    36  |    21  |    43  |   100
                  |  34,0  |  21,0  |  45,0  | 25,0%
                  +--------+--------+--------+
           Column     136       84      180      400
            Total   34,0%    21,0%    45,0%   100,0%

    Chi-Square                  Value          DF         Significance
------------------          -----------       ----        ------------

Pearson                      1,89711           6              ,92891
Likelihood Ratio             1,86427           6              ,93175
Mantel-Haenszel test for      ,01026           1              ,91933
      linear association

Minimum Expected Frequency -    21,000
```

```
                                                        Approximate
     Statistic                 Value      ASE1    Val/ASE0  Significance
-----------------            ---------  --------  --------  ------------

Phi                           ,06887                           ,92891 *1
Cramer's V                    ,04870                           ,92891 *1
Contingency Coefficient       ,06870                           ,92891 *1


*1 Pearson chi-square probability

Number of Missing Observations:  0
```

Ende der Klausur!

<u>Lösungen:</u> Die (maximal) erreichbare Punktzahl pro Aufgabe ist den jeweiligen Angaben in Klammern zu entnehmen und kann als Lernkontrolle selbst ausgewertet werden.

Frage 1.1: (5)

Falsch	Richtig	
☒	☐	Die Nullhypothese wird verworfen, obwohl sie richtig ist.
☒	☐	Es kann eine Wahrscheinlichkeit bestimmt werden, mit der das gefundene Ergebnis oder extremere Ergebnisse bei Gültigkeit der Nullhypothese eintreten.
☐	☒	Da es für die Festsetzung der β-Fehler-Wahrscheinlichkeit keine Konventionen gibt, müssen die praktischen Folgen zur Fehlerbestimmung herangezogen werden.
☐	☒	Eine Nullhypothese wird akzeptiert, obwohl die Alternativhypothese richtig ist.
☐	☒	Es kann eine Wahrscheinlichkeit bestimmt werden, die allerdings im Falle einer unspezifischen Alternativhypothese nicht angebbar ist.

Frage 1.2: (5)

Falsch	Richtig	
☒	☐	Der Mittelwert der 1. Stichprobe ist größer als der der 2. Stichprobe.
☐	☒	Die Alternativhypothese $\mu_1 > \mu_2$ muß verworfen werden.
☐	☒	Die Mittelwertsdifferenz zwischen beiden Stichproben ist negativ.
☐	☒	Die Alternativhypothese $\mu_1 < \mu_2$ kann als bestätigt gelten.
☐	☒	Die Nullhypothese $\mu_1 \leq \mu_2$ muß beibehalten werden.

Frage 1.3: (*5*)

Falsch	Richtig	
☐	☒	Wenn berechtigte Zweifel bezüglich der metrischen Voraussetzungen der abhängigen Variable bestehen.
☐	☒	Wenn die erhobenen Variablen nicht den meßtheoretischen Voraussetzungen einer Intervall-Skala genügen.
☒	☐	Wenn die Teststärke prinzipiell erhöht werden soll.
☐	☒	Wenn sich die Ergebnisse von parametrischem und nicht-parametrischem Test bezüglich der Entscheidung über die Hypothesen widersprechen.
☐	☒	Wenn Tests auf Varianzhomogenität und Normalverteilung keine eindeutigen Aussagen über die Verteilung der Stichprobe erlauben.

Frage 1.4: (*5*)

Falsch	Richtig	
☒	☐	Die Regressionsstatistik erlaubt die statistische Prüfung von kausalen Beziehungen zwischen Variablen.
☐	☒	In der Regressionsstatistik wird versucht, eine Kriteriumsvariable mittels einer Prädiktorvariablen vorherzusagen.
☐	☒	Mittels der Regressionsstatistik berechnet man eine „optimale" Gerade für empirisch gewonnene Meßwerte, so daß Abweichungen minimiert werden.
☒	☐	Ist die Kovarianz zweier Variablen annähernd „1", ist die Steigung der Regressionsgeraden „0".
☐	☒	Maximale Abhängigkeit zwischen zwei Variablen (*x*,*y*) führt zu identischen Regressionsgeraden (für *x*/*y* und *y*/*x*).

Aufgabe 2.1: (*15*)

a.

Für den einseitigen Fall sind folgende Hypothesen zu formulieren:	H_0	H_1
(x_1 = Standardgruppe; x_2 = Bewerbungsgruppe)	$\mu_1 \leq \mu_2$	$\mu_1 > \mu_2$
(x_1 =Bewerbungsgruppe; x_2 = Standardgruppe)	$\mu_1 \geq \mu_2$	$\mu_1 < \mu_2$

b.

F-Test zur Prüfung der Varianzhomogenität	*t-Test für unabhängige Stichproben*
F-Wert = 1.166	*T-Wert = 4.982*
Freiheitsgrade = 34 31	*Freiheitsgrade = 65*
Kritischer Wert bei 10% Niveau= 1.583	*Kritischer Wert bei 1% Niveau = 2.385*

Rechenweg:

$$F = \frac{s_1^2}{s_2^2} = \frac{9.087}{7.79} = 1.166$$

$$s_g^2 = \frac{(n_1 - 1) \cdot s_1^2 + (n_2 - 1) \cdot s_2^2}{n_1 + n_2 - 2} = \frac{(35 - 1) \cdot 9.087 + (32 - 1) \cdot 7.79}{35 + 32 - 2} = 8.468$$

$$t = \frac{\bar{x}_1 - \bar{x}_2}{s_g \cdot \sqrt{\frac{1}{n_1} + \frac{1}{n_2}}} = \frac{7.171 - 3.625}{2.91 \cdot \sqrt{\frac{1}{35} + \frac{1}{32}}} = 4.982 \quad \text{mit } df = 35 + 32 - 2 = 65.$$

c.
Nach Prüfung der Varianzhomogenität führt der t-Test zu einem (hoch-)signifikanten Unterschied zwischen den beiden Stichproben.

d.
Die Befragten mit der Bewerbungs-Instruktion haben sich im Durchschnitt signifikant weniger aggressiv dargestellt als die Personen, die den Persönlichkeitsfragebogen unter Standard-Instruktionen zu beantworten hatten.

Aufgabe 2.2: (*15*)

a.
Für den zweiseitigen Fall sind folgende Hypothesen zu formulieren: H_0: $p_{ij} = p_i p_j$ H_1: $p_{ij} \neq p_i p_j$

b.
Sowohl die eindeutige Klassifizierbarkeit der Beobachtungseinheiten in eine der k Kategorien als auch die wechselseitige Unabhängigkeit der (beiden) Stichproben kann als gegeben angenommen werden.

<u>Chi-Quadrat Test für unabhängige Stichproben (2 x k Felder)</u>
Stichprobenumfang = 324
Erwartete Häufigkeiten = (Männlich) 25.63 53.6 71.77 (Weiblich) 29.37 61.4 82.23
Chi-Quadrat = 5.854
Freiheitsgrade = 2
Kritischer Wert bei 5% = 5.991

Rechenweg:

$$\chi^2 = \sum_{i=1}^{2} \sum_{j=1}^{k} \frac{(o_{ij} - e_{ij})^2}{e_{ij}} = \frac{(30 - 25.63)^2}{25.63} + \frac{(60 - 53.6)^2}{53.6} + \frac{(61 - 71.77)^2}{71.77}$$

$$+ \frac{(25 - 29.37)^2}{29.37} + \frac{(55 - 61.4)^2}{61.4} + \frac{(93 - 82.23)^2}{82.23} = 5.85$$

c.
Der Chi-Quadrat-Test führt zu keinem signifikanten Unterschied zwischen den Geschlechtern. Demnach muß die Nullhypothese (vorerst) beibehalten werden.

d.
Nach dem vorliegenden Testergebnis können keine statistisch-abgesicherten Zuordnungen bestimmter Formen von Schizophrenie nach dem Geschlecht vorgenommen werden. Es scheint also keine überzufälligen Häufigkeiten zu geben.

Aufgabe 3.1: (*10*)

a.
Wilcoxon-Test für zwei abhängige Stichproben.

b.
*Ein mittlerer Rang (**Mean Rank**) ermittelt sich aus der Summe der Ränge, dividiert durch die Anzahl an Beobachtungen. Aus der Differenz beider mittleren Ränge kann die Unterschiedlichkeit beider Gruppen abgeleitet werden.*

c.
*Die hier zusätzlich erscheinende Angabe über Rangbindungen (**Ties**) besagt, daß eine bestimmte Anzahl von Rangpaaren eine Differenz von Null aufweisen, und von daher (entsprechend der Vorgabe des Wilcoxon-Tests) aus der Datenanalyse herausgenommen werden. Entsprechend verkleinert sich u. U. die Anzahl der berücksichtigten Fälle.*

d.
*Der Z-Wert (**Z**) ist die Teststatistik, die für genügend große Stichproben angewendet wird, wenn diese approximativ normalverteilt sind.*

e.
Die Alternativhypothese ist bei einem $\alpha = 0.05$ abzulehnen, da das beobachtete Signifikanzniveau mit 0.1394 größer ist. D. h. die Nullhypothese (die Angstwerte bleiben nach dem Betrachten des Zombiefilms unverändert) kann nicht abgelehnt werden.

Aufgabe 3.2: (*15*)

a.
R steht für die Produkt-Moment-Korrelation der beiden Variablen. Im Falle mehrerer unabhängiger Variablen wird R zu „Mutiple R".
„Standard Error" steht für Standardschätzfehler als Wurzel aus der bedingten Varianz als Schätzung für die Streuung der y-Werte um die Regressionsgerade. Der Standardschätzfehler kann als Parallele zur Regressionsgerade dargestellt werden.

b.
Die Angabe von b kennzeichnet die Steigung der Regressionsgerade. „SE of B“ stellt den zur Regressionsgerade zugehörigen Standardfehler dar.

c.
Da die Testgröße T von 5.555 hoch-signifikant ist, kann angenommen werden, daß sich die abhängige Variable (Aufgabe) aus der unabhängigen Variable (Intelligenztest) vorhersagen läßt, d.h. die Anzahl der richtig gelösten Aufgaben im Abschlußtest kann aus den Ergebnissen des Intelligenztests vorhergesagt werden.

d.
$a = y - bx = 23.71 - (1.86) \cdot 114.54 = -189.33$

e.
$$\text{Mit Ausdruck (2) } b = r_{xy} \cdot \frac{s_x}{s_y} = 0.764 \cdot \frac{8.685}{3.563} = 1.862$$

Aufgabe 3.3a: (*15*)

a.
*Beide Anteile der Varianzschätzungen sind eine Quelle (**Source**) der Variation. Die Streuung zwischen den Gruppen (**Between Groups**) meint den Anteil der Gesamtvarianz der abhängigen Variablen, der durch Unterschiede in den Gruppenmittelwerten erklärt werden kann. Die Streuung innerhalb der Gruppen (**Within Groups**) ist hingegen die Streuung der Beobachtungen in einer Gruppe um den Gruppenmittelwert (auch Streuung des Fehlers genannt). Diese Variationsanteile werden als Gesamtstreuung (**Total**) zusammengefaßt.*

b.
*Der F-Bruch (**F Ratio**) gibt das Verhältnis der beiden mittleren Quadratsummen, dividiert durch die zugehörige Anzahl an Freiheitsgraden wieder. Die größere mittlere quadratische Abweichung steht normalerweise im Zähler, während die kleinere im Nenner steht. Mit der Wahrscheinlichkeit von F (**F Prob**) kann schließlich das beobachtete Signifikanzniveau von F geprüft werden, also die Wahrscheinlichkeit, daß bei Gültigkeit der Nullhypothese ein F-Wert mindestens so groß wie der beobachtete auftreten kann.*

c.
Da die Wahrscheinlichkeit F (bei Gültigkeit der Nullhypothese) sehr klein ist, kann die Nullhypothese zugunsten der Alternativhypothese abgelehnt werden, d. h. es besteht ein signifikanter Unterschied zwischen den Stichprobenmittelwerten. Die Bearbeitungszeit verändert sich also mit der Höhe der Belohnung.

d.
Der Levene-Test testet die Nullhypothese, daß die Varianzen zwischen den Stichproben gleich sind (vgl. F-Test). Als Ergebnis zeigt sich, daß die Unterschiede zwischen den Vari-

anzen der Gruppen statistisch nicht signifikant unterschiedlich sind (bei einem Vergleich mit einer Irrtumswahrscheinlichkeit von .10), d. h. die vier Stichproben entstammen varianzhomogenen Populationen.

Aufgabe 3.3b: (*15*)

a.
Der Kontingenzkoeffizient (contingency coefficienct).

b.
Pearsons Chiquadrat-Test (Pearson).

c.
Dies ist eine Angabe zur kleinsten erwarteten Zellenhäufigkeit. Gemeint ist damit die kleinste Zahl an Fällen, die in einer Zelle erwartet werden würde, wenn die Nullhypothese richtig wäre.

d.
*Die erste Angabe drückt die beobachtete Häufigkeit pro Zelle aus (**Count**), die zweite Angabe die (errechnete) erwartete Häufigkeit (**Expected**).*

e.
Da die errechnete Chi-Quadrat Größe eine Irrtumswahrscheinlichkeit von .92891 besitzt, muß die Nullhypothese beibehalten werden. D. h. es gibt keinen (signifikanten) Zusammenhang zwischen den Altersklassen hinsichtlich ihrer Antwortkategorien (1), (2) oder (3). Somit besteht zwischen dem Alter der Personen und ihrem mutmaßlichen „Bankverhalten" in Krisensituationen kein Zusammenhang.

Auswertung der Klausur	max. Punktzahl	erreichte Punktzahl
1. Multiple-Choice-Fragen	20	
2. Rechenaufgaben	30	
3. Interpretationsaufgaben	40	
Gesamtpunktzahl	90	
Mindestpunktzahl	45	

Klausur ❑ bestanden
❑ nicht-bestanden

Stichwortverzeichnis

T

Werner Greve/Dirk Wentura
Wissenschaftliche Beobachtung in der Psychologie
Eine Einführung
1991. ISBN 3-621-7859-1

Martin Hautzinger (Hrsg.)
Kognitive Verhaltenstherapie bei psychischen Erkrankungen
1994. 3-621-27863-X

Horst Heidbrink
Einführung in die Moralpsychologie
2. überarb. Aufl. 1996. ISBN 3-621-27335-2

Ludwig Issing/Paul Klimsa (Hrsg.)
Information und Lernen mit Multimedia
1995. ISBN 3-621-27306-0

Carroll E. Izard
Die Emotionen des Menschen
Eine Einführung in die Grundlagen der Emotionspsychologie
3. Auflage 1994. ISBN 3-621-27245-3

Reinhold S. Jäger/Franz Petermann (Hrsg.)
Psychologische Diagnostik
Ein Lehrbuch
3., korr. Aufl. 1995. ISBN 3-621-27273-9

Gerhard Kleining
Lehrbuch Entdeckende Sozialforschung
Band 1. Von der Hermeneutik zur qualitativen Heuristik
1995. ISBN 3-621-27285-2

Joachim Krauth
Testkonstruktion und Testtheorie
1995. ISBN 3-621-27286-0

Jürgen Kriz
Grundkonzepte der Psychotherapie
Eine Einführung
4., neu ausg. Aufl. 1994. ISBN 3-621-27232-1

Jürgen Kriz/Ralf Lisch
Methoden-Lexikon für Mediziner, Psychologen, Soziologen
1988. ISBN 3-621-27056-6

L. Kruse/C.F. Graumann/E.-D. Lantermann (Hrsg.)
Ökologische Psychologie
Ein Handbuch in Schlüsselbegriffen
2. Aufl. 1996. ISBN 3-621-27328-X

Klaus D. Kubinger
Einführung in die Psychologische Diagnostik
1995. ISBN 3-6221-27259-3

Siegfried Lamnek
Qualitative Sozialforschung
3., korr. Aufl. 1995.
Band 1: Methodologie
ISBN 3-621-27176-7
Band 2: Methoden und Techniken
ISBN 3-621-27177-5

Gustav A. Lienert/Ulrich Raatz
Testaufbau und Testanalyse
5., völlig neu bearb. u. erw. Aufl. 1994. ISBN 3-621-27120-1

Helmut E. Lück
Die Feldtheorie und Kurt Lewin
Eine Einführung
1996. ISBN 3-621-27327-1

Helmut E. Lück/Rudolf Miller (Hrsg.)
Illustrierte Geschichte der Psychologie
1993. ISBN 3-621-27872-9

K. Maier/G. Ambühl-Caesar/R. Schandry
Entwicklungspsychophysiologie
Körperliche Indikatoren psychischer Entwicklung
1994. ISBN 3-621-27160-0

Leon Mann
Sozialpsychologie
10., neu ausg. Aufl. 1994. ISBN 3-621-27234-8

Philipp Mayring
Einführung in die qualitative Sozialforschung
Eine Anleitung zum qualitativen Denken
3., überarb. Aufl. 1996. ISBN 3-621-27178-3

Gerd Mietzel
Wege in die Entwicklungspsychologie
Erwachsenenalter und Lebensende
1992. ISBN 3-621-27878-8

Gerd Mietzel
Wege in die Entwicklungspsychologie
Kindheit und Jugend
2., korr. Aufl. 1995. ISBN 3-621-27272-0

Hans-Peter Nolting/Peter Paulus
Psychologie lernen
Eine Einführung und Anleitung
6. Aufl. 1996. ISBN 3-621-27235-6

Rolf Oerter/Leo Montada (Hrsg.)
Entwicklungspsychologie
Ein Lehrbuch
3., vollst. überarb. Aufl. 1995.
ISBN 3-621-27250-X Gebunden
ISBN 3-621-27244-5 Broschiert

Alan Parkin
Gedächtnis
Ein einführendes Lehrbuch
1996. ISBN 3-621-27290-0

Markus Pospeschill
Praktische Statistik
Eine Einführung mit Anwendungsbeispielen
1996. ISBN 3-621-27345-X

Hans Reinecker
Grundlagen der Verhaltenstherapie
2., überarb. Aufl. 1994. ISBN 3-621-27170-8

Franz Resch
Entwicklungspsychopathologie des Kindes- und Jugendalters
1996. ISBN 3-621-27319-0

Rainer Schandry
Lehrbuch Psychophysiologie
3., korr. Aufl. 1996. ISBN 3-621-27048-5

Jörg von Scheidt
Reiseführer durch die wissenschaftliche Psychologie
1994. ISBN 3-621-27887-7

Ulrich Schmidt-Denter
Soziale Entwicklung
Ein Lehrbuch über soziale Beziehungen im Laufe des menschlichen Lebens
3., korr. u. akt. Aufl. 1996. ISBN 3-621-27217-8

Wolfgang Schönpflug/Ute Schönpflug
Psychologie
Ein Lehrbuch für das Grundstudium
3., vollst. überarb. Aufl. 1995. ISBN 3-621-27270-4

Martin E. P. Seligman
Erlernte Hilflosigkeit
5., korr. Aufl. 1995. ISBN 3-621-27014-0

Anselm Strauss/Juliett Corbin
Grounded Theory: Grundlagen Qualitativer Sozialforschung
1995. ISBN 3-621-27265-8

Gisela Szagun
Sprachentwicklung beim Kind
Eine Einführung
6., überarb. Aufl. 1996. ISBN 3-621-27169-4

Dieter Ulich
Das Gefühl
Eine Einführung in die Emotionspsychologie
3., neu ausg. Aufl. 1995. ISBN 3-621-27297-6

Manfred Velden
Psychophysiologie
Eine kritische Einführung
1994. 27892-3

B. Weidenmann/A. Krapp/M. Hofer/G.L. Huber/H. Mandl (Hrsg.)
Pädagogische Psychologie
Ein Lehrbuch
3. Auflage 1994. ISBN 3-621-27196-1

Bernard Weiner
Motivationspsychologie
3., neu ausg. Aufl. 1994. ISBN 3-621-27221-6

Ansfried B. Weinert
Lehrbuch der Organisationspsychologie
Menschliches Verhalten in Organisationen
3. Aufl. 1992. ISBN 3-621-27149-X

Gerd Wiendieck
Arbeits- und Organisationspsychologie
1994. ISBN 3-621-27894-X

Erich Witte
Lehrbuch Sozialpsychologie
2., neu ausg. Aufl. 1994. ISBN 3-621-27220-8